国家林业和草原局普通高等教育"十三五"规划教材
高等院校园林与风景园林专业规划教材

园林苗圃学

(第 2 版)

韩有志　何　淼　李保印　主编

中国林业出版社

内容简介

园林苗圃学是讲述园林苗木培育理论和技术的一门应用科学。本教材主要内容包括园林树木种实生产、苗木繁殖与培育、设施育苗、大苗培育、圃地管理与苗圃有害生物防治、苗木质量评价与出圃、苗圃建立与经营管理、常见园林植物育苗方法和技术要点等。本教材在简述园林苗木培育理论的基础上，介绍园林育苗方法和技术要点，内容新颖、实用。

本教材可供高等农林院校、高职高专院校园林、园艺和风景园林等专业教学使用，也可供园林苗圃技术人员参考。

图书在版编目(CIP)数据

园林苗圃学/韩有志，何淼，李保印主编．—2 版．—北京：中国林业出版社，2018.8 (2025.6重印)

国家林业和草原局普通高等教育"十三五"规划教材　高等院校园林与风景园林专业规划教材

ISBN 978-7-5038-9643-9

Ⅰ.①园… Ⅱ.①韩… ②何… ③李… Ⅲ.①园林－苗圃学－高等学校－教材 Ⅳ.①S723

中国版本图书馆 CIP 数据核字(2018)第 141817 号

策划编辑：康红梅	责任编辑：康红梅　丰　帆
电话：(010) 83143551	传真：(010) 83143516

出版发行	中国林业出版社(100009　北京市西城区德内大街刘海胡同7号)
	E-mail: jiaocaipublic@163.com　电话：(010)83143500
	https://www.cfph.net
经　销	新华书店
印　刷	北京中科印刷有限公司
版　次	2011 年 1 月第 1 版(共印 3 次)
	2018 年 8 月第 2 版
印　次	2025 年 6 月第 3 次印刷
开　本	850mm × 1168mm　1/16
印　张	21
字　数	485 千字
定　价	56.00 元

未经许可，不得以任何方式复制或抄袭本书之部分或全部内容。

版权所有　侵权必究

《园林苗圃学》(第2版)编写人员

主　　编：韩有志　何　淼　李保印

编写人员：(以姓氏笔画为序)

　　　　　王　林(山西农业大学)
　　　　　李厚华(西北农林科技大学)
　　　　　李保印(河南科技学院)
　　　　　何　淼(东北林业大学)
　　　　　范志强(安庆师范大学)
　　　　　郭金丽(内蒙古农业大学)
　　　　　韩有志(山西农业大学)

《园林苗圃学》(第1版)编写人员

主　　编：刘晓东　韩有志

副 主 编：李保印　马　进　何　淼

编写人员：(以姓氏笔画为序)
　　　　　马　进(浙江农林大学)
　　　　　刘晓东(东北林业大学)
　　　　　李建科(天津农学院)
　　　　　李保印(河南科技学院)
　　　　　何　淼(东北林业大学)
　　　　　郝瑞杰(山西农业大学)
　　　　　郭金丽(内蒙古农业大学)
　　　　　韩有志(山西农业大学)

第 2 版前言

按照《国家中长期教育改革和发展规划纲要（2010—2020 年）》《教育部 农业部 国家林业局关于推动高等农林教育综合改革的若干意见》、国家林业局教材建设办公室（林教材办〔2015〕01 号）与中国林业出版社（林社字〔2015〕98 号），关于申报"普通高等教育'十三五'规划教材"的通知要求，要全面提升高等农林教育的整体水平以及高等农林院校服务生态文明、农业现代化和社会主义新农村建设的能力与水平，进一步提供高质量、高水平的精品教材和配套的优质教学资源，充分发挥教材建设在提高人才培养质量中的基础性作用。《园林苗圃学》（第 2 版）在高等院校园林与风景园林专业"十二五"规划教材《园林苗圃学》（中国林业出版社，2011）的基础上进行修订。基本框架包括：园林树木种实生产、园林苗木培育技术、大苗培育与苗木造型、设施育苗与容器育苗、圃地管理与苗圃有害生物防治、苗木出圃与运输、苗圃建立与经营管理。本次教材修订中，在简要阐述园林苗木培育基本理论、技术和方法的基础上，吸收补充近年来苗木生产中先进技术和方法，同时，将苗木生长促进、典型苗木的造型培育、彩枝彩叶苗木培育、野生树木资源的苗木繁育、反季节苗木出圃等实用技术补充到教材中。增加了苗木成本计量、苗木资产盘点等经济管理内容，以及观光休闲型多功能苗圃建立、互联网＋、苗联网等园林苗木信息化管理方面的内容。增加专门章节，简要介绍了常见园林植物育苗方法和技术要点。

本教材可作为普通本科院校、高职高专院校中园林、风景园林、园艺、观赏园艺等专业教学使用，也可供园林行业科技工作者和园林苗圃技术人员参考。

本次修订由韩有志、何淼、李保印担任主编，韩有志和王林统稿，韩有志审稿。第 1 版的主编刘晓东教授因病去世，我们对他为教材编写工作的辛勤付出表示敬意。

本次修订具体编写分工如下：

  第 1 章 绪论（韩有志）

  第 2 章 园林树木的种实生产（韩有志、王林）

  第 3 章 园林树木播种繁殖（何淼）

  第 4 章 园林树木营养繁殖（李厚华）

  第 5 章 设施育苗（王林）

第 6 章　大苗培育(李厚华、郭金丽)

第 7 章　园林苗圃圃地管理(范志强)

第 8 章　园林苗圃病虫害及有害动物防治(李保印)

第 9 章　园林苗木质量评价与出圃(王林)

第 10 章　园林苗圃地建设与圃地区划(范志强)

第 11 章　园林苗圃经营管理(郭金丽)

第 12 章　常见园林植物的繁殖与培育(何淼、李保印)

此外，教材插图由山西农业大学林学院的李晓庆和李伟邦、王皓月、高璐同学绘制，在此表示感谢。

教材尚有错误和不正之处，敬请批评指正。

编　者

2018 年 1 月

第1版前言

"园林苗圃学"是园林专业实践性非常强的专业基础课之一,是研究论述园林苗木的培育理论和生产应用技术的一门应用科学。园林苗圃学的主要任务是为园林苗木的培育提供科学理论依据与先进技术,使理论与实际应用相结合,培育技术与经营管理相结合,以便持续地为城市园林绿化提供品种丰富、品质优良的绿化苗木。通过理论教学和实验、学习,使学生能够掌握园林树木种子生产、园林苗木培育、园林苗圃经营管理等方面的理论知识与实际操作技能。

本教材以植物学、树木学、土壤学、农业气象学、植物遗传育种学、生态学、植物生理学和市场营销学等众多学科为基础,共分10章,分别为:绪论,园林树木的种子生产与品质检验,园林树木种子繁殖,营养繁殖育苗技术,设施育苗,园林树木的大苗培育、园林苗圃病虫害防治和化学除草、苗木质量评价与出圃、园林苗圃建立、园林苗圃的经营管理。

本教材针对21世纪对园林专业人才的需求,结合多所农林院校的教学经验和生产实践,将传统的育苗技术与高新技术相结合。同时结合了我国南北气候、土壤、植物和生产方式的差异,反映了当前国内园林苗木繁育的新技术。教材由刘晓东、韩有志担任主编,李保印、马进、何淼任副主编,具体编写分工如下:第1章,刘晓东;第2章,韩有志、马进、何淼;第3章,何淼;第4章,李保印、郭金丽;第5章,马进;第6章,郝瑞杰;第7章,李保印、郝瑞杰;第8章,李建科;第10章,郭金丽。全书由刘晓东统稿、审稿。

在教材编写过程中,东北林业大学园林学院的教师和学生给予了许多的帮助,在此一并致谢。

由于作者水平有限,错误和不足之处,敬请各位读者批评指正。

编 者
2011年8月

目 录

第 2 版前言
第 1 版前言

第 1 章 绪 论 (1)
  1.1 园林苗圃地位和作用 (1)
  1.2 园林苗圃现状、存在问题和发展趋势 (4)
    1.2.1 园林苗圃现状 (4)
    1.2.2 园林苗圃发展中面临问题 (5)
    1.2.3 园林苗圃发展趋势 (6)
  1.3 园林苗圃学内容、任务 (7)
    1.3.1 园林苗圃学内容 (7)
    1.3.2 园林苗圃学任务 (7)
  思 考 题 (8)
  推荐阅读书目 (9)

第 2 章 园林树木种实生产 (10)
  2.1 树木结实规律 (11)
    2.1.1 树木个体生长发育时期 (11)
    2.1.2 树木开始结实年龄和结实周期性 (11)
    2.1.3 树木种子发育与种子成熟 (12)
    2.1.4 影响树木结实的因素 (14)
  2.2 树木种实生产、采集与调制 (16)
    2.2.1 种实采集基地 (16)
    2.2.2 种实采集 (21)
    2.2.3 种实调制 (22)
  2.3 树木种实贮藏 (24)
    2.3.1 树木种子寿命 (24)
    2.3.2 种实贮藏方法 (27)

目录

2.4 种子调拨与运输 ……………………………………………… (29)
    2.4.1 种子调拨 ………………………………………………… (29)
    2.4.2 种实包装 ………………………………………………… (30)
    2.4.3 种子运输 ………………………………………………… (31)
2.5 园林树木种子品质检验 ………………………………………… (32)
    2.5.1 抽样 ……………………………………………………… (32)
    2.5.2 净度分析 ………………………………………………… (33)
    2.5.3 种子重量 ………………………………………………… (33)
    2.5.4 种子含水量 ……………………………………………… (34)
    2.5.5 种子发芽能力 …………………………………………… (34)
    2.5.6 种子生活力 ……………………………………………… (36)
    2.5.7 种子优良度测定 ………………………………………… (37)
    2.5.8 种子健康状况测定 ……………………………………… (38)
思 考 题 ……………………………………………………………… (38)
推荐阅读书目 ………………………………………………………… (38)

第3章 园林树木播种繁殖 ……………………………………… (39)

3.1 播种育苗概述 …………………………………………………… (39)
    3.1.1 播种育苗特点 …………………………………………… (40)
    3.1.2 播种时期 ………………………………………………… (40)
    3.1.3 播种育苗方式 …………………………………………… (41)
3.2 播种前土壤准备与消毒 ………………………………………… (43)
    3.2.1 整地和施肥 ……………………………………………… (43)
    3.2.2 土壤消毒方法 …………………………………………… (43)
3.3 播种前种子处理 ………………………………………………… (44)
    3.3.1 种子检疫与种子消毒 …………………………………… (44)
    3.3.2 种子催芽 ………………………………………………… (45)
3.4 播种方法与技术 ………………………………………………… (46)
    3.4.1 播种方法 ………………………………………………… (46)
    3.4.2 苗木密度和播种量 ……………………………………… (47)
    3.4.3 播种操作技术要点 ……………………………………… (48)
3.5 播种后管理措施 ………………………………………………… (49)
    3.5.1 覆盖 ……………………………………………………… (49)
    3.5.2 遮阴 ……………………………………………………… (49)
    3.5.3 松土除草 ………………………………………………… (49)
    3.5.4 灌溉 ……………………………………………………… (50)
    3.5.5 间苗和定苗 ……………………………………………… (50)
    3.5.6 截根与移植 ……………………………………………… (50)
    3.5.7 病虫害防治 ……………………………………………… (50)

3.5.8 防除鸟兽危害 ……………………………………………………………… (51)
　　　3.5.9 苗木越冬防护 ………………………………………………………………… (52)
　3.6 播种苗年生长规律及培育技术要点 ………………………………………………… (52)
　　　3.6.1 出苗期及育苗技术要点 …………………………………………………… (52)
　　　3.6.2 幼苗期及育苗技术要点 …………………………………………………… (53)
　　　3.6.3 速生期及育苗技术要点 …………………………………………………… (53)
　　　3.6.4 苗木木质化期及育苗技术要点 …………………………………………… (53)
　思 考 题 ……………………………………………………………………………………… (53)
　推荐阅读书目 ………………………………………………………………………………… (54)

第4章 园林树木营养繁殖 ……………………………………………………………… (55)
　4.1 营养繁殖育苗概述 ……………………………………………………………………… (55)
　　　4.1.1 营养繁殖概念 ………………………………………………………………… (55)
　　　4.1.2 营养繁殖特点 ………………………………………………………………… (56)
　4.2 扦插繁殖 ………………………………………………………………………………… (57)
　　　4.2.1 扦插繁殖意义 ………………………………………………………………… (57)
　　　4.2.2 扦插生根生理基础 …………………………………………………………… (57)
　　　4.2.3 影响扦插成活因素 …………………………………………………………… (61)
　　　4.2.4 促进插条生根方法 …………………………………………………………… (65)
　　　4.2.5 扦插设施与插床准备 ………………………………………………………… (68)
　　　4.2.6 扦插方法与技术要点 ………………………………………………………… (69)
　4.3 嫁接繁殖 ………………………………………………………………………………… (73)
　　　4.3.1 嫁接育苗概述 ………………………………………………………………… (73)
　　　4.3.2 嫁接成活原理 ………………………………………………………………… (74)
　　　4.3.3 嫁接育苗技术 ………………………………………………………………… (77)
　　　4.3.4 嫁接后管理 …………………………………………………………………… (87)
　4.4 压条繁殖和埋条繁殖 …………………………………………………………………… (89)
　　　4.4.1 压条繁殖概念及特点 ………………………………………………………… (89)
　　　4.4.2 压条繁殖技术 ………………………………………………………………… (89)
　　　4.4.3 压条后管理 …………………………………………………………………… (91)
　　　4.4.4 埋条繁殖 ……………………………………………………………………… (92)
　4.5 分株繁殖 ………………………………………………………………………………… (93)
　　　4.5.1 分株繁殖概念及特点 ………………………………………………………… (93)
　　　4.5.2 分株繁殖技术 ………………………………………………………………… (93)
　思 考 题 ……………………………………………………………………………………… (94)
　推荐阅读书目 ………………………………………………………………………………… (94)

第5章 设施育苗 …………………………………………………………………………… (95)
　5.1 组培育苗 ………………………………………………………………………………… (95)

5.1.1 植物组织培养概述 …………………………………………… (95)
　　　5.1.2 植物组织培养分类 …………………………………………… (97)
　　　5.1.3 组培育苗室准备 ……………………………………………… (97)
　　　5.1.4 组培育苗的基本程序 ………………………………………… (99)
　　　5.1.5 组培育苗新技术 ……………………………………………… (109)
　5.2 容器育苗 ……………………………………………………………… (110)
　　　5.2.1 容器育苗概述 ………………………………………………… (110)
　　　5.2.2 容器育苗特点 ………………………………………………… (111)
　　　5.2.3 育苗容器 ……………………………………………………… (111)
　　　5.2.4 栽培基质配置 ………………………………………………… (113)
　　　5.2.5 容器育苗技术 ………………………………………………… (117)
　　　5.2.6 控根容器育苗 ………………………………………………… (118)
　　　5.2.7 双层容器育苗技术 …………………………………………… (119)
　5.3 工厂化育苗 …………………………………………………………… (120)
　　　5.3.1 工厂化育苗概述 ……………………………………………… (120)
　　　5.3.2 育苗设施 ……………………………………………………… (120)
　　　5.3.3 工厂化育苗生产流程 ………………………………………… (122)
　5.4 无土栽培育苗 ………………………………………………………… (125)
　　　5.4.1 无土栽培概述 ………………………………………………… (125)
　　　5.4.2 水培育苗 ……………………………………………………… (125)
　　　5.4.3 固体基质育苗 ………………………………………………… (127)
　5.5 庭院绿化苗木容器化培育 …………………………………………… (129)
　　　5.5.1 庭院绿化植物选择 …………………………………………… (129)
　　　5.5.2 庭院绿化苗木培育 …………………………………………… (130)
　思 考 题 …………………………………………………………………… (132)
　推荐阅读书目 ……………………………………………………………… (133)

第6章 大苗培育 …………………………………………………………… (134)
　6.1 苗木移植 ……………………………………………………………… (134)
　　　6.1.1 移植的作用 …………………………………………………… (134)
　　　6.1.2 影响移植成活因素 …………………………………………… (136)
　　　6.1.3 移植技术 ……………………………………………………… (137)
　6.2 整形修剪 ……………………………………………………………… (145)
　　　6.2.1 整形修剪时期 ………………………………………………… (145)
　　　6.2.2 整形修剪方法 ………………………………………………… (146)
　6.3 苗木造型 ……………………………………………………………… (150)
　　　6.3.1 苗木主要整形方式 …………………………………………… (150)
　　　6.3.2 各类景观大苗培育 …………………………………………… (152)
　6.4 野生树木资源苗木繁殖 ……………………………………………… (155)

  6.4.1 野生树木资源引种 …… (156)
  6.4.2 野生树木资源繁殖 …… (157)
 6.5 反季节苗木栽植技术 …… (158)
  6.5.1 栽植前准备工作 …… (158)
  6.5.2 栽植技术 …… (159)
  6.5.3 栽植后养护管理 …… (160)
 思 考 题 …… (161)
 推荐阅读书目 …… (161)

第7章 园林苗圃圃地管理 …… (162)
 7.1 苗木轮作与复式种植 …… (162)
  7.1.1 苗木轮作 …… (162)
  7.1.2 复式种植 …… (164)
 7.2 苗木地灌溉技术要点及圃地排水 …… (165)
  7.2.1 灌溉技术要点 …… (165)
  7.2.2 苗圃排水 …… (170)
 7.3 苗木施肥 …… (170)
  7.3.1 施肥意义及其特点 …… (170)
  7.3.2 施肥原则 …… (171)
  7.3.3 施肥时期 …… (173)
 7.4 接种菌根菌和根瘤菌 …… (174)
  7.4.1 接种菌根菌 …… (174)
  7.4.2 接种根瘤菌 …… (175)
 7.5 苗木切根 …… (176)
  7.5.1 幼苗切根作用 …… (176)
  7.5.2 切根方法 …… (176)
  7.5.3 切根工具 …… (176)
 7.6 苗木遮阴降温、越冬及防冻 …… (176)
  7.6.1 遮阴降温 …… (176)
  7.6.2 越冬防冻 …… (176)
 7.7 圃地杂草控制 …… (177)
  7.7.1 杂草种类 …… (177)
  7.7.2 苗圃除草方法 …… (178)
  7.7.3 苗圃化学除草 …… (179)
 思 考 题 …… (182)
 推荐阅读书目 …… (182)

第8章 园林苗圃病虫害及有害动物防治 …… (183)
 8.1 园林苗圃主要病害类型及防治 …… (184)

  8.1.1 病害发生因素、类型与防治策略 ……………………………… (184)
  8.1.2 根部主要病害防治 ……………………………………………… (185)
  8.1.3 叶部主要病害防治 ……………………………………………… (187)
  8.1.4 枝干部主要病害防治 …………………………………………… (189)
 8.2 园林苗圃主要虫害类型及防治 ………………………………………… (190)
  8.2.1 虫害发生因素、类型与防治策略 ……………………………… (190)
  8.2.2 主要地下害虫防治 ……………………………………………… (192)
  8.2.3 主要地上害虫防治 ……………………………………………… (194)
 8.3 园林苗圃主要鸟兽害及防治 …………………………………………… (196)
  8.3.1 园林苗木主要鸟兽害 …………………………………………… (196)
  8.3.2 园林苗木主要鸟兽害防治办法 ………………………………… (198)
 8.4 园林苗圃常用农药与安全使用 ………………………………………… (200)
  8.4.1 园林苗圃常用杀虫剂及使用 …………………………………… (200)
  8.4.2 园林苗圃常用杀菌剂及使用 …………………………………… (202)
  8.4.3 园林苗圃科学使用农药原则 …………………………………… (203)
 思　考　题 …………………………………………………………………… (206)
 推荐阅读书目 ………………………………………………………………… (206)

第9章　园林苗木质量评价与出圃 ……………………………………… (207)

 9.1 苗木质量评价 …………………………………………………………… (207)
  9.1.1 苗木形态指标 …………………………………………………… (208)
  9.1.2 苗木生理指标 …………………………………………………… (210)
  9.1.3 苗木活力指标 …………………………………………………… (213)
  9.1.4 苗木年龄表示方法 ……………………………………………… (214)
  9.1.5 苗木商品价值参考指标 ………………………………………… (214)
 9.2 起苗技术要点 …………………………………………………………… (216)
  9.2.1 起苗季节 ………………………………………………………… (216)
  9.2.2 起苗时间确定 …………………………………………………… (217)
  9.2.3 起苗方法 ………………………………………………………… (218)
  9.2.4 苗木分级 ………………………………………………………… (219)
 9.3 苗木贮藏 ………………………………………………………………… (220)
  9.3.1 苗木假植 ………………………………………………………… (220)
  9.3.2 低温贮藏 ………………………………………………………… (221)
 9.4 苗木检疫与消毒 ………………………………………………………… (221)
  9.4.1 苗木检疫 ………………………………………………………… (221)
  9.4.2 苗木消毒 ………………………………………………………… (221)
 9.5 苗木包装和运输 ………………………………………………………… (222)
  9.5.1 苗木包装 ………………………………………………………… (222)
  9.5.2 苗木运输 ………………………………………………………… (226)

思考题 …… (227)
  推荐阅读书目 …… (227)

第10章 园林苗圃地建设与圃地区划 …… (228)
  10.1 园林苗圃类型 …… (228)
  10.2 园林苗圃建设可行性分析 …… (229)
    10.2.1 园林苗圃建设需求分析 …… (229)
    10.2.2 园林苗圃合理布局 …… (229)
    10.2.3 园林苗圃建设经营条件和自然条件分析 …… (230)
    10.2.4 园林苗圃建设可行性分析报告主要内容 …… (230)
  10.3 苗圃规划设计 …… (231)
    10.3.1 苗圃地规划设计准备工作 …… (231)
    10.3.2 苗圃用地划分 …… (231)
    10.3.3 苗圃规划设计 …… (233)
    10.3.4 苗圃设计图绘制和设计说明书编写 …… (236)
  10.4 苗圃的建设施工 …… (237)
    10.4.1 水、电、通讯引入和建筑工程施工 …… (237)
    10.4.2 圃路工程施工 …… (238)
    10.4.3 灌溉工程施工 …… (238)
    10.4.4 排水工程施工 …… (238)
    10.4.5 防护林工程施工 …… (238)
    10.4.6 土地整理工程施工 …… (238)
  10.5 园林苗圃常用设施设备 …… (239)
  10.6 观光旅游多功能园林苗圃建设规划 …… (240)
  思考题 …… (241)
  推荐阅读书目 …… (242)

第11章 园林苗圃经营管理 …… (243)
  11.1 园林苗圃经营管理目标 …… (243)
  11.2 园林苗圃组织机构 …… (245)
    11.2.1 组织机构设计原则 …… (245)
    11.2.2 组织机构组成 …… (246)
    11.2.3 园林苗圃人力管理 …… (246)
  11.3 园林苗圃生产管理 …… (247)
    11.3.1 生产计划管理 …… (247)
    11.3.2 苗木生产质量管理 …… (251)
    11.3.3 生产指标管理 …… (253)
  11.4 园林苗圃经济管理 …… (254)
    11.4.1 生产成本管理 …… (254)

11.4.2　财务管理 (256)
　11.5　园林苗木销售与信息化管理 (256)
　　　11.5.1　园林苗圃市场风险评价 (256)
　　　11.5.2　园林苗木市场营销 (258)
　11.6　园林苗圃档案建立与管理 (261)
　　　11.6.1　苗圃建立档案 (261)
　　　11.6.2　苗圃技术档案 (261)
思　考　题 (264)
推荐阅读书目 (265)

第12章　常见园林植物繁殖与培育 (266)
　12.1　播种育苗实例 (266)
　　　12.1.1　银杏播种育苗技术 (266)
　　　12.1.2　冷杉播种育苗技术 (267)
　　　12.1.3　樟子松播种育苗技术 (268)
　　　12.1.4　东北红豆杉播种育苗技术 (269)
　　　12.1.5　杜松播种育苗技术 (269)
　　　12.1.6　蒙古栎播种育苗技术 (270)
　　　12.1.7　榆树播种育苗技术 (271)
　　　12.1.8　东北山梅花播种育苗技术 (271)
　　　12.1.9　欧洲花楸播种育苗技术 (272)
　　　12.1.10　刺槐播种育苗技术 (272)
　　　12.1.11　卫矛播种育苗技术 (273)
　　　12.1.12　文冠果播种育苗技术 (274)
　　　12.1.13　红瑞木播种育苗技术 (274)
　　　12.1.14　丁香播种育苗技术 (275)
　　　12.1.15　接骨木播种育苗技术 (275)
　　　12.1.16　金银忍冬播种育苗技术 (276)
　　　12.1.17　天目琼花播种育苗技术 (277)
　　　12.1.18　锦带花播种育苗技术 (277)
　12.2　扦插育苗实例 (278)
　　　12.2.1　兴安落叶松扦插繁殖技术 (278)
　　　12.2.2　雪松扦插繁殖技术 (279)
　　　12.2.3　圆柏扦插繁殖技术 (279)
　　　12.2.4　南天竹扦插繁殖技术 (280)
　　　12.2.5　山茶扦插繁殖技术 (281)
　　　12.2.6　金丝桃扦插繁殖技术 (281)
　　　12.2.7　银中杨扦插繁殖技术 (282)
　　　12.2.8　杜鹃花扦插繁殖技术 (282)

12.2.9　棣棠扦插繁殖技术 ……………………………………………… (283)
12.2.10　火棘扦插繁殖技术 ……………………………………………… (283)
12.2.11　红叶石楠扦插繁殖技术 ………………………………………… (284)
12.2.12　金叶女贞扦插繁殖技术 ………………………………………… (284)
12.2.13　茉莉扦插繁殖技术 ……………………………………………… (285)
12.2.14　珊瑚树扦插繁殖技术 …………………………………………… (285)

12.3　嫁接育苗实例 ……………………………………………………………… (286)
12.3.1　红花檵木嫁接繁殖技术 ………………………………………… (286)
12.3.2　'金叶'榆嫁接繁殖技术 ………………………………………… (287)
12.3.3　月季嫁接繁殖技术 ……………………………………………… (287)
12.3.4　紫叶李嫁接繁殖技术 …………………………………………… (288)
12.3.5　梅花嫁接繁殖技术 ……………………………………………… (289)
12.3.6　樱花嫁接繁殖技术 ……………………………………………… (289)

12.4　其他繁殖方法育苗实例 …………………………………………………… (290)
12.4.1　桑树压条繁殖技术 ……………………………………………… (290)
12.4.2　板栗插根繁殖技术 ……………………………………………… (291)
12.4.3　毛白杨留根苗压条繁殖技术 …………………………………… (291)
12.4.4　牡丹分株繁殖技术 ……………………………………………… (292)

12.5　修剪与艺术造型培育大苗实例 …………………………………………… (292)
12.5.1　油松造型大苗培育 ……………………………………………… (293)
12.5.2　五角枫造型大苗培育 …………………………………………… (294)
12.5.3　紫薇造型大苗培育 ……………………………………………… (294)

12.6　容器化庭院苗木培育实例 ………………………………………………… (295)

12.7　绿篱地被类苗木培育实例 ………………………………………………… (296)
12.7.1　绿篱类苗木培育技术 …………………………………………… (296)
12.7.2　地被类苗木培育技术 …………………………………………… (297)

12.8　藤本类苗木培育实例 ……………………………………………………… (298)
12.8.1　紫藤苗木培育 …………………………………………………… (298)
12.8.2　凌霄苗木培育 …………………………………………………… (300)

12.9　观赏竹类苗木培育实例 …………………………………………………… (300)
12.9.1　观赏竹类大田育苗技术 ………………………………………… (300)
12.9.2　观赏竹类容器育苗技术 ………………………………………… (301)

思　考　题 ………………………………………………………………………… (302)
推荐阅读书目 ……………………………………………………………………… (302)

附　表 ……………………………………………………………………………… (303)

参考文献 ………………………………………………………………………… (315)

第1章 绪 论

[本章提要] 城市绿化是改善城市生态和景观环境、创造良好人居环境的公益事业。园林苗圃是专门为城市绿化提供各种园林苗木的生产基地,也是城市绿地系统的一部分。园林苗圃学是为园林苗木培育提供理论依据和技术支撑的一门应用科学。本章介绍了园林苗圃的地位和作用,我国园林苗圃生产现状、存在问题及发展趋势,以及园林苗圃学的主要内容和任务。

随着社会和经济的发展,工业化和城市化快速推动,人口和产业不断向城市集聚。面对日益突出的城市生态环境问题,人们越来越向往空气清新、环境优美、生态良好、人居和谐的现代化城市环境。城市绿化是改善城市生态环境、美化生活环境的有效措施,它不仅可以改善气候、净化大气、减隔噪声、缓解灾害等,还能营造清新宜人的户外游憩场所,优美的绿化景观,舒适的生存环境。城市绿化建设需要使用大量的苗木和花卉等绿化材料,且要求绿化材料种类丰富,品质优良,对城市生态环境适应性强,满足城市景观环境构建的多样性需求。因此,需要建立专门的城市绿化苗木生产基地,源源不断地为城市绿化提供数量充足、品质优良的绿化苗木。园林苗圃就是专门繁育城市绿化苗木、花卉、草坪等绿化材料的基地,是城市绿化苗木的重要生产基地,同时也是城市绿地系统的一部分。园林苗圃的发展程度直接关系到城市园林绿化事业的发展进程,如何科学合理地建设和经营管理园林苗圃,为城市绿化提供多样化的优质苗木,成为城市园林绿化建设中的一项重要内容。

1.1 园林苗圃地位和作用

随着社会的不断进步,人们越来越认识到绿色植物对调节气候、减少污染、美化环境所起的不可替代的重要作用。也进一步认识到,加强园林绿化是优化城市环境、保持生态平衡、提高人居环境质量的重要途径。将城市绿化建设纳入国民经济和社会发展计划,加强城市生态环境建设,积极推广科技新成果和新技术,提高城市绿化的科学技术含量和艺术水平,提高绿地的生态效益和景观效益,营造更多的绿色休憩空间,创造良好的人居环境,对大力改善城市生态环境、美化城市生活环境、增进人民身心健康、促进城市的可持续发展具有重要意义。

城市通过园林绿化,能够净化空气,改善空气质量。在人口密集车辆多的城市,空气中的二氧化碳浓度往往达到 0.05% 左右，导致人们的呼吸不适。增加园林绿化植物，可加大二氧化碳的吸收，提高氧气释放量，从而起到净化空气的作用。尤其是在人群比较密集的城市，这种作用更加明显。在城市大面积地进行园林绿化，合理布局绿地系统，可在高温的建筑组群之间交错形成连续的低温地带，起到良好的降温作用，减轻"热岛效应"。园林绿化中茂密的植物，对声波有散射和吸收的作用，从而达到减少或者阻挡噪声的作用。不少植物具有杀菌作用，可以减少空气中的细菌数量。如松树林、柏树林及樟树林有较强灭菌能力。

多样化的赏心悦目的园林绿化，为城市增添自然的美感，陶冶人们的情操，使园林绿化不仅产生生态效益，而且能充分发挥社会效益和文化效益。城市绿化程度，常常作为一个城市生态环境优良与否的重要标志，在城市化进程中越来越显示出它的重要性。城市绿化离不开多种多样的树木花草等基础的绿化材料，作为绿化材料生产部门的园林苗圃，在城市园林绿化这一进程中具有举足轻重的作用。这就要求园林苗木生产部门，通过应用新的科技成果和先进的育苗技术，以最短的时间、最低的成本，培育出品种丰富而又优质高产的苗木，以满足园林绿化事业的需要。

根据《城市绿地分类标准》(CJJ/T 85—2017)，将城市绿地分五大类，包括公园绿地、生产绿地、防护绿地、附属绿地和其他绿地。

①公园绿地　是城市中向公众开放的、以游憩为主要功能，有一定的游憩设施和服务设施，同时兼有健全生态、美化景观、防灾减灾等综合作用的绿化用地。它是城市建设用地、城市绿地系统和城市市政公用设施的重要组成部分，是表示城市整体环境水平和居民生活质量的一项重要指标。包括综合公园、社区公园、游乐公园、带状公园（结合城市道路、水系、城墙而建设，承担着城市生态廊道的职能）、街旁绿地（散布于城市中的中小型开放式绿地，具备游憩和美化城市景观的功能）、街道广场绿地（我国绿地建设中一种新的类型，是美化城市景观，降低城市建筑密度，提供市民活动、交流和避难场所的开放型空间）。

②生产绿地　指为城市绿化提供苗木、花草、种子的苗圃、花圃、草圃等圃地，是城市绿化的生产基地。

③防护绿地　指为满足城市对卫生、隔离、安全的要求而设置的绿化用地，其功能是对自然灾害和城市公害起到一定的防护或减弱作用。如卫生隔离林带、道路防护绿地、高压走廊绿带、防风林林带。

④附属绿地　指城市建设用地中除绿地之外各类用地中的附属绿化用地，包括居住用地、公共设施用地、工业用地、仓储用地、对外交通用地、道路广场用地、市政设施用地和特殊用地中的绿地。

⑤其他绿地　指位于城市建设用地以外生态、景观、旅游和娱乐条件较好或亟须改善的区域，一般是植被覆盖较好、山水地貌较好或应当改造好的区域，其主要功能偏重生态环境保护、景观培育、建设控制、减灾防灾、观光旅游、郊游探险、自然和文化遗产保护等。如风景名胜区、水源保护区、郊野公园、森林公园、自然保护区、风景林地、城市绿化隔离带、野生动植物园、湿地、垃圾填埋场恢复绿地等，对生态环境质量、居民休闲生活、景观和生物多样性保护有直接影响。

按照我国颁布的《城市绿化条例》(2017 修订)，城市绿化规划应当从实际出发，根据城市发展需要，合理安排同城市人口和城市面积相适应的城市绿化用地面积。城市绿化规划应当根据当地的特点，利用原有的地形、地貌、水体、植被和历史文化遗址等自然、人文条件，以方便群众为原则，合理设置公园绿地、居住绿地、防护绿地、风景林地和生产绿地等。作为生产绿地的园林苗圃，担负着为城市绿化工程供应苗木、草坪及花卉等植物材料的任务，是城市绿地不可缺少的部分。园林苗圃不仅为城市绿化培养提供大量苗木，直接影响城市绿化的质量和水平，同时也为城市绿化树种的培养和引种驯化等提供科研基地，还对改善城市环境发挥着作用。园林苗圃地在提供苗木的同时，还可对外开放，供游人观赏游览，丰富人们生活，发挥社会功能。

在评价城市园林绿化水平时，常常根据不同城市的性质、规模和自然条件等实际情况，依据绿化覆盖面积、绿化覆盖率、绿地率和人均公园绿地面积等指标进行评价。绿化覆盖面积是指城市中乔木、灌木、草坪等所有植被的垂直投影面积，包括屋顶绿化植物的垂直投影面积以及零星树木的垂直投影面积(乔木树冠下的灌木和草本植物以及灌木树冠下的草本植物垂直投影面积均不能重复计算)；绿化覆盖率(%)是指建成区所有植被的垂直投影面积占建成区面积的比率；绿地率(%)是指建成区各类城市绿地面积占建成区面积的比率；人均公园绿地面积(m^2/人)是指建成区内的城区人口人均占有公园绿地面积的数量。

城市绿化资源情况统计时，多从 4 个方面进行统计：①绿化覆盖面积；②绿地面积，包括公园绿地(公园、社区公园、街旁绿地、其他公园绿地)、生产绿地、防护绿地、附属绿地和其他绿地；③绿地植物(实有树木株树、实有草坪平方米)；④绿化水平，包括绿化覆盖率、绿地率、公园绿地 500 m 服务半径覆盖率(面积在 5000 m^2 以上的公园绿地，按照 500 m 的服务半径计算覆盖居住用地的百分比)、人均绿地面积(以所有的绿地进行统计)、人均公园绿地面积(只考虑公园绿地)。据 2015 年北京市城市绿化资源情况统计，北京市的绿化覆盖率 48.4%、绿地率 45.79%、公园绿地 500 m 服务半径覆盖率 67.21%、人均绿地面积 39.84 m^2、人均公园绿地面积 16 m^2。

随着各级城市人民政府对城市园林绿化建设的认识不断提高，投入不断加大，管理不断加强，我国的园林绿化事业得到了快速发展。自 1992 年起开始在全国范围内开展创建国家园林城市活动，规定国家园林城市的公共绿地覆盖率要达到 34%~40%，建成区绿地率达到 29%~35%，人均绿地面积达到 7~9 m^2。截至 2015 年，全国约有半数城市(310 个)、1/10 的县城(212 个)成功创建国家园林城市(县城)。园林城市创建发挥示范带动作用，有力地推动了城市生态建设和市政基础设施建设，提升了城市宜居品质。2016 年，我国城市建成区绿地率达 36.4%，人均公园绿地面积达 13.5 m^2。据《"十三五"生态环境保护规划》，到 2020 年，城市人均公园绿地面积要达到 14.6 m^2，城市建成区绿地率达到 38.9%。

联合国生物圈与环境组织提出，城市人均公共绿地 60 m^2 为最佳居住城市。世界卫生组织推荐，国际大都市人均公园绿地 40~60 m^2，人均公园绿地面积 20 m^2 为健康城市。国外不少城市已达到或接近这一要求，如波兰首都华沙和澳大利亚首都堪培拉，人均公园绿地面积均超过 70 m²，绿地率在 50% 以上；瑞典首都斯德哥尔摩人均公园绿地面积达到 80.3 m²。2016 年我国部分国家级园林城市人均公园绿地面积为：珠海市 19.5 m²/人、广州市 16.5 m²/人、银川市 16.3 m²/人、深圳市 16.4 m²/人、呼和浩特市 15.5 m²/人、石家庄市 15.1 m²/人、海口市 15.0 m²/人、南京市 15.0 m²/人、苏州市 15.0 m²/人、青岛市 14.6 m²/人、杭州市 14.3 m²/人、南宁市 12.0 m²/人、西宁市 12.0 m²/人、太原市 11.8 m²/人、南昌市 11.8 m²/人、长春市 11.6 m²/人、武汉市 11.2 m²/人、厦门市 11.0 m²/人、长沙市 10.8 m²/人、沈阳市 8.5 m²/人、上海市 7.8 m²/人。

从以上绿地分类及绿地评价指标看，园林苗圃既是城市绿地系统中重要的生产绿地，又是城市园林绿地的增长点之一，对提高人均公园绿地面积、绿化覆盖率、绿地率等指标起着重要作用。我国城乡建设环境保护部门有关文件要求各个城市都要重视园林苗圃的建设，城市中园林苗圃的总面积不能低于城市建设用地的 2%~3%，以适应城市建设的需要，满足城市绿化用苗的需求。近年来，城市园林绿化发展迅速，本地绿化苗木现存量远不能满足需要，从外地长途运输苗木不仅增加绿化造价，而且苗木成活率和质量都受到很大影响。因此，有计划、有针对性地建立专门的园林苗圃，生产本地急需的各种绿化苗木，逐步实现城市绿化苗木自给很有必要，园林苗圃将对城市园林绿化起到举足轻重的作用。

城市园林绿化既有地域特征，又有很强的艺术性。不同地域的气候相差悬殊，适生植物种类存在很大差别。因此，需要建设与城市当地环境相对应的园林苗圃，充分挖掘繁育乡土绿化资源，既满足城市绿化中的地域性需求，又能使不同城市园林绿化彰显地方特色。还要积极引进外来良种植物，繁育多品种、多类型、多姿多彩、多功能的苗木，为城市绿化和城市景观美化提供多样性的绿化材料。

由上可见，为了美化城市环境，不断调节和改善城市生态环境，不仅需要数量足够的城市园林绿化苗木，而且需要丰富多样的苗木种类。园林苗圃是专门为城市园林绿化定向繁殖和培育各种优质绿化苗木的基地，是城市园林绿化的重要基础。园林苗圃可以通过培育苗木、引种、驯化苗木以及推广优良品种苗木等推动城市园林绿化的发展。同时，园林苗圃本身也具有公园功能，可形成亮丽的风景线，在城市生态环境建设、科普教育和观光游憩中发挥作用，丰富城市园林绿化内容。因此，园林苗圃在促进城乡园林绿化建设、美化和环境保护、改善人居生态环境、加快推进生态文明建设中具有重要的地位和作用。

1.2 园林苗圃现状、存在问题和发展趋势

1.2.1 园林苗圃现状

园林苗圃是园林绿化苗木的生产基地，苗木是园林建设的重要材料，绿化城市必须苗木先行，苗木产业的发展不断地为城市园林绿化提供绿化用苗。随着社会、经济发展及城市化进程加快，人民物质文化生活水平不断提高，对生态环境意识逐步增

强，园林绿化受到越来越多的重视，对园林绿化的要求也越来越高，不仅要求城市园林绿化的快速发展，而且要求形成丰富多彩的园林绿化景色和城市景观。对苗木数量、种类和质量提出了更高的要求。选择绿化苗木时，不仅要考虑城市生态环境的适应性，还要考虑绿化的美化作用、康养作用、休闲观光及文化价值等。园林苗圃作为城市绿地的组成部分，除源源不断提供绿化苗木之外，还是城市绿地系统的后花园，居民观赏、享受和休憩之地，因此，园林苗圃的生产建设和经营管理要不断应对新变化和新要求。

各地城市生态与环境建设的快速发展，园林绿化苗木的需求量逐年增多。城市建设中明确提出，要根据绿化规划的要求，制订育苗计划，做到有计划和按比例地生产和供应苗木，保障城市绿化有足够的苗木。对城市园林绿化苗木的需求，使苗木产业成为生态文明建设和城市建设的先行产业。苗木市场的活跃和生产经营者收益的提高，调动了生产经营苗木的积极性，使园林苗圃产业迅速膨胀。现有的园林苗圃及其苗木生产已经不能满足飞速发展的城市绿化要求，国有苗圃独领风骚的格局不再，非公有制苗圃迅速发展，包括个人、公司、社会团体等经营的苗木花卉生产企业，都纷纷进入园林苗木生产领域，苗圃数量也越来越多，形成苗木市场竞争激烈的局面。

为满足市场的需求，园林苗圃根据城市园林绿化的不同需要，各尽其能，培育生产地方特色的苗木，培育大苗，引种驯化，大量繁育市场销售看好的优良品种的苗木。工厂化育苗生产基地的建设，组培繁育技术及先进生物技术在苗木快速繁育中的应用，设施育苗、全自控的育苗温室、容器育苗、无土育苗等现代育苗技术的应用，新型轻质育苗基质的应用以及全自动装播扦插生产线的应用等，大大提高了园林苗木培育水平，丰富了苗木种类，提高了苗木质量。

1.2.2 园林苗圃发展中面临问题

在园林苗圃快速发展的同时，也遇到了各种各样的问题。城市绿化的苗木自给率还很低，不得不大量调运外来苗木。结果是，外来苗木往往不能很好地适应当地的气候和土壤环境条件，长途运输又会对苗木产生各种不良影响，导致苗木成活率和保存率降低，绿化成本增高，绿化效果降低。不少园林苗圃的苗木质量得不到有效保障，生产的苗木规格、苗木种类和苗木造型等不能满足当地城市园林绿化的需求。

苗圃产业结构和产品种类结构不合理，产业化程度偏低，市场特色品牌少，园林苗圃生产的绿化苗木种类还不够丰富，可开发利用的园林绿化资源潜力极大。在绿化植物品种的选择上缺乏前瞻性，不能及时繁育提供优良品种和新品种苗。导致大部分园林苗圃的种植品种大同小异，苗木品种趋同，缺乏自己的生产经营特色，大苗奇缺，小苗泛滥，远远达不到城市绿化对苗木质量的要求。

苗圃布局不够合理，苗圃的长远规划缺乏，苗圃生产和管理技术相对落后，现代化的经营管理理念欠缺，规模化生产、标准化要求做得不够，信息渠道不够畅通，抵御市场风险的能力较差。因此，如何推进我国现代化园林苗圃的建设水平，促进园林绿化事业可持续健康的发展，成为我国园林苗圃业发展面临的重要课题。

1.2.3 园林苗圃发展趋势

园林苗圃未来产业的发展方向关键是要应对城市园林绿化的需求,加大园林苗木培育中的科技含量,积极转化新成果,使用新技术。苗木生产要走向专业化、规模化、工厂化、自动化;苗木种类要多样化,乔、灌、花、草合理配置,优先发展乔木类苗木;加强区域性绿化植物资源的开发研究和利用,重点培育优良乡土植物种类的苗木,也要引进繁育适合在本地区生长发育的新品种园林苗木;苗木质量要优质化、标准化;苗木销售要市场化,销售渠道多元化;苗圃经营要有前瞻性,根据城市绿化发展和市场需求,不断调整优化产业结构,做到可持续发展。具体可从如下几个方面考虑:

(1) 苗木生产规模化和专业化

园林绿化通常需要较大规格的苗木,培育大苗需要的时间较长,苗木基地要达到一定的规模才能生产出高质量、低成本的苗木。规模化发展利于种植管理的集约化经营,可用最少的人力资源和先进的生产设备,节约投资、提高生产率,降低苗木生产成本,提高苗木的产量和质量。专业化发展利于集中资源和力量,使苗木企业专业化经营,积极应用新的成果和先进,定向培养高品质苗木、优良品种容器苗木、彩叶苗木品种等,增加苗木的市场竞争力,增加苗圃的产业提升能力。

(2) 苗木生产工厂化和自动化

增加科技方面的资金投入,注重科技创新,不断提升科技含量,加大新成果、新技术的推广应用力度,充分利用各种现代化设施和配套设备,加快优质新品种及其配套技术的引进、消化吸收和再创新,提高生产水平,提高劳动效率,是全面提高苗木产量和质量的有效途径。

(3) 苗木种类的特色化和多样化

在园林苗木培育中,既要充分发挥当地的优势,大力开发和利用当地乡土植物种质资源,生产具有地方特色的苗木种类,又要加强新品种和新类型苗木的培育和推广,大力繁育市场紧俏的珍贵苗木,积极开展多样性的苗木生产,做到苗木种类多样性、地域性与苗木生产特色性相结合,实现低成本、多品种类型、多样化的可持续的园林苗木生产,以保证不断为城市绿化建设提供品种丰富、品质优良,且具有良好适应性的绿化苗木。

(4) 苗木质量的优质化和标准化

由于市场对苗木质量的要求越来越高,只有统一的规格和标准才能改善产品质量、满足市场要求、方便市场批量交易,同时也能够促进各种专业化、规模化生产和管理技术的应用。学习先进经验,采用订单式生产,根据城市绿化的特定需求,严格按照质量标准,按需定向培育优质苗木。

(5) 苗木销售渠道多元化和网络信息化

城市园林绿化的市场需要常常制约着园林苗圃的发展规模和方向,决定着园林苗木的生产。园林苗木的生产经营和推广又对城市园林绿化事业的发展起导向作用。因此,苗木销售环节要不断拓展市场,靠市场求发展,向市场要效益。销售渠道要多元化,逐步形成苗木信息中介、苗木收购、运输物流等产销链。加强苗木信息网络建设,使苗木产业供求信息实现共享。完善苗木物流体系,降低交易成本,提高苗木产业的竞争力和生存力。

(6)不断优化园林苗圃产业结构,实现园林苗圃可持续发展

面对市场需求的不断变化,园林苗圃要不断调整优化产业结构,建立特色化苗圃,精细化管理,集约化经营,以满足市场需求。如将设计、经营、文化和悠闲意识纳入苗圃经营管理,在中小型苗圃发展兼备科技示范、科普教育、游玩等功能的多功能苗木产业、观光休闲类苗圃,还可针对庭院绿化、居民个人消费的潜在市场,培育造型精美的特色苗木产品,拓宽产品的销路。充分发挥苗圃的生态价值,实现生产绿地价值的多元化,使园林苗圃可持续发展。

1.3 园林苗圃学内容、任务

1.3.1 园林苗圃学内容

园林苗圃是繁育绿化苗木、花卉、草坪等绿化材料的基地。园林苗圃学是研究园林苗木培育理论和技术的一门应用科学。主要内容包括树木种实生产、苗木的播种繁殖和营养繁殖、设施育苗、大苗培育、圃地管理、苗圃有害生物防治、苗木出圃、苗圃建设与经营管理等方面理论与技术。为了更好地认识园林苗木培育的理论和技术,需要了解植物学、树木学、土壤学、气象学、植物生态学、植物生理学、园林植物遗传学与育种学、园林植物有害生物防治、经营管理等基础理论及技术知识。

1.3.2 园林苗圃学任务

园林苗圃学的主要任务是为园林苗木的培育提供科学理论依据和先进技术,为科学经营管理园林苗圃、持续地生产品种丰富和品质优良的绿化苗木提供理论和技术支撑。具体任务可归纳为如下几方面:

(1)园林树木种实生产特征和种实调制方法

认识园林树木生物学和生态学主要特征的基础上,重点了解园林树木个体生长发育时期、开花结实规律、种实形成过程、种子成熟与种子寿命特征,为种实采集基地的建立、种实生产、种实的采集、加工、贮藏、运输以及种子品质检验提供理论依据和具体的技术措施。

(2)园林苗木繁育生产的理论依据与技术

了解播种苗生长发育规律,掌握播种繁殖的特点和各培育环节的技术要点,包括播种时期的确定、育苗方式的选择、播种前土壤准备与消毒、播种前种子处理的技术措施、播种方法与操作技术要点、播种后苗木和圃地管理措施等。

了解苗木营养繁殖的基本理论、营养苗繁育特点及营养苗的生长发育特征，重点了解苗木嫁接成活原理和扦插生根原理。掌握营养繁殖苗木的培育方法，包括扦插繁殖、嫁接繁殖、压条和埋条繁殖、留根和分株繁殖，掌握各种营养繁殖苗的管理措施。

(3) 设施育苗及现代育苗技术的应用

设施育苗及现代化育苗技术在园林苗木培育中的应用，包括组培育苗、容器育苗、工厂化育苗、无土栽培育苗。要了解设施育苗及现代化育苗工艺过程及关键技术环节，同时要了解设施配置、育苗基质选配及育苗容器材料的选择等。

(4) 园林绿化大规格苗木的培育技术

为了快速达到美化效果，园林绿化中普遍采用大规格苗木栽植，因此，要掌握园林绿化大规格苗木培育技术。要了解苗木移植、整形修剪、苗木造型的方法及关键技术环节。还要了解野生树木资源的苗木繁殖技术、反季节苗木移植技术、大苗移植后养护管理的一些关键措施。

(5) 园林苗圃的圃地管理及有害生物防治

圃地管理方法和技术方面：苗木轮作与复式种植技术、苗圃灌溉和排水技术、苗木施肥技术、接种菌根菌和根瘤菌、苗木切根、苗木遮阴降温与越冬防寒，以及圃地杂草控制技术等。有害生物防治方面：掌握苗木病害和虫害主要类型及防治方法、圃地鸟兽危害及防治方法。

(6) 园林苗木出圃与运输

了解园林苗木产量和质量的调查方法、苗木质量评价方法，要掌握起苗技术要点、苗木分级方法、苗木检疫与消毒方法，掌握苗木运输前的包装和运输过程中防止苗木失水的措施。

(7) 苗圃建设与经营管理

苗圃建设与经营管理包括：园林苗圃建设规划的主要内容、苗圃建设施工方法与流程、苗圃常用设施设备，以及苗圃技术档案建立的内容。包括：园林苗圃计划与周年生产管理、苗圃经营管理、苗木市场营销与风险规避策略等。

思 考 题

1. 名词解释：园林苗圃、园林苗圃学。
2. 简述园林苗圃的发展趋势。
3. 课外调查：请你调查一下所在地区的园林苗圃的数量、规模及其目前的生产经营情况。

推荐阅读书目

1. 园林苗圃学(第二版). 苏金乐. 中国农业出版社, 2013.
2. 园林苗圃学. 王大平, 李玉. 上海交通大学出版社, 2014.

第 2 章
园林树木种实生产

[**本章提要**]园林树木的种实是繁殖园林绿化苗木最基本的生产资料,本章在认识园林树木种实形成过程、开始结实年龄、结实周期性、种实成熟与脱落特性的基础上,介绍种实采集基地的建立、种实采集、调制、贮藏、包装与运输方法,以及介绍种子净度、种子发芽能力、种子生活力、种子优良度等园林树木种子品质检验的方法。

从植物学上理解,子房发育成果实,子房壁发育成果皮,子房里面的胚珠发育成种子。所以,种子是成熟的胚珠,果实则包括种子和果皮。一个成熟的胚珠包括胚、胚乳和种皮。胚是新一代植物的雏形,由胚根、胚轴、胚芽和子叶四部分组成。胚轴为子叶着生点与胚根之间的轴体,胚轴下接胚根,上接胚芽;子叶着生于胚轴的中部。种子萌发时,胚根形成根系,胚芽形成茎叶,胚轴发育成连接根和茎的部分,子叶为胚的生长提供营养。胚乳位于种皮和胚之间,是贮藏营养物质的器官,可为种子萌发提供营养。种皮是包被在种子最外面的结构,起保护作用。

园林苗木培育中,种子的含义比植物学上的种子更加广泛,包括植物学所指的种子、类似种子的干果、作为繁殖材料的营养器官以及植物人工种子。按照《中华人民共和国种子法》(2015 年 11 月 4 日修订通过,自 2016 年 1 月 1 日起施行),包括籽粒、果实、根、茎、苗、芽、叶、花等在内的林木种植材料或者繁殖材料均归属种子的范畴。在苗木培育中还常用种质资源、品种和林木良种这样一些术语。种质资源是指选育新品种的基础材料,包括各种植物的栽培种、野生种的繁殖材料以及利用上述繁殖材料人工创造的各种植物的遗传材料。品种是指经过人工选育或者发现并经过改良,形态特征和生物学特性一致,遗传性状相对稳定的植物群体。林木良种是指通过审定的林木种子,在一定的区域内,其产量、适应性、抗性等方面明显优于当前主栽材料的繁殖材料和种植材料。

园林苗圃学中,把用于繁殖园林树木的籽粒或果实统称为种实。如生产上培育雪松、云杉、侧柏等园林苗木时,所用的播种繁殖材料属于植物学意义上真正的种子。培育白蜡播种苗时,所用的种子实际上是指植物学上的果实。播种桃、梅和李时,所用的种子只是果实的一部分。而银杏播种繁殖时所用的种子,是除去肉质外种皮后,留下来的包括骨质中种皮和膜质内种皮的种子,仅仅是种子的一部分。种实是园林苗圃经营中最基本的生产资料,为保证园林苗木培育中有质优量足的种实,首先要认识园林树木结实的自然规律、影响结实的因素和种实成熟特性，然后要了解适宜的种实采收方法，以及采收后的种实应如何处置才能有效地进行贮藏，并采取合理的措施进行种实贮藏和运输，随时监测种子的活力动态，依据相关标准检验种子质量，对种子品质进行科学评价，为园林苗木培育提供种实保障，为培育优良园林苗木奠定基础。

2.1 树木结实规律

2.1.1 树木个体生长发育时期

园林树木包括乔木和灌木，除竹类外，均为多年生多次结实的木本植物。不同的树种，其结果能力的强弱、结实的早晚与树种个体发育的年龄时期关系密切。

园林树木结实是指树木孕育种子或果实的过程。园林树木从卵细胞受精开始到形成种子，到种子萌发、生长、发育直到树木死亡，要经过5个年龄时期：种子时期、幼年时期、青年时期、壮年时期、老年时期。

种子时期 是指由合子形成到种子发芽。

幼年时期 是指从种子发芽到第一次开花结果，这一时期以营养生长为主，为生殖器官的形成积累有机物质和矿质营养，是树木个体建造的重要时期。

青年时期 是指从树木第一次开花结果到结实量大幅度上升并趋于稳定，是树木生长发育逐渐成熟的时期，这个时候，母树以营养生长为主逐渐转入与生殖生长相平衡的过渡时期。

壮年时期 是指从树木大量结实到结实量大幅度下降，是树木结实盛期，也是采种的最佳时期。

老年时期 是指从树木结实量大幅度下降到林木死亡。

在开始结实的早期阶段结实量小，随着年龄的增长结实量逐渐加大，壮年时期结实量最大，种子质量也最高，进入老年时期结实量和种实品质均明显下降。

2.1.2 树木开始结实年龄和结实周期性

2.1.2.1 开始结实年龄

树木最初的生长发育过程主要是积累营养物质，使树体不断扩大，直至生长发育到一定的年龄且营养物质积累到一定程度后，树木的芽才开始分化出花原基和花芽，逐渐具有结实能力，并开始开花结实。

对不同树种来说，开始开花结实的年龄差别很大，这主要取决于它的遗传基因和环境条件。不同树种的遗传基因不同，生长发育快慢不同，生物学特性不同，其结实年龄也不一样。一般灌木比乔木早，速生树比慢生树早，喜光树比耐阴树早，如紫薇1年生即可结实，梅花3~4年生开花结实，五角枫和楸树10年左右开花结实，而银杏则要到20年生后才开始开花结实。同一树种在不同环境条件下，开始结实年龄也有差异。在温暖的气候和充足的光照环境中的贮藏营养充足，树木可提早开花结实，通常孤立木结实年龄比林中木早。在同一树种分布区内，分布于南部或南坡的树木，比北部或北坡的树木结实早。

树木生长健壮，营养器官生长得好，生殖器官生长得也好，树木开始开花结实年龄也早。通过改善营养条件和光照条件，可促进树木提早结实。但有时树木营养生长过于旺盛，开始开花结实的年龄会变晚，如枝叶徒长会延迟开花结实年龄。

在土壤贫瘠、干旱或含盐量较高的环境胁迫下，受机械损伤或发生病虫害时，营养生长受到强烈抑制，树木个体早衰，有限的营养集中于生殖生长，树木提早开花结实。营养生长并不旺盛但开花结实却早的这种现象属非正常现象，种实质量不高。

主要园林绿化树木开始结实的年龄见附表1。

2.1.2.2　结实周期性

树木进入结实阶段后，每年结实量常常有很大差异，有的年份结实较多，称为丰年或大年；丰年之后结实量大幅减少，称为歉年或小年。结实丰年和歉年交替出现的现象称为结实周期性，或称结实大小年现象。

其相邻的两个大年之间相隔的年限称为结实间隔期。结实间隔期随树种生物学特性和环境条件的不同而有所差别。树木花芽的形成主要取决于树木的贮藏营养，结实后养分消耗、树势减弱，尤其在大年后，树势恢复情况不同，所形成的间隔期也不同，而外界的不良影响，如风、霜、冰雹、冻害、病虫害等也常会使树木的结实出现大小年和间隔期现象。

树木的结实间隔期，并不是树木固有的特性，它可以通过加强抚育管理，如松土、除草、施肥、灌水、修剪、防治病虫害、克服自然灾害等措施，维持树木的营养生长和生殖生长的平衡关系，以达到消除大小年现象，获得种实高产稳产的目的。

2.1.3　树木种子发育与种子成熟

2.1.3.1　种子发育

种子发育　是指从卵细胞受精形成合子开始，经历多次细胞分裂增殖和基本器官的分化成长，直至种子成熟所发生的一系列变化过程。包括花芽分化、传粉、受精、种子发育、成熟等过程。

花芽分化　是顶端分生组织由叶芽状态向花芽状态转化的过程，是由营养生长向生殖生长转变的生理和形态标志。花芽分化分为生理分化期和形态分化期。生理分化期是生长点在生理状态上向花芽转化的过程，先于形态分化期1个月左右，主要在生长点细胞群中积累组建花芽的营养物质以及激素调节物质、遗传物质等。生理分化完成后，在植株体内激素和外界条件作用下，生长点的物质代谢及组织形态开始发生变化，分化成叶芽和花芽，进入了花芽形态分化期，并逐渐发育形成花萼、花瓣、雄蕊、雌蕊，直到开花前完成整个花器的发育。

传粉（授粉）　是指花粉传播到被子植物的雌蕊柱头上或裸子植物的珠孔处的过程。受精是精子和卵子结合成一个细胞的过程。园林树木的传粉方式以风媒和虫媒为主。花粉通过不同途径传到雌蕊柱头后，花粉萌发，精卵结合，完成受精作用。从花粉传到柱头上(授粉)至精细胞和卵细胞发生融合(受精)所经历的时间随树木种类而异。多数树种10 min即可受精，但有些树种在授粉后需要很长时间花粉管才能进入胚囊，受精时间较长，如桦树的受精过程需一个月，红松授粉后直至第二年才能完成受精。从卵细胞受精成为合子开始，要经过多次细胞分裂增殖和基本器官的分化成长，才能发育成成熟的种子。

被子植物种实形成过程中，具有双受精现象，即胚和胚乳均是经过受精而发育形成，花粉通过柱头和花粉管进入子房中胚珠的胚囊内释放两个精细胞，一个精细胞与胚囊卵细胞融合形成二倍体($2n$染色体)的合子(受精卵)，合子即胚；另一个精细胞和胚囊中的两个极核细胞发生融合形成三倍体($3n$染色体)的初生胚乳核，即胚乳。珠心在胚与胚乳的发育过程中被吸收利用，或者发育形成外胚乳，珠被形成种皮，珠柄形成种柄。在种子发育的同时，子房壁发育形成果皮，种子和果皮构成了果实。

裸子植物种实形成过程中，雄球花由小孢子叶(雄蕊)组成，产生小孢子(花粉粒)。雌球花由大孢子叶(珠鳞)组成，腹部着生胚珠(内有颈卵器)。颈卵器接受花粉粒的精子，精细胞和颈卵器中的卵细胞结合发育形成胚，珠鳞逐渐木质化形成种鳞。胚珠发育形成的种子着生在种鳞腹部，种子和种鳞共同构成球果。这个过程没有子房形成，胚珠和种子是裸露的。胚来源于受精卵发育，是新一代孢子体；胚乳发育未经受精作用，由雌配子体($1n$染色体)直接发育而形成；种皮由珠被发育形成，属老一代孢子体。因此，裸子植物的种子包含3个不同的世代。

被子植物和裸子植物的种子发育过程有所不同。被子植物类的树木，受精卵至种胚的形成可分为原胚期、分化期、贮藏物质积累期和脱水成熟期。原胚期，受精卵开始DNA复制，细胞加速分裂。分化期，DNA复制、蛋白质和RNA合成速度加快，细胞分裂加速，胚的干重和鲜重增加。贮藏物质积累期，细胞分裂停止，绿色组织制造的有机物质转入种子的速度加快，淀粉和贮藏蛋白合成数量继续增加并出现大量积累，胚的干重增加，含水量下降。脱水成熟期，种子含水量下降到10%~20%，胚转入相对静止或休眠状态。在胚发育的同时，胚乳和种皮也逐渐发育形成。裸子植物类树木具有多胚发育现象，在原胚期后会出现多胚和优势胚胎的分化，在胚器官和组织分化阶段，优势胚体积明显增大，其他胚退化。

一般情况，授粉后当年种实可成熟，如杨树、榆树、合欢等。但樟子松、圆柏等树种，头年开花，第二年种子才能成熟。杜松、沙地柏开花后第三年秋季种子才能成熟。成熟的种子，其子叶数的多少因树种而异。竹类等单子叶植物，种子只有1片子叶。多数阔叶类树种为双子叶植物，种子有2片子叶。松树等大多数针叶树种为多子叶植物，种子的子叶在2片以上。

2.1.3.2 种子成熟

种子成熟过程就是胚和胚乳发育的过程，是经过受精的卵细胞逐渐发育成具有胚根、胚轴、胚芽和子叶的完全种胚。种子成熟包括生理成熟和形态成熟两个过程。

(1) 生理成熟

种子发育初期,子房膨大,体积增长快,种皮和果皮薄嫩,色泽浅,内部营养物质虽不断增加,但速度慢、水分多,多呈透明状液体。当种子发育到一定程度,体积不再增加时,浓度提高,水分减少,由透明状液体变成混浊的乳胶状态,并逐渐浓缩向固体状态过渡,最后种子内部几乎完全被硬化的合成作用产物充满,这是一系列的生物化学的变化过程。当种子的营养物质贮藏到一定程度,种胚形成,种实具有发芽能力时,称为种子的"生理成熟"。生理成熟的种子含水量高,营养物质处于易溶状态,种皮不致密,尚未完全具备保护种仁的特性,不易防止水分的散失,此时采集的种实,其种仁急剧收缩,不利于贮藏,很快就会失去发芽能力。因而种子的采集多不在此时进行。但对一些休眠期很长且不易打破休眠的树种,如椴树、山楂、水曲柳等,可采用生理成熟种子播种,这样可以缩短休眠期,提高发芽率。

(2) 形态成熟

当种子完成了种胚的发育过程,结束了营养物质的积累时,含水量降低,营养物质也由易溶状态转化为难溶的脂肪、蛋白质和淀粉,种皮致密、坚实、抗害力强,此时种子的外部形态完全呈现出成熟的特征,称为"形态成熟"。一般园林树木种子多在此时采集。

大多数树种生理成熟在先,隔一定时间才能达到形态成熟。也有一些树种,其生理成熟与形态成熟的时间几乎一致,相隔时间很短,如旱柳、榆树、泡桐、木荷、檫树、台湾相思、银合欢等,当种子达到生理成熟后就自行脱落,要注意及时采收。还有少数树种的生理成熟在形态成熟之后,如银杏,其种子在达到形态成熟时,假种皮呈黄色变软,由树上脱落,但此时种胚很小,还未发育完全,只有在采收后再经过一段时间,种胚才发育完全,具有正常的发芽能力,这种现象称为"生理后熟"。因此,有生理后熟特征的种子采收后不能立即播种,必须经过适当条件的贮藏,才能正常发芽。

(3) 影响种子成熟的因素

①种子自身生物特性 不同树种虽在同一地区,但由于其生物学特性不同,因而种实的成熟期也不同。多数树种的种实成熟期在秋季,也有的在春夏季成熟,如柚木、铁刀木、圆柏等早春成熟;杨树、柳树、榆树等春末成熟;桑树、檫树等夏季成熟;苦楝、马尾松等入冬成熟。

②环境条件 同一树种由于生长地区和地理位置不同,结实的成熟期也不同。在我国,一般生长在南方地区的比生长在北方地区的成熟早,如杨树在浙江2月成熟,在北方4~5月成熟,而在哈尔滨6月成熟。同一树种虽生长在同一地区,但由于立地条件、天气变化等差异,种子成熟期不同。生于砂土上的比黏土上的早,阳坡比阴坡早,林缘木比林内木早,高温干旱年份比冷凉多雨年份早。

2.1.4 影响树木结实的因素

树木结实是一个连续的生长发育过程,从花芽分化、传粉、受精、种子发育到种子成熟的整个过程，会受许多因素影响。树木的年龄、生长发育状况、开花与传粉受精习性、种子成熟经历的时间、气候条件、土壤条件以及昆虫、鸟兽等生物因素等都会影响树木的结实。

2.1.4.1 影响树木结实的内在因素

树木结实与母树年龄和生长发育状况有密切关系，母树初期结实量少，空瘪粒多，但这时期的种子培育成的幼树可塑性大，适应性强，在引种驯化上有特殊意义。壮年时期结实量多而且稳定，结实数量和质量达高峰，种实品质好，是采种的重要时期。如杉木、檫树、楝木、喜树、池杉等树种的母树结实盛果期是15～30年，马尾松和板栗结实盛果期是15～40年，油茶15～50年、重阳木20～30年、柏木和木荷20～60年、侧柏20～80年、樟树25～50年、麻栎25～60年。树木衰老期，开花能力明显下降，结实间隔期变长，结实量减少，种子质量降低。

生长发育健壮的树木，结实开始期早，结实量大，种子质量高。树体生长发育落后，树冠不发达，则开始结实晚，结实量少，种子质量不高。树冠大的母树，枝条多、结实量多。

树木在开花传粉过程中，开花时间、雌雄花比例、雌雄花异熟、自花授粉及花的着生部位等开花和传粉习性均对结实有重要影响。有些树种为两性花，雌雄同花，且能够自花授粉的树种，结实量相对稳定，如刺槐、皂荚。而鹅掌楸尽管也为两性花，但很多雌蕊在花蕾尚未开放时即已成熟，到花瓣盛开雄蕊散粉时，柱头已经枯萎，失去接受花粉的能力，故结实率不高。许多园林绿化树种为单性花，有的雌雄同株，如白皮松、华山松、雪松、马尾松、杉木、柏、栎等，有的雌雄异株，如杨树、柳树、杜仲、银杏、黄连木、羽叶槭、香榧、千年桐、构树等。如果两性树相距太远，雌雄比例不协调，成熟期不同步，会导致授粉不好，结实量少，种实空粒多的现象。如银杏栽培实践中发现，常由于雄株过少，不能满足传粉受精的要求，产生空粒或瘪粒种子，而使种实减产。黄连木、落叶松等树种，通常是雄花多，雌花少，在极端情况下甚至没有雌花，不能形成种实，影响结实量。雪松虽然雌雄同株，但是，雄球花在10月中旬至11月上旬开花，盛花期10月下旬；雌球花10月下旬至11月中旬开花，盛花期11月上旬。雌雄花期不同步，影响结实量。

树木从开花到种实成熟所需时间的长短有别，有些树种从开花到种实成熟所经历的时间很短，受灾害因子影响的可能性较小，如榆树、柳树、杨树等，3～4月开花，4～5月种实即成熟。有些树种从开花到种实成熟要经历很长时间，如华山松4月开花，翌年9～10月种子才成熟；白皮松4～5月开花，翌年9～10月种子成熟。种子成熟所需时间越长，其果实越容易受昆虫、病菌和不良环境条件的危害，导致结实量减少，种实质量下降。

2.1.4.2 影响树木结实的外界环境因素

同一树种在不同地区生长，其开始结实的年龄、种实的产量、质量以及结实间隔期是不同的。影响树木结实的外界环境因素很多，主要有以下几个方面：

(1) 气候条件

气候条件主要是光照条件、温度条件和降水量。

①光照条件　光是树木生命活动的基本因子。树木利用光照进行光合作用,制造生长发育、开花结实所需要的养分,光照条件的差异明显地反映在树木结实的状况上。孤立木、林缘木光照充足,因此比树林中的树木结实早、产量高、质量好;阳坡光照条件好,受光时间长,光照强度大,相应的温度也高,有利于光合作用的进行和根的吸收,贮藏营养也多,因此结实早且质量高;而阴坡则相反。

②温度条件　不同的树种都有其原产地分布的区域,在温度等环境条件都适合其生长情况下,树木不仅生长好,其结实也好,种实品质也高。而当树木生长的环境条件超出其适应范围时则影响结实。

每个树种的开花结实都需要一定的温度,若是开花期遇低温的危害,不但会推迟开花,而且会使花粉大量死亡。如在果实发育初期遇低温,会造成幼果大量脱落,发育缓慢,种粒不饱满,种子质量差。

③降水量　正常而适宜的降水量,可使树木生长健壮,发育良好,结实正常。春季开花季节连绵阴雨,会影响正常授粉;夏季多雨,长时间连续阴天,会推迟种子成熟期,影响种子的产量和质量;夏季过于干旱炎热又常造成落果;暴雨和冰雹等会造成更大的灾害,影响结实。

④风　微风有利于授粉,大风则会吹掉花朵和幼果,影响树木结实。

(2) 土壤条件

土壤能供给树木所必需的养分和水分。在一般情况下,生长在肥沃、湿润且排水良好的土壤中的树木结实多,质量好。土壤养分对树木结实也有重要影响,如土壤中含氮量高,有利于树木的营养生长,含磷、钾元素多则有利于提早结实和提高种实产量。

(3) 生物因素

病菌、昆虫、鸟类、兽类、鼠类等的危害,常使种实产量减少,品质降低,甚至收不到种实。如梨桧锈病使梨和圆柏都生长不良,种实减产;炭疽病使油茶早期落果而减产;鸟类对樟树、檫树、黄连木等多汁果实的啄食都会影响园林树木的结实。

2.2　树木种实生产、采集与调制

2.2.1　种实采集基地

树木良种是优良遗传基因的载体,是决定树木生长快慢和品质优劣的内在因素的集成。建立种实生产基地,选育和推广良种,是保证提供品种丰富、品质优良、适应性良好的优良园林树木种实的基础,是进行稳定和规模化生产优良园林绿化繁殖材料的根本途径。

园林树木种类繁多,应对树种的种实产量、适应性、分枝特性、抗性,以及适应临界生境的能力等进行详细了解,选择优良采种母株,利用优良无性系或家系建立繁种基地。建立优良种实基地的途径包括母树林、种子园及采穗圃。在现代的种实研究和生产中,还可通过人工种子途径,快速繁育优良种实材料。

2.2.1.1 母树林

母树林是指利用优良天然林或种源清楚的优良人工林,经过留优去劣的疏伐改良,为生产遗传品质较好的初级改良种子而建立的采种林分。母树林是良种繁育的初级形式。对于用种量大、开花结实年龄晚、且未能通过种子园大量生产种实的绿化树种,可通过建立母树林的途径获得种实。建立母树林相对简单,成本较低,见效快,能够很快获得所需的种实,是解决近期用种的一条重要途径。

种源是指某一批种实的产地及其立地条件。园林苗木培育和园林绿化时,种源要清楚,要使用最适种源区的种实,即种实产地气候和土壤等条件应该与绿化区一致。如果没有最适种源区,则尽量选用绿化区附近的种源,或与绿化区条件相似的种源。

母树林应在优良种源区或适宜种源区内建立,气候生态条件应与用种区相接近,土壤应为高地位级或中等地位级。以海拔适宜,地域开阔、背风向阳,光照充足,不易受冻害、排水良好、地势平缓,交通方便的地方为宜。周围100 m范围内尽量避免有同种或近缘树种的劣等林分,以防止不良花粉对母树林种子遗传品质的影响。母树林的适宜年龄最好为进入或即将进入盛果期的壮龄林,以纯林和同龄林为佳。

母树林经营管理中尤其要注意花粉管理。在母树林开花散粉期,遇有阴雨天气时,应采取人工辅助授粉。如选择多个单株收集一定量的优良花粉,混合4~5倍滑石粉,在雌花达到授粉适宜期时,用喷粉器于微风无雨时喷洒花粉,提高授粉效果。对于雌雄异株的树种,注意保持雌雄株间的比例。母树林应进行子代测定,为评价和筛选提供依据。同时,要进行结实量预测预报。

2.2.1.2 种子园

建立种子园是有效提高树木种实遗传品质的根本途径。种子园是用经过严格选择的优树无性系或家系,按一定的配置方式和设计要求营建,实行集约经营,以生产优质种实为目的的生产园。优树是从条件相似、林龄相同或相近的同种天然林或人工林中选拔出来的表型优良的树木个体。优树无性系是指优树嫁接苗、扦插苗和组织培养苗等繁殖材料。从一株母树上采下来的枝条,属于同一无性系。优树家系是指由优树自由授粉或控制授粉后所形成的繁殖材料。

(1) 园址选择与建园

建立种子园时,园址选择既要考虑区域性条件,又要考虑当地的基本条件。区域气候和当地的生态环境,都会影响树木的开花结实、种子的质量和产量。一般情况,种子园应设在树种的适生地区,但有些试验研究指出,从水平范围看,选在树种分布区以外较温暖的地区建园,有利于提前开花,提早种子成熟,且利于与不良花粉源进行天然隔离;从垂直范围看,与较高海拔范围的母树相比,在较低海拔范围的种子园内,种子千粒重和饱满种子百分率等明显提高。

霜冻、严重的干旱和大风等对种子园内树木的生长发育和开花结实都有不利影响。而这些影响因素又与当地的地形地貌特征有密切的联系。因此，建园时必须避免由于人为选择不当而造成的地形因素所带来的漏斗状风道、霜冻等危害。应该选择地势平缓而宽敞的地方建立种子园。种子园的土壤肥力应在中等水平以上，土层要深厚，土壤结构良好。

外来花粉的隔离是选择园址时必须考虑的重要因素之一。特别是风媒树种，园址应选在受同种或亲缘种影响很小的地方。由于风媒花粉能够飘散很远的距离，完全隔离这种影响很困难。但通过选择园址，可形成适当的天然隔离地段或便于布设隔离带。隔离带宽度可依据花粉传播距离而定。对培育树种的花粉飘散特性不清楚时，多数树种可设置 500 m 左右的隔离带。

从经营的角度考虑，种子园交通要方便，水源要充足，且能供电。种子园工作的季节性较强，在需要时应能得到可靠的劳动力来源。种子园的面积可依据供种要求和树种的结实特性而定，同时结合考虑经营管理条件。在一定范围内，种子园规划到尽可能大的面积，可使场地养护、药剂喷施、种实采收器械等得到高程度的利用。需要强调的是，种子园的优树等繁殖材料的成本很高，因此，种子园的整地和栽植工作，都必须高标准严要求。此外，确定适宜的无性系和家系树木（如不少于 20~50 个）并进行合理配置，使同一无性系或家系的个体间有最大的间隔距离，尽可能减少无性系或家系间固定的相邻，以减少自交和近交率。

(2) 种子园的经营管理

种子园经营管理工作的目标，是使培育的母树健康发育，及早结实，并能持续地正常结实，且力争使实现上述目标的劳动和费用最少。

清除杂树灌草、土地平整及排水设施等基本作业，最迟要在定植前一年进行。在建园初期，可适当间种矮秆作物或绿肥植物。但应该严格控制滋生的杂草，合理地进行除草松土。

种子园合理施肥，是促进母树生长发育，提早开花结实，提高种实质量和产量，缩短结实间隔期的有效措施。一般在开始结实以前，施肥的主要目的是促进母树营养生长。进入结实期后，特别是随着种实产量的提高，母树要消耗大量的营养物质，因此，要及时施肥，保证母树对营养物质的需求。

在干旱地区，加强土壤灌溉很重要。依据土壤养分状况和土壤含水量的具体情况，以及培育树种对养分和水分的需求特征，同时进行合理的施肥和灌溉，能够增进土壤中的肥效，有效地提高种实产量。需要注意的是，在花孕育期间，一定的水分抑制会促进花的孕育。因而，一方面在适当时期需要一定程度的水分抑制以促进花的孕育；另一方面，在花孕育之前以及种子发育期间，母树需要更多的有效水分。

种子园的初植株行距离一般较小，随着树木的生长发育，树冠逐年增大。为保持树冠不相互遮阴，保证有足够的空间，使树冠接受充分的光照，以利于提高种实产量和质量，要适时地进行疏伐。通过疏伐，可以淘汰遗传品质低劣的植株，伐除花期过早或过晚以及结实量太低的植株。

为了便于种实采收作业，同时也有利于提高种实产量，要依据培育树种的生长习性进行适当的整形修剪。通过整形修剪使主干上的主枝配置适当，促进其形成低矮而宽阔的树冠，使整个树形保持均衡，枝叶分布适量，树冠受光均匀，结实量高。此外，通过剪切根系、环剥树皮和缢缚树干等措施，可促使树体内的碳水化合物水平向利于开花的方向发展，诱导树木开花。

进行科学的花粉管理，实施人工辅助授粉，可补充自然授粉的不足，是种子园经营管理中提高种实产量和质量的有效措施。种子园的经营管理中，还要加强护林防火和病虫害防治工作。要建立系统的技术档案，保留好种子园的区划图、无性系或家系配置图、优树登记表、种子园营建情况登记表以及经营活动记录表等。

2.2.1.3 采穗圃

采穗圃是以优树或优良无性系为扩繁材料，生产遗传品质优良的插穗或接穗的穗条生产园。采穗圃的圃址选择参照种子园的建立，但采穗圃一般不需要隔离。采穗母树可用播种或无性繁殖方法培育。优良品种可通过组织培养扩繁后，用组培苗建立采穗圃。定植采穗母树时，可先密植而后随树体增大逐步间伐。采穗圃营建初期，可在行间种植豆科等矮秆农作物或绿肥，以耕代抚。

采穗圃管理中的重点是采穗母树的树形培养，一般通过截干、主干枝梳理、修剪主干延长枝等技术措施，培养能够充分利用空间光照的树形，以提高穗条产量。修剪母树时既要考虑种条产量和质量，又要顾及方便采穗。树形培养可结合穗条采集进行。应用较多的是灌丛式树形，灌丛式树形可生产更多种条。针叶树类采穗母树多培养成篱笆式树形，以控制树高生长，获得更多幼嫩状态的种条。

穗条产量和质量有密度依赖性、截桩高度依赖性和地径大小依赖性。从采穗母树的空间配置情况看，单位面积母树株数少，单株穗条产量越高，但是，要提高单位面积上穗条总产量，还需达到一定的高密度的母树株树。如杉木采穗圃经营时，采用密植平茬技术来提高穗条产量。截桩高度不同，穗条生产效果不同。截桩过低则萌芽力过强，萌芽枝密集成丛，生长拥挤激烈，切口萌条徒长；截桩过高则萌芽力弱，主干下部萌芽稀少，生长不良。桉树截桩高 20 cm 时穗条产量高；马占相思和油茶截桩高 25～30 cm 时穗条产量较大；池杉截桩高 40 cm 时穗条产量大。年幼的采穗母树，地径较小时，较低的截桩穗条产量高；地径较大时，则截桩较高时穗条产量较高。

穗条采集时，要考虑穗条采集后应使母树保留足够的营养面积，以供再次穗条采集。尤其秋季采穗时，营养物质尚未转移贮藏，如过度采集，不留适当营养面积，则会影响翌春新梢的萌发和生长，可能还导致采穗母树因地下部分和地上部分失去平衡而死亡。所以，秋季采穗，应留适当穗条不采，待来春再采。

采穗时间，秋季采穗以 9 月中旬至 10 月中旬为好，此时穗树已趋于停止生长，穗条已木质化，穗芽饱满粗壮，最适于嫁接。采穗时间以 8:00 前为宜，最迟不应过 10:00。此时气温低、湿度大，叶子蒸腾作用较弱，穗条中含水量最多，嫁接成活率也最高。春季也为适宜的穗条采集时间，可结合无性系苗繁育时间进行。

采穗使用的刀、剪、锯要锋利，剪口要平滑，切勿造成穗条劈裂、剥皮和破坏穗树树形，影响翌年生长和产量。穗条剪下后，最好在清水中浸泡 1～2 h，让穗条吸足水分，再用蜡涂封剪口。采集后暂时不利用的穗条要进行储藏，可用湿润河沙与穗条分层铺于箱内，盖稻草等经常保持湿润，贮藏黑暗阴凉处待用。有的树种用此方法贮藏穗条 1 个月，嫁接成活率仍可保持 60% 以上。

采集穗条后要对母树管护，剪去先年采穗时留下的营养枝、干枯枝、病枝，对原有骨干枝和茬口进行必要修剪，并视需要配置留蓄新的骨干枝。对新抽出的穗条进行必要的修剪，提高穗条质量，增加有效芽。

采穗圃连续采条 2~5 年后，采穗母树的长势会出现衰退现象，这时可在秋末冬初或早春进行平茬复壮，以恢复采穗母树的树势。如采穗母树长势衰退严重，则应重新培育采穗母树。

2.2.1.4 国家重点林木良种基地建设

为进一步加强国家重点林木良种基地的建设与管理，国家林业局曾发布《国家重点林木良种基地管理办法》（国家林业局〔2011〕138 号）。建立了一大批国家重点林木良种基地，如彩叶树种（北京大兴区黄垡、江苏句容、浙江龙游）、桉树（广西东门）、八角（广西派阳山）、白桦（黑龙江东北林业大学、吉林抚松）、白蜡和苦楝（河南宁陵）、白皮松（山西吕梁林管局克城、甘肃小陇山）、白榆（山东金乡县白洼）、柏木（四川三台县金鼓）、板栗（湖北罗田）、侧柏（河南郏县、山东枣庄市山亭区徐庄）、柴松（陕西延安市桥北区）、朝鲜崖柏和怀槐（吉林临江）、刺槐（山东费县大青山）、刺五加和龙牙楤木（黑龙江汤原县大亮子河）、丛生竹（四川大渡河）、大果沙棘（新疆青河）、东方杉（上海）、杜仲（陕西略阳、重庆綦江）、枫香（福建将乐）、福建柏（福建仙游县溪口）、珙桐（陕西平利县千家坪）、枸杞（宁夏中宁）、观赏竹（江苏常州）、海棠（新疆天山东部国有林场管理局呼图壁分局）、核桃（山西汾阳、新疆阿克苏）、核桃楸和平榛（黑龙江鸡西市恒山区）、红松（辽宁本溪县清河城、黑龙江宁安市小北湖）、核桃楸（辽宁新宾）、胡杨（新疆巴音郭楞蒙古自治州）、华北落叶松（山西静乐县）、华山松（山西中条山、贵州威宁和平坝）、黄檗（黑龙江富锦市太东）、黄山松（浙江天台县华顶）、火炬松（浙江杭州市余杭区长乐）、火力楠（广西玉林）、加勒比松（海南临高、广东湛江）、金钱松（浙江安吉县刘家塘）、柳杉（四川洪雅）、柳树（江苏江都市江都镇）、麻栎和栓皮栎（安徽滁州市南谯区红琊山）、马褂木（安徽全椒县瓦山）、马尾松（浙江淳安县姥山）、毛白杨（河南温县）、蒙古栎（吉林抚松）、木荷（福建华安西陂）、木姜子（重庆万州）、木兰（河南镇平）、楠木和青冈（浙江建德）、柠条和锦鸡儿（内蒙古杭锦旗）、桤木（四川平昌）、祁连圆柏（甘肃张掖市龙渠、青海互助县北山）、青海云杉（青海大通县东峡）、日本落叶松（湖北建始县长岭岗）、沙生灌木（宁夏灵武）、山茱萸（河南西峡）、杉木（湖南会同、福建省洋口）、湿地松（江西吉安市青原区白云山）、水曲柳（吉林临江）、思茅松（云南景洪市普文）、梭梭（内蒙古阿拉善右旗雅布赖）、秃杉（云南屏边、湖北襄阳市襄城）、文冠果（辽宁建平县白山）、西南桦和柚木（广西凭祥）、相思和红椎（广东龙眼洞、福建漳浦中西）、香榧（浙江东阳）、樟树（重庆大足县）、新疆杨（宁夏青铜峡市树新林）、杨树（江苏泗洪县陈圩）、银杏（江苏邳州）、油茶（湖南浏阳）、油橄榄（甘肃陇南市武都区）、油松（山西吕梁林管局上庄）、油桐（浙江金华市东方红）、云南松（云南弥渡）、云杉

(吉林汪清林业局)、杂交松(广东台山市红岭)、樟树(江西吉安)、樟子松(内蒙古红花尔基)、中国沙棘(青海大通县城关)、紫果云杉(青海黄南藏族自治州麦秀)。

2.2.2 种实采集

2.2.2.1 确定种子成熟期的方法和种子成熟期的形态特征

用发芽试验或其他试验来确定种子的成熟，是一种可靠的方法，但是手续繁杂。生产上一般以形态成熟的外部特征来确定种子成熟期和采种期。

①浆果类(浆果、核果、仁果等) 成熟时果实变软，颜色由绿变红、黄、紫等色，有光泽。如蔷薇、冬青、枸骨、火棘、南天竹、小檗、珊瑚树等变为朱红色；樟树、紫珠、檫树、金银花、小蜡、女贞、楠木等变红、橙黄、紫等颜色，并具有香味或甜味，多能自行脱落。

②干果类(荚果、蒴果、翅果) 成熟时果皮变为褐色，并干燥开裂。如槐树、合欢、相思树、皂荚、油茶、海桐、卫矛等。

③球果类 果鳞干燥硬化变色。如油松、马尾松、侧柏等变成黄褐色，杉木变为黄色，并且有的种鳞开裂，散出种子。

2.2.2.2 种实的脱落和采收期

种子进入形态成熟期后，种实逐渐脱落。不同树种脱落方式不同，有些树种整个果脱落，如浆果、核果类及壳斗科的坚果类等；有的则果鳞或果皮开裂，种子散落，而果实并不一同脱落，如松柏类的球果。因此，其采种期要因种而异。

形态成熟后，果实开裂快的，应在未开裂前进行采种，如杨树、柳树等；形态成熟后，果实虽不马上开裂，但种粒小，一经脱落则不易采集的，也应在脱落前采集，如杉木、桉树等；形态成熟后挂在树上长期不开裂，不会散落者，可以延迟采种期，如槐树、女贞、樟树、楠等；成熟后立即脱落的大粒种子，可在脱落后立即由地面上收集，如壳斗科的种实。

2.2.2.3 采种方法

根据种实的大小，种实成熟后脱落的习性和时间不同，可将采种方法分为以下几种。

(1) 地面采收

某些大粒种实，可以从地面上捡拾，如板栗、核桃、油茶等。采种前需将地面杂草等清除干净，以便拾取。

(2) 从植株上采收

种粒小或脱落后易被风吹散的种子，以及成熟后虽不立即脱落但不宜于从地面收集的种实，都要在植株上采取，如针叶树类。可借助采种工具直接采摘或击落后收集，交通方便且有条件时，也可进行机械化采集。多数针叶树种，在生产上也常用树上采集方法。进行树上采集时，比较矮小的母树，可直接利用高枝剪、采种耙、采种镰等各种工具采摘。对于容易脱落种子的树种，可敲打果枝，使种实脱落。高大的母树，可利用采种软梯、绳套、踏棒等上树采种实。也可用采种网，把网挂在树冠下部，将种实摇落在采种网中，在地势平坦的种子园或母树林，可采用装在汽车上能够自动升降的折叠梯采集种实。针叶树的球果可用振动式采种器采收球果，一般较矮植株可直接采收，或地面铺以席子、塑料布等，用竹竿、木棍击落种实，进行收集。对果实集中于果序上而植株又较高的树种，如栾树、白蜡等，可用高枝剪、采种钩、采种镰等采收果穗；针叶树可用齿梳梳下球果；植株高的，可用木架、绳索、脚蹬折梯等采种工具上树采种。国外大多采用各种采种机采种。

(3) 伐倒木上采集

种实成熟期和采伐期一致时，可结合采伐作业，从伐倒木上采集种实，简便且成本低。这种方法对于种实成熟后并不立即脱落的树种（如水曲柳、云杉和白蜡等）非常便利。

2.2.3　种实调制

种实采集后，为了获得纯净而质优的种实并使其达到适于贮藏或播种的程度所进行的一系列处理措施叫种实调制，包括脱粒、净种、干燥、去翅、分级等。

新采集的种实一般含水量较高，为了防止发热、霉变对种实质量的影响，采集后要在最短的时间内完成种实调制，去除鳞片、果荚、果皮、果肉、果翅、果柄、枝叶等杂物，及时进行晾晒、脱粒、再干燥等处理工序。

2.2.3.1　调制方法

(1) 干果类的调制

开裂或不开裂的干果均需清除果皮、果翅，取出种子并清除各种碎枝残叶等杂物。干果类含水量低的可在阳光下直接晒干，而含水量高的种类一般不宜在阳光下晒干，而要阴干。另外，有的干果种类晒干后可自行开裂，有的需要在干燥的基础上进行人为加工处理。

①蒴果类　如丁香、紫薇、白鹃梅、金丝桃等含水量很低的蒴果，采后即可在阳光下晒干脱粒净种。而含水量较多的蒴果，如杨树、柳树等采后，应立即避风干燥，风干3~5 d后，可用柳条抽打，使种子脱粒，过筛精选。

②坚果类　如栎类，一般含水量较高，在阳光暴晒下易失去发芽力，采后应立即进行粒选或水选，除去蛀粒，然后放于风干处阴干，当种实湿度达到要求程度时即可贮藏。

③翅果类　如杜仲、榆树等树种，在处理时不必脱去果翅，阴干后清除混杂物即可。

④荚果类　如皂荚、刺槐等，一般含水量低，其荚果采集后，直接摊开暴晒3~5 d用棍棒敲打进行脱粒，清除杂物即得纯净种子。

(2) 肉果类的调制

肉果类包括核果、仁果、浆果、聚合果等，其果或花托为肉质，含有较多的果胶及糖类，容易腐烂，采集后必须及时处理，否则会降低种子的品质。一般浸水数日，有的可直接揉搓，再脱粒、净种，晾干后贮藏。

少数松柏类具胶质种子，可用湿沙或用苔藓加细石与种实一同堆码，然后揉搓，除去假种皮，再干藏。

一般能供食用加工的肉质果类，如苹果、梨、桃、樱桃、李、梅、柑橘等可从果品加工厂中取得种子，但一般在45 ℃以下冷处理的条件下所得的种子才能供育苗使用。

从肉质果中取得的种子含水量较高，应立即放入通风良好的室内或荫棚下晾4~5 d，在晾干的过程中，要注意经常翻动，不可在阳光下暴晒或雨淋。当种子含水量达到一定要求时，即可贮藏或运输。

(3) 球果类的调制

针叶树种子多包含在球果中，从球果中取种子的工作主要是球果干燥问题。油松、柳杉、云杉、侧柏、落叶松、金钱松等球果采后暴晒3~10 d 鳞片即开裂；大部分种子可自然脱粒；其余未脱落的可用木棍敲击球果，种子即可脱出。

许多国家有现代化的种子干燥器，保证球果干燥的速度快、脱粒尽，从球果中取出种子到净种分级等均采用一整套机械化、自动化设备，大大提高了种子调制的速度。

2.2.3.2 净种和分级

(1) 净种

净种就是除去种子中的夹杂物，如鳞片、果皮、果柄、枝叶、碎片、空粒、土块以及异类种子等。净种的方法因种子和夹杂物的比重大小而不同。

①风选　适用于中小粒种子，利用风或簸扬机净种，少量种子可用簸箕扬去杂物。

②筛选　用不同大小孔径的筛子，将大于和小于种子的夹杂物除去，再用其他方法将与种子大小等同的杂物除去。

③水选　一般用于大而重的种子，利用水的浮力使杂物及空瘪种子漂出，良种留于下面。水选的时间不宜过长，水选后不能暴晒，要阴干。

(2) 分级

种子分级是将某一树种的一批种子按种粒大小进行分类。种粒大小反映种子品质优劣。大粒种子活力高，发芽率高，幼苗生长好。分级工作通常与净种工作同时进行，可利用筛孔大小不同的筛子进行筛选分级，也可利用风力进行风选分级。还可用种粒分级器进行种粒分级，种粒分级器的设计原理是，种粒通过分级器时，比重小的被气流吹向上层，比重大的留在底层，受振动后，分流出不同比重的种粒。

2.2.3.3 种子登记

为了合理地使用种子并保证种子的质量，应将处理后的纯净种子，分批进行种子登记，以作为种子贮藏、运输、交换时的依据。采种单位应有总册备查，各类种子的贮藏、运输、交换时应附有种子登记卡片，如种子登记表(表2-1)。

表2-1 种子登记表

树　种			科　名	
学　名				
采集时间			采集地点	
母树情况				
种子调制时间、方法			种子数量	
种子贮藏	方　法			
	条　件			
采种单位			填表日期	

2.3　树木种实贮藏

种子贮藏的实质是在一定时期内保持种子的生命力。即采用合理的贮藏设备和先进的技术，人为控制贮藏条件，使种子劣变减小到最低程度，在一定时期内最有效地使种子保持较高的发芽力和活力，确保育苗时对种子的需要。种实贮藏期限的长短，视种子本身的特性、贮藏的目的及贮藏条件而定。

2.3.1　树木种子寿命

2.3.1.1　种子寿命

种子从完全成熟到丧失生命为止所经历的时间叫种子寿命，它由遗传基因决定，与种皮结构、含水量和种子养分种类有很大关系。种实采集、调制和贮藏条件等对种子寿命的长短影响极大。掌握影响种子寿命长短的关键性因素，创造和控制适宜的环境条件，控制种子自身状态，使种子的新陈代谢作用处于最微弱的程度，可延长种子寿命。

园林树木的种子寿命通常指在一定环境条件下，种子维持其生活力的期限。一般指整批种子生活力显著下降，发芽率降至原来的50%时的期限为种子的寿命，而不是以单个种子至死亡经历的期限计算。依据种子生活力和保存期的长短，可将树木种子区分为短寿命种子、中寿命种子和长寿命种子。

短寿命种子，种子寿命保存期只有几天、几个月至1~2年。如杨树、柳树种子只能存活1周，经特殊保护，也只能存活2~3个月。中寿命种子，生活力保存期为3~10年。如松、杉、柏、椴等含脂肪或蛋白质较多的种子。长寿命种子，生命力保存期可超过10年。如合欢、刺槐、槐树、台湾相思、皂荚等。

2.3.1.2　影响种子寿命的因素

种子寿命是指种子保持生命力的时间，这是一个相对的概念。种子的寿命随树种不同而有很大差异。据文献记载，在博物馆中存放 155 年的银合欢种子还具有发芽能力；中国的古莲子虽是上千年的陈种子，但有发芽能力。只要人们掌握了某种种子的最适贮藏条件，就可以延长种子的寿命。

(1) 影响种子寿命的内在因素

①种子生理解剖性质　一般情况下，多数短寿命种子淀粉含量较高，如栗、栎和银杏等，这类种子如不及时做特殊处理，则几个月甚至几周即全部丧失发芽力。含脂肪、蛋白质多的种子寿命要长一些，如松属及豆科种子，含脂肪、蛋白质多的种子，在生理转化过程中的速度较慢，且释放能量比淀粉多，能满足种子较长时间生命活动的要求。有些种子如合欢、刺槐、槐、台湾相思、皂荚等，种皮致密，不易透水、透气，也利于种子生活力的保持。它们在一般情况下贮藏几十年还能具有发芽力。

②种子的含水量　种子含水率的高低直接影响种子的呼吸作用，也影响到种子表面微生物的活动，从而影响种子的生命力。种子含水量高，酶活性高，种子呼吸作用强，需氧量大。同时，放出的大量水和热又被种子吸收，更加强了呼吸作用，并为微生物的活动创造了有利条件，从而导致种子生命力很快丧失，缩短种子的寿命。

种子含水量低时，少量水分在种子中和蛋白质、淀粉等内含物质处于牢固的结合状态，几乎不参与代谢作用，而且酶在缺少水分的条件下也处于吸附状态，缺乏水解能力，所以，含水量低的种子呼吸作用极其微弱，抵抗外界不良环境的能力强，从而有利于种子的贮藏和生活力的保存。一般种子含水量在 4%~14%，其含水量每降低 1%，种子寿命可增加 1 倍。但种子含水量也不是越低越好，过分干燥或脱水过急也会降低某些种子的生活力，如钻天杨的种子含水量在 8.74% 时，可保存 50 d，而含水量降低到 5.5% 时，则只能保持 25 d，壳斗科树木和七叶树、银杏等种子则需要较高的含水量才有利于贮藏，如麻栎当含水量低到 30.0% 时便丧失发芽力，这类种子含水量应保持 30%~40% 以上，且适宜进行湿藏。

一般把贮藏时维持种子生活力所必需的含水量称为种子标准含水量。种子在保持标准含水量时最适贮藏，能保持最长时间的生活力。不同树种，其种子的标准含水量也不同（表 2-2）。

表 2-2　常见苗木种子标准含水量　　　　　　　　　　　%

树　种	标准含水量	树　种	标准含水量	树　种	标准含水量
竹　柏	16~20	椴　树	10~12	榆　树	7~8
合　欢	10	喜　树	12	椿　树	9
醉香含笑	15	刺　槐	7~8	白　蜡	9~13
女　贞	12	杜　仲	13~14	元宝枫	9~13
羊蹄甲	15	乌　桕	10	复叶槭	10
核　桃	12	黄连木	10	香　椿	10
梧　桐	12	苦　楝	10	木　荷	12

③种子的成熟度与后熟作用　充分成熟的种子含水量低，种皮致密发硬，种子内含物丰富又不易渗出，微生物不易寄生，呼吸作用微弱，内含物消耗少，有利于贮

藏。反之则种子不耐贮藏。因此，采种时千万不要"掠青"。

在种子后熟阶段，同时进行着两个性质不同的生命活动过程：一是呼吸作用，是内部贮藏物质的消耗过程；二是生理后熟作用，在各种酶的参与下，一些较简单的可溶性有机物如氨基酸等继续缓慢地进行着合成过程，种子成熟度不断提高。在这一变化过程中，种子表面常出现水珠，贮藏时必须注意消除种子表面的水珠。随着生理后熟过程的完成，种子的呼吸作用减弱、代谢强度降低、内部含水量减少，从而使贮藏的稳定性增加。

④机械损伤程度和净度　受伤的种子，空气能自由进出种子，营养物质容易外渗，微生物容易侵入，种子呼吸作用加强，种子贮藏寿命短。净度低的种子容易从潮湿的空气中吸收水分，使种子呼吸作用增强，微生物容易滋生，种子贮藏寿命缩短。故调制时应减少种子损伤，提高种子净度。

(2) 影响种子贮藏寿命的外因

贮藏种子的环境因素，是影响种子寿命长短变化的重要因素，主要有温度、湿度、空气条件和生物因子几个方面。

①温度　种子的生命活动与温度有着密切的关系。温度较高时酶的活性增强，加速了贮藏营养物质的转化，不利于延长种子寿命，温度过高还会使蛋白质凝结；温度过低会使种子遭受冻害，都会引起种子死亡。

种子对高温或低温的抵抗能力因种子本身的含水量不同而异，含水量低的种子，细胞液浓度高，抵抗严寒和酷热的能力强。在各种温度情况下，干燥种子的呼吸强度变化不明显，而含水量高的种子随温度的增高，呼吸强度起初是直线上升，当温度升高至某个极限时（一般 50~60 ℃），呼吸强度则急剧下降，这时原生质结构陷于紊乱，蛋白质解体，种子死亡。所以，贮藏时应尽可能使种子处于低温环境。大多数树木种子贮藏期间最适宜的温度是 0~5 ℃，在这种温度条件下，种子生命活动很微弱，同时不会发生冻害，有利于种子生命力的保存。

近年来对种子贮藏的低温、低湿或超低温的研究较多，这主要是在降低种子含水量的同时，降低贮藏温度，以延长种子的贮藏时间。据试验，某些含水量低的种子，只要控制在安全含水量的范围内，贮藏温度可以低到 0 ℃ 以下。另外，国内外已对很多物种的超低温储藏种子进行研究，即用液态氮（-196 ℃）贮存种子，能够延长寿命。但栎类、七叶树、核桃等安全含水量高的种子，既不耐干燥，又不耐低温，贮藏温度不能低于 0 ℃。

②湿度　种子是多孔毛细管的亲水胶体物质，有很强的吸湿性能，可直接从潮湿的空气中吸收水汽，改变种子的含水量，对种子的寿命产生很大的影响。相对湿度越高，种子的含水量增加得越快。相反，在相对湿度低时，种子的含水量会下降。因此，经过干燥处理，入库状态良好的种子还必须贮藏在适宜的环境中，安全含水量低的种子应贮藏在干燥的环境，安全含水量高的种子则应贮藏在湿润的环境。

③空气条件　一般认为充分的氧气和流通的空气可以促进种子的呼吸作用，因而常常成为种子贮藏的不利因素。

通气条件对种子生活力的影响程度同种子本身的含水量有关，含水量低的种子，呼吸作用本来就很微弱，需要氧气极少，在不通气的情况下，也能够较长久地保持生活力。但对含水量高的种子，如果通气不良，其旺盛的呼吸作用释放出的水汽、CO_2和热量会在种子堆中积郁不散，成为进一步加剧呼吸强度的原因，还迫使种子转入无氧呼吸，加速种子的死亡。因此，对这类种子的贮藏不能采取严格密封办法，只能采用半封闭的方式。如北京植物园将七叶树种子置于泥炭中放在半封闭的地下室贮藏，经半年后仍保持100%的生活力，对于栓皮栎等橡实采用沙藏或通气式的方法贮藏效果均差。由此可见，控制这一类种子生命力的基本条件是在保证不丧失种子含水量的前提下，提供0 ℃以上的较低温度，并提供能满足新陈代谢最低限度需要的通气条件。

④生物因子　种子在贮藏过程中常附着大量的真菌和细菌。微生物的大量增殖会使种子变质、霉坏、丧失发芽力。微生物的繁殖滋生也需要一定条件。提高种子纯度，尽量保持种皮的完整无损，降低环境的温度和湿度，特别是降低种子的含水量，是控制微生物活动的重要手段。防止虫害、鼠害也是种子贮藏中需要考虑的问题。

由此可见，影响种子生命力的外界因素很多。温度、湿度和通气3项条件之间是相互影响、相互制约的。在不同的情况下，贮藏环境的某些因子都会使种子的状况向着不利贮藏的方面转化，成为种子腐败的重要原因。但种子的含水量常常是影响贮藏效果的主导因素。单位时间内、单位重量种子放出二氧化碳量或吸收的氧气量，称为种子呼吸强度(呼吸速率)，它表示种子呼吸活动强弱的指标。有氧呼吸增强时，释放出过多水分和热能，郁积在种子堆中，发生"自潮"和"自热"现象，成为进一步加剧种子呼吸强度的因素。呼吸强度增加，会加速种子贮藏物质消耗，加快种子劣变。强烈的缺氧呼吸，会造成种子体内物质和能量的消耗，还会产生乙醇等有毒物质，这些物质的积累会反过来抑制种子呼吸，致使种胚中毒死亡。种子贮藏过程，有氧呼吸和无氧呼吸往往同时存在。通风透气时，以有氧呼吸为主，呼吸速率较高；若通风条件差，氧气供应缺乏，则以无氧呼吸为主。气干状态、种皮致密的种子，低温干燥且密闭缺氧的环境条件下，以无氧呼吸为主。因此，在贮藏时必须对种子本身的性质及各种环境条件进行综合的研究分析，采取最适宜的贮藏方法，这样才能更好地保存种子的生活力。

2.3.2　种实贮藏方法

种子贮藏的目的是较长时间地保持种子的生命力，从影响种子生命的因素看，相对湿度小、低温、低氧、高二氧化碳及黑暗无光的环境更有利于种子贮藏。根据种子性质和安全含水量的不同，种子贮藏的方法可分为干藏和湿藏两大类。

2.3.2.1　干藏法

种子本身含水量相对低、计划贮藏时间较短的种子，尤其是秋季采收且准备翌春进行播种的种子，可采用干藏法，将干燥的种子贮藏于干燥的环境中。干藏除要求有适当的干燥环境外，还要结合考虑低温和密封等条件。

①普通干藏法　将充分干燥的种子装入麻袋、箱、桶等容器中，再放于凉爽而干

燥,相对湿度保持在50%以下的种子室、地窖、仓库或一般室内贮存,多数针叶树和阔叶树种子均可采用此法保存。如侧柏、云杉、落羽松、水杉、水松、梓树、大花紫薇等。

②低温干藏法　将充分干燥的种子,贮藏在温度0~5℃、相对湿度50%~60%的种子贮藏室。如圆柏、冷杉、落叶松、朴树、白蜡、枫香等,在低温干燥条件下贮存效果良好。

③密封干藏法　凡是需长期贮存,而用普通干藏和低温干藏仍易失去发芽力的种子,如桉、柳、榆等均可用密封干藏法,将干燥的种子放入玻璃瓶、瓦罐、铁皮罐等容器中,加盖后用石蜡或火漆封口,置于5℃低温条件下保存。容器内可放些吸水剂如氯化钙、生石灰、木炭等,在密闭容器中适当充入氮或二氧化碳等气体,能够降低容器内氧气的浓度,抑制种子的呼吸作用,可延长种子寿命。

2.3.2.2　湿藏法

湿藏是将种子在一定湿度和适当低温条件下进行贮藏。适用于种子标准含水量较高或干藏效果不好的种子,如栎类、核桃、柿、鹅掌楸、七叶树、丝棉木、梧桐、樟树、海棠、火棘、大叶黄杨等;适于需要后熟的种子,如白蜡、银杏、松树等;适于休眠时间较长的种子,如枫杨、杜仲、玉兰、女贞、重阳木、南酸枣等;也适于一些较珍贵的种子。

湿藏法在生产上用途较广,操作简便,而且比较安全。湿藏的基本要求是:保持湿润,防止种子干燥;通气良好,防止发热;适度的低温,控制霉菌并抑制发芽。湿藏的具体方法很多,可露天挖坑埋藏、室内堆藏或窖藏。

①露天埋藏　在室外选择地势高燥、排水良好、土质疏松而又背风的地方,挖深、宽各约1m的贮藏坑。原则上要求将种子存放在土壤结冻层以下,地下水位以上。土坑挖好后,先在坑底铺一层小石子,再铺一层粗沙,然后在坑中央插一束高出坑面20 cm的秸秆或带孔的竹筒,以便通气。把种子与湿沙按1:3比例(容积比)混拌均匀放入坑内,或一层沙一层种子分层放置,堆到离地面10~30 cm时为止。用湿沙填满坑,再用土堆成屋脊形或龟背形,在坑的四周挖排水沟,在坑上方搭草棚遮阳挡雨(图2-1)。坑上覆土厚度应根据各地气候条件而定,在北方应随气候变冷而加厚土层。珍贵或量少的种子,可将种子和沙子混合或层积,置入木箱内,然后将木箱埋藏在坑中,效果良好。

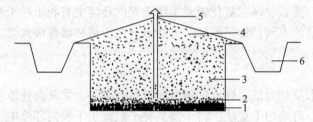

图 2-1　露天埋藏法
1. 卵石　2. 沙子　3. 沙混合物　4. 覆土　5. 通气秸秆束　6. 排水沟

②室内堆藏　选择干燥、通风、阳光直射不到的屋内、地下室或草棚。在地上铺上湿沙后，将种子与湿沙分层堆积或种沙混合后堆积。数量多可堆成垄，垄间留出通道，以便检查和有利于通气。种子数量不多时，可在屋角用砖头砌一个池子，把种子与湿润沙子混合后放入池内贮藏。沙子湿度视种子而异，如银杏和樟树种子，沙子湿度宜控制在15%左右；栎类、槭树、椴树等，可采用30%。如果湿度太大，容易引起发芽。一般以手握成团，手捏即散为宜。种子数量较少时，可把种子与湿润沙子混合后装于木箱或竹箩、花盆、小缸等容器中，放于背阳的室内。种子堆积完毕后，在上面盖一层沙和草帘等覆盖物。是否设通气设备，根据种子和沙子的厚度决定。此法在我国高温多雨的南方采用较为普遍。

③窖藏　河北一带群众贮藏板栗常用窖藏。做法是将种子(不混沙)用筐装好放入地窖内；或先在窖底铺竹席或草毯，再把种子倒在竹席或草毯上，窖口用石板盖严，再用土堆封好，四周挖排水沟。

除以上方法外，还可以用流水藏、雪藏、真空贮藏等方法贮藏种子。如栎类和核桃等大粒种子，可在水流较慢，不结冰的溪流，将种子装入箩筐或麻袋，置溪流中，周围用木桩等阻挡，在流水中进行种子贮藏。附表2列举了主要园林树种的种实成熟采集、调制与贮藏方法，供参考。

2.4　种子调拨与运输

2.4.1　种子调拨

当本地种子不能满足育苗需要时，需从外地调进种子，从外地调运种子的范围常有一定的界限，超过界限，将产生不良后果，因此应合理调拨种子。种子调拨是否适当，对生产的影响很大，因栽培地区的生态因子与原产地之间存在着差异，不同种源的种子生长情况和适应性差别很大。同时树种的适应性也有差别，其调拨的范围也就不同。如同在大兴安岭生产的樟子松和兴安落叶松，由于樟子松适应性强，在东北的山区、半山区(分别为湿润区和半湿润区)都能生长良好，且其耐沙性较强，故调拨到东北的南部和西部的半干旱沙地、草原地区也可以正常生长，但兴安落叶松的调拨范围就很小。在早期，人们曾认为同一树种，不管产于哪里的种子都可以获得同样的效果，结果造成树木生长不良，甚至大面积死亡。据福建农林大学林学院马尾松种源试验的报告，来自广西的种子，20年生时树高15.29 m，胸径14 cm；来自湖北的种子，20年生树高和胸径分别为10.61 m、11.9 cm；而福建当地种子的同龄林木树高胸径分别为13.34 m、12.8 cm，因此，缺种地区在调进种子时，需注意选择种子产地。

在种源试验的基础上，划分种子调拨区，才能做到合理调拨与使用种子。种子的合理调拨也就是种源的选择，实质上就是生态型或地理型的选择。在种子调拨时应遵循以下原则：①选择最适种源区或者本地种源；②如果没有最适种源区或者本地种子缺乏时，也要在附近地区调拨种子；③若附近地区无适宜种源区，则要选择气候条件和土壤条件与当地相同和相似的地区,尽可能地减小差异。总的要求是:尽量在同气候亚带内或邻带内的最优种源区进行调种,隔带调种一定要慎重。

在我国自然条件下,种子由北向南和由西向东调拨范围比反方向大,如我国的马尾松种子,由北向南纬度不超过3°,由南向北纬度不超过2°;在经度方面,气候条件较差地区向较好地区调拨范围不超过16°。地势高低对气候影响很大,垂直调拨种子时,从高海拔向低海拔调拨范围比反方向大,一般不超过300~500 m。

2.4.2 种实包装

2.4.2.1 包装要求

①防湿包装的种子必须达到包装所要求的种子含水量和净度等标准　确保种子在包装容器内,在贮藏和运输过程中不变质,保持原有质量和活力。

②包装容器必须防湿、清洁、无毒、不易破裂、重量轻等　种子是一个活的生物有机体,如不防湿包装,在高温条件下种子会吸湿回潮;有毒气体会伤害种子,而导致种子丧失生活力。

③按不同要求确定包装数量　应按不同种类、苗床或大田播种量、不同生产面积等因素,确定合适的包装数量,以利使用或销售方便。

④保存期限　保存时间长,则要求包装种子水分更低,包装材料好。

⑤包装种子贮藏条件　在低湿干燥气候地区,要求包装条件较低;而在潮湿温暖地区,则要求严格。

⑥包装容器外面应加印或粘贴标签纸　写明树种和品种名称、采种年月、种子质量指标资料和高产栽培技术要点等,并最好绘上醒目的树种或种子图案,引起农民的兴趣,以利于良种能得到充分利用和销售。

2.4.2.2 包装材料

(1)包装材料的种类和性质

目前应用比较普遍的包装材料主要有麻袋、多层纸袋、铁皮罐、聚乙烯铝箔复合袋及聚乙烯袋等。

①麻袋　强度好,透湿容易,但防湿、防虫和防鼠性能差。

②金属罐　强度高,透湿率为0,且防湿、防光、防淹水、防有害气体、防虫、防鼠性能好,并适于高速自动包装和封口,是最适合的种子包装容器。

③聚乙烯铝箔复合袋　强度适当,透湿率极低,也是最适的防湿袋材料。该复合袋由数层组成。因为铝箔有微小孔隙,最内及最外层为聚乙烯薄膜,有充分的防湿效果。

④聚乙烯薄膜　是用途最广泛的热塑性薄膜。通常可分为3种类型:低密度型($0.914 \sim 0.925$ g/cm^3)、中密度型($0.93 \sim 0.94$ g/cm^3)及高密度型($0.95 \sim 0.96$ g/cm^3)。这3种聚乙烯薄膜均为微孔材料,对水汽及其他气体的通透性存在差异。

⑤纸袋　多用漂白亚硫酸盐纸或牛皮纸制成,其表面覆上一层洁白陶土以便印刷。许多纸质种子袋系多层结构,由几层光滑纸或皱纹纸制成。多层纸袋因用途不同而有不同结构。普通多层纸袋的抗破力差,防湿、防虫、防鼠性能差,在非常干燥时会干化,易破损,不能保护种子生活力。

纸板盒和纸板罐(筒)　也广泛用于种子包装。多层牛皮纸能保护种子的大多数物理品质,并适于自动包装和封口设备。

(2) 包装材料和容器的选择

包装容器应按种子种类、种子特性、种子水分、保存期限、贮藏条件、种子用途和运输距离及地区等因素来选择。

①多孔纸袋或针织袋　一般用于通气性好的种子种类,或数量大,贮存在干燥低温场所,保存期限短的批发种子的包装。

②小纸袋、聚乙烯袋、铝箔复合袋、铁皮罐等　通常用于零售种子的包装。

③钢皮罐、铝盒、塑料瓶、玻璃瓶和聚乙烯铝箔复合袋等　可用于价高或少量种子长期保存或品种资源保存的包装。

在高温高湿的热带和亚热带地区的种子包装应尽量选择严密防湿的包装材料,并且将种子干燥到安全包装、保存的水分条件,封入防湿容器以防种子生活力丧失。

2.4.2.3　包装方法

林木种子包装方法分为:麻袋有 90 kg、50 kg 装;编织袋有 50 kg、25 kg、10 kg、5 kg 装;油纸、金属罐有 50 g、100 g、500 g 装等。

2.4.3　种子运输

种子运输实质上是在一个特定的环境条件下,一种短期的贮藏方法。如果包装和运输不当,则运输过程中很容易导致种子品质降低,甚至使种子丧失活力。因此,种子运输之前,要根据种实类型进行适当干燥,或保持适宜的湿度。要预先做好包装工作,运输途中防止高温或受冻,防止种实过湿发霉或受机械损伤,确保种子的活力。种子运输之前,包装要安全可靠,并进行编号,填写种子登记卡,写明树种的名称和种子各项品质指标,如采集地点和时间、每包重量、发运单位、时间等。卡片装入包装内备查。大批运输必须指派专人押运。到达目的地要立即检查,发现问题及时处理。要做好包装工作,以防种子过湿、发霉或受机械损伤等,确保种子的生活力。

对于一般含水量低,进行干藏的种子,可直接装布袋、麻袋运输,每袋不宜过重或过满,这样既可便于搬运,又可减少挤压损伤;对于标准含水量高的和易失水而影响生活力的种子,用塑料布或油纸包好再放入木箱或箩筐中起运,如樟树、楠木、七叶树、檫树、木荷、枇杷等用此法。橡栎类的种子多用箩筐填入稻草分层包装,对于极易丧失发芽力的种子,需要密封贮存的,在运输过程中,应保持密封条件,可用瓶、桶装运,现多采用塑料袋装运,效果佳。

种实在运输过程中要注意防止雨淋、暴晒和受冻害,并在包装内外放置标签

```
林木种子产地标签
种批号：_____
树  种：_____
产  地：_____省（自治区、直辖市）
        _____县（市、旗）
        _____乡（林场）
采集日期：_____
签证人：_____
签证日期：____年____月____日
签证机关：_____
```

图 2-2　林木种子产地标签

（图 2-2）以防种实混杂。运达目的地后应立即进行检查，并根据情况及时进行摊晾、贮藏或播种。

2.5　园林树木种子品质检验

种子质量是由种子不同特性综合而成的一种概念，包括品种质量和播种质量。品种质量是指与遗传特性有关的品质，播种质量是指种子纯净程度、饱满程度、种子健康、种子含水率、生活力、发芽率等与种子播种后出苗有关的品质。园林树木种子品质检验主要是检验种子的播种品质，即应用科学、先进和标准方法对种子样品质量进行分析测定，判断其质量的优劣，评定其种用价值。检验项目包括：种子净度、重量（千粒重）、含水量、发芽率、生活力、优良度、种子健康状况等。还可用形态学、解剖学、物理化学、分子遗传学等方法进行品种鉴定。无性繁殖材料，检查种条活力、芽饱满度、再生能力、健康状况等。

中华人民共和国标准局颁布了《林木种子检验规程》（GB 2772—1999），国际种子检验协会（ISTA）1996 年颁布了《国际种子检验规程》，从 1996 年 7 月 1 日起在世界上实施，2012 年又进行了修订，通过了 2012 版《国际种子检验规程》（ISTA Rules）修订议案。园林树木种子检验应参照这些规程进行。

2.5.1　抽样

由于种子品质是根据抽取的样品经过检验分析确定的，因此抽样正确与否十分关键。为使种子检验获得正确结果并具有重复性，必须从供检的一批种子（或种批）随机抽取具有代表性、数量能满足检验需要的样品。

种批是指来源和采集期相同、加工调制和贮藏方法相同、质量基本一致、并在规定数量之内的同一树种的种子。不同树种种批最大重量为：特大粒（核桃、油桐）10 000 kg；大粒（油茶、山杏、苦楝）5000 kg；中粒（红松、华山松、樟树、沙枣）3500 kg；小粒（油松、落叶松、杉木、刺槐）1000 kg；特小粒（桉树、桑、泡桐、木麻黄）250 kg。

初次样品是从种批的一个抽样点上取出的少量样品。混合样品是从一个种批中抽取的全部大体等量的初次样品合并混合而成的样品。送检样品是指送交检验机构的样品，是整个混合样或从中随机分取的一部分。测定样品是从送检样品中分取，供做某项品质测定用的样品。

抽样的步骤是：①用扦样器或徒手从一个种批取若干初次样品；②初次样品混合；③从混合样品随机抽取送检样品；④从送检样品中分取测定样品。

送检样品的重量：至少应为净度测定样品的2~3倍，大粒种子至少应有1000 g，特大粒种子至少要有500粒。一般情况，净度测定样品至少应含2500粒纯净种子。各树种送检样品的最低数量可参见表2-3。

表2-3　各树种送检样品的最低数量（仿自苏金乐，2009）　　　　　　　　　　g

树　种	送检样品最低量	树　种	送检样品最低量
核桃、核桃楸	6000	杜仲、合欢、水曲柳、椴	500
板栗、栎类	5000	白蜡、复叶槭	400
银杏、油桐、油茶	4000	油松	350
山桃	3500	臭椿	300
皂荚、榛子	3000	侧柏	250
红松、华山松	2000	锦鸡儿、刺槐	200
元宝枫	1200	马尾松、杉木、黄檗、云南松	150
白皮松、槐、樟	1000	樟子松、柏木、榆、桉、紫穗槐	100
黄连木	700	落叶松、云杉、桦	50
沙枣	600	杨树、柳树	30

2.5.2　净度分析

种子净度是指纯净种子重量占测定样品各成分总重量的百分率。净度分析测定主要是将供检验样品中的纯净种子、废种子及其他夹杂物分开，计算重量百分率，据此推断该种批的组成，了解该种批的利用价值。

纯净种子是指完整的、发育正常的种子。包括发育不完全的种子和难以识别的空粒，以及虽已破口或发芽，但仍具发芽能力的种子；种翅、壳斗不易脱落的带翅、带壳种子；至少含有1粒种子的复粒种子。

废种子包括能明显识别的空粒、腐坏粒、已萌芽而丧失播种发芽能力的种子；严重损伤（超过原大小1/2）的种子和无种皮的裸粒种子。

夹杂物包括叶片、鳞片、苞片、果皮、种翅、壳斗、种子碎片、土块和其他杂质；昆虫的卵块、成虫、幼虫和蛹；不属于被检验的其他植物的种子。

测定方法和步骤为：①用分样板、分样器或采用四分法分取试样；②称量测定样品；③将测定样品摊开，把纯净种子、废种子和夹杂物分开；④把组成测定样品的各个部分称重；⑤计算净度。

2.5.3　种子重量

种子重量主要指千粒重，指气干状态下，1000粒种子的重量，以克为单位。千粒重反映种粒的大小和饱满程度，千粒重越大，说明种粒越大越饱满，内部含有的营养物质越多，发芽迅速整齐，出苗率高，幼苗健壮。种子千粒重测定有百粒法、千粒法和全量法。通常采用百粒法测定。

(1) 百粒法

百粒法是通过手工或用数种器从待测样品随机数取 8 个重复，每个重复 100 粒，分别称重。根据 8 个组的称重读数，求算出 100 粒种子的平均重量，再换算成 1000 粒种子的重量。

(2) 千粒法

千粒法适用于种粒大小、轻重极不均匀的种子。通过手工或用数种器从待测样品随机数取 2 个重复，分别称重，计算平均值，再换算千粒重。大粒种子，每个重复数 500 粒；小粒种子，每个重复数 1000 粒。

(3) 全量法

珍贵树种，种子数量少，可将全部种子称重，换算千粒重。电子自动种子数粒仪（Electronic Seed Counter）是千粒重测定中有效的种子数粒工具。

2.5.4 种子含水量

种子含水量是指种子中所含水分的重量占种子重量的百分率。通常将种子置入烘箱用 103 ℃ ±2 ℃ 温度烘烤 8 h 后，测定种子前后重量之差来计算含水量。

$$种子含水量 = \frac{样品烘前重 - 样品烘后重}{样品烘前重} \times 100\%$$

测定种子含水量时，桦、桉、侧柏、马尾松、杉木等细小粒种子，以及榆等薄皮种子，可以原样干燥。红松、华山松、槭树和白蜡等厚皮种子，以及核桃、板栗等大粒种子，应将种子切开或弄碎，然后再进行烘干。

2.5.5 种子发芽能力

2.5.5.1 发芽测定目的及有关概念

发芽测定的目的是测定种批的最大发芽潜力，据此评价种批的质量，对确定合理的播种量、划分种子等级和确定合理种子价格有重要意义。

①种子发芽力　是指种子在适宜条件下发芽并长成植株的能力，是种子播种品质中最重要的指标。用发芽势和发芽率表示。

②发芽势　是种子发芽试验初期正常发芽种子数占供试种子数的百分率。或是指以日平均发芽数达到最高的那一天为止，正常发芽种子数占供试种子数的百分比。（通常以发芽试验规定期限的最初 1/3 期间内的发芽数，占供试种子总数的百分比表示）发芽势高表示种子活力强、发芽整齐、生产潜力大。

③发芽率　也称实验室发芽率，是指在规定条件下及规定期限内（发芽试验终期）正常发芽种子数占供试种子数的百分比。种子发芽率高，表示有生活力的种子

多，播种后出苗多。

有时还要测定绝对发芽率和场圃发芽率。绝对发芽率指在规定的条件和时间内，正常发芽种子数占供测定的饱满种子总粒数的百分率。场圃发芽率：指播种后在育苗地的实际发芽率。

2.5.5.2 发芽试验设备和用品

常用的设备发芽箱、光照培养箱、发芽室，以及活动数种板和真空数种器等设备。发芽床应具备保水性好、通气性好、无毒、无病菌等特性，且有一定强度。常用发芽用品及材料有镊子、培养皿、纱布、滤纸、脱脂棉、细沙和蛭石等。

2.5.5.3 发芽试验方法

(1) 器具和种子灭菌

发芽试验前要对准备使用的器具进行灭菌，以预防霉菌感染。发芽箱可用福尔马林喷撒后密封 2~3 d，然后再使用。种子可用过氧化氢(35%，1 h)或福尔马林(0.15%，20 min)等进行灭菌。

(2) 发芽促进处理

置床前通过低温预处理或用 GA_3 等处理种子，可破除休眠。对种皮致密、透水性差的树种如皂荚、台湾相思、刺槐等，可用 45 ℃的温水浸种 24 h，或用开水短时间(2 min)烫种促进发芽。

(3) 种子置床

在发芽床上放纱布、滤纸、脱脂棉和细沙等发芽基质。将种子均匀放置在发芽床上，使种子与水分良好接触，每粒之间要留有足够的间距，以防止种子受霉菌感染并蔓延。一般情况大粒种子适宜用细沙或，中小粒种子适宜用纱布、滤纸和脱脂棉。

(4) 贴标签

种子放置完后，要在放置种子的容器上贴上标签，注明树种名称、测定样品号、置床日期、重复次数等，并将有关项目在种子发芽试验记录表上进行登记。

(5) 发芽试验管理

①水分 发芽床要始终保持湿润，切忌断水，但不能使种子四周出现水膜。

②温度 多数树种以 25 ℃为宜。榆和栎类为 20 ℃，云杉、白皮松、落叶松和华山松为 20~25 ℃，沙松、火炬松、银杏、乌桕、核桃、刺槐、杨树和泡桐为 20~30 ℃，黑荆树、桑、喜树和臭椿为 30 ℃。

③光照 可在光照或黑暗条件下发芽。国际种子检验规程规定，最好加光培养，可抑制霉菌繁殖，同时有利于正常幼苗鉴定，区分黄化和白化等不正常苗。

④通气 用发芽皿发芽时，要常开盖，以利通气，保证种子发芽所需的氧气。

⑤处理发霉现象 发现轻微发霉的种子，应及时取出洗涤去霉。发霉种子超过 5% 应调换发芽床。

(6) 持续时间和观察记录

①种子放置发芽的当天，为发芽试验的第一天。各树种发芽试验需要持续的时间不一样，参见表2-4。

表2-4 主要树种发芽终止天数（仿自孙时轩，2004） d

树　种	发芽势终止天数	发芽率终止天数	树　种	发芽势终止天数	发芽率终止天数
薄壳山核桃	25	45	杉木、马尾松、大叶榉、冲天柏	10	20
樟树	20	40	侧柏	9	20
华山松	15	40	云杉、黄连木、白蜡	5	15
柏木	24	35	胡枝子、紫穗槐	7	15
白皮松	14	35	水杉	5	15
乌桕	10	30	长白落叶松	8	15
竹柏	8	30	木麻黄	8	15
槐树	7	29	桑树	8	15
毛竹、檫树、福建柏	12	28	红杉	6	15
池松	17	28	泡桐	9	14
雪松、火炬松、栎类	7	28	桉树	5	14
悬铃木	7	28	油茶、茶树	8	12
金钱松	16	25	杜仲	7	12
柳杉	14	25	刺槐	5	10
云南松、思茅松	10	21	樟子松	5	8
日本落叶松、黄山松	7	21	白榆	4	7
银杏、梓树、皂荚、枫杨、臭椿	7	21	杨树	3	6
相思树、黑荆、锥栗	7	21	板栗	3	5

②鉴定正常发芽粒、异状发芽粒和腐坏粒并计数。正常幼苗为：长出正常幼根，大、中粒种子，其幼根长度应该大于种粒长度的1/2，小粒种子幼根长度应该大于种粒长度。异状发芽粒为：胚根形态不正常，畸形、残缺等；胚根非从珠孔伸出，而是出自其他部位；胚根呈负向地性；子叶先出等。腐坏粒为：内含物腐烂的种子，但发霉粒种子不能算作腐坏粒。每次观察记录后，拣出已正常发芽的种子。对于严重腐坏的种子要在记录后及时拣出，以免感染其他种子。有缺陷的及发芽不正常的，均应保留在发芽床上直至发芽试验终期进行计数。

(7) 计算发芽试验结果

发芽试验到规定结束的日期时，记录未发芽粒数，统计正常发芽粒数，计算发芽势和发芽率。试验结果以粒数的百分数表示。

2.5.6　种子生活力

种子生活力是指种子发芽的潜力或种胚所具有的生命力。通过测定种子生活力可快速地估计所测种子样品的生活力，借此预测种子发芽能力。

种子生活力常用具有生命力的种子数占试验样品种子总数的百分率表示。测定生活力常用化学药剂的溶液进行浸泡处理,然后根据种胚(和胚乳)的染色反应来判断种子生活力。主要的方法有四唑染色法、靛蓝染色法、碘—碘化钾染色法。此外,也可用X射线法和紫外荧光法等进行测定。但是最常用的且列入国际种子检验规程的生活力测定方法是生物化学染色法(四唑染色法)。

四唑全称为2,3,5-氯化(或溴化)三苯基四氮唑,简称四唑或红四唑,是一种生物化学试剂,为白色粉末。四唑的水溶液无色,在种子的活组织中,四唑参与活细胞的还原过程,脱氢酶接受氢离子,被还原成红色的、稳定的、不溶于水的2,3,5-三苯基钾替,而无生活力的种子则没有这种反应。即染色部位为活组织,而不染色部位则为坏死组织。因此,可依据坏死组织出现的部位及其分布状况判断种子的生活力。四唑的使用浓度多为0.1%~1.0%的水溶液,常用0.5%。可将药剂直接加入pH 6.5~7范围的蒸馏水进行配制。如果蒸馏水不能使溶液的pH值保持在6.5~7的范围,则将四唑药剂加入缓冲液中配制。浓度高,则反应快,但药剂消耗量大。四唑染色测定种子生活力的主要步骤为:

①预处理 将种子浸入20~30℃水中,使种子充分快速吸水,软化种皮,方便样品准备。同时促进组织酶系活化,以提高染色效应。预处理时间因树种而异,小粒的、种皮薄的种子浸泡2 d,大粒的、种皮厚的泡3~5 d,注意每天要换水。

②取胚 浸种后切开种皮和胚乳,取出种胚。也可连胚乳一起染色。取胚同时,记录空粒、腐烂粒、感染病虫害粒及其他显然没有生活力的种粒。

③染色 将胚放入小烧杯或发芽皿中,加入四唑溶液,以淹没种胚为宜。然后置黑暗处或弱光处进行染色反应。因为光线可能使四唑盐类还原而降低其浓度,影响染色效果。染色的温度保持在20~30℃,以30℃最适宜,染色时间至少3 h。

④鉴定染色结果 染色完毕,取出种胚,用清水冲洗,置白色湿润滤纸上,逐粒观察胚(和胚乳)的染色情况,并进行记录。鉴定染色结果时因树种不同而判断标准有所差别。但主要依据染色面积的大小和染色部位进行判断。如果子叶有小面积未染色,胚轴仅有小粒状或短纵线未染色,均应认为有活力。因为子叶的小面积伤亡,不会影响整个胚的发芽生长;胚轴小粒状或短纵线伤亡,不会对水分和养分的输导形成大的影响。但是,胚根未染色、胚芽未染色、胚轴环状未染色、子叶基部靠近胚芽处未染色,则应视为无生活力。

⑤计算种子生活力 根据鉴定记录结果,统计有生活力和无生活力的种胚数,计算种子生活力。

2.5.7 种子优良度测定

优良度是指优良种子占供试种子的百分率。优良种子是通过人为的直观观察来判断的,这是最简易的种子品质鉴定方法。在生产上采购种子,急需在现场确定种子品质时,可依据种子硬度、种皮颜色、光泽、胚和胚乳的色泽、状态、气味等进行评定。优良度测定适用于种粒较大的银杏、栎类、油茶、樟树和檫树的种子品质鉴定。

2.5.8 种子健康状况测定

种子健康状况测定主要是测定种子是否携带真菌、细菌、病毒等各种病原菌，以及是否带有线虫和害虫等有害动物。主要目的是防止种子携带的危险性病虫害传播和蔓延。

完成种子质量的各项测定工作后，填写种子质量检验结果单。完整的结果报告单应该包括：签发站名称；扦样及封缄单位名称；种子批的正式登记号和印章；来样数量、代表数量；扦样日期；检验收到样品的日期；样品编号；检验项目；检验日期。

《中华人民共和国种子法》规定，国务院农业、林业行政主管部门分别负责全国农作物和林木种子质量监督管理工作。县级以上地方人民政府农业、林业行政主管部门分别负责本行政区域内的农作物和林木种子质量监督管理工作。种子的生产、加工、包装、检验、贮藏等质量管理办法和标准由国务院农业、林业行政主管部门制定。

承担种子质量检验的机构应当具备相应的检测条件和能力，并经省级以上农业、林业行政主管部门考核合格。处理种子质量争议，以省级以上种子质量检验机构出具的检验结果为准。种子质量检验机构应当配备种子检验员。种子检验员应当经省级以上农业、林业行政主管部门培训后，考核合格颁发《种子检验员证》。

思 考 题

1. 名词解释：树木结实周期性，种子园和采穗圃，种子千粒重，种子净度。
2. 简述：园林树木种子寿命，种子的形态成熟，种子的生理成熟，种子的生理后熟。
3. 何为种子发芽势和种子发芽率？简述种子发芽率和种子生活力测定的关键步骤。
4. 常用的种实贮藏方法有哪些？
5. 为什么大部分树种不适宜在种子的生理成熟期采种？

推荐阅读书目

1. 园林苗圃学(第二版). 苏金乐. 中国农业出版社，2009.
2. 园林绿化苗木培育与施工实用技术. 叶要妹. 化学工业出版社，2011.
3. 苗木培育学. 沈海龙. 中国林业出版社，2009.
4. 园林苗木生产技术. 苏付保. 中国林业出版社，2004.
5. 林木育苗技术. 孙时轩. 金盾出版社，2004.

第3章 园林树木播种繁殖

[本章提要] 播种繁殖即利用树木的种子繁殖苗木,与无性繁殖的苗木比较,播种育苗具有简单易行、繁殖系数大、苗木根系发达、适应性强、自然寿命长等优点。本章介绍了播种繁殖的特点、播种育苗的时期、播种育苗方式,播种前的土壤准备与消毒、种子处理、播种方法与技术、播种后的管理措施等,分析了播种苗生长发育特点及相应的苗木管理技术措施。

播种育苗是指将种子播在苗床上培育苗木的育苗方法。用播种繁殖所得到的苗木称为播种苗或实生苗。播种苗根系发达,对不良生长环境的抗性较强,如抗风、抗旱、抗寒等;苗木阶段发育年龄小,可塑性强,后期生长快,寿命长,生长稳定,也有利于引种驯化和定向培育新的品种。园林树木的种子来源广,便于大量繁殖,育苗技术易于掌握,可以在较短时间内培育出大量的苗木或嫁接繁殖用的砧木,因而播种育苗在园林树木的繁殖中占有重要的地位。

3.1 播种育苗概述

种子是裸子植物和被子植物特有的繁殖体,它由胚珠经过传粉受精形成,对延续物种起着重要作用,并且与人类生活关系密切,大部分的树木和花草都是由种子繁殖而来。用种子来繁殖园林树木的方法就是园林树木的种子繁殖,所得的苗称为播种苗或实生苗。种子繁殖包括播种前的种子处理、播种时期的选择、播种密度和播种量的确定、播种的方法和技术流程以及播种苗的抚育管理等内容。

对于种子繁殖,为确保其繁殖成功:①应确保种子必须是有生命的并且能发芽的种子,而且应该发芽迅速,有活力,足以抵抗苗床可能出现的不良条件;②种子处于休眠状态会阻碍种子发芽,必须在发芽前加以处理来克服,因此要求必须掌握每种植物的种子发芽要求;③假如种子能迅速发芽,繁殖成功的关键在于给种子和幼苗提供适当的环境(温度、湿度、氧气、光照或黑暗)。

园林树木的种子体积较小,采收、贮藏、运输、播种都较简单,可以在较短的时间内培育出大量的苗木或嫁接繁殖用的砧木,因而在园林苗圃中占有极其重要的地位,对于园林苗圃的苗木繁殖具有十分重要的意义。

3.1.1　播种育苗特点

园林树木的播种繁殖，一次可获得大量苗木，种子获得容易，采集、贮藏、运输都较方便。播种苗生长旺盛、健壮，根系发达，寿命长；抗风、抗寒、抗旱、抗病虫的能力及对不良环境的适应力较强。种子繁殖的幼苗，遗传保守性较弱，对新环境的适应能力较强，有利于异地引种的成功。如从南方直接引种梅花苗木到北方，往往不能安全越冬，而用其种子在北方播种育苗，其中部分苗木则能在 -17 ℃时安全过冬。用种子播种繁殖的苗木，特别是杂种幼苗，由于遗传性状的分离，在苗木中常会出现一些新类型的品种，这对于园林树木新品种、新类型的选育有很大的意义。

种子繁殖的幼苗，由于需要经过一定时期、一定条件下的生理发育阶段，因而开花、结果较无性繁殖的苗木晚。由于播种苗具有较大的遗传变异性，因此对一些遗传性状不稳定的园林树种，用种子繁殖的苗木常常不能保持母树原有的观赏价值或特征特性。如龙柏经种子繁殖，苗木中常有大量的圆柏幼苗出现；重瓣榆叶梅播种苗大部分退化为单瓣或半重瓣花；龙爪槐播种繁殖后代多为槐等。

3.1.2　播种时期

确定播种时期是育苗工作的重要环节之一，它直接影响苗木生长质量、幼苗对环境条件的适应能力、土地的利用效率、苗木的养护管理措施以及出圃年限和出圃质量等。适宜的播种时期能促使种子提早发芽，提高发芽率，使种子出苗整齐，生长健壮，增强抗寒、抗旱、抗病虫能力，节省土地、人力和财力，提高生产效率和经济效益。播种期的确定主要根据树种的生物学特性和育苗地的气候特点。我国南方，全年均可播种；在北方，因冬季寒冷，露地育苗则受到一定限制，确定播种期应以保证幼苗能安全越冬为前提。生产上，播种季节常在春夏秋 3 季，以春季和秋季为主。如果在设施内育苗，北方也可全年播种。

（1）春季播种

春季播种适用于绝大多数园林植物，时间多在土壤解冻之后，越早越好，但以幼苗出土后不受晚霜和低温的危害为前提。春播应做好种子的贮藏和催芽工作，以保证出苗；春播时间宜早，当土壤解冻后，及时进行整地播种，尤其在生长期较短或干旱地区更为重要，实践证明，春季早播可增加生长时间，使出苗早而整齐，生长健壮，在炎热的夏季到来之前苗木可木质化，增加抗病、抗旱的能力，提高苗木的产量和质量。但对晚霜危害比较敏感的树种，如刺槐、臭椿等则不宜过早播种，应考虑使幼苗在晚霜后出土，以防晚霜危害。

各地区的春播时间，一般在气候较暖的南方地区，多在 3 月进行，很多地方 2 月即可开始播种；在华北、西北地区多在 3 月下旬至 4 月中旬为好；东北、内蒙古地区一般在 4 月下旬进行。但是，要根据当时当地的具体气候条件来确定播种的适宜起止时间。

(2) 秋季播种

秋季播种是一个重要的播种季节，一般除种粒很小和含水量大而易受冻害的种实之外，多数园林树木种子都可以在秋季播种，尤其是红松、水曲柳、白蜡、椴树等一些休眠期比较长的种子或栎类、核桃楸、板栗、文冠果、山桃、山杏、榆叶梅等大粒种子或种皮坚硬、发芽较慢的种子，都可进行秋播。适宜秋播的地区很广，特别是华北、西北、东北等春季短而干旱且有风沙的地区更宜秋播。但是鸟兽危害严重或冬季极度寒冷地区应避免秋播。

秋播的优点：可使种子在圃中通过休眠期，完成播种前的催芽阶段，翌春幼苗出土早而整齐，延长苗木的生长期，幼苗生长健壮，成苗率高，增加抗寒能力，不仅减免了种子的贮藏和催芽处理，又减缓了春季作业繁忙，劳力紧张的矛盾。由于秋播出苗早，要注意防止晚霜的危害。秋播的时间，依树种特性和当地的气候条件的不同而异，对长期休眠的种子应适当的早播，可随采随播；一般树种秋播时间不宜过早，多于晚秋进行，以防播后当年秋季发芽，幼苗遭受冻害。

(3) 夏季播种

夏季播种适合那些种子在春夏成熟而又不宜贮藏或者生活力较差的种子，如杨树、柳树、榆树、桑、桦木、蜡梅、玉兰等，一般在种子成熟后随采随播。夏季气温高，土壤水分易蒸发，表土干燥，不利于种子的发芽，尤其是在夏季干旱地区更为严重，因此覆草保墒，在雨前进行播种或播后灌一次透水，这样浇透底水有利于种子的发芽。播后要加强管理，适时灌水，保持土壤湿润，降低地表温度，促进幼苗生长，因此，播种后的遮阳和保湿工作是育苗能否成功的关键。

(4) 冬季播种

冬播实际上是春播的提前，秋播的延续。在我国南方冬天气候温暖，雨量充沛，适宜冬播。如福建、两广地区的杉木、马尾松等常在初冬种子成熟后随采随播，这样发芽早、扎根深，可提高苗木的生长量和成苗率，幼苗的抗旱、抗寒、抗病等能力强，生长健壮。另外，有些树种如蜡梅、白玉兰、广玉兰、枇杷等，因种子含水量大，失水后容易丧失发芽力或寿命缩短，采种后最好随即播种。

3.1.3 播种育苗方式

园林苗圃中的育苗方式可分为苗床育苗和大田育苗两种。

(1) 苗床育苗

用于生长缓慢，需要细心管理的小粒种子以及量少或珍贵树种的播种，如油松、侧柏、金钱松、落叶松、马尾松、桉树、杨树、柳树、紫薇、连翘、山梅花等多种园林树种，一般均采用苗床播种。

①高床　床面高于地面的苗床称为高床。整地后取步道土壤覆于床上，使床一般高于地面15~30 cm；床面宽100~120 cm（图3-1）。床面的提高可促进土壤通气，提高土温，增加肥土层的厚度，并便于侧方灌水及排水，适用于我国南方多雨地区，黏

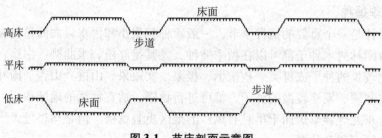

图 3-1 苗床剖面示意图

重土壤易积水或地势较低条件差的地区以及要求排水良好的树种如油松、白皮松、木兰等。

②低床 床面不高于地面，而使床埂高于地面 15~20 cm，床埂宽 30~40 cm，床面 100~120 cm。低床便于灌溉，适用于温度不足和干旱地区育苗。对于喜湿的中、小粒种子的树种如悬铃木、太平花、水杉等适用。我国华北、西北地区多采用低床育苗。

（2）大田式育苗

大田式育苗又称农田式育苗。其作业方式与农作物方式相似，不作苗床将树木种子直接播于圃地。便于机械化生产和大面积的进行连续操作，工作效率高，节省人力。由于株行距大，光照通风条件好，苗木生长健壮而整齐，可降低成本提高苗木质量，但苗木产量略低，为了提高工作效率，减轻劳动强度，实现全面机械化，在面积较大的苗圃中多采用大田式育苗。常采用大田播种的树种有山桃、山杏、海棠、合欢、刺槐、槐树、枫杨、君迁子等。

大田式育苗分为平作和垄作两种。平作在土地整平后即播种，一般采用多行带播，能提高土地利用率和单位面积产苗量，便于机械化作业，但灌溉不便，易采用喷灌。垄作目前使用较多，垄作通气条件较好，地温高，有利于排涝和根系发育，适用于怕涝树种如合欢等。高垄规格，一般要求垄距 60~80 cm，垄高 20~50 cm，垄顶宽度 20~25 cm（双行播种宽度可达 45 cm）（图 3-2）。

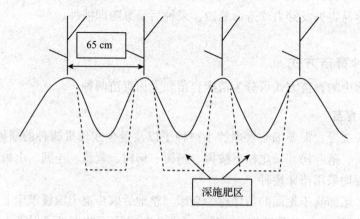

图 3-2 垄作剖面示意图

3.2 播种前土壤准备与消毒

3.2.1 整地和施肥

深翻熟土是土壤改良的基本措施。园林植物苗木的生长主要靠根系从土壤中吸取营养,根系的旺盛生长活动需要有通透性良好和富有肥力的土壤条件。深翻熟土可以改善土壤结构和理化性状,增加土壤孔隙度,提高土壤的保水力、保肥力、透水性和透气性,同时增加土壤微生物分解难溶性有机物的能力,能引导根群向土壤深处扩展。

深翻结合施入有机腐熟肥料,能有效改善土壤的有机结构,增加土壤中的腐殖质,相应地提高土壤肥力,从而为根系的生长创造条件。

3.2.2 土壤消毒方法

土壤是传播病虫害的主要媒介,也是病虫繁殖的主要场所,许多病菌、虫卵和害虫都在土壤中生存或越冬,而且土壤中还常有杂草种子。土壤消毒可控制土传病害、消灭土壤有害生物,为园林植物种子和幼苗创造有利的生存环境。土壤常用的消毒方法如下。

①火焰消毒 在日本用特制的火焰土壤消毒机(汽油燃料),使土壤温度达到79~87 ℃,既能杀死各种病原微生物和草籽,也可杀死害虫,而土壤有机质并不燃烧。在我国,过去一般采用燃烧消毒法,在露地苗床上,铺上干草,点燃可消灭表土中的病菌、害虫和虫卵,翻耕后还能增加一部分钾肥。小面积少量育苗地处理时,可适当使用。因为大量焚烧干草形成的烟雾,会加重雾霾天气。

②蒸汽消毒 以前是利用100 ℃水蒸气保持10 min,以此杀死有害微生物,但也会把有益微生物和硝化菌等杀死。现在多用60 ℃水蒸气通入土壤,保持30 min,既可杀死土壤线虫和病原物,又能较好地保留有益菌。

③溴甲烷消毒 溴甲烷是土壤熏蒸剂,可防治真菌、线虫和杂草。在常压下,溴甲烷为无色无味的液体,对人类剧毒的临界值为0.065 mg/L,因此,操作时要佩戴防毒面具。一般用药量为50 g/m^2,将土壤整平后用塑料薄膜覆盖,四周压紧,然后将药罐用钉子钉一个洞,迅速放入膜下,熏蒸1~2 d,揭膜散气2 d后再使用。由于此药剧毒,必须经专业人员培训后方可使用。20世纪90年代起,世界各国政府出于安全考虑都趋于停止使用这种熏蒸剂,但由于溴甲烷作为熏蒸剂的作用明显,时至今日,仍然在不少的生产中使用。目前,我国正积极推进限期淘汰溴甲烷的进程。

④甲醛消毒 40%的甲醛溶液称福尔马林,每平方米用量为50 mL,加水6~12 L混匀,于播种前10~20 d洒在圃地上,然后用塑料薄膜覆盖起到熏蒸消毒的作用,播种前一周揭开,待药味完全散失后播种。此药的缺点是对许多土传病害如枯萎病、根瘤病及线虫等效果较差。

⑤硫酸亚铁消毒 用硫酸亚铁干粉按2%~3%的比例拌细土撒于苗床,每公顷用

药土 150~200 kg。

⑥石灰粉消毒　石灰粉既可杀虫灭菌，又能中和土壤的酸性，多在南方使用。

⑦硫黄粉消毒　硫黄粉可杀死病菌，也能中和土壤中的盐碱，多在北方使用。用药量为每平方米床面用 25~30 g，或每立方米培养土施入 80~90 g。

此外，还有很多药剂，如辛硫酸、代森锌、多菌灵、绿享1号、氯化苦、五氯硝基苯、漂白粉等，也可用于土壤消毒。近几年，我国从德国引进一种新药——必速灭颗粒剂，是一种广谱性土壤消毒剂，已用于高尔夫球场草坪、苗床、基质、培养土及肥料的消毒。使用量一般为 1.5 g/m^2 或 60 g/m^3 基质，大田 15~20 g/m^3。施药后要过 7~15 d 才能播种，此期间可松土 1~2 次。

3.3　播种前种子处理

3.3.1　种子检疫与种子消毒

3.3.1.1　种子检疫

检疫是风险管理的一种措施，当播种育苗使用外来种子时，可能潜伏有危险性病菌或危险性害虫的种子，如果未经检疫合格的种子进境，可能会威胁物种安全。为防止危险性有害生物的传播扩散，必须隔离试种。植物检疫机构应进行调查、观察和检疫，证明确实不带危险性病、虫的，方可分散种植。根据《中华人民共和国种子法》的规定，进口种子必须通过检疫，获得《检验检疫通关单》后方可正常通关。从国外引进种子，引进单位应当向所在地的省、自治区、直辖市植物检疫机构提出申请，办理检疫审批手续。国务院有关部门所属的在京单位从国外引进种子，应当向国务院农业主管部门、林业主管部门所属的植物检疫机构提出申请，办理检疫审批手续。

3.3.1.2　种子消毒

播种前进行种子处理是为了提高种子的场圃发芽率，使出苗整齐、促进苗木生长，缩短育苗期限，提高苗木的产量和质量。

为提高种子的纯度，播种前按种粒的大小加以分级，分别播种，使发芽迅速、出苗整齐，便于管理。种子精选一般选用水选、风选、筛选等方法。对播种的种子进行晾晒消毒，可以激活种子的生命活力，提高发芽率，并使苗木生长健壮、出苗整齐。

播种前对种子进行消毒，既可杀虫防病，又能预防保护。杀虫防病是指杀死种子本身所带的病菌和害虫，预防保护可使种子在土壤中免遭病虫的危害，是育苗工作中一项重要的基础性技术措施。种子消毒一般采用药剂拌种或浸种的方法。

①硫酸铜、高锰酸钾溶液浸种　此法适用于针叶树及阔叶树种子杀虫消毒。用硫酸铜溶液进行消毒，可用 0.1% 的溶液，浸种 4~6 h；若用高锰酸钾消毒，则用 0.5% 溶液浸种 2 h，或用 5% 溶液浸种 30 min。但对催过芽的种子以及胚根已突破种皮的种子，不能用高锰酸钾消毒。

②甲醛(福尔马林)浸种　一般用于针叶树及阔叶树种子消毒。在播种前1~2 d，用0.15%的甲醛溶液浸种15~30 min，取出后密闭2 h，再将种子摊开阴干即可播种。

③药剂拌种　赛力散(磷酸乙基汞)拌种适用于针叶树种子，一般于播种前20 d进行拌种，每千克种子用药2 g，拌种后密封贮藏，20 d后进行播种，既有消毒作用也起防护作用。西力生(氯化乙基汞)拌种适用于松柏类种子消毒好，且有刺激种子发芽的作用，用法及作用与赛力散相似，每千克种子用药1~2 g。

④升汞(氯化汞)浸种　此法适用于松柏类及樟树等种子，用升汞进行种子消毒，一般用0.1%溶液浸种15 min。

⑤石灰水浸种　用1%~2%的石灰水浸种24~36 min，对于杀死落叶松种子病菌有较好效果。

⑥五氯硝基苯混合剂施用或拌种　目前常以五氯硝基苯和敌克松(对二甲胺基苯重氮磺酸钠)以3:1的比例配制，结合播种施用于土壤，施用量2~6 g/m^2，也可单用敌克松粉剂拌种，用药量为种子重的0.2~0.5%，对防治松柏类树种的立枯病有较好效果。

种子消毒过程中，应特别注意药剂浓度和操作安全，胚根已突破种皮的种子进行消毒易受伤害。

3.3.2　种子催芽

有些种子具有坚硬种皮和厚蜡质层，不能吸水膨胀；有些种子休眠期长，播后自然条件下发芽持续的时间长，出苗慢；有些种子播种后发芽受阻，出苗不整齐等。其主要的原因可能是种子本身或其他原因，如种子生命力下降，贮藏方式不当；播种技术或播种时期不正确；生理原因可能是种胚没有通过后熟，处于休眠期，种胚发育不充分或受伤；物理原因诸如种皮坚硬，水分不能渗透进入种胚等。为了播种后能达到出苗快、齐、匀、全、壮的标准，最终提高苗木的产量和质量，一般在播种前需要进行催芽处理。

种子的催芽就是通过人为的调节和控制种子发芽所必需的外界环境条件，促进酶的活动，以满足种子内部所进行的一系列生理生化反应，增加呼吸作用，转化营养物质，促进种胚的营养生长，达到种子尽快萌发的目的。通过催芽处理可大大提高种子发芽率，缩短发芽时间，使种子出苗整齐；同时可减少播种量，节约种子成本；还有利于种苗的统一抚育管理。

常用催芽方法有：

①清水浸种　催芽原理是种子吸水后种皮变软，种体膨胀，打破休眠，刺激发芽。生产上有温水或热水浸种两种方法。温水浸种适用于种皮不太坚硬，含水量不太高的种子，如桑、悬铃木、泡桐、合欢、油松、侧柏、臭椿等。浸种水温以40~50 ℃为宜，用水量为种子体积的5~10倍，种子浸入后搅拌至水凉，每浸12 h后换一次水，浸泡1~3 d，种子膨胀后捞出晾干。热水浸种适用于种皮坚硬的种子，如刺槐、皂荚、元宝枫、枫杨、苦楝、君迁子、紫穗槐等。浸种水温以60~90 ℃为宜，用水量为种子体积的5~10倍。将热水倒入盛有种子的容器中，边倒边搅，一般浸种

约30 s(小粒种子5 s)，很快捞出放入4~5倍凉水中搅拌降温，再浸泡12~24 h。

②机械损伤法　擦伤种皮，改变其透性，增加种子的透水透气能力，从而促进发芽的方法，常将种子与粗沙、碎石等混合搅拌（大粒种子可用搅拌机进行），以磨伤种皮。如将油橄榄种子顶端剪去后播种，可以获得较好发芽率。种子数量多时，最好用机械破种。

③酸、碱处理　把具有坚硬种壳的种子，浸在有腐蚀性的酸、碱溶液中，经过短时间处理，使种壳变薄，增加透性，促进发芽。常用的药品有浓硫酸、氢氧化钠等，生产上常用95%的浓硫酸浸10~120 min，或用10%氢氧化钠浸24 h左右，浸泡时间依不同种子而定，浸后必须用清水冲洗干净，以防影响种胚萌发。

④层积处理　生产中常采用低温层积处理，也叫层积沙藏，方法是秋季选择地势高燥，排水良好的背风阴凉处，挖一个深和宽约为1 m，长约2 m的坑，种子用3~5倍的湿沙（湿度以手握成团，指间沁出水滴，手松即散为宜）混合，或一层沙一层种子交替，也可装于木箱、花盆中，埋入地下。坑中插入一束草把以便于通气。层积期间温度一般保持2~7 ℃，如天气较暖，可用覆盖物保持坑内低温。春季播种之前半月左右，注意勤检查种子情况，当裂嘴露白种子达30%以上时，即可播种。

⑤其他处理　除以上常用的催芽方法外，还可用微量元素的无机盐处理种子进行催芽，使用药剂有硫酸锰、硫酸锌等，也可用有机药剂和生长素处理种子，如酒精、胡敏酸、酒石酸、对苯二酚、萘乙酸、吲哚乙酸、吲哚丁酸、2,4-氯苯氧乙酸、赤霉素等。有时也可用电离辐射处理种子，进行催芽。

3.4　播种方法与技术

3.4.1　播种方法

生产上常用的播种方法有撒播、条播和点播。

①撒播　将种子均匀地撒于苗床上为撒播。撒播单位面积出苗率高，可以经济利用土地，小粒种子如杨树、柳树等，常用此法。畦上施腐熟肥料，与土壤充分混合后，将畦面压平，灌水再播种，然后覆土，并覆稻草。为使播种均匀，可在种子里掺上细沙。由于出苗后不成条带，不便于进行锄草、松土、病虫防治等管理，且小苗长高后也相互遮光，最后起苗也不方便。因此，最好改撒播为条带撒播，播幅10 cm左右。

②条播　按一定的行距将种子均匀地撒在播种沟内为条播。中粒种子如刺槐、侧柏、松、海棠等，常用此法。播幅为3~5 cm，行距20~35 cm，采用南北行向。条播比撒播省种子，且行间距较大，便于抚育管理及机械化作业，同时苗木生长良好，起苗也方便。

③点播　对于大粒种子，如银杏、核桃、板栗、杏、桃、油桐、七叶树等，按一定的株行距逐粒将种子播于圃上，称为点播。一般最小行距不小于30 cm，株距小于10~15 cm。为了利于幼苗生长，种子应侧放，使种子的尖端与地面平行。

一般情况下，播种深度相当于种子直径的 2~3 倍为宜。具体播深取决于种子的发芽势、发芽方式和覆土等因素。小粒种子和发芽势弱的种子覆土宜薄，大粒种子和发芽势强的种子覆土宜厚；黏质土壤覆土宜薄，砂质土壤覆土宜厚；春夏播种覆土宜薄，秋播覆土可厚一些。如果有条件，覆盖土可用疏松的砂土、腐殖土、泥炭土、锯末等，有利于土壤保温、保湿、通气和幼苗出土。此外，播种深度要均匀一致，否则幼苗出土参差不齐，影响苗木质量。

3.4.2 苗木密度和播种量

苗木密度是单位面积（或单位长度）上苗木的数量。要实现苗木的优质高产，必须在保证每株苗木生长发育健壮的基础上获得单位面积（或单位长度）上最大限度的产苗量，这就必须有一个合理的苗木密度。苗木密度过大，则苗木的营养面积不足，通风不良，光照不足，降低苗木的光合作用，使光合作用的产物减少，影响苗木的生长；苗木高径比值大，苗木细弱，叶量少，顶芽不饱满，根系不发达，根系的生长受到抑制，根幅小、侧根少，干物质重量小，易受病虫危害，移植成活率低。当苗木密度过小时，不但影响单位面积的产苗量，而且由于苗木稀少，苗间空地过大，土地利用率低、易滋生杂草，同时增加了土壤中水分、养分的损耗，不便于管理。因此，苗木的密度对保证苗木的产量和质量，苗圃的生产率和经济效益起着相当重要的作用。

确定苗木的播种密度要依据树种的生物学特性、生长的快慢、圃地的环境条件、育苗的年限以及育苗的技术要求进行综合考虑，对生长快、生长量大、所需营养面积大的树种，播种时应稀一些，如山桃、泡桐、枫杨等。幼苗生长缓慢的树种可播密一些，对于播后 1 年后移植的树种可密；而直接用于嫁接的砧木宜稀，以便于嫁接时的操作。苗木密度的大小取决于株行距，尤其是行距的大小。播种苗床的一般行距为 8~25 cm；大田育苗一般行距为 50~80 cm。行距过小不利于通风透光，不便于管理（如机械化操作）。单位面积的产苗量一般范围为：针叶树 1 年生播种苗：150~300 株/m²。阔叶树 1 年生播种苗：大粒种子或速生树种为 25~50 株/m²，生长速度中等的树种 60~100 株/m²。

播种量是指单位面积或长度上播种种子的重量。适宜的播种量既不浪费种子，又有利于提高苗木的产量和质量。播量过大，浪费种子，间苗也费工，苗木拥挤和竞争营养，易感病虫，苗质下降；播量过小，产苗量低，易长杂草，管理费工，也浪费土地。计算播种量的公式是：

$$X = C \times \frac{A \cdot W}{P \cdot G \cdot 1000^2}$$

式中　X——单位面积或长度上育苗所需的播种量（kg）；

　　　A——单位面积或长度上产苗数量（株）；

　　　W——种子千粒重（g）；

　　　P——种子的净度（%）；

　　　G——种子发芽率；

　　　C——损耗系数；

1000^2——常数。

损耗系数因自然条件、圃地条件、树种、种粒大小和育苗技术水平而异。一般认为：种粒越小，损耗越大，如大粒种子（千粒重在700 g以上），$C=1$；中小粒种子（千粒重在3~700 g），$1<C<5$；极小粒种子（千粒重在3 g以下），$C=10~20$。

例如：生产一年生小叶丁香播种苗1 hm^2，每平方米计划产苗100株，种子纯度95%，发芽率90%，千粒重10 g，其所需种子量为：

$$\frac{100 \times 10}{95\% \times 90\% \times 1000^2} = 1.17 \times 10^{-3} (\text{kg/m}^2)$$

采用床播1 hm^2的有效作业面积约为6000 m^2，则1 hm^2地播种量为：

$$1.17 \times 10^{-3} \times 6000 = 7.02 (\text{kg})$$

这是计算出的理论数字，由生产实际出发应再加上一定的损耗，即$C=1.5$ $7.02 \times 1.5 = 10.53 \text{ kg}$，则$1 \text{ hm}^2$小叶丁香共需用种子约为11 kg。

3.4.3 播种操作技术要点

播种工作包括画线、开沟、播种、覆土、镇压5个环节。这些工作的质量和配合的好坏，直接影响播种后种子的发芽率、发芽势以及苗木生长的质量。

①画线　播种前画线定出播种位置，目的是使播种行通直，便于抚育和起苗。

②开沟与播种　这两项工作必须紧密结合，开沟后应立即播种，以防播种沟干燥，影响种子发芽。播种沟宽度一般2~5 cm，如采用宽条播种，可依其具体要求来确定播种沟宽度，播种沟的深度与覆土厚度相同（见覆土部分），在干旱条件下，播种沟底应镇压，以促使毛细管水的上升，保证种子发芽所需的水分；在下种时一定要使种子分布均匀。对极小粒种子（如杨、柳类）可不开沟，混沙直接播种。

③覆土　这是播种后用土、细沙或腐质土等覆盖种子，以保护种子能得到发芽所需的水分、温度和通气条件，又能避免风吹、日晒、鸟兽等的危害，播后应立即覆土，为保持适宜的水分与温度，促进幼苗出土，覆土要均匀。厚度要适宜，一般覆土厚度为种子直径的1~3倍，过深过浅都不适宜，过深幼苗不易出土，过浅土层易干燥。

覆土的厚度对幼苗的出土有着明显的影响，不同覆土厚度，其种子发芽情况不同，因此，要正确确定覆土厚度，大粒种子宜厚，小粒种子宜薄；子叶出土的宜薄，子叶不出土的可厚；干旱条件宜厚，湿润条件宜薄；疏松覆土材料的宜厚，否则宜薄；砂质土壤略厚，黏重土壤略薄；一般春、夏播种的覆土宜薄，北方秋播宜厚。

④镇压　为使种子与土壤紧密结合，保持土壤中水分，播种后用石磙轻压或轻踩一下，尤其对疏松土壤很有必要。

以上各项操作程序均为人力手工操作，采用机械进行播种是今后大面积育苗的方向。机械化生产的工作效率高、节省劳力、降低成本，能保证适时早播，不误农时，而且可使开沟、播种、覆土、镇压等工序同时完成，减少播种沟内水分的损失。覆土厚度适宜、种子分布均匀，出苗整齐，提高了播种质量。

3.5 播种后管理措施

3.5.1 覆盖

播种后对床面进行覆盖，能起到保持土壤水分，防止床面板结的作用，使用塑料薄膜覆盖，具有提高土温的作用。通过覆盖，可促使种子早发芽，缩短出苗期，并能提高场圃发芽率，增加合格苗产量。此外，覆盖还具有防止鸟害的作用。

覆盖的材料应就地取材，以经济实惠、不给播种地带来杂草种子和病虫为前提。覆盖物不宜太重，否则会影响幼苗出土。常用的覆盖材料有塑料薄膜、稻草、麦草、苔藓、锯末、腐殖土以及树木枝条等。

播种后应及时覆盖。如用塑料薄膜覆盖，要使薄膜紧贴床面，并用土将四周压实。幼苗出土时要及时在幼苗顶部将薄膜划口，口的大小以幼苗能露出薄膜为宜，同时要随时用湿土压实薄膜的出苗口，以防高温灼伤幼苗。在生长期内进行追肥、松土、除草等需打开薄膜时，要随开随压实。用其他覆盖物覆盖时，覆盖物的厚度要根据当地的气候条件和覆盖物的种类而定，如用草覆盖时，一般以使地面盖上一层，隐见地面为宜。

当幼苗大量出土时，要及时分期撤除覆盖物。凡影响光照，不利于幼苗生长的覆盖物都要分次撤除。在播种后覆土较厚的苗床，或水分条件较好、管理较精细的苗圃，播种后可不需覆盖，以减少育苗费用。

3.5.2 遮阴

遮阴可使苗木不受阳光直接照射，降低地表温度，防止幼苗遭受日灼危害，保持适宜的土壤温度，减少土壤和幼苗的水分蒸发，同时起到降温保墒的作用。一般树种在幼苗期都不同程度地喜欢庇荫环境，特别是耐阴树种，如红松、白皮松、云杉等松柏类及小叶女贞、椴树、含笑、天女花等阔叶树种都需要遮阴，防止幼苗灼伤。

遮阴的方法一般可用苇帘、竹帘设活动荫棚，帘子的透光度依当地的条件和树种的不同而异，一般透光度以 50%~80% 较宜，荫棚一般高 40~50 cm，每日 9:00~17:00 进行放帘遮阴，其他早晚弱光时间与阴天可把帘子卷起，苗木受弱光照射，可增强光合作用，提高幼苗对外界环境的适应能力，促使幼苗生长健壮。除此之外也可采用插荫枝或间种等办法进行遮阴。

3.5.3 松土除草

秋冬播种地的土壤常变得板结坚实，在早春应进行一次松土，可减少土壤水分的蒸发，解除幼苗出土时的机械阻碍，并改善土壤的通气状况，促使种子早萌发。但松土不能过深，以免伤及幼苗。当灌溉造成床面土壤板结时，亦应及时进行松土。

出苗期过长的苗圃，在种子尚未出土前，常滋生出各种杂草，为避免杂草与幼苗争夺养分、水分，应及时将杂草去除。一般除草可与松土结合进行。

3.5.4 灌溉

播种后如遇长期干旱或出苗时间较长，苗床会失水干燥，影响种子萌发。因此，在管理中要适时适宜地补充水分。灌溉的时间、次数主要应根据土壤含水量、气候条件、树种以及覆土厚度决定。垄播灌溉，水量不要过大，水流不能过急，并注意水面不能漫过垄背，使垄背土壤既能吸水又不板结。苗床播种，特别是播小粒种，最好在播种前灌足底水，播种后在不影响种子发芽的情况下，尽量不灌溉，以避免降低土温并造成土壤板结；如需灌溉，也应采用喷灌，以防止种子被冲走和出现淤积。

3.5.5 间苗和定苗

间苗是为了调整幼苗的疏密度，使苗木之间保持一定的间隔距离，保持一定的营养面积、空间位置和光照范围，使根系均衡发展，苗木生长整齐健壮。

间苗次数应依苗木的生长速度确定，一般间苗 1~2 次即可。速生树种或出苗较稀的树种，可进行一次间苗，即为定苗。一般在幼苗高度达 10 cm 左右进行间苗，对生长速度中等或慢长树种，出苗较密的，可进行两次间苗，第 1 次间苗在幼苗高达 5 cm 左右时进行，当苗高达 10 cm 左右时再进行第 2 次间苗，即为定苗。间苗的数量应按单位面积的产苗量的指标进行留苗，其留苗数可比计划产苗量增加 5%~15%，作为损耗系数，以保证产苗计划的完成。但留苗数不宜过多，以免降低苗木质量。间苗时，应间除有病虫害的、发育不正常的、弱小的劣苗。

补苗工作是补救缺苗断垄的一项措施。是弥补产苗数量不足的方法之一。补苗时期越早越好，以减少对根系的损坏，早补不但成活率高，且后期生长与原来苗木无显著差别。补苗可结合间苗同时进行，最好选择阴雨天或 16:00 以后进行，以减少强阳光的照射，防止萎蔫。必要时在补苗后进行一定的遮阴，可提高成活率。

3.5.6 截根与移植

一般在幼苗长出 4~5 片真叶，苗根尚未木质时进行截根。截根深度在 5~15 cm 为宜。可用锐利的铁铲、斜刃铁或弓进行，将主根截断。目的是控制主根的生长，促进苗木的侧根、须根生长，加速苗木的生长，提高苗木质量，同时也提高移植后的成活率，适用于主根发达，侧根发育不良的树种，如核桃、橡栎类、梧桐、樟树等树种。

结合间苗进行幼苗移栽，可提高种子的利用率，对珍贵或小粒种子的树种，可进行苗床或室内盆播等，待幼苗长出 2~3 片真叶后，再按一定的株行距进行移植，移栽的同时也起到了截根的效果，促进了侧根的发育，提高苗木质量，幼苗移栽后应及时进行灌水和给以适当遮阴。

3.5.7 病虫害防治

对苗木生长过程中发生的病虫害，其防治工作必须贯彻"防重于治"和"治早、治小、治了"的原则，以免扩大成灾。

3.5.7.1 栽培技术上的预防

①实行秋耕和轮作；选用适宜的播种时期；适当早播，提高苗木抵抗力；做好播种前的种子处理工作；

②合理施肥，精心培育，使苗木生长健壮，增强对病虫害的抵御能力。施用腐熟的有机肥，以防病虫害及杂草的滋生；

③在播种前，使用甲醛等对土壤进行必要的消毒处理。

3.5.7.2 药剂防治和综合防治

苗木病害常见的有猝倒病、立枯病、锈病、褐斑病、白粉病、腐烂病、枯萎病等；虫害主要有根部害虫、茎部害虫、叶部害虫等。当发现后要注意及时进行药物防治。

3.5.7.3 生物防治

保护和利用捕食性、寄生性昆虫和寄生菌来防治害虫，可以达到以虫治虫，以菌治病的效果，如用大红瓢虫可有效地消灭苗木中的吹绵介壳虫，效果很好。

3.5.8 防除鸟兽危害

早春鸟害主要是成群的鸟叨起刚刚萌动出土的幼苗，啄食种子带甜味的营养，给山林附近的苗圃播种育苗造成毁灭性的灾害。地膜覆盖栽培可以保墒防旱、防鸟、躲过高温伏旱和螟虫危害，十分有效。此外，用光线、人形、声音防鸟也是十分有效的方法。

彩条和闪光条是一些发亮的塑料条，把它们挂在作物的上空，随着微风舞动，而且可以反射太阳光。黄色的闪光条用来驱逐山鸟，红色和银白的组合可以用来对付更多种类的鸟。一些鸟，尤其是八哥，可用镜子、废光盘的闪光来驱赶。但只有在黎明或黄昏的时候，那时光线比较暗，闪光才能起到最大作用。当然，镜子只能在阳光充足的时候才有效。一些种植户把镜子装在旋转的物体上，在天气晴朗的时候非常有效。

扎人形彩带、光盘、播放驱鸟声响，经常变换形状、位置及色彩、声响，具有良好的驱鸟作用。以鸟制鸟，将捉到的鸟圈于农田中吓鸟；以变换或自由组合的鸟的恐怖声驱鸟；在沙滩气球上面画一双恐怖的鹰的眼睛，眼睛可以做成黄色，能够起到驱鸟的作用。

每年的3~9月进入大田鼠害的危害期，以生态调控为主，最有效的措施是减少其食物来源，使其群体总量得到控制。综合利用化学防治、农业防治、生物防治、物理防治、保护和利用天敌等措施，达到长期有效控制鼠害。灭鼠前，应进行灭鼠剂安全知识和鼠药中毒急救知识的宣传。注重集中投放，毒饵要加警戒色，避免误食。在灭鼠区毒饵投放期禁止放养禽畜。毒死的鼠类应收集深埋。

3.5.9 苗木越冬防护

苗木的组织幼嫩，尤其是秋梢部分，入冬时不能完全木质化，抗寒力低，且易受冻害；早春幼苗出土或萌芽时，也最易受晚霜的危害，要注意苗木的防冻。

（1）增加苗木的抗寒能力

适时早播，延长苗木生长期，促使苗木生长健壮；在生长后期多施磷、钾肥；减少灌水，促使苗木及时停长，枝条充分木质化，提高组织抗寒能力。

（2）预防霜冻，保护苗木越冬

冬季用稻草或落叶等把幼苗全部覆盖起来，翌春撤除覆盖物；入冬前将苗木灌足冻水，增加土壤湿度，保持土壤温度，注意灌冻水不宜过早，一般在土壤封冻前进行，灌水量也要大；另外，可结合翌春移植，将苗木在入冬前掘出，按不同规格分级埋入假植沟或在地窖中假植，可有效防止冻害。

3.6 播种苗年生长规律及培育技术要点

播种苗从种子发芽到当年停止生长进入休眠期为止是其第一个生长周期。生产上常将播种苗的第一个生长周期划分为出苗期、生长初期、速生期和苗木木质化期4个时期。了解和掌握苗木的年生长发育特点和对外界环境条件的要求，采取切实有效的抚育措施，才能培育出优质壮苗。

3.6.1 出苗期及育苗技术要点

从种子播种开始到长出真叶、出现侧根为出苗期。此期长短因树种、播种期、当年气候等情况而异。春播需3~7周，夏播需1~2周，秋播则需几个月。播种后种子在土壤中先吸水膨胀，酶的活性增强，贮藏物质被分解成能被种胚利用的简单有机物。接着胚根伸长，突破种皮，形成幼根扎入土壤。最后胚芽随着胚轴的伸长，破土而出，成为幼苗。此时幼苗生长所需的营养物质全部来源于种子本身。此期主要的影响因子有土壤水分、温度、通透性和覆土厚度等。如果土壤水分不足，种子发芽迟或不发芽，水分太多，土壤温度降低，通气不良，也会推迟种子发芽，甚至造成种子腐烂。土壤温度以20~26℃最为适宜出苗，太高或太低出苗时间都会延长。覆土太厚或表土过于紧实，幼苗难出土，出苗速度和出苗率降低；覆土太薄，种子带壳出土。土壤过干也不利于出土。

这一时期育苗工作要点是：采取有效措施，为种子发芽和幼苗出土创造良好的环境条件，满足种子发芽所需的水分、温度条件，促进种子迅速萌发，出苗整齐，生长健壮。具体地说，就是要做到适期播种，提高播种技术，保持土壤湿度但不要大水漫灌，覆盖增温保墒，加强播种地的管理等。

3.6.2 幼苗期及育苗技术要点

从幼苗出土后能够利用自己的侧根吸收营养和利用真叶进行光合作用维持生长，到苗木开始加速生长为止的时期为幼苗期或生长初期。一般情况下，春播需5~7周，夏播需3~5周。苗木生长特点是地上部分的茎叶生长缓慢，而地下的根系生长较快。但是，由于幼根分布仍较浅，对炎热、低温、干旱、水涝、病虫等抵抗力较弱，易受害而死亡。

此期育苗工作的要点是：采取一切有利于幼苗生长的措施，提高幼苗保存率。这一时期，水分是决定幼苗成活的关键因子。要保持土壤湿润，但又不能太湿，以免引起腐烂或徒长。要注意遮阴，避免温度过高或光照过强而引起烧苗伤害。同时还要加强间苗、蹲苗、松土除草、施肥（磷和氮）、病虫防治等工作，为将来苗木快速生长打下良好基础。

3.6.3 速生期及育苗技术要点

从幼苗加速生长开始到生长速度下降为止的时期为速生期。大多数园林植物的速生期是从6月中旬开始到9月初结束，持续70~90 d。此期幼苗生长的特点是生长速度最快，生长量最大，表现为苗高增长，茎粗增加，根系加粗、加深和延长等。有的树种出现两个速生阶段：一个在盛夏之前；另一个在盛夏之后。盛夏期间，因高温和干旱，光合作用受抑制，生长速度下降，出现生长暂缓现象。生长发育状况基本上决定苗木的质量。

这一时期育苗的工作重点是：在前期加强施肥、灌水、松土除草、病虫防治（食叶害虫）工作，并运用新技术如生长调节剂、抗蒸腾剂等，促进幼苗迅速而健壮地生长。在速生期的末期，应停止施肥和灌溉，防止贪青徒长，使苗木充分木质化，以利于越冬。

3.6.4 苗木木质化期及育苗技术要点

从幼苗速生期结束到落叶进入休眠为止称为生长后期，又叫苗木硬化期或木质化期。此期一般持续1~2个月的时间。苗木木质化期的生长特点是幼苗生长渐慢，地上部分生长量不大，但地下部分根系的生长仍可延续一段时间，叶片逐渐变红、变黄而后脱落，幼苗木质化并形成健壮的顶芽，提高越冬能力。

此期育苗工作要点是：停止幼苗生长的措施如追肥、灌水等，设法控制幼苗生长，为幼苗越冬做好营养贮藏和休眠准备。

思 考 题

1. 名词解释：播种繁殖、实生苗、条播、生长初期、播种量。

2. 简要回答种子催芽的目的。
3. 简要回答如何进行层积催芽。
4. 简述播种前的土壤准备工作。

推荐阅读书目

1. 园林绿化实用技术．李月华．化学工业出版社，2015.
2. 园林苗木生产技术．苏付保．中国林业出版社，2004.

第4章 园林树木营养繁殖

[**本章提要**] 不通过有性途径，而是利用营养器官培育后代的方法称为苗木营养繁殖，营养繁殖可以更好地保持园林植物的优良性状。本章全面介绍了常用苗木营养繁殖育苗技术，包括扦插繁殖、嫁接繁殖、分株繁殖、压条繁殖等；重点阐述了扦插和嫁接繁殖的基本原理和主要繁殖技术，以及其他营养繁殖的基本技术和方法。

营养繁殖是利用植物的根茎叶等营养器官，在适宜的条件下，培养成独立苗木个体的育苗方法。尽管绝大多数园林树种都可通过种子进行繁殖，但是仍有一些园林树种结实很少或不结实，因而不能通过播种繁殖苗木；有些园林树种通过种子繁殖，其后代的观赏性状会发生严重分离，不能保持原有品种的优良特性，如一些优良观赏植物新品种是通过芽变选出的，或是通过杂交选育出来的遗传组成为杂合的，通过营养繁殖，则可保持其优良特性，快速增殖后投放市场，取得良好的经济效益。同时，通过营养繁殖，可缩短苗木的幼年期，提早开花结果，增强抗逆性等。因此，营养繁殖已经成为目前生产上培育园林苗木的主要方法，其中扦插、嫁接、分株和压条较为常用。

4.1 营养繁殖育苗概述

4.1.1 营养繁殖概念

营养繁殖又称无性繁殖，是利用母株的营养器官（如根、茎、叶、芽等）的一部分，培养成独立植株，来繁殖苗木的方法。

植物体的一部分在脱离植物体后，仍然能够存活并且长成一株维持其母本原有性状的植物，如落地生根、竹子的根状茎等，在大自然中都很常见。另外，还有一些特殊的营养繁殖形式，例如：在茎尖形成特殊的冬芽（日本天胡荽）、腋芽肉质化的幼株（卷丹）、花变成珠芽（零余子珍珠菜）、花序中的芽一部分变成叶芽（天柱兰）、地下器官成苗（菊芋、耳蕨）等，都是母株营养体的一部分变成下一代幼苗。

如果人为取部分植物体营养器官进行繁殖，则是人工营养繁殖。在生产实践中，无法用种子繁殖的植物，或者用种子很难繁殖的植物，都可以通过营养繁殖实现。园林苗木培育中，为了保持果树和园林树木的优良性状，往往通过营养繁殖来培育苗木。

人工营养繁殖的方式有：扦插、嫁接、压条、分株、分球、组培等。营养繁殖的苗木也可根据不同的技术工艺分别称为扦插苗、嫁接苗、压条苗、埋条苗、分株苗、分球苗、组培苗等，可统称为营养繁殖苗或无性繁殖苗，以区别于用种子繁殖的实生苗。营养繁殖是利用植物细胞的全能性和再生、分生能力，以及与另一植物通过嫁接合为一体的亲和力来进行繁殖的。

4.1.2 营养繁殖特点

营养繁殖获得的苗株，大多是从母株上分离下来的一部分营养器官，用营养繁殖的方法培育，只是通过简单的有丝分裂，把原植物体细胞的全套染色体系统复制到新的子细胞中，复制的染色体系统与它所来源的细胞中的染色体基本保持一致，所以新形成的个体的遗传特性与其来源的植物的特性相同。也就是说营养繁殖苗仍然保留着母株的遗传特性。另外，这个新个体的发育阶段不是重新开始，而是沿着该繁殖材料在母株上已经通过的发育阶段向前延续。因此，营养繁殖苗的遗传性比较稳固和保守。与有性繁殖相比，营养繁殖的主要特点如下：

(1) 能够保持母本的优良性状

营养苗是用母株营养器官的一部分形成的，获得的苗木的遗传性与母株基本一致，能保持母本优良性状，苗木生长整齐一致，很少变异。如果母株发生芽变，通过无性繁殖，可以把发生的基因突变固定和保持下来。

(2) 生长速度快、开花结实提前

由于繁殖得到的营养苗的个体发育阶段是在母体的基础上的继续发展，不像有性繁殖的实生苗，其个体发育是从幼年期开始，因此初期生长快，营养充足，可以加速生长，跨越生理(发育)阶段，缩短童期，提早开花、结果。

(3) 解决花器官退化和种子败育树种的育苗问题

对一些不易结实或种子很少的园林植物，必须采用营养繁殖法，才能获得苗木，增加苗木数量。如重瓣桃花、重瓣牡丹、无花果、无核葡萄等。此外，有些园林树种的栽培品种，虽然能够结实，但播种后所获得的播种苗不能或不完全能够保持原有栽培品种的优良性状，这些品种则必须采用营养繁殖法繁育苗木。

(4) 培育特殊造型的园林苗木和复壮古树

一些特殊造型的园林木本树种，如龙爪槐、垂枝榆、垂枝海棠、垂枝梅、树状月季等，只有通过营养繁殖的方法才能培育制作而成。对于主干基部树皮伤害严重的古树，可以通过靠接的方式对其进行复壮，园林中古树名木，可以通过促进组织增生或通过嫁接方法来恢复长势。

(5) 繁殖方法简便、经济

一些园林树种的种子萌芽需要通过复杂的休眠条件，有性繁殖困难、烦琐，而采用营养繁殖，则较容易、经济。

综合应用不同营养繁殖方法，可以大大提高名贵树种或优良品种的繁殖系数。特别是组织培养育苗，可以极大提高繁殖系数。

当然，营养繁殖法也有一些不足之处，如营养苗的根系没有明显的主根，不如实生苗的根系发达（嫁接苗除外），根系较浅，寿命较短，抵抗不良环境的能力较差。部分营养繁殖方法，例如分株、压条等还停留在手工操作阶段，繁殖系数较低。一些树种，经过长期的营养繁殖，生长势会逐渐减弱或发生退化，致使苗木生长衰弱。

4.2 扦插繁殖

4.2.1 扦插繁殖意义

扦插也称为插枝、插条、插木，是人们从母本上切取部分营养器官（枝条、根、茎、芽、叶），插入基质中，在合适的环境条件下，使其产生不定根，上部发出不定芽，形成一个独立生长的个体的方法。扦插用的这段枝条叫作插条，扦插成活的新植株称为扦插苗。扦插育苗简便易行，成苗迅速，又能保证母本的优良性状，所以扦插育苗早已成为园林植物主要繁殖手段之一。根据所用的材料不同，扦插的种类有枝（茎）插、根插、叶插等。生产上以枝插应用最多，根插次之，叶插应用较少，多用于花卉的繁殖育苗中。

当插条从母体上被剪下后，其切口形成层受其体内愈伤激素的作用，能产生恢复伤口的愈伤组织，进而产生不定根和不定芽，这种现象归因于植物的再生作用。扦插就是利用植物细胞全能性，再生出新植株，人为增加植物个体的一种方法。由于扦插可以经济地利用繁殖材料，且繁殖材料来源较充足，因此可以进行大量育苗和多季育苗，既经济又简单。同时，扦插苗能够保持母株的优良性状，且成苗快，开始结实时间早，对不结实或结实稀少的名贵园林树种，如重瓣黄刺玫、重瓣牡丹等，是一种切实可行的繁殖方法。特别是近几年，有许多先进技术，如全光照自动喷雾扦插，为扦插成活提供了优越条件，解决了许多难生根或较难生根树种的育苗问题，对加速园林树种的育苗工作起了很大的作用。

但是，由于扦插繁殖所用的插条脱离了母体，在管理上要求比较精细，要求外界环境条件必须达到适当的温度、湿度等因素，对一些要求较高的树种，还要采用遮阴、喷雾、覆盖塑料薄膜等措施，才能保证扦插成活。扦插成苗后，由于缺乏主根、根系浅，抗风、抗旱、抗寒能力较弱，寿命相对较短。

4.2.2 扦插生根生理基础

4.2.2.1 扦插生根原理

植株上每一个细胞，其遗传物质随有丝分裂过程同步复制。所以每个细胞内都具有相同的遗传物质，它们在适当的环境条件下具有潜在的形成相同植株的能力，这种能力也称为植物细胞的全能性。随着植株生长发育，大部分细胞已不再具有分生能力,只有少数保存在茎或根生长点和形成层的细胞,作为分生组织而保留下来。当植物体的某一部分受伤或切除时,植株能表现出弥补损伤和恢复协调的机能,称为再生作用。扦插育苗就是利用这种特性进行育苗的。

植物受到创伤时,一些已分化的细胞经过内源激素或外源激素的诱导后能够改变原有的分化状态,失去其特有的结构和功能而转变成未分化细胞,已停止分裂的细胞又重新恢复分裂的过程称作脱分化(dedifferentiation),又称去分化。在植物中,一些分化的细胞经过植物激素的诱导,可以脱分化为具有分生能力的薄壁细胞,进而形成植物的愈伤组织。愈伤组织在一定的培养条件下,又再分化出幼根和芽,形成完整的小植株。

4.2.2.2 扦插生根类型

扦插成活的关键是不定根的形成。枝条扦插后之所以能生根,是由于枝条内形成层和维管束组织细胞恢复分裂能力,形成根原基,而后发育生长出不定根并形成根系。根插则是在根的皮层薄壁细胞组织中生成不定芽,而后发育成茎叶。根原基是插条生根的物质基础。根据不定根形成的部位,扦插生根类型可分为皮部生根型、潜伏不定根原基生根型、侧芽(潜伏芽)基部分生组织生根型和愈伤组织生根型4种。硬枝插条与嫩枝插条组织结构不同,前者可能4种生根类型都有或具其中之一二,后者则只有愈伤组织生根类型。

(1)潜伏不定根原基生根型

这种生根型的植物枝条,在脱离母株以前,形成层区域的细胞即分化成为排列对称、向外伸展的分生组织,其先端接近表皮时停止生长,进行休眠,这种分生组织就是潜伏不定根原基,只要给予适当的条件,根源基即萌发为不定根。凡具有潜伏不定根原基的树种,绝大多数为易生根类型。扦插繁殖时,可以充分利用这一特点,通过技术措施促使其潜伏不定根原基萌发,缩短生根时间,使插条自养阶段中地上、地下部分尽快达到代谢平衡,从而提高插条的成活率。同时,也可利用翠柏、圆柏、沙地柏等具有潜伏不定根原基的特点,进行3~4年生老枝扦插育苗,缩短育苗周期,在短时间内(1个月)育成相当于2~3年生实生苗大小的扦插苗。潜伏不定根原基生根型属于最易产生不定根的生根类型,也可以说是枝条再生能力最强的一种类型。如榕树、柏类圆柏属和刺柏属、柳属、杨属等树种,都有潜伏不定根原始体(根原基)。

(2)皮部生根型

皮部生根类型的树种,能够在插条的形成层和最宽髓射线结合点周围形成许多特殊的薄壁细胞群。由于营养物质贮藏丰富,随着枝条的生长,形成层细胞进行分裂,与细胞分裂相连的髓射线逐渐增粗,向内穿过木质部通向髓部,从髓细胞中取得养分;向外分化逐渐形成钝圆锥形的薄壁细胞群,即根的原始体,其外端通向皮孔。根原基的形成时间因树种不同而有差异,一般为7月中旬至9月下旬。落叶后剪取插条时,根原基已经形成,扦插后在适宜的温度、湿度和通气环境条件下,经过很短的时间,就能从皮孔中萌发出不定根。因此,皮部生根迅速,扦插成活容易。皮部生根属于易生根的类型,如杨、柳、紫穗槐及油橄榄等树种。

(3) 侧芽(潜伏芽)基部分生组织生根型

这种生根型,插条侧芽或节上潜伏芽基部的分生组织在一定的条件下比较活跃,能够产生不定根。因此,如果在剪取插条时,让下剪口通过侧芽(或潜伏芽)的基部,使侧芽分生组织都集中在切面上,则可与愈伤组织生根同时进行,更有利于形成不定根。这种生根型在大部分的苗木中都有分布,不过有的非常明显,如葡萄;有的则相对差一些。

(4) 愈伤组织生根型

任何植物在局部受伤时,受伤部位都有保护伤口免受外界不良环境影响,吸收水分和养分,细胞分生,进而形成愈伤组织的能力。与伤口直接接触的活薄壁细胞在适宜的条件下迅速分裂,产生半透明的不规则瘤状突起物,这就是初生愈伤组织。愈伤组织及其附近的活细胞(以形成层、韧皮部、髓射线、髓部及邻近的活细胞为主且最为活跃)在生根过程中,由于植物激素的刺激非常活跃,从生长点或形成层中分化产生出大量的根原基,最终形成不定根。这种由愈伤组织中产生不定根的生根类型叫愈伤组织生根型。

剪取这些具有愈伤组织生根型的树种的枝条扦插,置于适宜的温度、湿度等条件下,在下切口处首先形成初生愈伤组织,一方面保护插条的切口免受不良因素的影响;另一方面继续分化,逐渐形成与插条相应组织发生联系的木质部、形成层、韧皮部等组织,充分愈合,并逐渐形成根原基,进而萌发形成不定根。悬铃木、雪松、酸橙等树种扦插繁殖的生根属于这种类型。这种生根类型的树种,插条愈伤组织的形成是生根的先决条件。愈伤组织形成后能否进行根原基的分化,形成不定根,还要看其外界环境因素和激素水平。那些扦插成活较难,生根较慢的树种,其扦插生根类型大多是愈伤组织生根。

嫩枝扦插的插条,由于在扦插前插条本身还没有形成根原基,所以其形成不定根的过程和木质化程度较高的硬枝插条有所不同。当剪取嫩枝后,剪口处的细胞破裂,流出的细胞液与空气接触被氧化,在伤口外面形成一层很薄的保护膜,再由保护膜内新生细胞形成愈伤组织,并进一步分化形成输导组织和形成层,逐渐分化出生长点并形成根系。

一个树种的生根类型并不只限于一种,有可能有两种或两种以上,也可能几种生根类型并存于一个树种上,这种生根类型称为复合生根型。例如,黑杨、柳等树种4种生根类型都有,这样的树种就非常容易生根;相反,如果只具一种生根类型的树种,尤其如愈伤组织生根型,生根则具有局限性,生根一般都相对困难。

根插时,只有在根段极性上端产生的不定芽才有可能成为新植株。在年幼的根上,不定芽是在靠近维管形成层的中柱鞘内发生的;在老年根上,不定芽是从木栓形成层或射线增生的类似愈伤组织里发生的。芽原基还可能从根段的伤口处愈伤组织中产生。根插时,一般先在根段的上端产生不定芽,然后在新生不定枝的基部再产生根,而不是在原根段上产生新根。如果根插后只发根而不产生不定芽,或只发生不定芽而不发根，最终根段都会死亡。

4.2.2.3 扦插生根的生理基础

近年来，在研究扦插生根的理论方面，许多学者进行了大量研究，从不同的角度提出了很多见解，并以此来指导扦插实践，取得了一定的效果。现择其几种观点，简单介绍如下：

(1) 生长素观点

这种观点认为植物的生长发育是受专门的生长物质控制。插条生根、愈伤组织的形成受生长素控制和调节，与细胞分裂素和脱落酸也有一定的关系。枝条幼嫩的芽和叶合成生长素后，向基部运行，促进根系形成。园林、园艺育苗生产实践证明，人们利用嫩枝进行扦插繁殖，其内源生长素含量高，细胞分生能力强，扦插容易生根成活。例如，葡萄插条本身不存在潜伏根原基，当葡萄插条带叶扦插后，其根系非常发达。如果事先把插条上面芽和叶摘除，生根能力就会受到显著的影响，或者根本不生根，这说明植物的叶和芽能合成天然生长素和其他促进生根的重要物质，并经过韧皮部向下运输至插条基部。这表明，有一个由顶部至基部的极性运输，同时也说明插条基部是促进根系形成最活跃的地方。目前，在生产上使用吲哚丁酸（IBA）、吲哚乙酸（IAA）、萘乙酸（NAA）、萘乙酰胺（NAD）及广谱生根剂 ABT 等处理插条基部，都可提高生根率，而且也可缩短生根时间。

(2) 生长抑制剂观点

这种观点认为植物体内存在生长抑制剂，能够抑制生长素的合成，抑制分生组织细胞的核酸和蛋白质的生物合成，使细胞分裂变慢。很多研究已经证实，树木生命周期中老龄树抑制物质含量高，而在树木年生长周期中休眠期含量最高，硬枝扦插采用的靠近梢部的插条又比基部的插条抑制物质含量高。因此，生产实际中，常采取相应的措施，如流水洗脱、低温处理、黑暗处理等，来消除或减少插条内的抑制物质，促进生根。

(3) 营养物质影响观点

插条的成活与其体内养分，尤其碳素和氮素的含量及其相对比率有一定的关系。一般来说，C/N 比高，对插条不定根的诱导比较有利。低氮可以增加生根数，但是缺氮会抑制生根。插条营养充分，不仅可以促进根原基的形成，而且对地上部分生长也有促进作用。实践证明，对插条补充碳水化合物和氮，如插条下切口用糖液浸泡再进行扦插，可促进生根，明显增加不定根的数量。在插条上喷洒氮素如尿素，也能提高生根率，尤其是母树年龄大的，喷洒后生根效果比较明显。但外源补充的碳水化合物，容易导致细菌、真菌滋生，引起切口腐烂，使用时需要注意。

(4) 生根素观点

生根素指植物体内存在的能够促进根原基发生的物质。树种枝条内生根素含量的多少，决定了插条生根的难易程度。实践中发现，根原基的发生和发育需要大量的氧分子，因此，选用透气性好的扦插基质如蛭石、珍珠岩、砂土等，有利于生根。

(5) 茎的解剖构造观点

有人研究认为插条生根的难易与茎的解剖构造有着密切的关系。如果插条皮层中有一层、二层或多层的纤维细胞构成的一圈环状厚壁组织，生根就会困难。如果插条皮层中没有厚壁组织或虽有但不连续，生根就比较容易。因此，扦插育苗时可采取割破皮层的方法，破坏其环状厚壁组织，促进生根。如将油橄榄插条纵向划破，可提高扦插成活率。

4.2.3 影响扦插成活因素

扦插成活除与树种本身的特性、插条的选取等内在因素有关外，也与外界环境条件有密切的关系。

4.2.3.1 影响扦插成活的内在因素

在扦插繁殖过程中，插条能否尽快形成不定根是成活的关键。影响插条生根的内因主要有植物的遗传性、采条母株及插条的年龄、插条在母株上的部位及发育状况、插条的粗细与长短，插条的叶和芽等。

(1) 植物的遗传性（树种特性）

插条的生根能力由于植物的种类、品种的遗传特性而有差异。如在相同条件下，柳树枝条扦插生根比较容易，而海棠枝条扦插就很难生根。因此，在无性繁殖中要充分考虑不同植物的遗传特性，采用相应的繁殖方法。根据生根难易程度，可将园林树种分为4类：

① 极易生根的树种　如旱柳、垂柳、金丝柳、珊瑚树、扶芳藤、小叶黄杨、金银花、卫矛、红叶小檗、葡萄、石榴、无花果、连翘、迎春花、木槿、地锦、五叶地锦等，插条不需处理，扦插后就极易生根成活。

② 较易生根的树种　如刺槐、泡桐、白蜡、刺柏、罗汉松、珍珠梅、刺楸、悬铃木、接骨木、石楠、夹竹桃、棣棠、小叶女贞等，插条基本上也不需要处理，插后就会生根。

③ 较难生根的树种　如臭椿、梧桐、榉树、苦楝、树莓、枣树、云杉、槭树、紫荆、南天竹、米兰、月季、蔷薇、紫叶李、紫叶矮樱等，需要一定的技术处理插条才能生根。

④ 极难生根的树种　如板栗、核桃、柿、鹅掌楸、桦树、榆树、木兰、苹果、海棠、广玉兰、杨梅、棕榈、松类等，即使插条经过特殊处理，生根率仍然很低。

(2) 母株的来源和年龄

一般情况，实生苗母株上的插条，比营养苗母株上的插条再生能力强，扦插更容易生根成活。随着母树的年龄增大，插条的生根能力会逐渐降低。一般来说，对于木本树种，用幼龄苗枝条进行扦插更容易成活。这主要是由于树木新陈代谢作用的强弱是随发育阶段的衰老而减弱。年龄较大的母树，其处于衰老阶段、细胞分生能力降低、体内激素水平下降、抑制物质不断增加从而导致插条成活率的降低。如在不同年龄的水杉母树上采集1年生枝条进行扦插试验，1~2年生母树，1年生枝条扦插成活率达90%以上；3~4年生母树，成活率60%~70%；7~9年生母树，成活率仅30%左右。生产上可以对母树采取平茬的方法，保留基部隐芽，促使萌发蘖条用作插条，或对母树进行绿篱状修剪，从而迫使枝条达到幼龄化，提高生根成活率。

(3) 枝条的年龄

一般以当年生枝的再生能力最强，枝条年龄越大，再生能力越弱。这是因为嫩枝插条内源生长素合成能力高，细胞分生能力旺盛，有利于促进不定根的形成。母树根颈部萌生的1年生根蘖条，其发育阶段最年幼，具有和实生苗相同的特点，可塑性较高，再生能力也很强，扦插容易成活。

(4) 枝条的发育状况及部位

因为生根和萌芽需要消耗很多营养物质，所以枝条的粗细、充实等发育状况，会直接影响插条的生根成活。插条生根之前，主要靠插条体内贮藏的营养维持生命。因此，粗壮、充实、营养物质丰富的枝条，扦插成活容易，生长较好；反之，成活不易，即使成活，生长也较差。所以，在选取插条时，应从生长健壮、无病虫害的母树上采集发育充实、芽眼饱满、节间较短的1~2年生枝条作为插条。

枝条的部位主要包括两个方面，一是枝条在母树上的着生部位；二是指枝条的不同部位。同一株母树，根颈处萌发的枝条再生能力最强，其次是着生在主干上的枝条，再次是树冠部和多次分枝的侧生枝。同一枝条的不同部位，因植物种类而异，池杉嫩枝扦插，梢端成活率最高，而硬枝扦插，则以基部插条效果为好，成活率高。

落叶树种，中下部枝条发育充实，贮藏的养分较多，为根原基的形成和生长提供了有利因素。所以，用休眠枝扦插，以中下部枝条为好。用嫩枝扦插，中上部内源生长素最高，且细胞分生能力旺盛，为生根提供了有利因素，故以中上部枝条扦插为好。

常绿树种，一般以生长健壮、代谢旺盛、芽眼饱满、新生叶光合能力较强的中上部枝条作插条。常绿针叶树，主干上的枝条生根力强于侧生枝的生根力。若从树冠上采取插条，则应从树冠下部光照较弱的部位剪取较好。在生产实践中，有些1年生枝干较细弱、体内营养物质含量较少的树种扦插育苗时，为了保证营养物质的充足，插条可以带一部分2年生枝，即采用"踵状扦插法"或"带马蹄扦插法"，常可以提高成活率。如水杉和柳杉1年生枝条虽然较好，但基部也可稍带一段2年生枝段，如罗汉柏、圆柏、龙柏和铺地柏等，以带2~3年生的枝段生根率较高。

(5) 插条的粗细与长短

插条的适宜粗细因树种而异，粗插条所含的营养物质多，通常对生根有利。多数针叶树种直径为0.3~1 cm；阔叶树种直径为0.5~2 cm。生产实践中，应掌握粗枝短截、细枝长留的原则。

长插条的根原基数量多，贮藏的营养物质多，有利于插条生根。但是，插条过长，不仅操作困难，而且插入扦插基质过深，生根处的通气性较差，土壤温度也相对较低，反而不利于生根。所以，插条长短的确定要以树种生根快慢和土壤条件为依据。一般落叶树种，硬枝插条长 10~25 cm；常绿树种，插条长 10~35 cm。随着扦插技术的提高，扦插已逐渐向短插条方向发展，有的甚至用一芽一叶扦插，如茶树、葡萄、北海道黄杨，采用 3~5 cm 的短枝条扦插，效果也很好。

(6) 插条上保留的叶与芽

插条上的芽和叶能够供给插条生根所必需的营养物质和生长激素、维生素等，有利于生根，尤其对嫩枝扦插及针叶树种、常绿树种的扦插更为重要。嫩枝扦插时，插条上一般保留叶 2~4 片，叶片若过多，蒸腾量则过大，对干燥的抵抗能力显著减弱，对生根反而不利。若有喷雾装置，定时保湿，则可保留较多的叶片和芽，有利于光合作用产生更多养分和生长激素，加速生根。

4.2.3.2 影响扦插成活的外在因素

影响扦插生根的外界条件主要有温度、湿度、空气、光照和扦插基质等，这些之间相互影响、相互制约。扦插时必须使各种环境因子有机协调地满足插条生根的各种要求，才能提高生根率。

(1) 温度

适宜插条生根的温度因植物种类、扦插时期而异。一般愈伤组织在 8~10 ℃时才开始生根，10~15 ℃时愈伤组织形成较快，15 ℃生根最适宜，30 ℃以上生根率下降，36 ℃以上则难以成活。大多数树种休眠枝扦插生根最适宜温度范围在 15~25 ℃，20 ℃为最适温度。

休眠枝对温度的要求较低，过高的温度会加速插条体内的营养物质消耗，导致扦插失败。嫩枝扦插对温度的要求较高，有利于光合作用合成生根所需的营养物质。但是，由于嫩枝扦插多在夏季进行，若温度过高，超过 30 ℃，则会抑制生根，导致扦插失败。生产上多采用遮阴、喷雾等措施，起到降温的作用。采用育苗设施控制温度变化，可以提高扦插效率，如塑料大棚、温室、地热线及全光照间歇式喷雾扦插设备等。

插条生根时对扦插基质的温度要求也不相同。一般土温高于气温 3~5 ℃时，对生根极为有利。这样有利于集中营养形成不定根后芽再萌发生长，从而利于根系对水分的吸收和地上部对水分的消耗，达到地上、地下营养的平衡。生产上，可用马粪或电热线等做酿热材料，以增加地温，还可利用太阳光的热能进行倒插催根，提高扦插成活率。

(2) 湿度

在插条不定根的形成过程中，空气湿度、基质湿度和插条自身含水量是影响扦插成败的重要因素。一般情况，适宜的空气相对湿度为 90% 左右，硬枝扦插可稍微低些，嫩枝扦插则需较高的空气湿度。生产上可采取喷水、喷雾方法来提高空气相对湿度。适宜的插壤湿度条件取决于扦插的基质、扦插材料和管理水平等。通常适宜的插壤含水量为 20%~25%。插条自身含水量充足时，不定根形成快。扦插之前可把插条进行浸泡补水。

(3) 通气条件

有研究发现，插穗生根率与插壤中的含氧量呈正相关。所以，扦插应选择疏松透气的扦插基质，如珍珠岩和蛭石。如果基质为壤土，每次灌溉后要及时松土，否则会降低插穗成活率。

(4) 光照

插条生根，需要一定的光照条件，尤其是嫩枝扦插及常绿树种的扦插，光照下叶片光合作用产生的营养物质及生长调节素有利于生根。特别是在扦插后期，插条生根后，更需一定的光照条件，光照过少，光合作用弱，生根能力不强，生长速度慢。但是，又要避免直射强光，以免插条水分过度蒸发，使叶片萎蔫或灼伤，可采用喷水降温或适当遮阴等措施来维持插条水分代谢平衡。

(5) 扦插基质

不同的扦插基质在持水性、透气性、透水性方面有着各自的特色。无论选用何种扦插基质，都应满足插条对基质水分和通气条件的要求。硬枝扦插，最好用砂质壤土或壤土，因其土质疏松，通气性好，土温较高，并有一定的保水能力，插条容易生根成活。也可以使用与嫩枝扦插一样的砂土、蛭石、珍珠岩、泥炭土等基质，但嫩枝扦插时，一般常用几种基质进行混合。

①砂土　可用河沙，材料易得，通气性能好，导热快，排水能力强，但持水力太弱，常与壤土混合使用。夏季使用效果较好。

②蛭石　黄褐色，呈片状，体质轻，具韧性，吸水能力强，通气良好，保温能力较高，因为经高温燃烧，无菌、无毒、化学稳定性好，是一种比较好的基质，但不含营养是其缺点。

③珍珠岩　吸水量可达自身重量的2~3倍，透水性和透气性能很好，是园艺栽培中改良土壤的重要物质，应用越来越广泛。在黏土中加入同等份的珍珠岩，可使土壤的通气性增加数倍，使根系能够接触到足够的氧气供其呼吸。珍珠岩化学性能稳定，pH值中性，不会对植物产生伤害。扦插时常用其与其他基质如营养土、泥炭土、草炭土、蛭石等配制成混合基质使用，提高植株扦插成活率。

④泥炭土　质轻，含有大量的腐殖质，呈酸性，团粒结构好，保水力强，但易造成通气性差，吸热力差，可与砂土、珍珠岩、泥炭、蛭石按一定比例配制成扦插基质。

除此之外，还可利用液态水或营养液做基质，常用于易生根的树种。也可以用雾状气体做基质，把插条吊于弥雾中，保持水分平衡，使其生根成活。

生产上长期育苗时，应注意定期更换新基质。一般扦插用过的旧床土不宜重复使用。这是因为使用过的基质，或多或少地混有病原菌。如考虑经济因素使用旧床土，必须进行消毒。一般用福尔马林或高锰酸钾进行喷雾或浇灌插床消毒。

4.2.4 促进插条生根方法

4.2.4.1 植物生长调节剂处理法

植物生长调节剂是指人工合成的对植物的生长发育有调节作用的化学物质和从生物中提取的天然植物激素。通常从外部施于植物，可在植物体内传导到作用部位，以很低的浓度就能促进或抑制其生命过程的某些环节，使之向符合人类的需要发展。植物生长调节剂有很多用途，因品种和目标植物而不同。主要包括生长素类、赤霉素类、细胞分裂素类、乙烯类、生长延缓和生长抑制剂及其他植物生长调节剂类。其中对扦插生根有促进作用的主要是生长素类和部分细胞分裂素，促进生根效果较好的有吲哚丁酸（IBA）、吲哚乙酸（IAA）、萘乙酸（NAA）和氯苯酚代乙酸（2,4-D）、6-苄基腺嘌呤（6-BA）等。这些植物生长调节剂促进生根的原理如下：

(1) 促进细胞活化，恢复分裂能力

插条经生长调节剂处理后，皮层软化，细胞鼓胀，皮层薄壁细胞贮藏的淀粉粒降解为水溶性糖，提高了细胞渗透压和吸水力。插条内细胞水分含量增加，酶活性加强，呼吸代谢旺盛，已分化的成熟细胞重新恢复分裂能力，产生大量愈伤组织，从而促进插条生根。

(2) 改变营养流向

插条经处理后，处理部位变成了吸收营养的中心，临近部分的营养逐渐向处理部位移动，使这部分组织内养分含量急剧增加，有利于器官的分化和根的形成。

(3) 有利于营养积累

嫩枝经生长素处理后，光合作用显著增强，光合时间延长，光合产物增加，尤其是糖分含量提高，有益于根的生成。

(4) 调节内源激素平衡

外源生长调节剂处理插条，可改变插条内的激素平衡，并使之增加，从而促进根的形成。

上述生长调节剂使用时，其处理方法、浓度、时间，因树种和插条的木质化程度不同而异。如果使用不当，甚至会起到相反的作用。使用时，可以采用溶液浸泡或速蘸，也可使用粉剂。用溶液处理时，因市场上出售的生长调节剂一般都不溶于水，使用前需要先用少量的酒精或70℃热水溶解，然后兑水形成处理溶液。再将配好的药液装在干净的容器内，然后将捆扎成捆的插条的下切口浸泡在溶液中至规定的时间，浸泡深度为 2 cm 左右。溶液浸泡的方法有两种，一种是低浓度（20~200 mg/L）、长时间（6~24 h）浸泡，适用于生根比较容易的树种和木质化程度低的树种；另一种是高浓度（500~10 000 mg/L）、短时间（2~10 s）速蘸，适用于生根比较困难的树种和木质化程度高的插条。草本植物所需浓度可更低些，一般为 5~10 mg/L，浸泡 2~24 h。使用过的药液，可以连续再使用一次，但因药效降低，可以适当延长浸泡时间。

粉剂处理插条，操作比较简便，并可代替溶液处理。将 1 g 生长调节剂与 1000 g 滑石粉混合均匀调成粉剂，将插条下切口浸湿 2 cm，蘸上配好的粉剂即可扦插，一般 1 g ABT 生根粉能处理插条 4000~6000 根。注意，扦插时不要擦掉粉剂。

4.2.4.2 化学药剂处理法

有些化学药剂处理插条，能增强其新陈代谢，促进生根。常用的化学药剂有高锰酸钾、二氧化锰、硼酸、磷酸、醋酸、硫酸镁、蔗糖、葡萄糖、腐殖酸、腐殖酸钠或维生素类、杀菌剂等。

(1) 高锰酸钾

用浓度为 0.03%~0.1% 高锰酸钾溶液处理硬枝插条 12 h 左右，或用 0.06% 高锰酸钾溶液处理嫩枝插条 6~8 h，可以促进氧化，增强插条的呼吸作用，使插条内部物质转化为可供状态，加速根原基的形成。此外，高锰酸钾是强氧化剂，可以抑制细菌的生长，起到消毒杀菌的作用。

(2) 硼酸

用 0.1%~0.5% 硼酸浸泡插条下端 24 h，再贮藏 45 d，然后扦插，可提高生根率。硼元素能促进根尖分生组织的细胞分化和伸长，进而促进根系的生长。

(3) 蔗糖

用 1%~10% 的蔗糖液浸泡插条 12~18 h，可以直接补充插条的营养，使插条体内有机物质消耗达到平衡，提高扦插成活率。

(4) 腐殖酸钠

腐殖酸钠，简称"腐钠"，对插条的生长发育有刺激作用，可以增强呼吸作用，促进多种矿质元素的吸收和运输，改善营养状况，增加叶片的叶绿素含量，提高植物的抗性。

(5) 维生素

一般不单独使用维生素，如果先用生长素处理，然后再用维生素，促根效果才好。

(6) 杀菌剂

扦插时，为了加快生根，人为地提高插床的温度和湿度，客观上给病原微生物的繁殖提供了有利的条件。施用杀菌剂消毒，可以杀死立枯病的病原菌如腐霉菌、疫霉菌、丝核菌、葡萄孢菌等，有利于扦插苗生长。

4.2.4.3 促进生根的物理方法

(1) 浸泡插条

浸泡插条是将插条浸入清水中 2~3 d，每天早晚各换水一次，直到插条皮层产生突起，再行扦插。这种方法操作简便，不仅可以提高插条的抗旱能力，而且可以溶解插条中的多酚类生根抑制物质，对生根有利。一些树脂丰富的针叶树种，将浸水温度适当提高到 35~40 ℃，浸泡 2~3 h，可部分清除松脂，以利于生根。

（2）刻伤插条

对于愈伤组织生根的树种，人为地刻伤插条，扩大伤口面积，可以增加愈伤组织和插条生根的范围，以利扦插成活。对一些难生根树种，在生长期对将来要采做插条的枝条或植株茎的基部施行环割处理，促使其光合产物积累于伤口之上，可使种条充实，贮藏物质增加，等休眠期再剪取这些枝条作插条，有利于插条生根。

（3）黄化插条

将要作插条的枝条培土或包扎黑色不透明的材料，使其完全避光，在黑暗条件下生长形成较幼嫩的组织即为黄化处理。这可以抑制枝条中生根阻碍物质的生成，增强生长激素等生根促进物质的活性，延缓木质化进程，保持组织的幼嫩性，有利于插条生根。

（4）插床保湿

用塑料地膜覆盖，可以提高插床温度，增加插床湿度，保持床面湿润，改善插床基质的物理特性，形成有利于插条生根的水、热、氧、气条件，有利于提高扦插成活率。

（5）喷雾保湿

通过喷雾，可使插条处于雾状环境之中，插条表面覆盖一层水膜，大大减少插条蒸腾耗水，能有效地维持插条的水分平衡，保持其吸胀状态。喷雾还有利于降低气温，从而提高插床温度，有利于伤口愈合，促进插条生根。

（6）增温催根

用塑料薄膜覆盖温床、阳畦、火炕加温、电热温床法、酿热物加温等来提高地温，促进插条生根。

（7）倒插催根

扦插后生根要求的温度比萌发要求的温度要高，芽在 10 ℃ 以上的温度条件下能很快萌发，10~15 ℃ 以上萌发的芽就能正常生长。而插条形成不定根的最适温度是 25 ℃ 左右，若正插催根，扦插的插条生物学下端在 10~15 ℃ 的地温条件下很难形成不定根。因此早春正插后，地上部芽很快萌发，地下部由于地温低，达不到生根所需的温度，发根很慢，形成插条地上部萌发生长，地下部根系尚未形成，萌发的芽由于得不到营养的补充，成为无根之木而逐渐枯死，大大降低了扦插成活率。倒插催根时，生物学下端位于温度较高的沙层上部，生物学上端位于黑暗处，且温度较低，顶芽萌发晚，插条营养物质消耗较少，利于愈伤组织形成和生根。

在向阳、排水良好的地方或塑料大棚内建立插床，底部铺 5 cm 厚的洁净河沙，将用生长素等处理过的插条基部向上倒插于床中，上面再覆一层净沙，适量喷水后用塑料薄膜搭成小拱棚，使之增温，维持棚内 10~25 ℃，经一定时间后，插条即可形成愈伤组织，并有根原基出现，再取出进行扦插，就比较容易生根成活。

4.2.5 扦插设施与插床准备

设施内容易调控各种因子,满足插条生根所需要的条件,有利插条生根成活。极易生根的树种,可露地扦插,以节约生产成本。不易生根的树种,需在设施内扦插,以及时控制各种因子,可用地膜覆盖、阳畦、小拱棚、地热温床、喷雾苗床、塑料大棚、日光温室等设施。

一般大型苗圃大量育苗时主要进行露地育苗。露地扦插,以土层深厚、疏松肥沃、排水良好、中性或微酸性的砂质壤土为宜,如土壤不适宜就必须改良土壤。因为早春温度回升慢,要进行春插,可以用地膜覆盖在地面(或扦插床),然后打孔扦插。这样地温上升快、有利生根。露地扦插包括畦插和垄插两种类型。畦插时,一般畦床宽 1 m,长 8~10 m,株行距(12~15)cm×(50~60)cm。每亩[①]插 0.8 万~1 万条。插条斜插于土中,地面留 1 个芽;垄插时,垄宽约 30 cm,高 15 cm,垄距 50~60 cm,株距 12~15 cm。插条全部插于垄内,插后在垄沟内灌水。

育苗量较小时也可在地上用砖砌成宽 90~120 cm,高 35~40 cm 的扦插床,搬运客土作床,在床底先铺上 5 cm 厚的小石砾后再填入客土,以利排水通气。也可以采用小拱棚覆盖,把整个床畦覆盖起来,这样不仅地温上升快,而且床面湿润,空气湿度也大,可提高成活率。塑料大棚、日光温室等设施,能够保持较高的空气湿度,保温效果较好,能够满足插条生根所需要的条件。但要注意防止光照过强,温度过高(>30 ℃)需及时通风换气,并在拱棚上加遮光网。设施内不仅适于硬枝扦插,更适合嫩枝扦插。

全光照喷雾扦插育苗具体做法是:用砖在地上砌一个面积大小适宜的扦插床,铺上厚约 30 cm 的砻糠灰、蛭石、珍珠岩或黄沙等单一或混合基质,床底交错平铺两层砖以利排水。苗床上设立喷雾装置,即在苗床上空约 1m 高处,安装好与苗床平行的若干纵横自来水管。水管上再安装农用喷雾器的喷头。根据喷头射程的远近,决定喷头的间距和安装数目。每只喷头喷雾面积约为 2.5 m^2 或更大。喷出的雾滴越细越好。在扦插前 2~3 d 打开喷头喷雾,让基质充分淋洗,以降低砻糠灰、珍珠岩等的碱性,同时使其下沉紧实,然后按常规扦插要求进行扦插。待扦插完后,就进入到插后的喷雾管理阶段。一般晴天要不间断地喷雾,阴天时喷时停,雨天和晚上可完全停喷。在全光照喷雾育苗的条件下,桂花插条伤口愈合需要 30~40 d,长出根系约需 60 d。一般当插条上部的叶芽萌动时,即表示下部已开始生根。待插条地上部长出 1~2 片叶,以手轻提插条感觉有力时,表示根系生长已经比较完整,可以移苗上盆,或移进大田内继续培育。移苗前 1 周,要求停止喷雾,并要适当遮阴。移苗时要细心操作,不要伤及幼根,力求做到边掘、边栽、边遮阴,并及时浇足透水。以后每天可向幼苗叶面喷雾 2~3 次,使其适应环境。移栽 1 个月后,再逐步让其见阳光。采用全光照喷雾扦插法育苗,如果扦插、喷雾和移栽各技术环节都配合得好,桂花扦插成活率可达 90% 以上。但本法的投资较大,所以在经济效益较高的地区和单位采用较多。不过,

---

① 1 亩 =666.7 m^2。

它可常年应用,兼可繁殖其他难以扦插成活的花木。

喷雾苗床,特别适合夏季嫩枝扦插,它能创造一个近饱和的空气湿度条件。在插条叶面上维持一层薄的水膜,促进叶片的生理活动,能显著提高嫩枝扦插成活率。喷雾装置普遍采用电子叶自动控温喷雾系统。

4.2.6 扦插方法与技术要点

4.2.6.1 确定适宜的扦插时期

园林植物种类、性状、扦插方法及气候条件不同,扦插的时期也不相同。

落叶树扦插,以休眠枝扦插为主,春秋两季均可进行,但以春插为多,并在萌芽前及早进行。我国北方地区,秋冬季节寒冷多风,秋插时插条易失水或遭冻害,最好秋季采取枝条进行贮藏,待春季土壤解冻后进行春插。由于春季地温刚刚回升,土壤温度较低,达不到生根条件,故应把提高地温作为技术关键。落叶树秋季扦插宜在土壤冰冻前进行,随采插条随即扦插。我国南方地区多采用秋插。

落叶树也可在生长期扦插,多在夏季第一期生长结束后的稳定期即新梢枝条生长充实后采条进行扦插。但许多地区,有些树种如蔷薇、石榴、栀子花、金丝桃及松柏类等,在杭州一年四季均能扦插。

常绿树种在南方多于5~7月的梅雨季节进行扦插。此期扦插,由于插条生根需要较高的温度和湿度,扦插后要注意遮阴和保湿,有利于生根成活。

落叶树和常绿树的夏季扦插,由于气温高,枝条幼嫩,易引起枝条蒸腾失水而枯死。所以,夏季育苗技术的关键是提高空气的相对湿度。可采用全光照自动间歇喷雾扦插装置,可提高生根率。

冬季扦插育苗要求在温室内进行,其技术关键是合适的扦插基质温度。由于日光增温效果有限,生产中常用暖气管道增温或电热线加温。要使扦插基质表面以下5 cm温度保持在20 ℃左右。由于冬季扦插成本较高,除了需花期调控外,一般应用较少。

4.2.6.2 合理选择优质的插条

因采取的时期不同,插条可分为休眠期和生长期两种,休眠期为硬枝插条,生长期为嫩枝插条。

(1)硬枝插条的选择

根据扦插生根成活的原理,硬枝插条应选用幼年树上的1~2年生枝条,或萌生的根蘖条,要求健壮、无病虫害且营养物质丰富的粗壮枝条。

硬枝插条的选择原则是使插条最大限度地贮藏生根所需要的营养物质。由于枝条体内在不同时间贮藏的养分多少不同,因此应选择枝条贮藏养分最多的时期进行剪取。落叶或开始落叶这个时期,树液流动缓慢,生长完全停止,贮藏的营养物质最多,是剪取插条的最好时期,以供翌春扦插。

(2)嫩枝插条的选择

嫩枝插条最好是随剪随插。选择生长健壮的幼年母树上开始木质化的嫩梢,其枝梢内含有充分的营养物质，生命活动旺盛，细胞分裂能力强，容易愈合生根。太过幼嫩或过于木质化的枝条不宜采用。嫩枝扦插前进行预处理非常重要，含鞣质高和难以生根的树种可以在生长季前进行黄化、环剥、捆扎等处理。

总之，选择插条的总体规律是：年幼母树比年长母树好，1年生枝条比多年生枝条好，基部萌蘖枝条比上部树冠枝条好，中部枝条比顶部枝条好，阳面枝条比阴面枝条好，侧面枝条比顶面枝条好。

4.2.6.3 正确使用扦插方法

根据扦插时剪取繁殖材料的不同可将扦插方法分为3类：枝插、根插和叶插。园林树木的扦插育苗一般常用枝插，其次是根插，叶插在生产中应用较少。枝插时，根据剪取的枝条软硬和带叶与否，分为硬枝扦插、嫩枝扦插两类。

(1) 硬枝扦插

硬枝扦插又称休眠枝扦插，即选用充分成熟的1~2年生枝条进行扦插。此种方法简便，成本较低，采集插条时间多在秋末树木停止生长后至翌年萌芽以前进行。枝条剪取后，要进行贮藏。方法是：选择地势较高、排水良好、背风向阳的地方挖沟，沟深60~100 cm，宽80~100 cm，沟长视插条多少而定。将插条捆扎成束，埋于沟内，中间立一草把以利通气，然后盖上湿沙和泥土即可。

扦插前，剪长10~15 cm，带2~3个芽的枝段做插条，上芽离剪口0.5~1 cm，并将上剪口剪成微斜面，斜面方向是朝着生芽的一方高，背芽的一方低，以免扦插后切面积水。扦插前可采用促进插条生根的各种催根方法处理插条。

硬枝扦插可在春、秋两季进行。秋插应在土壤封冻以前完成，应稍深，以插条的2/3入土为宜，以防插条被风吹干枝芽。插后在其上覆沙或土，翌春萌芽前除去。春插应在土壤解冻后进行。在南方，扦插一般在插床上覆盖地膜后再插；而北方地温、气温较低，可结合覆膜、扣棚扦插。

①极易生根的树种进行硬枝插扦时，因插条的形状与长短不同又分为如下几种扦插法：

直接插入法 在土壤疏松、插条已进行催根处理的情况下，可以直接将插条插入苗床。

打孔插入法 在土壤黏重或插条已经产生愈伤组织，或已经长出不定根时，要先用钢锹开缝或用木棒开孔，然后插入插条。

开沟浅插封垄法 适用于较细或已生根的插条。先在苗床上按行距开沟，沟深10 cm，宽15 cm，然后在沟内浅插，再填平踏实，最后封土成垄。

②扦插不易生根的树种，可采取一些特殊措施，提高生根成活率，方法有：

带踵插 插条基部带有一部分2年生枝条，因形如踵足而得名。插条下部养分集中，容易生根。但每个枝条只能剪取一个插条，故不能大量采用。此法适合于松、柏、桂花、木瓜等1年生枝扦插难成活的树种。

槌形插 插条基部所带2年生老枝呈槌形，一般长2~4 cm，两端斜削。此法采集插条有限，不能大量应用。

割插　插条下端自中间劈开，夹以石子或木棒，通过人为增加创伤刺激愈伤组织的产生，从而促进生根。此法适于桂花、山茶、梅花等生根困难的树种。

土球插　将插穗基部包裹在土球中，连同泥球一起插入土壤中。适合常绿树种和针叶树种的扦插，如雪松、竹柏等。

长杆插　插条一般长50 cm，有的也可达到1~2 m。适合易生根的树种类型，可在短期内获得有主干的大苗，如石榴、葡萄、木槿、圆柏等。

埋条插　用于一般扦插不易生根的树种，如毛白杨、玫瑰、楸树等树种。枝条于秋季落叶后剪取，沙藏过冬，于翌年早春平埋于苗床中，深约5 cm，然后灌水保持湿度。当萌芽抽枝出土约15 cm时，按一定距离进行稀疏，当年秋季则可切断地下老枝，分割成为独立的新苗。此法有出苗不整齐的缺点。

(2) 嫩枝扦插

嫩枝扦插又称软枝扦插、绿枝扦插。一般于生长期用半木质化的带叶新梢进行扦插。嫩枝扦插的技术关键是，如何采取措施控制插条叶片的蒸腾强度，减少失水，维持水分代谢平衡，从而保护插条生根存活。嫩枝扦插多用于硬枝扦插不易生根成活的树种。嫩枝的薄壁细胞多，含水量大，可溶性糖和氨基酸含量较高，酶的活性强，有利于生根。插条也需尽量从发育阶段年轻的母树上剪取，选择健壮、无病虫害、半木质化的当年生健壮新梢，不宜过嫩，否则插后容易失水萎蔫；也不能过老，否则生长缓慢。每根插条长度为10~15 cm，保留3~4个芽，下部剪口齐节剪，以利发根。剪去插条下部叶，上部保留1~2片叶，剪除嫩梢，以减少蒸发。插条剪成后，可用生根剂速蘸法处理插条，然后尽快扦插，插入基质不宜过深，以插条1/3入土为宜。插后用芦苇帘或遮阳网遮阴。采用喷雾或勤喷水的方法保持湿度，一般每天喷3~4次，待生根后逐渐撤除遮阴物。

有时为了节约品种枝条，剪取插条时仅有一芽一叶，芽下部带有盾形茎部一片或一段茎。插入插床后，仅露芽尖和一片叶。这时，由于插条太小，为防止干燥失水，要注意充分保湿，提高生根效率，促进生根成活，如橡皮树、山茶、桂花、八仙花、天竺葵等，可用此法。

不管用哪种方法进行扦插育苗，最重要的是要保证插穗与基质能够紧密结合。插后应及时压实、灌水，保持苗床的湿润。北方地区，扦插后可覆盖黑色塑料薄膜，以提高地温、保水及控制杂草生长。

(3) 根插

剪取树木的根作插条进行的扦插叫根插。根插是园林苗圃中常用的繁殖方法。注意，采用根插必须是根上能够形成不定芽的树种，如毛白杨、泡桐、香椿、牡丹、山楂、香花槐等。

根插常在休眠期进行，一般应选择生长健壮的幼龄树或1~2年生苗木作为采根母树，根穗年龄以1年生为宜。从母株周围刨取种根，也可利用苗木出圃挖苗时残留在圃地内的根系。选取粗度在0.8 cm以上的根条，剪成10~15 cm的小段，并按粗细分级埋藏于假植沟内，至翌春扦插。在扦插床面上开深5~6 cm的沟，将根段按一定距离斜插或全埋于沟内，覆土 2~3 cm，平整床面，立即浇水，保持土壤适当湿度，15~20 d 后可发芽。

(4) 叶插

很多植物可以进行叶插繁殖。如秋海棠、景天等可以从叶基部或叶柄成熟细胞所发生的次生分生组织发育出新植株。叶插苗的地上部分是由芽原基发育而成。因此，叶插穗应带芽原基。叶插一般可分全叶插、叶柄插和叶块插。全叶插是将叶片直立浅插于基质，或将叶片平放于扦插基质之上。叶柄插则是把叶柄 2/3 插入基质。叶块插是将叶片切成一定大小的叶块，然后平放于扦插基质之上。对于全叶插平插和叶块插，要使叶片与基质密接，并在叶脉处切断。由于叶插一般都在夏季，叶片蒸腾量大，所以应注意扦插期间的保湿和遮阴。

4.2.6.4 做好扦插后的管理

扦插后要加强管理，为插条创造良好的生长条件。一般 1 年生扦插苗从开始扦插到秋季苗木停止生长，要经历成活期、幼苗期、速生期和苗木硬化期 4 个时期。在这 4 个时期，要分别根据其发育规律，加强培育管理。

(1) 成活期

成活期指从扦插开始，到插条地下部生根，地上部的芽萌发后展叶，直至幼苗能够独立制造营养为止。这一时期，插条不能独立制造营养，全靠插条本身所贮藏的营养来维持，水分则主要由插条下切口从土壤中吸收。在适宜的环境条件下，插条皮部的根原基开始发生不定根，或由切口愈伤组织分化形成不定根；同时，地上部的芽萌发、展叶抽枝。插条的成活主要取决于能否生根以及生根的快慢。如果未生根之前地上部分已经展叶，应及时摘除部分叶片，防止过度蒸腾。此期影响插条生根的主要因素是土壤的水分与温度。若此时土壤过分干燥，插条失水严重就不能生根，但灌水不能过量，以免引起根穗腐烂；温度过低，插条生根缓慢。所以，通常在扦插后立即灌足第一次水，以便插条与扦插基质紧密接触。以后根据墒情，再酌情浇水，并做好保墒与松土除草工作。露地扦插要搭荫棚，同时每天喷水以保持空气湿度。在大棚、温室内进行的扦插，至插条生根展叶后方可逐渐开窗通风换气，降低空气湿度。

(2) 幼苗期

幼苗期指从插条生出新根，地上展开叶片能够独立进行营养，到幼苗高生长大幅度上升时止。这一时期，地上部分开始缓慢生长，叶片数量增加；地下部根系生长较快，长度增加，根系数量增多；愈伤组织也近包围下切口，愈伤组织及其附近生根逐渐增多。之后，苗木逐渐加速生长。此期，幼苗组织还比较幼嫩，不耐高温或低温，怕干旱和强烈日晒。所以，还应做好遮阴工作。当插条上的芽萌发长到 15~30 cm 时，抚育管理要适时，注意适量灌溉，追肥不宜过多，并及时松土除草，增加土壤通气透水性。还要及时抹芽，清除插条萌发的丛生幼梢，选留健壮的作为主干培养成苗。在大棚、温室内进行的扦插，此期棚内温度容易过高，可通过遮阳网降低光照强度，减少热量吸收，并逐渐开窗通风降温，增加通气量，保持温室、大棚内适宜的环境条件，维持插条生根需要的条件。

(3) 速生期

速生期指从插条苗高生长大幅度上升开始到生长大幅度下降为止。此期，扦插苗需要大量营养，所以应加强肥水管理，供应充足的营养与水分。对侧枝萌发力强的树种，在速生期的前期要及时抹芽和除蘖，并做好病虫害防治工作。

(4) 苗木硬化期

苗木硬化期指从插条苗高生长大幅度下降开始到苗木粗度不再增加和根系停止生长为止。进入硬化期以后，苗木叶片大量增加，新生部分逐渐木质化，顶部出现冬芽；同时，苗茎和根系继续生长，不断充实冬芽和积累营养，至后期体内水分含量降低，干物质增加，苗茎完全木质化，然后进入休眠期。在这个时期，要防止幼苗徒长，尽量促进苗木木质化，以提高越冬能力。因此要停止一切促进苗木生长的措施，对一些树种要注意做好防寒工作。

4.3 嫁接繁殖

4.3.1 嫁接育苗概述

4.3.1.1 嫁接的概念

嫁接(grafting)是指将一株植物的枝或芽移接到另一植株的枝干或根上，使之愈合生长在一起，形成一个新植株的过程。用作嫁接的枝或芽称为接穗(scion)，承受接穗的部分称为砧木(rootstock)。以枝条作为接穗的称"枝接"，以芽为接穗的称"芽接"。通过嫁接培育出的苗木称为嫁接苗，嫁接苗具有适应性强，遗传性稳定，生长快，开花结果早，能保持母本的优良性状等特点。嫁接苗的砧穗组合常以"穗/砧"表示，如"毛白杨/加杨"，表示嫁接在加杨砧木上的毛白杨嫁接苗。嫁接苗和其他营养繁殖苗所不同的是借助了另一种植物的根，因此嫁接苗为"它根苗"。

4.3.1.2 嫁接育苗的意义

(1) 保持品种的优良特性

嫁接所用的接穗是采自母本营养器官的一部分，虽可能受砧木的一些影响，但仍能保持母本品种的优良特性，且成株快。

(2) 提高适应性，扩大栽培应用区域

砧木通常由播种繁殖所得，根系强壮，适应性强。通过嫁接，可以利用砧木对接穗的生理影响，提高嫁接苗对环境的适应能力。如提高抗寒、抗旱、抗盐碱及抗病虫害的能力，克服环境条件对栽培品种的不良影响，从而扩大栽培适用范围，甚至可以起到改良品质、丰产稳产的作用。如柿子接在君迁子上能适应寒冷气候；梨接在杜梨上可适应盐碱土壤等。

(3) 提早开花结果

嫁接所用接穗直接从已具有开花能力的成年树上采集，因而接穗不需要经过童期生长，生长老熟后即具备开花能力；且嫁接苗利用了另一种植物的根系，对其幼小的接穗能够供给充足的养分，可促进苗木的生长发育。如用花芽或花枝作为接穗，接后当年可开花结果。此种特性不仅可促进栽培生产，也可用于育种工作，从而缩短育种年限。

(4) 克服不易繁殖现象，扩大繁殖系数

在园林育苗中，有些树种没有种子或种子很少，如一些花木中的重瓣品种、无核柑橘、无核柿子等，无法采用播种繁殖；有些树种采用实生繁殖变异大、开花结果迟而少、产量低；有些树种采用扦插、压条很难成活。针对这些使用其他方法不易繁殖，或繁殖后结果迟、不能保持种性的树种，嫁接可以很好地解决这个问题。嫁接所使用的砧木可采用播种繁殖，获得大量的砧木，而接穗仅用一小段枝条或一个芽接到砧木上，即能形成一个新的植株，在选用植物材料上比较经济，且能在短期内繁殖大量苗木。

(5) 其他

在园林育苗中可利用矮化砧或乔化砧进行嫁接获得矮化植株或乔化植株，培育不同株型的园林苗木，满足园林绿化对苗木的特殊需求；可用高接换头的嫁接方法更换种性不良的品种；可利用生长健壮的砧木进行靠接等方法，使树势生长衰弱的树体恢复树势，促进生长；可在树冠空裸处的枝上接上新的枝或芽，以充实树冠，使树冠丰满美观；也可通过嫁接实现园林植物的特殊造型。

嫁接繁殖虽然需要先培养砧木，技术较复杂，但嫁接有其自身的优点，如在保持母本优良性状、提高植物观赏价值、增加苗木抗逆性和适应性、扩大繁殖系数、改变树型、恢复树势、更新品种等方面具有其他育苗方法没有的优点，尤其是在用其他方法不宜繁殖的植物种类方面，嫁接繁殖更具有不可替代的优势。因此，嫁接繁殖仍为生产实践中园林植物繁殖的重要方法之一。嫁接繁殖也有一定的局限和不足之处，如受砧穗亲缘关系的限制，苗木寿命较短，需要投入较大的人力物力等。

4.3.2 嫁接成活原理

4.3.2.1 嫁接成活生理基础

嫁接成活与否主要取决于砧木和接穗能否互相密接产生愈伤组织，并进一步分化产生新的输导组织而相互连接。

嫁接时，砧木和接穗削面的表面由死细胞的残留物形成一层褐色的隔膜。形成层是介于木质部和韧皮部之间的薄壁细胞，有着强大的生命力，是再生能力最强、生理活性最旺盛部分。嫁接使得砧、穗受到刺激，促进接口处形成层细胞分裂，冲破隔膜，产生愈伤组织，愈伤组织具有很强的生活力，在有亲合力的情况下，砧、穗双方长出的愈伤组织互相连接在一起。愈伤组织连接的快慢与隔膜的厚薄及砧、穗愈伤组织产生速度的一致性有关。削面越平滑，隔膜越薄，两者又同时很快产生愈伤组织，则两者愈伤组织就会很快连接起来。由于愈伤组织进一步分化，将砧、穗的形成层连接起来，形成层进一步分化，向内形成新的木质部，向外形成新的韧皮部，将两者木质部的导管与韧皮部的筛管沟通起来，输导组织才真正联通，恢复了嫁接时暂时被破坏的水分、养分平衡，开始发芽生长。愈伤组织外部的细胞分化成新的栓皮细胞，两者栓皮细胞相连，这时两者才真正愈合成一新植株。

4.3.2.2 影响嫁接成活的因素

嫁接能否成活受多种自身因素和环境条件的影响，可分为内在因素和外部因素两大类。

(1) 影响嫁接成活的内在因素

①砧木和接穗的亲和力　砧木和接穗的亲和力是决定嫁接成活的关键因素。亲和力是指砧木和接穗嫁接后在内部组织结构、生理和遗传特性方面差异程度的大小。差异越大，亲和力越弱，嫁接成活的可能性越小。这些差异是植物在发育过程中形成的。嫁接亲和力的强弱与砧木和接穗的亲缘关系远近有关，一般亲缘关系越近，亲和力越强。同品种或同种间的亲和力最强，如核桃上接核桃、油松上接油松、山桃上接碧桃等最易成活。同属异种间的嫁接，一般也较亲和，如苹果接在山荆子、海棠果等砧木上，梨接在杜梨上，葡萄接在山葡萄上，桃接在毛桃上，酸橙上接甜橙，山桃、山杏上接梅花，紫玉兰上接白玉兰等，其嫁接亲和力都很强。同科异属间嫁接，亲和力一般比较小，但也有可以嫁接成活的组合，如枫杨上接核桃、女贞上接桂花等，也常应用于生产。不同科的树种间亲和力更弱，嫁接很难获得成功，在生产上不能应用。

亲缘关系的远近与亲和力的强弱之间的关系也不是绝对的，影响亲和力的还有其他因素，特别是砧、穗两者在代谢过程中代谢产物和某些生理机能的协调程度都对亲和力有重要的影响，因此，在生产上也存在特殊情况。如一些园林植物虽亲缘关系较近却表现出嫁接亲和力较差，如中国板栗接在日本板栗上、中国梨接在西洋梨上表现不亲和。另有一些园林植物虽亲缘关系较远却表现出较强的嫁接亲和力。园林育苗中嫁接常用的一部分接穗与砧木组合见表4-1，供参考。

表4-1　园林育苗中嫁接常用接穗与砧木组合

接　穗	砧　木	接　穗	砧　木	接　穗	砧　木
桂花	小叶女贞	山茶	野生山茶	红花槐	刺槐
广玉兰	白玉兰	郁李	山桃	金枝槐	槐树
白玉兰	紫玉兰	月季	月季、蔷薇	柿	君迁子
樱花	毛樱桃	树状月季	蔷薇	大叶黄杨	丝棉木
紫叶矮樱	山桃、山杏	牡丹	牡丹、芍药	龙爪槐	槐树
紫叶桃	山桃	西洋杜鹃	映山红、毛鹃	龙爪榆	榆树
碧桃	山桃	含笑	黄兰、木兰	龙桑	桑树
羽叶丁香	北京丁香	榆叶梅	山桃、山杏	红枫	鸡爪槭
欧洲丁香	紫丁香、北京丁香	梅花	梅、山桃、山杏	海棠	山荆子、新疆野苹果

此表参考苏金乐《园林苗圃学》、张志国《现代园林苗圃学》。

嫁接亲和力低有以下几种表现：嫁接不成活；嫁接成活率低；嫁接虽能成活，但有种种不良表现，如接后树体衰弱，结合部位上下粗细不均，即所谓"大脚"或"小脚"现象，植株矮化，生长势弱，叶早落，枯尖等。

②形成层的作用和愈伤组织的生长　植物嫁接后的成活，首先要求砧、穗之间具有亲和力，这是成活的前提，也是关键的因素。其次是形成层再生能力的强弱和愈伤组织的形成。嫁接使砧、穗受到刺激，形成愈伤组织，它一方面使双方愈伤组织细胞的胞间连丝，把彼此的原生质互相沟通起来；另一方面使形成层细胞不断分裂，形成新的木质部和韧皮部，把砧木和接穗的导管、筛管等输导组织连接起来。因此，嫁接中应创造一切条件以利于形成层细胞的活动和愈伤组织的形成。

③砧木、接穗的生活力　愈伤组织形成层的产生和活动与砧木和接穗的生活力密切相关。一般来说，砧木和接穗的营养器官发育充实，营养含量丰富，形成层细胞分裂活跃，嫁接易成活。所以，砧木应选择生长健壮，发育良好的植株。接穗也要从健壮母树的外围选择发育充实的枝条。

④伤流、树胶、单宁物质的影响　有些根压大的树种，如葡萄、核桃等，春季随土壤解冻，根系开始活动，地上部有伤口的地方就开始出现伤流，直到展叶后才停止，因此，春季在室外嫁接葡萄和核桃时，接口处有伤流，窒息切口处细胞呼吸，影响愈伤组织的形成，降低成活率。可采用夏季或秋季芽接或绿枝接，以避免伤流的产生。此外，桃、杏等树种嫁接时，接口流胶窒息切口细胞的呼吸，妨碍愈伤组织产生；核桃、柿子等树种切口细胞内的单宁物质氧化形成不溶水的单宁复合物，使细胞内蛋白质沉淀，隔膜增厚，严重影响愈伤组织产生，从而降低嫁接成活率。

(2)影响嫁接成活的外部因素

①温度　嫁接成败与气温、土温及砧木、接穗的活跃状态有密切的关系。温度对愈伤组织形成的快慢和嫁接成活有很大的关系。在适宜的温度条件下，愈伤组织形成快且易成活。不同植物的愈伤组织对温度的要求不同，这与该树种萌芽、生长所需的最适温度呈正相关，大多数树种形成层活动最适温度为 20～28 ℃，温度过高或过低都会影响形成层的活动，不利于愈伤组织的形成。物候期早的比物候期迟的适温要低，如桃、杏等在 20～25 ℃ 最适宜，葡萄在 24～27 ℃ 最适宜，核桃在 26～29 ℃ 最适宜，而山茶则在 26～30 ℃ 最适宜。夏、秋芽接时，温度基本都能满足愈伤组织的生长。春季气温较低，如嫁接过早，愈伤组织增生慢，嫁接不易愈合。

②湿度　对愈伤组织生长的影响有两方面：一是愈伤组织生长本身需要一定的湿度环境；二是接穗需要在一定的湿度条件下才能保持生活力。因砧木自身有根系，能够吸收水分，所以通常都能形成愈伤组织；而接穗是离体的，湿度过低会干死，湿度过大又会造成空气不足窒息而死。一般枝接后需一定的时间(15～20 d)砧木、接穗才能愈合，在这段时间内，保持接穗及接口处的湿度是嫁接成活的重要环节。生产上接后多采用培土、涂接蜡或用塑料薄膜保持接穗的水分，以利于组织愈合。土壤含水量的多少直接影响到砧木的活动：土壤含水量适宜时，砧木形成层分生细胞活跃，愈伤组织愈合快，砧穗输导组织易连通；土壤干旱缺水时，砧木形成层活动滞缓，不利于愈伤组织形成；土壤水分过多，则会引起根系缺氧而降低分生组织的愈合能力。据试

验测定：不同树种其愈伤组织的生长所需要的土壤含水量的范围大致相同，为8%~25%，过高或过低都不适合愈伤组织的生长。

③光照　对愈伤组织的生长有较明显的抑制作用。在黑暗条件下，接穗上长出的愈伤组织多，呈乳白色，很嫩，砧、穗之间容易愈合；而在光照条件下，愈伤组织少而硬，呈浅绿色或褐色，砧、穗不易愈合。因此，在生产实践中，嫁接后常人为创造黑暗条件，采用培土或用不透光的材料包捆，以利于愈伤组织的生长，促进成活。

④空气　也是愈伤组织生长的必要条件之一。砧木和接穗，尤其是砧、穗接口处的薄壁细胞都需要充足的氧气才能保持正常的生命活动，随切口处愈伤组织的生长，代谢作用加强，呼吸作用也明显增大；如果空气供应不足，代谢作用受到抑制，愈伤组织不能生长。

⑤嫁接技术　嫁接成活的关键因素是接穗和砧木两者形成层的紧密结合。这就要求削面一定要平滑。嫁接技术的好坏及熟练程度直接影响接口切削的平滑程度与嫁接速度。嫁接速度快而熟练，可避免削面风干或氧化，嫁接成活率高；如果削面不平，形成层没有对齐，则隔膜形成较厚，难以突破，影响愈合和成活。

4.3.3　嫁接育苗技术

4.3.3.1　砧木和接穗的选择

(1) 砧木(stock)的选择

选择优良砧木是培育优良园林树木的重要环节。不同类型的砧木对气候、土壤等条件的适应能力不同，只有因地制宜，适地适树，选择适合当地条件的砧木，才能更好地满足栽培的要求。选择砧木主要依据下列条件：

①砧木与接穗具有较强的亲和力。

②砧木对栽培地区的环境条件适应能力强，如具有较强的抗寒、抗旱、抗盐碱、抗病虫害等能力。

③砧木对接穗的优良性状的表现无不良影响，生长健壮，开花结果早，寿命长。

④砧木的繁殖材料丰富，易于大量繁殖，最好选用1~2年生健壮的实生苗。

依园林绿化的需要，培育特殊树形的苗木，可选择特殊性状的砧木，如使用乔化砧和矮化砧可使园林树木达到乔化或矮化的效果，满足不同的需要。

我国砧木资源丰富，种类繁多。依砧木的繁殖方式可分为实生砧木和无性系砧木；依砧木对树体生长的影响可分为乔化砧和矮化砧；依砧木的利用方式可分为共砧、基砧和中间砧。

砧木多以播种的实生苗最好，它具有根系深、抗性强、寿命长和易大量繁殖等优点。但对种子来源少或不易播种繁殖的树种也可用扦插、分株、压条等营养繁殖苗作为砧木。

砧木的大小、粗细、年龄与嫁接成活和接后的生长有密切关系。一般花木和果树所用砧木，粗度以1~3 cm为宜；生长快而枝条粗壮的核桃等砧木宜粗；而小灌木及生长慢的山茶、桂花等，砧木可稍细。砧木的年龄以1~2年生者最佳，生长慢的树种也可用3年以上生的苗木为砧木，甚至可用大树进行高接换头，但在嫁接方法和接后管理上应相应地调整和加强。为了提早进行嫁接，可采用摘心促进苗木的加粗生长，在进行芽接或插皮接时，为使砧木"离皮"可采用基部培土、加强施肥灌水等措施促进形成层的活动，以利于成活。

(2) 接穗的选择和贮藏

采穗母树必须是品质优良纯正，生长健壮，观赏价值或经济价值高，优良性状稳定的植株。在采条时，应掌握"宜早不宜晚"的原则。即在品种不发芽的前提下，接穗采取越晚越好，离嫁接时期越近越好。应选母树树冠外围，尤其是向阳面光照充足的生长旺盛、发育充实、节间短、芽体饱满、无病虫害、粗细均匀的1年生枝作为接穗，取枝条的中间部分。芽接采取当年生枝的新梢做接穗。如果采带花芽的枝做接穗，开花结果最早，但这类枝条比较细弱，嫁接后生长愈伤组织少，成活率较低。针叶常绿树接穗应带有一段2年生发育健壮的枝条，以提高嫁接成活率并促进生长。

接穗的采取依嫁接时期和方法不同而异。生长季芽接所用接穗，采自当年生的发育枝，最好随采随接；如不具备条件，须从他处采取时，也不可一次采集过多。接穗采下后要立即剪去嫩梢，摘除叶片（保留叶柄），及时用湿布包裹，防止水分损失。取回的接穗不能及时使用时可将枝条下部浸于水中，放在阴凉处，每天换水1~2次，可短期保存4~5 d，如想保存更长时间，则可将枝条包好放于冷窖或冰箱中保存。

枝接接穗的采取，如繁殖量少或离嫁接时间及地点较近，可随采随接；如果嫁接量大，需要接穗数量多，也可在上一年秋季或结合冬季修剪将接穗采回，整理打捆，标明树种，做好记录，沙藏于假植沟或窖内。在贮藏过程中要注意保持低温和适宜的湿度，以保持接穗新鲜，防止失水、发霉，特别防止在早春气温上升时，接穗萌芽影响嫁接成活。

北京市园林局东北旺苗圃曾采用蜡封法贮藏接穗，效果很好，即将秋季落叶后采回的接穗在85~90 ℃的熔解石蜡中速蘸，使接穗表面全部蒙上一层薄薄的蜡膜，中间无气泡，枝条全部蜡封后装于塑料袋中密封好，放在-5~0 ℃的低温条件下贮藏（冷藏箱中）备用。一般万根接穗耗蜡量为5 kg左右。翌年随时都可取出嫁接，直到夏季，取出已贮存半年以上的接穗，接后成活率仍很高。这种方法不仅有利于接穗的贮存和运输，还可有效地延长嫁接时间。

4.3.3.2 嫁接时期

嫁接时期与嫁接树种的生物学特性、物候期和采用的嫁接方法有密切关系。一般以早春砧木树液开始流动而接穗芽尚未萌动时为宜，但含单宁较多的核桃、板栗、柿树等，以在砧木展叶后嫁接为好。目前，在园林苗木的生产上，枝接一般在春季3~4月进行。北方落叶树一般在3月下旬至5月上旬；在北方春季寒冷风大地区，如内蒙古，适当晚接有利于成活，多在砧木萌芽后进行。如枝接的接穗采用低温贮藏，做好保湿（如用蜡封处理），则可不受季节限制，一年四季都可进行。但一般枝接最适宜的嫁接时期是春季，因为春季温度逐渐升高，接后砧木与接穗愈合快，成活率高，而且管理方便。除用休眠枝外，还可利用当年长出的新梢进行绿枝接，绿枝接要在接穗已半木质化时进行，过早过晚都不易成活。

芽接时期以形成层细胞分裂最盛时为宜，此时皮层容易剥离，接芽也容易愈合。凡皮层容易剥离，砧木已达到要求的粗度，接芽也发育充实时均可进行，因此，芽接可在春、夏、秋三季进行，但一般以夏、秋（6~9月）为主。在北方寒冷地区，芽接主要在7月初至9月初，过早芽接，接芽当年萌发，冬季易受冻害；芽接过晚，则皮层不易剥离，嫁接成活率低。此外，春季也可带木质部芽接。

嫁接的适宜时间均应选在形成愈伤组织最有利的时期进行。各树种最适宜的嫁接时期，要依树种的生物学特性和当地的环境因素来确定，如北京地区，柿树嫁接时间以4月下旬至5月上旬为宜，龙柏、翠柏、偃柏、洒金柏、万峰桧等针叶常绿树的枝接时期以夏季较为适宜；许多树种以秋季芽接为最适，即8月上旬至9月上旬，此时芽接，既有利于操作，又能很好愈合，且接芽当年不萌发，有利于安全越冬。北京市东北旺苗圃，根据多年的嫁接育苗经验，将部分常见树种的适宜嫁接时间进行了归纳，详见表4-2。

表4-2 不同树种嫁接适宜时间

枝 接			芽 接		
树 种	砧 木	嫁接时间	树 种	砧 木	嫁接时间
龙爪槐	槐树	5月1~10日	圆冠榆	榆树	4月20~25日
蝴蝶槐	槐树	5月1~10日	楸树	黄金树	4月25~30日
柿	黑枣	4月28日~5月2日	寿星桃	山桃	4月15~20日
红花刺槐	刺槐	4月25~30日	二乔玉兰	望春玉兰	4月15~20日
榆叶梅	山桃	4月15~20日	龙爪槐	槐树	6月20~25日
白碧桃	山桃	4月15~20日	蝴蝶槐	槐树	6月20~25日
红碧桃	山桃	4月15~20日	柿	黑枣	6月20~25日
垂枝桃	山桃	4月15~20日	榆叶梅	山桃	4月25日~5月5日
花碧桃	山桃	4月15~20日	江南槐	刺槐	6月5~10日
郁李	山桃	4月15~20日	无刺槐	刺槐	6月5~10日
麦李	山桃	4月15~20日	紫叶李	山桃	8月15~20日
紫叶李	山桃	4月15~20日	白碧桃	山桃	8月5~20日
大叶黄杨	卫矛	4月10~15日	朱砂碧桃	山桃	8月5~20日
胶东卫矛	卫矛	4月10~15日	跳枝碧桃	山桃	8月5~20日
紫叶李	山桃	4月15~20日	红碧桃	山桃	8月5~20日
垂枝榆	榆	4月20~30日	西府海棠	八棱海棠	8月15~20日
龙桑	桑树	4月20~25日	苹果	八棱海棠	8月15~20日
羽叶丁香	北京丁香	4月10~15日	紫叶桃	山桃	8月5~20日

此表引自柳振亮等《园林苗圃学》。

4.3.3.3 嫁接前的准备工作

在选择好砧木和采集好接穗后，嫁接前应准备好嫁接所用的工具、包扎和覆盖材料、磨刀石等。

(1) 嫁接工具

根据嫁接方法确定所准备的工具。嫁接工具主要有嫁接刀、剪、凿、锯、手锤等。嫁接刀可分为芽接刀、切接刀、劈接刀、单面刀片、双面刀片等。为了提高工作效率，并使嫁接伤口平滑、接面密接，有利于愈合和提高嫁接成活率，应正确使用工具，刀具要求锋利。

(2) 涂抹和包扎材料

涂抹材料常为接蜡，用来涂抹接合处和刀口，以减少嫁接部分丧失水分，防止病菌侵入，促使愈合，提高嫁接成活率。接蜡可分为固体接蜡和液体接蜡。固体接蜡由松香、黄蜡、猪油（或植物油）按 4:2:1 比例配成，先将油加热至沸，再将其他两种物质倒入充分溶化，然后冷却凝固成块，用前加热熔化。液体接蜡由松香、猪油、酒精按 16:1:18 的比例配成。先将松香溶入酒精，随后加入猪油充分搅拌即成。液体接蜡使用方便，用毛笔蘸取涂于切口，酒精挥发后形成蜡膜。液体接蜡容易挥发，需用容器封闭保存。

包扎材料以塑料薄膜应用最为广泛，其保温、保湿性能好且能松紧适度。包扎材料可将砧木与接穗密接，保持切口湿度，防止接口移动，湿度低时可套塑料袋起保湿作用。

4.3.3.4 嫁接方法

嫁接方法多种多样，生产中最为常用的是芽接和枝接。

(1) 芽接法

凡是用一个芽片做接穗的称为芽接。芽接是苗木繁殖应用最广泛的嫁接方法。其优点是利用接穗最为经济，愈合容易，接合牢固，成活率高；操作简便，易于掌握，工作效率高；嫁接时期长，未接活的便于补接，可大量繁殖苗木。根据所取芽的形状和接合方式不同，可分为"T"形芽接、方块芽接和嵌芽接等。芽接最常用的方法有"T"形芽接。

① "T"形芽接 又称盾状芽接、丁字形芽接 选接穗上的饱满芽，剪去叶片，保留叶柄，按顺序自接穗上切取盾形芽片。先在芽上方 0.5 cm 处横切一刀，横切口长 1 cm 左右，再由芽下方 1 cm 左右处向上斜削一刀，由浅入深，深达木质部，并与芽上的横切口相交，然后抠取盾形芽片，芽在芽片的正中略偏上。砧木的切法是自地面 5~10 cm 处选光滑部位切一个"T"形切口，深度以切断皮层达木质部为宜。用芽接刀尖将砧木皮层挑开，把芽片插入"T"形切口内，使芽片上部与"T"形切口的横切口对齐嵌实，然后用塑料条将切口包严，露出芽及叶柄（图 4-1）。"T"形芽接是育苗中应用最广、操作简便且成活率高的嫁接方法，其砧木一般选用 1~2 年生的小苗，砧木过大，不仅因皮层过厚不便于操作，且接后不易成活。

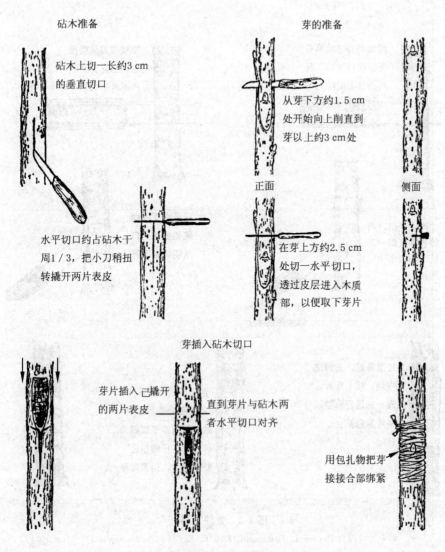

图 4-1 "T"形芽接

(改自 Hudson T. Hartamann, Dale E. Kester *Plant Propagation*)

②方块芽接 又称块状芽接 先在砧木上选一光滑部位切掉一块方块形树皮，接穗也取同样大小的芽片(略小于砧木切口)，芽在芽片中央，然后将芽片贴入砧木切口中，用塑料条捆绑严紧即可。有时砧木切口处的树皮不完全取掉，而是削成"T"形切口，将砧木皮往两边撬开，所以又称"双开门"芽接，将芽片插入后，再用砧木皮包住芽片(图 4-2)。此法比"T"形芽接操作复杂，一般树种多不选用，但此种方法芽片与砧木形成层的接触面大，有利成活，因此适用于柿、核桃等较难成活的树种。

③嵌芽接 又称带木质部芽接。在砧木和接穗均不离皮时，可用嵌芽接法。用刀在接穗芽上方 0.5~1 cm 处向下斜切一刀，深入木质部，长约 1.5 cm 处稍带木质部往下切一刀。然后在芽下方 1.5 cm 处横向斜切一刀与第一刀的切口相接，取下芽片，一般芽片长 2~3 cm，宽度不等，依接穗粗细而定。砧木的切削是在选好的部位由上

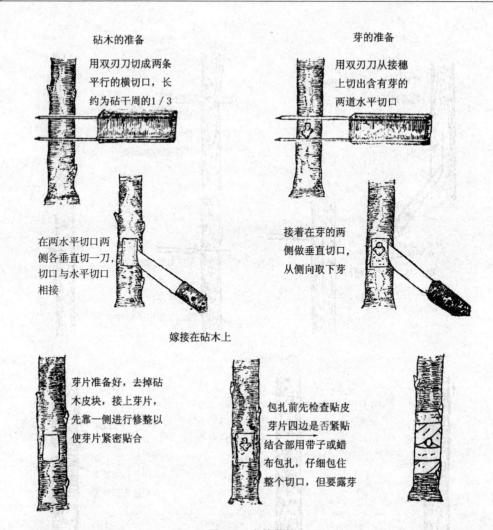

图 4-2　方块芽接
（改自 Hudson T. Hartamann, Dale E. Kester *Plant Propagation*）

而下平行切下，但不要全切掉，下部留有 0.5 cm 左右，砧木的切口与芽片大小相近。然后将芽片插入切口，两侧形成层对齐，芽片上端略露一点砧木皮层，最后绑缚（图 4-3）。嵌芽接是带木质部芽接的一种方法，嫁接后接合牢固，适合春季进行嫁接，可比枝接节省接穗，成活良好，适用于大面积育苗。

④环状芽接　又称套接，于春季树液流动后进行，用于皮部易于脱离的树种。砧木先剪去上部，在剪口下 3 cm 左右处环切一刀，拧去此段树皮。在同样粗细的芽片上取下等长的管状芽片，套在砧木的去皮部分，勿使皮破裂。如砧木过粗或过细，可将芽套切开，裹在砧木上，然后绑缚。此法由于砧穗接触面大，形成层易愈合，可用于嫁接较难成活的树种。

芽接成活的关键：选择离皮容易的时间进行；接穗要新鲜，枝芽充实饱满，嫁接技术要迅速准确，接后立即绑缚避免失水；为使砧木和接穗离皮，嫁接前 2~3 d 最好充分灌水。

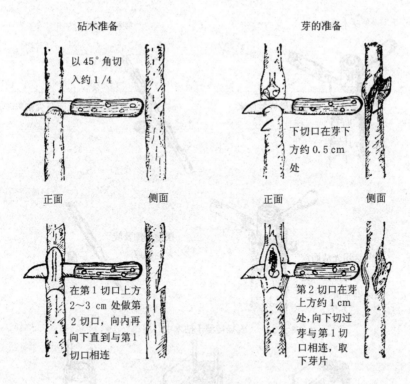

图 4-3 嵌芽接

(改自 Hudson T. Hartamann, Dale E. Kester *Plant Propagation*)

(2) 枝接法

用一小段枝条作为接穗进行的嫁接称为枝接。枝接时间一般在树木休眠期进行，特别是在春季砧木树液开始流动、接穗尚未萌芽时最好。枝接的优点是成活率高，可当年萌芽发出新枝，当年成熟，苗木生长快。但与芽接相比，枝接操作技术复杂，消耗接穗多，对砧木粗度有一定的要求，嫁接时间也受到一定限制。枝接的方法很多，有切接、劈接、插皮接、腹接、靠接、舌接、根接、髓心形成层对接、桥接等。

①劈接 又称割接，接法类似于切接，常在砧木较粗、接穗较细时使用。将砧木自地面 5~10 cm 处去顶，在横切面的中央垂直下切，劈开砧木。接穗下端两侧均切削成 2~3 cm 长的楔形。接穗插入砧木时使一侧形成层对准，砧木粗时，可同时插入 2 或 4 个接穗，用缚扎物捆紧。由于切口较大，要注意埋土，防止水分蒸发影响成活 (图 4-4)。劈接法适用于大部分落叶树种。

②切接 砧木宜选用 1~2 cm 粗的幼苗，在距地面 5~10 cm 处截断，削平切面后，在砧木一侧垂直下刀(略带木质部，为横断面直径的 1/5~1/4)，深达 3~4 cm。接穗则切削一面，呈 2~3 cm 的平行切面，对侧基部削一 0.8~1 cm 长的小斜面，接穗上要保持 2~3 个完整饱满的芽。将削好的接穗插入砧木切口中，接穗插入的深度以接穗削面上端露出 0.5 cm 左右为宜，俗称"露白"，可使形成层对准，砧、穗的削面紧密结合，再用塑料条等捆好。必要时可在接口处涂上接蜡或泥土，以减少水分蒸发。一般接后都采用埋土的方法来保持湿度。切接是枝接中最常用的方法，适用于大

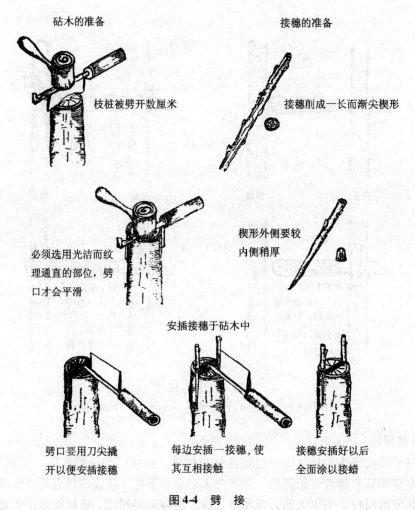

图 4-4 劈 接

(改自 Hudson T. Hartamann, Dale E. Kester *Plant Propagation*)

部分园林树种。

③插皮接　要求在砧木较粗，且皮层易剥离的情况下采用。砧木在距地面 5~10 cm 处截断，削平断面，选平滑处，将砧木皮层划一纵切口。接穗削成长达 3~5 cm 的斜面，厚 0.2~0.5 cm，背面削一小斜面。将大的斜面朝向木质部，使接穗背面对准砧木切口正中插入砧木的皮层中；若皮层过紧，可在接穗插入前先纵切一刀，将接穗插入中央，注意不能把接穗的切口全部插入，应留 0.5 cm 的伤口露在外面，可使留白处的愈伤组织和砧木横断面的愈伤组织相接，不仅有利成活，且能避免切口处出现疙瘩而影响寿命，然后用塑料条绑缚。如高接龙爪槐、龙爪榆等，可以同时接上 3~4 个接穗，均匀分布，成活后即可作为新植株的骨架（图 4-5）。为提高成活率，接后可以在接穗上套袋保湿。插皮接是枝接中最易掌握、成活率高、应用较广泛的一种嫁接方法，在园林苗木生产上可用此法进行高接和低接。

④靠接　通常砧木、接穗粗度相近，切削的接口长度、大小相同，削面长 3~6 cm，深达木质部，露出形成层，并将砧木和接穗的切口调整到一个高度位置上，使

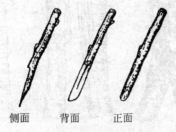
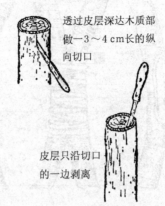

图 4-5　插皮接

(改自 Hudson T. Hartamann, Dale E. Kester *Plant Propagation*)

砧穗的形成层对准，切口密合。如砧穗粗细不一致，使砧穗的切口宽度相同或使接穗。形成层的一侧与砧木形成层的一侧对准，捆紧即可。嫁接成活后，将砧木从接口上方剪去，接穗从接口下方剪去，即成一株嫁接苗（图 4-6）。生产中为调整砧、穗两植株的距离和高度，嫁接前大多将欲嫁接的植株两方或一方植入花盆中。此法可在生长期内进行，但要求嫁接的砧木与接穗均有根，不存在接穗离体失水问题，故易成活。主要用于亲和力较差，一般嫁接难以成活的树种，如山茶、桂花等。

⑤腹接　又称腰接，在砧木腹部进行的枝接。多在生长季 4~9 月间进行。砧木不去头或仅剪去顶梢，待成活后再剪除上部枝条。腹接又可分为普通腹接及皮下腹接两种。在砧木适当的高度选择平滑面，自上而下深切一刀，切口深入木质部，达砧木直径的 1/3 左右，刀口与干的夹角约 30°，切口长 2~3 cm，将接穗长削面朝里插入切口，对其形成层，捆绑保湿。此种削法为普通腹接。也可将砧木横切一刀，竖切一刀，呈一"T"形切口，接口不伤及木质部。把接穗插入，绑捆即可，此法为皮下腹接。腹接常用于龙柏、五针松等针叶树的繁殖。

⑥髓心形成层对接　接穗和砧木以髓心愈合而成的嫁接方法，多用于针叶树种的嫁接，以砧木的芽开始膨胀时嫁接最好，也可在秋季新梢充分木质化时进行。剪取带顶芽长度为 8~10 cm 的 1 年生枝作接穗，除保留顶芽以下十余束针叶和 2~3 个轮生芽外，其余针叶全部摘除，然后从保留的针叶 1 cm 处以下开刀，逐渐向下通过髓心

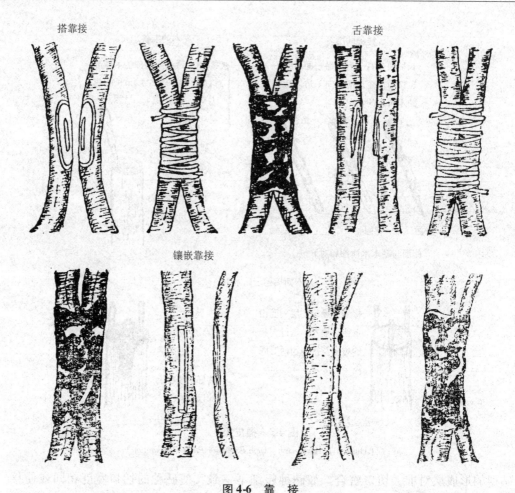

图4-6 靠 接
（改自 Hudson T. Hartamann, Dale E. Kester *Plant Propagation*）

平直切削成一削面，削面长6 cm左右，再将接穗背面斜削一小斜面。利用中干顶端1年生枝作砧木，在略粗于接穗的部位摘掉针叶，摘去针叶部分长度略长于接穗削面，然后从上向下沿形成层或略带木质部切削，削面长、宽皆同接穗削面，下端斜切一刀，去掉切开的砧木皮层，斜切长度与接穗小斜面相当。将接穗长削面向里，使接穗与砧木的形成层对齐，小削面插入砧木切面的切口，最后用塑料薄膜条绑扎。待接穗成活后，再剪去砧木枝头。也可在嫁接时剪去砧木枝头，称为新对接法。为保持接穗发枝的生长优势，可用摘心法控制砧木各侧生枝的生长势。用此法进行地面嫁接或顶端嫁接，有利于克服嫁接苗偏冠现象。

⑦舌接 多用于枝条较软而细的树种，砧木和接穗的粗度最好相近。舌接是将砧、穗各削成一长度为3~5 cm的斜削面，再于削面距顶端1/3处竖直向下削一刀，深度为削面长度的1/2左右，呈舌状。将砧木、接穗各自的舌片插入对方的切口，使形成层对齐，用塑料薄膜条绑缚即可。如仅将砧、穗各削成一长度为3~5 cm的斜削面，双方形成层对齐对搭起来，绑缚严紧，是为舌接。此法接触面积大，结合牢固，成活率高，在园林苗木生产中可用此法进行高接或低接，但就是比较费工。

⑧根接 以根为砧木的嫁接方法。将接穗直接接在根上，可采用各种枝接的方法。若砧根比接穗粗，可把接穗削好插入砧根内，进行绑缚，是为正接；若砧根比接穗细，在切削接穗时可采用削砧木的削法，而将细的根削成接穗状，把砧根插入接穗，是为倒接。如牡丹根接在秋天温室内进行，以牡丹枝为接穗，芍药根为砧木，按劈接的方法将两者嫁接成一株，嫁接处扎紧放入湿沙堆埋住，露出接穗接受光照，保持空气湿度，30 d 成活后即可移栽。

⑨桥接 利用插皮接的方法，在早春树木刚开始进行生长活动，韧皮部易剥离时进行。用亲和力强的种类或同一树种作接穗，主要用于挽救树势，育苗中很少使用。

枝接嫁接成活的技术关键：砧木和接穗的形成层必须对齐；接穗与砧木的削面越大，则结合面越大，嫁接成活率越高；嫁接时操作要快，避免削面暴露在空气中时间过长而氧化，影响愈伤组织的形成而降低嫁接成活率，特别是枝芽中含单宁等物质较多的树种；应对接口用塑料薄膜条绑缚，并绑紧绑严，使砧穗形成层密接，并可保湿且增加接合部位温度，利于愈伤组织的形成而促进成活。

(3) 其他

除以枝条和芽片为接穗进行枝接和芽接外，还可以茎尖和芽苗为接穗进行嫁接，是为茎尖嫁接和芽苗嫁接。茎尖嫁接指以幼小的茎尖生长点作为接穗的一种嫁接方法，要求设备条件较高，育苗成本大。茎尖嫁接目前主要用于脱毒苗木的繁育，或一些用其他方法嫁接难以成活的名贵花木的嫁接上，或在接穗稀少的情况下使用，尤其在克服一些毁灭性病害（如柑橘黄龙病等）方面具有无法替代的作用，且可以实行工厂化育苗。因此，茎尖嫁接是一种很有发展前途的嫁接方法。芽苗嫁接指用刚萌发的幼苗作为接穗或砧木进行嫁接繁殖，由于芽苗过于幼嫩，操作需非常细心，否则影响成活率。

此外，园林育苗中有时为达到某些特殊要求而采用双重嫁接、多头高接等。双重嫁接指在一般的实生砧木与栽培品种接穗之间，嫁接具有特殊性状的枝段（中间砧），以达到增强砧木与接穗之间的亲和力，或使树体矮化、提高栽培品种抗性等目的。需进行基砧与中间砧、中间砧与接穗 2 次嫁接，可采用连续芽接法、连续枝接法或芽接枝接结合法，均是采用枝接、芽接或两者配合进行。多头高接指采用枝接或芽接方法在树冠的各个枝干上进行嫁接，主要用于已成树型的树种改换品种，增加多类品种、提高观赏效果，或对无更新能力的树种修复树冠。

4.3.4 嫁接后管理

嫁接后管理是苗木嫁接中一项十分重要的工作，其管理水平直接影响到嫁接苗木的成活率和正常发育。

(1) 检查成活率及解除绑缚物

枝接一般在接后 20~30 d 可进行成活率的检查，成活后接穗上芽新鲜、饱满，甚至已经萌动，即说明成活；未成活则接穗干枯或变黑腐烂。如枝接接穗多，成活后应选留方向好、生长健壮的保留一枝，其余剪除，以节约营养供接穗生长。对未成活的可待砧木萌生新枝后，于夏秋采用芽接法进行补接。枝接由于接穗较大，愈伤组织虽然已经形成，但砧木和接穗结合常常不牢固，因此解除绑扎物不可过早，以防因其愈合不牢而自行裂开死亡。一般在接芽开始生长时先松绑，待接穗萌芽生长半月之后再解绑。对接后进行埋土的，扒开检查后仍需以松土略加覆盖，防止因突然暴晒或吹干而死亡。待接穗萌发生长，自行长出土面时，结合中耕除草，去掉覆土。冬季严寒干旱地区，为防接芽受冻，在封冻前应培土防寒，春季解冻后及时扒开，以免影响接芽的萌发。

芽接一般于嫁接后 7~15 d 可进行成活率的检查，凡是芽和芽片新鲜，不干缩，芽下的叶柄一触即掉，接芽萌动或抽梢者表示已经成活；若叶柄干枯不落或已发黑的，表示嫁接未成活。可在检查的同时除去绑扎物，以防止因加粗生长而绑扎物勒进树皮，使芽片受损伤，影响生长。解除绑缚物时间以充分愈合后为宜，北方气候寒冷地区，如内蒙古，解绑时间可适当延迟，在接后 1~2 个月或翌春萌动前解绑。对不成活的植株可进行补接。

（2）剪砧和除萌

进行芽接的树种，芽多在当年萌发，芽接后已经成活的必须进行剪砧，以促进接穗的生长。北方寒冷地区进行秋季芽接的，当年不需芽萌发而在翌春才萌发，可在翌春萌动前剪砧。一般树种大多可采用一次剪砧，即在嫁接成活后，春天开始生长前，将砧木自接口上 0.5~1 cm 处一次剪去，过高不利于接穗芽萌发，过低容易造成接穗芽的失水死亡，剪口要平，以利愈合。

对于嫁接成活困难的树种，如腹接的松柏类，靠接的山茶、桂花等，不要急于剪砧，可采用二次剪砧，即第一次剪砧时留一部分砧木枝条，以帮助吸收水分和养分供给接穗。这种状况甚至可保持 1~2 年。

剪砧后，由于砧木和接穗的差异，砧木上常萌发许多萌蘖，与接穗同时生长或者提前萌生。萌蘖会与接穗竞争并消耗大量的养分，不利于接穗的成活和生长。在生长期内，接活的植株应随时除掉砧木上发出的萌蘖，以免影响接穗生长，抹芽和除萌一般要反复进行多次。

（3）去叶摘心

嫁接苗木生长到一定高度时，应及时摘心整形，以调整树木长势，促生分枝，提高苗木质量。对于抗性差的树种，此法使其停止生长，减缓顶端优势。保证枝条生长充实、丰满、均匀，增强其抗寒能力。如苹果嫁接苗木枝梢长到 10~15 cm 时，需摘心去叶。

（4）扶直

当嫁接苗长出新梢时应及时立支柱，防止幼苗弯曲或被风吹折，此项工作极为费工，在生产上通常采用其他措施克服这一弊病，如降低接口，在新梢基部培土，嫁接于砧木的主风方向，以防止或减轻风折。

（5）补接

嫁接失败后，应抓紧时间进行补接。如芽接失败且已错过补接的最好时间，可以采用枝接补接；对枝接失败未成活的，可将砧木在接口稍下处剪去，在其萌条中选留一个生长健壮的进行培养，待到夏、秋季节，用芽接法或枝接法补接。

(6) 田间管理

嫁接苗生长前期，应注意加强肥水管理，中耕除草，防治病虫害，以确保苗木正常的生长发育。秋季适当控制化肥和水，促进枝条成熟。

4.4 压条繁殖和埋条繁殖

4.4.1 压条繁殖概念及特点

压条繁殖是将生长在母株上的枝条或茎蔓压入土中或用其他湿润的基质将被刻伤的枝条包裹，给予其生根的环境条件，待枝条生根后，将不定根以上的枝条切离母体重新栽植成独立的新植株的繁殖方法。这种方法的优点是压条生根的过程中枝条仍然与母体相连，所需水分和养分均由母体供应，压条容易成活，成苗快。但田间操作费时费力，且长势不旺，繁殖系数低，在大量生产苗木时不宜采用。用扦插繁殖不易生根成活的树种，常采用此种方法，如玉兰、蔷薇、荔枝、桂花、榛、番石榴等树种。

4.4.2 压条繁殖技术

4.4.2.1 压条的时期

落叶树应在冬季休眠末期和早春萌芽期前压条为宜，此时枝条发育成熟而未发芽，枝条积存养分多，压条容易生根。常绿树种则多在雨季进行，此时气温合适，雨水充足，有利于压条伤口愈合、发根和成长。注意一般不宜在树液流动旺盛期进行，因为压条繁殖伴随着施行刻伤、环剥等技术处理，树液流动旺盛会影响伤口愈合，对生根不利。如松柏类植物早春或晚秋时期树脂流动旺盛，不宜进行压条繁殖。此外，压条繁殖一般选择成熟健壮的1~2年生枝条。

4.4.2.2 压条的方法

(1) 低压法

低压法是将母株基部近地面的枝条压埋入土中，促使枝条被压部分生根，然后割离母体，形成独立的新植株的方法。根据压条的状态不同分为单株压条法、水平压条法、波状压条法及堆土压条法等。

①单株压条法 这是最常用的方法，适于枝、蔓柔软的植物或近地面处有较多且易弯曲枝条的树种，如迎春、木兰、大叶黄杨等。一般利用1~2年生的成熟枝条进行压条，适宜时期为秋季落叶后或早春发芽前，雨季则用当年生的枝条进行压条；常绿树种适宜在生长期进行压条。一根枝条只能繁殖一株幼苗(图4-7)。具体方法是先在母株基部适宜的位置，挖深10~15 cm，宽10 cm左右的沟。掘穴时，靠母树一侧

的沟挖成斜面，对面一侧垂直于地面，如此将枝条顺沟压入穴内时，可使其上部直立。然后将母株基部1~2年生枝条下部弯曲埋入土中，枝条上端露出地面，埋入土中部分先用木钩、树杈或砖石压住枝条，使其固定于穴中，并且予以扭伤、刻伤或环状剥皮，以促使生根，待枝条生根成活后，从母株上割离。不耐移植的或珍贵的树种，可将枝条直接压入花盆或筐等容器中，待其生根后剪离母株即可，罗汉松、棣棠等常用此法繁殖。

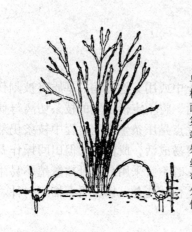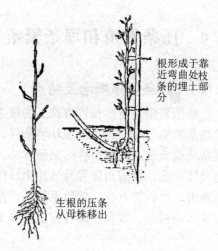

图 4-7　单株压条法

（改自 Hudson T. Hartamann, Dale E. Kester *Plant Propagation*）

②水平压条法　又称连续压条法。适于枝条较长且易生根的树种，如藤本月季、地锦、紫藤、葡萄等。可利用1~2年生成熟的枝条，也可用当年生的新梢或副梢来压条育苗，适宜时期为早春。此法埋压一根枝条可繁殖多个新植株（图4-8）。具体方法为春季萌芽前，在准备压条的植株附近，顺着枝条的着生方向，按枝条长度开水平沟，沟深2~5 cm，沟底施肥、深翻，使土壤疏松。然后按适当间隔刻伤枝条，将其水平压入沟中，用木钩固定，盖上4~5 cm厚的土壤压住枝条，土壤要保持湿润，以利发芽生根。待萌芽生长后给基部少量培土，以促进每个芽节下方生成不定根。当新枝长到10 cm以上时再进行多次培土促进生根。待秋季幼苗木质化后，自埋土处从水平枝上把各段的节间切断，将其基部生根的小苗剪下形成新的植株。

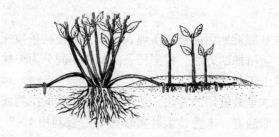

图 4-8　水平压条法

（改自 Hudson T. Hartamann, Dale E. Kester *Plant Propagation*）

③波状压条法 适于枝蔓特长且柔软、易弯曲的藤本或蔓性树种，如紫藤、葡萄、地锦、荔枝等。方法是首先将枝条上下弯成波浪状并割伤数处，然后压入沟中，在向下弯曲处用木杈或铁钩固定于沟底踩实，以利生根，而向上弯曲处露出地面，使枝条上的芽萌发新梢，待枝条生根成活且突出地面部分萌芽并生长一定时期后，逐段切成新植株(图4-9)。

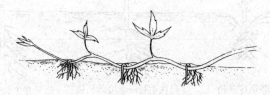

图 4-9　波状压条法
(改自 Hudson T. Hartamann, Dale E. Kester *Plant Propagation*)

④堆土压条法 又叫直立压条法，适于根颈部分蘖性强或呈丛状的树种，如珍珠梅、黄刺玫、杜鹃花、榆叶梅、贴梗海棠、锦带花、八仙花、牡丹、红瑞木、石榴等。在早春萌芽前进行为宜。首先将母株枝条剪短，促进萌蘖，灌木可从地际处抹头，乔木可于树干基部刻伤，促使萌发新枝。待新枝长到30~40 cm时，对新枝基部施行环剥或环割处理，并堆土埋压，待生根后，分别从基部切离移栽，培育成新植株。培土时注意将各枝条间隔排开，不使苗根交错。一般雨季后就能生根成活，翌春即可分离栽植(图4-10)。

(2)高压法

高压法又叫空中压条法、中国压条法。适于株形直立、高大、枝条坚硬不易弯曲，又不易发生根蘖的树种，多用于珍贵树种，如山茶、桂花、米兰、广玉兰、龙眼、荔枝、佛手、人心果、千年木、橡皮树、金橘等。在春季末萌芽前，选取当年生成熟健壮枝条，先进行环状剥皮或刻伤等处理，然后用塑料薄膜套包环剥处，用绳扎紧，内填疏松肥沃、湿度适宜的土壤或苔藓、蛭石等湿润物，并经常浇水，保持土壤湿润，待生根成活后切离，栽植成独立的新植株。

不论是采用低压法还是高压法，压条时为了阻滞来自叶和枝条上端的有机物如糖、生长素和其他有机营养物质向下运输，使养分集中于处理部位，刺激不定根的形成，需要进行一些技术处理，包括刻伤法、扭枝法、生长刺激法、缢缚法、去皮法、劈开法等处理方法，这些处理对于不易生根或生根时间较长的树种尤为适用，可促进压条快速生根。

4.4.3　压条后管理

压条之后应注意适时浇水，保持土壤的合适湿度，经常松土，使其透气良好，控制温度适宜，及时中耕除草。由于压条不脱离母体，在生根过程中的水分及养料均由母体供给，所以管理容易，但要随时检查埋入土中的枝条是否露出地面，若露出则需重压，留在地上的枝条如果太长，可适当剪去部分顶梢。分离压条时间依其生根情况而定，一般春季压条须经3~4个月的生根时间，待秋凉后切割；有些种类如蜡梅、

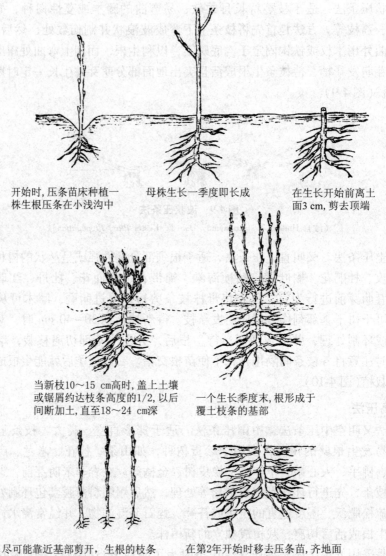

图 4-10 堆土压条法

(改自 Hudson T. Hartamann, Dale E. Kester *Plant Propagation*)

桂花等需翌年切离；较大枝条生根后可分次切割，成活率更高。分离后的新植株，及时栽植或上盆，栽植时要尽量带土，以保护新根，移栽后最好放背风处，缓苗几天，然后转入正常管理，注意及时浇水。冬季寒冷地区应采取防寒措施有利于压条苗安全越冬。

4.4.4 埋条繁殖

埋条繁殖是将剪下的 1 年生的生长健壮枝条全部横埋于土中，使其生根发芽的一种繁殖方法。实际上是一种枝条脱离母体的压条繁殖法。毛白杨常用埋条繁殖方法进行育苗。需要注意的是，枝条埋入土中后，枝条基部较易生根，而枝条中部以上生根较少但易发芽长枝，因而常出现根上无苗、苗下无根的偏根现象。因此，埋条后当幼苗长至 10~15 cm 时，结合中耕锄草，在幼苗基部进行培土，促使幼苗基部发生新根。

4.5 分株繁殖

4.5.1 分株繁殖概念及特点

分株繁殖是将植物的萌蘖枝，丛生枝，吸芽，匍匐枝等营养体从母株上分割下来，另行栽植为独立新植株的繁殖方法。这种方法由于具有完整的根、茎、叶，故成活率很高，成苗快，但是繁殖的数量却有限，不适合大量生产苗木，且所得苗木规格不整齐，因此，只适用于少量苗木的繁殖。而丛生性强的宿根花卉常用此法，如鸢尾、万年青、玉簪、芍药等。

4.5.2 分株繁殖技术

4.5.2.1 分株的时期

分株繁殖的时间根据各地的气候条件和植物的种类而定。一般在春、秋两季进行分株繁殖，春天在发芽前进行，秋天在落叶后进行。落叶花木的分株繁殖应在休眠期进行。南方冬季无严寒，空气比较湿润，可在秋季落叶后分株另栽，有些花木在入冬前还能长出一些新根。北方冬季严寒，空气干燥，除入室越冬的盆栽花木外，秋季的分株苗大多成活率低，因此应安排在早春萌芽前进行。常绿花木应在春季进行。此外，由于分株法多用于花木类，因此要考虑分株对开花的影响。一般早春开花的种类在秋季生长停止后进行分株；夏秋开花的种类在早春萌动前进行分株。对于丛生性不强，但却易于萌发根蘖的种类，如石榴、紫藤等，可于早春芽刚萌动时，选择植株旁抽生的健壮根蘖进行分株繁殖。

4.5.2.2 分株的方法

有些萌蘖力强的园林树种，如刺槐、银杏、臭椿、文冠果、玫瑰、蜡梅等，能在根部周围发出许多小植株，即根蘖，这些根蘖从母株上分割下来就是一些独立的小植株。木本园林植物分株繁殖主要采用分根蘖法，即将根际或地下茎发生的萌蘖切下栽植，使其形成独立的植株。园林中有些树种萌蘖力很强，特别是根部受伤后更易萌生根蘖，因此生产上常对树种进行人工处理以促其多发根蘖，然后利用根蘖进行分株繁殖。处理时期一般选在休眠期或发芽前，将母株树冠外围部分骨干根切断或创伤，生长期施以肥水，使根蘖苗旺盛生长并生根，培养到秋季或翌春，挖出分离栽植。

有些丛生性强的灌木树种，如珍珠梅、黄刺玫、绣线菊、迎春等，能在茎的基部长出许多茎芽，也可形成许多不脱离母体的小植株，此为茎蘖。这类花木都可以形成大的灌木丛，把这些大灌木丛用刀或铁锹劈成若干丛，重新栽植，即可成为独立的新植株。

分离栽植时可将母株株丛全部带根挖起，尽量多带须根，然后用利斧或利刀将植株根部劈成几丛，每丛地上部分均带有1~3个茎干和较多的根系，分株后适当修剪进行栽培，此为掘分法。

也可将母株一侧或两侧土挖开，露出根系，将带有一定茎干（一般1~3个）和根系的分蘖苗挖出，另行栽植，此为侧分法，此法不必挖掘整个母株。挖掘时注意不要对母株根系造成太大的损伤，以免影响母株的生长发育，使以后的萌蘖减少。

思 考 题

1. 名词解释：嫁接繁殖，压条繁殖，分株繁殖。
2. 营养繁殖的理论依据是什么？
3. 营养繁殖有哪几类？各有何特点？
4. 如何提高嫩枝扦插成活率？
5. 插扦基质有哪些？如何选配基质建立插床？
6. 论述嫁接成活的原理和条件，以及提高嫁接成活率的措施。
7. 影响嫁接成活的因素有哪些？
8. 嫁接繁殖时选择砧木的主要依据是什么？
9. 园林育苗中常用的芽接方法有哪些？各有何特点？
10. 园林育苗中常用的枝接方法有哪些？各有何特点？
11. 压条繁殖有哪些方法？
12. 根蘖分株适用于哪些园林树种？

推荐阅读书目

1. 苗木培育实用技术．柳振亮．化学工业出版社，2009.
2. 中国名优行道树生产技术．严学兵，马进．中国农业出版社，2007.

第 5 章 设施育苗

[**本章提要**]设施育苗是利用育苗设施进行育苗的技术,是目前较为先进的育苗技术,包括组培育苗、容器育苗、工厂化育苗和无土栽培育苗等。本章介绍了组织培养的原理和基本概念、组培实验室的配置和组培育苗的基本技术;容器育苗的容器选择、基质选配及处理,容器育苗技术;工厂化育苗工艺过程及关键技术环节,以及无土栽培育苗的技术和方法;同时介绍了庭院绿化苗木的容器化栽培技术。

园林植物新品种的引进和野生资源的开发利用,丰富了园林植物品种资源,同时也为城市园林绿化建设提供了新的原材料,但在生产实践中,常因新品种资源少,扩繁技术跟不上等原因,导致一些新优园林植物的规模繁殖受到限制。随着科技的发展,许多园林苗圃通过应用设施育苗、组织培养育苗、容器育苗、工厂化育苗等先进的扩繁技术,提高了园林苗木扩繁的速度,提高了苗木的质量,并不断推出园林植物新品种,为城市绿化提供了充足的苗木资源。

5.1 组培育苗

5.1.1 植物组织培养概述

5.1.1.1 植物组织培养的概念

植物组织培养是指在无菌条件下,将离体植物的器官(根、茎、叶、花、果实、种子)、组织(形成层、花药组织、胚乳、皮层等)、细胞(体细胞和生殖细胞)以及原生质体培养在人工配制的培养基上,并给予适合其生长发育的条件,使之分生出新植株的方法,又叫离体培养或试管培养。

植物组织培养的理论基础是细胞全能性假说,植物细胞全能性是指植物体的每个细胞都含有该植物全部的遗传信息,在适合的条件下,具有形成完整植株的能力。

在植物的生长发育中,从一个受精卵开始,形成具有完整形态和结构的植株,就体现了细胞的全能性,植物的形态、结构和功能就是该受精卵细胞全部遗传信息的表现。同样,植物的体细胞,也是从合子的有丝分裂产生的,也具有全能性,具备着遗传信息的传递、转录和翻译功能。在一个完整植株上某部分的体细胞只表现一定的形态，体现一定的功能，这是由于它们受自身遗传物质决定以及具体器官和组织所在环境的束缚，但其遗传物质和发育成其他类型器官和组织的潜能并未丧失，一旦脱离原来所在的器官和组织，成为离体状态，在一定的营养、激素和外界环境条件下，就能表现出细胞全能性，而发育成完整植株。

随着培养条件和培养技术的不断改善，及植物激素的广泛应用，使人们能更好地控制植物细胞的生长和分化，植物组织培养技术日趋成熟和完善，对组织培养中细胞生长、分化规律有了新的认识，研究目的更加明确。近代分子生物学、细胞遗传学等相关学科的新成就，各学科之间相互渗透和促进，以及实验新技术的迅速发展，使植物组织培养不仅应用于科学研究，而且广泛应用于苗木培育的生产实践。

5.1.1.2 植物组织培养常用术语

外植体 无菌条件下，离体培养于人工培养基上的，用于达到某种培养目的的原始植物材料。如拟组培的一截茎段、一个芽或一片叶子。

培养基 是指根据植物营养原理和植物组织离体培养的要求而人工配制的营养基质。通常含有大量无机元素、微量无机元素、维生素、氨基酸、糖类、植物生长调节物质，以及其他如固化物、活性炭、天然提取的营养物等；水也是其重要组成成分。

细胞分化、脱分化、再分化 细胞分化是指由于细胞的分工而导致的细胞结构和功能的改变，或发育方式改变的过程，即细胞功能特化的过程。在植物个体发育过程中，细胞分化是"前导"，细胞的分化导致形态的发生，从而形成不同器官，不同器官又执行着不同功能。植物组织培养中，一个已分化的、功能专一的细胞要表现它的全能性，首先要经过一个脱分化的过程，改变细胞原来的结构、功能而回复到无结构的分生组织状态或胚性细胞，然后细胞再分化，经过形态建成，最后产生完整的植株。脱分化是指一个成熟细胞回复到分生状态或胚性细胞状态的现象。即失去已分化细胞的典型特征。细胞再分化是脱分化的分生细胞重新恢复细胞分化能力，沿着正常的发育途径，形成具有特定结构和功能的细胞。细胞再分化通过两种途径实现，一种是胚胎发生；另一种是直接分化器官，再形成植株。大多数培养物是从器官发生的途径再生植株的，即脱分化的细胞在适当的条件下可分化出不同的细胞、组织，直至形成完整的植株。再分化的过程，有时也简称为分化。

初代培养 指在组织培养过程中，最初建立的外植体无菌培养阶段，由于首批外植体来源复杂，携带较多病菌，对培养条件进行适应，因此初代培养一般比较困难。

继代培养 当外植体接种一段时间后，将已经形成愈伤组织或者已经分化根、茎、叶、花等的培养物重新切割，转接到新的培养基上进行进一步扩大培养的过程。

继代周期 指 2 次继代培养之间的时间。继代周期根据植物材料的生长速度决定，一般经过 4~8 周可以继代 1 次。

增殖培养 指通过反复继代培养使培养物数量增加的过程。通过多次继代培养可以实现继代培养的后代按几何级数增加，可为培育大量组培苗奠定基础。

生根培养 增殖培养的培养材料（通常没有根系）转移到生根培养基上继续培养，

诱导其产生根系，形成完整植株的过程。

5.1.2 植物组织培养分类

(1) 依据培养方式分类

依据培养方式，植物组织培养可以分为固体培养、液体培养两大类，液体培养又分为静止培养、振荡培养等。

①固体培养　培养基中加入一定量的凝固剂。琼脂是应用最为广泛的凝固剂，使用时加热使之熔化，经冷却即凝固成为固体培养基。

②液体培养　培养基中不添加凝固剂，消毒后的培养物直接置于液体培养基中培养，这种方法的营养物质混合比较充分，但是转换培养基比较麻烦。一般分静止培养和振荡培养两种形式。

(2) 依据培养对象分类

依据培养对象，组织培养可分为植株培养、器官培养、组织培养、细胞培养和原生质体培养等。

①植株培养　是对完整植株材料的培养，如扦插苗培养。

②器官培养　即离体器官的培养，可以分茎尖、茎段、根尖、叶片、叶原基、子叶、花瓣、雄蕊、雌蕊、胚珠、胚、子房、果实等外植体的培养。

③组织培养　对植物体的各部分组织进行培养，如茎尖分生组织、形成层、木质部、韧皮部、表皮组织、胚乳组织和薄壁组织等，或对由植物器官培养产生的愈伤组织进行培养，两者均能通过再分化诱导形成植株。

④细胞培养　对由愈伤组织等进行液体振荡培养所得到的能保持较好分散性的离体单细胞、花粉单细胞或很小的细胞团的培养。

⑤原生质体培养　用酶及物理方法除去细胞壁的原生质体的培养。

5.1.3 组培育苗室准备

5.1.3.1 组培室的设计与组成

理想的组培室应选在安静、清洁、远离繁忙的交通线但又交通方便的市郊，在当地常年主风向的上风方向，避开各种污染源。在规模小、条件不具备的情况下，全部工序也可在一间实验室内完成。商业性组织培养，最少要有2~3间实验用房，总面积不应少于60 m²，包括准备室、缓冲室、无菌操作室、培养室（图5-1）。视育苗生产目的和规模，还要配套设计细胞学实验室、试管苗驯化室、温室或大棚等。

图5-1　组培室平面

5.1.3.2　组培室设备和用具

(1) 实验室

①准备室　要求明亮、通风。在准备室内要完成培养基制备以及试管苗出瓶、清洗与整理工作。准备室可分为洗涤室和配置室两部分。洗涤室负责试管苗出瓶与培养器皿的清洗工作；配置室则负责培养基的配制、分装、包扎和高压灭菌等工作。

②无菌操作室　也称接种室。要求干爽安静，清洁明亮，除出入口和通气口外，应当密闭，配置拉动门，以减少开关门时的空气扰动，用紫外光灯灭菌后，能较长时间保持无菌状态。为避免消毒药品的腐蚀，地板、内墙和作业台应采用耐水、耐药的材料，如经过油漆，铺上瓷砖或玻璃，或采用磨光水泥等。通气口要安装排风扇，定期开机更换空气。无菌操作室设内外两间，外间小些，为缓冲室，供工作人员换衣、帽、鞋、口罩之用，备有衣帽钩和拖鞋架。内间较大，接种用，摆放工作台、放物台、小型离心机、真空抽气机等。内外间分别安装紫外灯，操作前至少开灯 20 min。室内定期用甲醛和高锰酸钾熏蒸。

③培养室　是将接种的材料进行培养生长的场所。主要放置培养架及其他附属设备。培养室设计以充分利用空间和节省能源为原则，高度比培养架略高为宜，周围墙壁要求有绝热防火的性能。培养材料放在培养架上培养。培养架大多由金属制成，一般设 5 层，每层间隔 30 cm 左右，培养架高 1.7 cm 左右。培养架每层上端装置日光灯，以供照明，所以培养架长度根据日光灯的长度而设计，通常为 1.3 m 或 1 m。培养架宽度一般为 60 cm。培养架上可安装定时开关控制照明时间。植物组织培养的光照强度一般在 1000~4000 lx，每天照明 10~16 h，也有的需要连续照明。短日照植物需要短日照条件，长日照植物需要长日照条件。现代组培实验室大多设计为采用天然太阳光照作为能源，不但可节省能源，而且组培苗接受太阳光生长良好，驯化易成活。在阴雨天用灯光做补充。

④驯化室　通常在温室的基础上营建，要求清洁无菌，配置有空调机、加湿器、恒温湿度控制仪、喷雾器、光照调节装置、通风口以及必要的杀菌剂。

⑤温室　为了保证试管苗不分季节地周年生产，必须有足够面积的温室与之配套。温室内应配有温度控制装置、通风口、喷雾装置、光照调节装置、杀菌杀虫工具及相应药剂。

(2) 主要仪器设备

①仪器设备　超净工作台、全自动高压灭菌锅、显微镜、恒温培养箱、水浴锅、烘箱、冰箱、空调、除湿机、酸度剂、蒸馏水制造装置、离心机（一般 3000~4000 r/min）。

天平一般需两种，感量为 0.01 g 的普通天平称量大量元素、糖、琼脂等，感量为 0.1 mg 的分析天平称量微量元素、维生素、激素等。

在液体培养中，为了改善浸于液体培养基中的培养材料的通气状况，可用摇床（振荡培养机）来振动培养容器。振动速率 100 次/min 左右。摇床冲程应 3 cm 左右，冲程过大或转速过高，会使细胞震破。转床(旋转培养机)同样用于液体培养。由于旋转培养使植物材料交替地处于培养液和空气中，所以氧气的供应和对营养的利用更好。通常植物组织培养用1 r/min的慢速转床，悬浮培养需用80~100 r/min的快速转床。

②各类器皿　试管(圆底和平底)、培养皿(直径40 mm、60 mm、90 mm和120 mm)、三角瓶(50 mL、100 mL、150 mL和300 mL)、旋转式液体培养专用试管(L形管和T形管)、离心管、量筒、量杯、烧杯、吸管、滴管、容量瓶、称量瓶、试剂瓶、玻璃缸、酒精灯。

还要配备分注器，可以把配制好的培养基按一定量注入培养器皿中。一般由4~6 cm的大型滴管、漏斗、橡皮管及铁夹组成。还有量筒式的分注器，上有刻度，便于控制。微量分注还可采用注射器。

(3) 器械用具

①解剖针　用于深入到培养瓶中，转移细胞或愈伤组织。也可用于分离微茎尖的幼叶。

②解剖刀　切割较小材料时可用解剖刀。

③剪刀类　可采用五官科用的中型剪刀、弯形剪刀。用于切断茎段、叶片等，也可深入到瓶口中进行剪切。

④镊子类　主要采用医疗上用的镊子。

5.1.4　组培育苗的基本程序

组培育苗的基本程序包括：培养基制备、外植体接种与培养、诱导生根、炼苗和移植。具体如下文。

5.1.4.1　培养基制备

(1) 培养基的成分

培养基的成分包括：无机营养(即无机盐类)、氨基酸、有机附加物、维生素类、糖类、琼脂和植物生长调节物质和活性炭等。

①无机营养　无机营养又分为大量元素和微量元素。根据国际植物生理学会建议，植物所需元素的浓度大于0.5 mmol/L的称为大量元素，主要有氧(O)、碳(C)、氢(H)、氮(N)、钾(K)、磷(P)、镁(Mg)、硫(S)和钙(Ca)等，占植物体干重的百分之几十至万分之几(表5-1)，其中氮又有硝态氮(NO_3^-)和铵态氮(NH_4^+)之分，这两种状态的氮对离体组织都是需要的，但是两者应保持适当的比例。植物所需元素的浓度小于0.5 mmol/L的称为微量元素，主要有铁(Fe)、铜(Cu)、锌(Zn)、锰(Mn)、钼(Mo)、硼(B)、碘(I)、钴(Co)、氯(Cl)、钠(Na)等。

表5-1　植物所需大量元素占植物体干重的百分数　　　　　　　　　　%

元素名称	氧	碳	氢	氮	钾	磷	镁	硫	钙
含量	70	18	10	0.3	0.3	0.07	0.07	0.05	0.03

②氨基酸　是蛋白质的组成成分，也是一种有机氮化合物。常用的有甘氨酸、谷氨酸、精氨酸、丝氨酸、丙氨酸、半胱氨酸以及酰胺类物质（如天门冬酰胺）和多种氨基酸的混合物（如水解酪蛋白、水解乳蛋白）等。

③有机附加物　复杂有机附加物包括有些成分尚不清楚的天然提取物，如椰乳、香蕉汁、西红柿汁、酵母提取液、麦芽糖等。

④维生素类　它能明显地促进离体组织的生长。主要用的是 B 族维生素，如硫胺素（维生素 B_1）、吡哆醇（维生素 B_6）、烟酸（维生素 B_3，又称维生素 PP）和泛酸钙（维生素 B_5）、生物素（维生素 H）、钴胺素（维生素 B_{12}）、叶酸（维生素 Bc）、抗坏血酸（维生素 C）等。

⑤糖类　糖在植物组织培养中是不可缺少的，是离体组织赖以生长的碳源，且能使培养基维持一定的渗透压。一般多用蔗糖，其浓度为 1%～5%，也可用砂糖、葡萄糖或果糖等。

⑥琼脂　在固体培养时，琼脂是使用最方便、最好的凝固剂和支持物，一般用量为 6～10 g/L。琼脂以色白、透明、洁净的为佳。琼脂本身并不提供任何营养，它是一种高分子的碳水化合物，从红藻等海藻中提取，仅溶解于热水，成为溶胶，冷后（40 ℃以下）即凝固为固体状凝胶。

⑦植物生长调节物质　是培养基中不可缺少的组成成分，是培养基中的关键物质，它主要包括生长素和细胞分裂素，对愈伤组织诱导、器官分化及植株再生具有重要的作用。

⑧活性炭　目的是利用其吸附能力，减少有害物质的影响，如防止酚类物质污染而引起组织褐化死亡，这在兰花组织培养中效果更明显。另外，活性炭使培养基变黑，有利于某些植物生根。但活性炭对物质吸附无选择性，既吸附有害物质，也吸附有利物质，因此使用时应慎重。活性炭对形态发生和器官形成有良好的效果。

(2) 培养基的种类、配方及其特点

①培养基种类　根据其态相分为固体培养基与液体培养基。固体培养基是指加凝固剂的培养基；液体培养基是不加凝固剂的培养基。根据其作用不同可分为诱导培养基、增殖培养基和生根培养基。根据其营养水平不同，可分为基本培养基和完全培养基。基本培养基就是通常所说的培养基，主要有 MS、White、N_6、B_5、Heller、Nitsh、Miller、SH 等；完全培养基就是在基本培养基上，根据试验的不同需要，附加一些物质，如植物生长调节剂和其他复杂有机附加物体等。

②常见培养基的配方　组织培养中常用的培养基主要有 MS、White、N_6、B_5、Heller、Nitsh、Miller、SH 等，其配方见表 5-2。

MS 培养基　无机盐的浓度高，具有高含量的氮、钾，尤其硝酸盐的用量很大，同时还含有一定数量的铵盐，这使得它营养丰富，不需要添加更多的有机附加物，就能满足植物组织对矿质营养的要求，有加速愈伤组织和培养物生长的作用，当培养物长时间不转移时仍可维持其生存。是目前应用最广泛的一种培养基。

White 培养基　又称 WH 培养基，无机盐浓度较低。它的使用也很广泛。

N_6 培养基　其特点是 KNO_3 和 $(NH_4)_2SO_4$ 含量高且不含钼。

B_5培养基 含有较低的铵盐，较高的硝酸盐和盐酸硫胺素。铵盐可能对不少培养物的生长有抑制作用，对有些植物如双子叶植物特别是木本植物，却更适宜生长。

SH培养基 与B_5相似，不用$(NH_4)_2SO_4$，改用$NH_4H_2PO_4$，是矿质盐浓度较高的培养基。在不少单子叶和双子叶植物上使用效果很好。

Miller培养基 与MS培养基比较，无机元素用量减少1/3~1/2，微量元素种类减少，无肌醇。

表5-2 几种常见培养基的特点   mg/L

化合物名称	MS（1962）	White（1963）	N_6（1974）	B_5（1968）	Heller（1953）	Nitsh（1951）	Miller（1963）	SH（1972）
NH_4NO_3	1650						1000	
KNO_3	1900	80	2830	2500		125	1000	2500
$(NH_4)_2SO_4$			460	134				
$NaNO_3$					600			
KCl		65			750		65	
$CaCl_2 \cdot 2H_2O$	440		166	150	75			200
$Ca(NO_3)_2 \cdot 4H_2O$		300				500	347	
$MgSO_4 \cdot 7H_2O$	370	720	185	250	250	125	35	400
Na_2SO_4		200						
KH_2PO_4	170		400			125	300	
K_2HPO_4								300
$FeSO_4 \cdot 7H_2O$	27.8							15
Na_2-EDTA	37.25					37.75		20
Na-Fe-EDTA							32	
$FeCl_3 \cdot 6H_2O$					1			
$Fe_2(SO_4)_3$		2.5						
$MnSO_4 \cdot 4H_2O$	22.3	7	4.4	10	0.1	3	4.4	
$ZnSO_4 \cdot 7H_2O$	8.6	3	1.5	2	1	0.05	1.5	
Zn（螯合体）								
$NiCl_2 \cdot 6H_2O$					0.03			
$CoCl \cdot 6H_2O$	0.025			0.025	0.03			
$CuSO_4 \cdot 5H_2O$	0.025	0.001		0.025		0.025		
$AlCl_3$					0.03			
MoO_3								
$Na_2MoO_4 \cdot 2H_2O$	0.25			0.25		0.025		
TiO_2								1
KI	0.83		0.8	0.75	0.01		0.8	1
H_3BO_3	6.2	1.5	1.6	3	1	0.5	1.6	
$NaH_2PO_4 \cdot H_2O$		16.5		150				
烟酸	0.5	0.3	0.5	1			0.5	
盐酸吡哆素（VB_6）	0.5	0.1	0.5	1			0.1	
盐酸硫胺素（VB_1）	0.4	0.1	1	10			0.1	
肌醇	100			100				
甘氨酸	2	3	2				2	

(3) 培养基的配制

①母液的配制 为了避免每次配制培养基都要对几十种化学药品进行称量，应该将培养基中的各种成分，按原量10倍、100倍或1000倍称量，配成浓缩液，这种浓缩液叫作母液。这样，每次配制培养基时，取其总量的1/10，1/100，1/1000加以稀释，即成培养液。现将培养液中各类物质制备母液的方法说明如下：

大量元素 包括硝酸铵等用量较大的几种化合物。制备时，按表5-3中排列的顺序，以其10倍的用量，分别称出并进行溶解，以后按顺序混在一起，最后加蒸馏水，使其总量达到1 L，此即大量元素母液。

微量元素 因用量少，为称量方便和精确起见，应配成100倍或1000倍的母液。配制时，每种化合物的量加大100倍或1000倍，逐次溶解并混在一起，制成微量元素母液。

铁盐 铁盐要单独配制。由硫酸亚铁($FeSO_4 \cdot 7H_2O$)5.57 g和乙二胺四乙酸二钠(Na_2-EDTA)7.45 g溶于1 L水中配成。每配1 L培养基，加铁盐5 mL。

有机物质 主要指氨基酸和维生素类物质。它们都是分别称量，分别配成所需的浓度(0.1~1.0 mg/mL)用时按培养基配方中要求的量分别加入。

植物激素 最常用的有生长素和细胞分裂素。这类物质使用浓度很低，一般为0.01~10 mg/L可按用量的100倍或1000倍配制母液，配制时要单个称量，分别贮藏。

以上各种混合液(母液)或单独配制药品，均应放入冰箱中保存，以免变质，长霉。至于蔗糖、琼脂等，可按配方中要求，随称随用。现以上述比例和MS培养基为例，具体介绍培养基母液的配制方法(表5-3)。

表5-3 MS培养基母液的配制方法

成分分类	化合物	用量(g)	配制方法	配1L培养基的取量(mL)
大量元素母液	NH_4NO_3	33	溶于少量水中，溶解较慢则加热，彻底溶解后定量至1000 mL	50
	KNO_3	38		
	$CaCl_2 \cdot 2H_2O$	8.8		
	$MgSO_4 \cdot 7H_2O$	7.4		
	KH_2PO_4	3.4		
微量元素母液	$FeSO_4 \cdot 7H_2O$	0.556	溶于少量水中，溶解较慢则加热，彻底溶解后定量至100 mL	5
	Na_2-EDTA	0.746		
	$MnSO_4 \cdot 4H_2O$	0.446		
	$ZnSO_4 \cdot 7H_2O$	0.172		
	$CoCl \cdot 6H_2O$	0.0005		
	$CuSO_4 \cdot 5H_2O$	0.0005		
	$Na_2MoO_4 \cdot 2H_2O$	0.005		
	KI	0.0166		
	H_3BO_3	0.124		

(续)

成分分类	化合物	用量(g)	配制方法	配1L培养基的取量(mL)
维生素母液	烟酸(VB_3)	0.01	溶于少量水中，溶解较慢则加热，彻底溶解后定量至100 mL	5
	盐酸吡哆素(VB_6)	0.01		
	盐酸硫胺素(VB_1)	0.002		
氨基酸母液	甘氨酸	0.4	溶于少量水中，溶解较慢则加热，彻底溶解后定量至100 mL	5
肌醇母液	肌醇	2	溶于少量水中，溶解较慢则加热，彻底溶解后定量至100 mL	5

②配制培养基的具体操作

第一步，据配方要求，用量筒或移液管从每种母液中分别取出所需的用量，放入同一烧杯中，并用天平称取蔗糖、琼脂放在一边备用。

第二步，将上述称好的琼脂加蒸馏水 300~400 mL 加热并不断搅拌，直至煮沸溶解呈透明状，再停止加热。

第三步，将第一步中所取的各种物质(包括蔗糖)，加入煮好的琼脂中，再加水至 1000 ml 搅拌均匀，配成培养基。

第四步，用 1 mol/L 的氢氧化钠或盐酸，滴入第三步中的培养基里，每次只滴几滴，滴后搅拌均匀，并用 pH 计测其 pH 值，直到将培养基的 pH 值调至 5.8。

第五步，将配好的培养基，用漏斗分装到三角瓶(或试管)中，并封口，瓶壁写上号码，瓶中培养基的量约为容量的 1/4 或 1/5。

培养基的成分比较复杂，为避免配制时忙乱而将一些成分漏掉，可以准备一份配制培养基的成分单，将培养基的全部成分和用量填写清楚。配制时，按表中所列内容顺序，按项按量称取，以免出现差错。

③培养基的灭菌与保存　培养基配制完毕后，应立即灭菌。培养基通常在高压蒸汽灭菌锅内，在汽相 120 ℃ 条件下灭菌 20 min。如果没有高压蒸汽灭菌锅，也可采用间歇灭菌法进行灭菌，即将培养基煮沸 10 min，24 h 后再煮沸 20 min，如此连续灭菌 3 次即可达到完全灭菌的目的。经过灭菌的培养基应置于 10 ℃ 下保存，特别是含有生长调节物质的培养基在 4~5 ℃ 低温下保存要更好些。含吲哚乙酸或赤霉素的培养基，要在配制后的 1 周内使用完，其他培养基最多也不应超过 1 个月。

5.1.4.2 外植体的接种与培养

外植体是指组织培养中各种用于接种培养的材料。包括植物体的各种器官、组织、细胞和原生质体。选择外植体对组培快繁是十分重要的。

(1) 外植体的选择

①树体选择　最好选择生长健壮的、无病虫害的母树上严格选择发育正常的器官和组织。因为这些器官或组织代谢旺盛，再生能力强，比较容易培养。

②外植体的增殖能力　外植体必须具有良好的增殖能力，并且在组培中继续筛选增殖能力强的材料。同时需要通过试验筛选繁殖不同基因型树种所需的特殊培养基。

③选择最适的时期　组织培养选择材料时，要注意选择母树生长的最适时期取材，这样不仅成活率高，而且生长速度快，增殖率高。花药培养应在花粉发育到单核期取材，这时容易形成愈伤组织。

④选取大小适宜的材料　培养材料的大小一般在 0.5~1.0 cm 之间，如果是胚胎培养或脱毒培养的材料，则应更小。外植体为茎段的，茎段长度为 3~5 cm。材料太大容易污染；材料太小，多形成愈伤组织，甚至难以成活。

(2) 外植体的灭菌和接种

①灭菌　从外界或室内选取的植物材料，都不同程度地带有各种微生物。因此，植物材料必须经严格的表面灭菌处理，再经无菌操作接到培养基上。其操作过程有以下 4 步：

第一步，将采来的植物材料除去不用的部分，将需要的部分仔细洗干净，如用适当的刷子等刷洗。把材料切割成适当大小，即灭菌容器能放入为宜。置自来水龙头下流水冲洗几分钟至数小时，冲洗时间视材料清洁程度而定。易漂浮或细小的材料，可装入纱布袋内冲洗。流水冲洗在污染严重时特别有用。洗时可加入洗衣粉清洗，然后再用自来水冲净洗衣粉水。洗衣粉可除去轻度附着在植物表面的污物，除去脂质性的物质，便于灭菌液的直接接触。

第二步，对材料的表面浸润灭菌。要在超净台内完成，准备好消毒的烧杯、玻璃棒、70% 酒精、消毒液、无菌水、计时器等。用 70% 酒精浸 10~30 s。由于酒具有使植物材料表面被浸湿的作用，加之 70% 酒精穿透力强，也很易杀伤植物细胞，所以浸润时间不能过长。有一些特殊的材料，如果实，花蕾，包有苞片、苞叶等的孕穗，多层鳞片的休眠芽等，以及主要取用内部的材料，则可用 70% 酒精处理稍长的时间。处理完的材料在无菌条件下，待酒精蒸发后再剥除外层，取用内部材料。

第三步，用灭菌剂处理。表面灭菌剂的种类较多，可根据情况选取 1~2 种使用（表 5-4）。

第四步，用无菌水涮洗。每次涮洗 3 min 左右，视采用的消毒液种类涮洗 3~10 次。无菌水涮洗的作用是免除消毒剂杀伤植物细胞的副作用。

②接种　接种是将已消毒好的根、茎、叶等离体器官，经切割或剪裁成小段或小

表 5-4　常用灭菌剂的使用及其效果

灭菌剂	使用浓度(%)	清除的难易	灭菌时间(min)	效果
次氯酸钠	2~5	易	5~30	很好
次氯酸钙	9~10	易	5~30	很好
漂白粉	饱和溶液	易	5~30	很好
氯化汞	0.1~1	较难	2~10	很好
酒精	70~75	易	0.2~2	好
过氧化氢	10~12	最易	5~15	好
溴水	1~2	易	2~10	很好
硝酸银	1	较难	5~30	好
抗菌素	40~50 mg/L	中	30~60	很好

块，放入培养基的过程。接种程序如下：

第一步，将初步洗涤及切割的材料放入烧杯，带入超净台上，用消毒剂灭菌，再用无菌水冲洗，最后沥去水分，取出放置在灭过菌的两层纱布上或滤纸上。

第二步，材料吸干后，一手拿镊子，一手拿剪子或解剖刀，对材料进行适当的切割。如叶片切成 0.5 cm×0.5 cm 的小块；茎切成含有一个节的小段。微茎尖要剥成只含 1~2 片幼叶的茎尖大小等。在接种过程中要经常灼烧接种器械，防止交叉污染。

第三步，用灼烧消毒过的器械将切割好的外植体插植或放置到培养基上。具体操作是：先解开包口纸，将试管几乎水平拿着，试管口靠近酒精灯焰，将管口在火焰上方转动，让管口里外灼烧数秒钟。然后用镊子夹取一块外植体送入试管内，轻轻插入培养基上。若是叶片直接附在培养基上，以放 1~3 块为宜。至于材料放置方法，除茎尖、茎段要正放（尖端向上），其他尚无统一要求。放置材料数量倾向于少放。接种后，将管口在火焰上再灼烧数秒钟。包上包口纸。

整个接种过程均须无菌操作。操作过程中引起的污染，主要由空气中的细菌和工作人员本身引起。因此，要注意以下事项：

第一，操作人员需着经消毒的白色工作服，戴口罩，进入接种室前，工作人员的双手必须进行消毒，用肥皂和水洗涤能达到良好的效果，进行操作前再用 70% 的酒精擦洗双手。

第二，操作期间经常用 70% 的酒精擦拭双手和台面。特别注意防止"双重传递"的污染，如器械被手污染后又污染培养基等。

第三，在打开培养瓶、三角瓶或试管时，最大的污染危险是管口边沿沾染的微生物落入管内，解决这个问题，可在打开前用火焰烧瓶口。如果培养液接触了瓶口，则瓶口要烧到足够的热度，以杀死存在的细菌。为避免灰尘污染瓶口，可用纸包扎瓶口和塞子，以遮盖瓶子颈部和试管口，相对地减少污染机会。

第四，工具用后及时消毒，避免交叉污染。

第五，工作人员的呼吸也是污染的主要途径。通常在平静呼吸时细菌很少，但是谈话或咳嗽时细菌增多，因此，操作过程应禁止不必要的谈话并戴上口罩。

第六，由于空气中有灰尘，因此在操作时，仍要注意避免灰尘的落入，尽量把盖子盖好。当打开瓶子或试管时，应拿成斜角，以免灰尘落入瓶中。刀、剪、镊等用具，一般在使用前浸泡在 75% 酒精中，用时在火焰上消毒，待冷却后使用。每次使用前均需进行用具消毒。

(3) 外植体的培养

接种后的外植体应送到培养室去培养。组织培养的优点之一就是在人工控制的环境条件下，使培养物生长发育。培养室的培养条件要根据植物对环境条件的不同需求进行调控。其中最主要的是光照、温度、湿度、氧气和培养基的 pH 值等。

①光照　对于离体培养物的生长发育，光照条件有重要的作用。通常对愈伤组织的诱导，在黑暗条件下有利，在有光条件下培养的愈伤组织质地和颜色不同。但分化器官需要光照，并随着芽苗的生长需要加强光照。加强光照，可以使小苗生长健壮，促进"异养"向"自养"转化，提高移植的成活率。普通培养室要求每日光照 12~16 h，

光照强度 1000~5000 lx。如果培养材料要求在黑暗中生长，可用铝箔或者适合的黑色材料包裹在容器的周围，或置于暗室中培养。

②温度　离体培养中对温度的调控要比光照显得更为重要。不同的树种有不同的最适生长温度，大多数植物最适温度在 23~32 ℃ 之间。培养室一般所用的温度是 25 ℃±2 ℃。低于 15 ℃ 或高于 35 ℃，对生长都是不利的。

③湿度　组织培养中湿度的影响主要有两个方面：一是培养容器内的湿度，它的湿度条件常可保证 100%；二是培养室的湿度，它的湿度变化随季节和天气而有很大变动。湿度过高过低都是不利的，过低会造成培养基失水而干枯，或渗透压升高，影响培养物的生长和分化；湿度过高会造成杂菌滋长，导致大量污染。因此，要求室内保持 70%~80% 的相对湿度。

④氧气　植物组织培养中，外植体的呼吸需要氧气。在液体培养中，振荡培养是解决通气的良好办法。培养室的温度应均匀一致，因此，需要室内空气循环流通良好。此外，愈伤组织在培养基上生长一段时间后，由于营养物质的枯竭、水分的散失，以及积累了一些组织代谢产物，因此，必须将组织转移到新的培养基上，这种转移过程称为传代或称继代培养。一般在 25~28 ℃ 下进行固体培养时，每隔 4~6 周进行一次继代培养。在组织块较小的情况下，继代培养时可将整块组织转移过去。若组织块较大，可先将组织分成几个小块再接种。

5.1.4.3　芽的增殖和根的诱导

(1) 芽的增殖

外植体经初代培养诱导出无菌芽。为了满足规模生产的需要，必须通过不断的继代培养，使无菌芽大量增殖，培养出成千上万的无菌芽。继代培养（芽的增殖培养）所用培养基可与初代培养基相同，也可根据可能出现的情况，逐渐地适量降低细胞分裂素的浓度，调整无机养分比例，或加入活性炭等，以防出现玻璃化或褐化现象。

继代培养的接种过程与初代培养有两点不同：一是不需要对接种材料进行灭菌处理；二是在空间较大的培养瓶中接种，接种更方便。接种时，先将外植体上的无菌芽剪下，或将已继代过的丛状无菌芽分开。较长的无菌芽可剪成几段接种，但必须保证每一段上至少有一个节。接着用镊子将剪好的接种材料放入培养瓶中，再用接种钩拨动，使材料在瓶中均匀分布，最后将接种材料的下端压入培养基中。除此以外，继代培养的接种过程和要求与初代培养相同，同样必须确保无菌操作。

继代培养期间培养室环境条件的控制，除了不需要暗培养外，光照、温度、湿度和通气条件的控制与初代培养基本相同。要注意根据继代苗出现的情况，调节光照、温度、湿度和通气条件，或及时转入新的培养基中培养，防止产生褐化现象和玻璃化现象。

(2) 根的诱导

当无菌芽增殖到一定规模时，可选取粗壮的无菌芽（高约 3 cm）进行生根诱导，使其生根，产生完整植株，以便移植。与继代培养基和初代培养基相比，生根培养基有 3 个特点：

①无机盐浓度较低 一般认为，矿质元素浓度高时有利于发展茎叶，较低时有利于生根，所以生根培养时一般选用无机盐浓度较低的培养基配方。用无机盐浓度较高的培养基配方时，应稀释一定的倍数。如使用 MS 培养基，在生根诱导培养中多采用 1/2MS 或 1/4MS。

②细胞分裂素少或无 生根培养基一般要完全去除或仅用很低浓度的细胞分裂素，并加入适量的生长素，最常用的生长素是 NAA。

③糖浓度较低 在生根阶段，培养基中的糖浓度要降低到 1.0%~1.5%，以促进植株增强自养能力，有利于完整植株的形成和生长。

培养室环境控制方面，生根阶段要增加光照强度，达到 3000~10 000 lx 在强光下，植物能较好地生长，对水分的胁迫和对疾病的抗性有所增强。同时，植株可能生长较慢和轻微失绿，但实践证明，这样的幼苗移植成活率较弱光条件下的移植成活率高。

5.1.4.4 组培苗的炼苗和移栽

利用组织培养手段培育出来的苗通常称为组培苗或试管苗。由于组培苗长期生长在试管或三角瓶等培养器皿中，与外界环境隔离，内部环境条件与外界相比差异很大，即恒温、高湿、弱光和无菌，因此使试管苗逐渐适应外界环境条件对试管苗的移植成活非常重要。

目前对于苗木中少量树种的组织培养实验技术已经日趋成熟，但利用组织培养技术进行工厂化育苗生产的苗木种类还很有限，其重要原因之一就是苗木树种移栽后不易成活或成活率偏低，导致生产成本偏高，从而制约了组培技术在苗木培育上的进一步发展。

(1) 移栽前的驯化

组织培养苗的移栽是从具有恒温、保湿、营养丰富、光照适宜、无病菌侵害等"异养"为主的人工生态环境，转变为易受病菌侵染等"自养"为主的自然生态环境中生长的过程，因此，组培苗的移栽需要一个逐步适应的过程，即炼苗。这一过程通常经过组培苗的过渡锻炼、驯化来实现。

①闭盖驯化阶段 选择生长健壮、生根良好的组培瓶苗，从恒温、无菌的培养间转移到接近移栽环境的温室中，不打开瓶盖进行炼苗。注意，勿使温室环境与培养间的培养条件相差太大。温室炼苗区的环境条件应从接近培养间环境逐步过渡到接近移栽场地的环境条件。总的来说，变化过程基本是温度逐步减低，温差逐渐增大，湿度逐步降低，光照逐步增强的过程。在温室中闭瓶炼苗的时间，根据组培苗的生长状况、苗木种类而略有差异，一般 3~8 d 比较合适。如杨树 3~4 d 比较合适，而刺槐需 5~8 d 才有利于苗木移栽成活。闭盖炼苗主要是增强叶片对光照强度的适应性。但因为是闭盖炼苗，瓶内湿度偏高，与外界环境仍有着较大的差距，所以还需进行开盖炼苗，进一步提高叶片对湿度降低引起的水分胁迫的适应性。

②开盖炼苗阶段 将经过闭盖炼苗的组培苗打开瓶盖，使组培苗逐步适应外部环境，但是，开盖炼苗的时间不宜过长，否则培养基容易污染。一般以 2~3 d 为宜。移栽环境应尽量保持干净，条件允许的话，开盖前用 0.1% 的高锰酸钾或百菌清进行

消毒。如果想延长开盖炼苗时间，开盖后可向瓶内加入适量的水或抗菌剂，在自然条件下驯化，这样既可减少培养基中水分大量蒸发而变干，又可有效促进培养基有效成分的扩散，便于苗木根系吸收，更主要的是防止外界污染，以延长组培苗驯化的时间，达到充分驯化的目的。但要注意的是，往瓶内加入水的温度要接近瓶内培养基温度，温差过大会对苗木造成伤害。

炼苗时间的长短，主要根据组培苗叶片的生长表现来判断。炼苗之前，苗木基本异养，叶片颜色嫩绿且薄，极易失水萎蔫；炼苗后，叶片颜色深绿，对湿度降低引起的水分胁迫已初步具有了一定的抗性，比较伸展。通过分步炼苗，提高了植株的抗逆性，从而大大提高了试管苗的移栽成活率。

(2) 移栽

①移栽前的准备　组培苗移栽成功与否，栽培基质是一个重要因素。疏松通气、适宜的保水性、清洁卫生是组培苗对基质的基本要求。基质一般是人工配制的混合营养土，通常选用泥炭土、蛭石、腐殖土、珍珠岩、河沙、壤土等按不同比例配制。移栽基质的选择既要考虑实用性，又要考虑经济性。为便于以后苗木移栽到大田运输方便，宜选用质轻的营养土。如草炭土和珍珠岩，蛭石效果也不错。配制营养土时不断按基质比例混匀搅拌，不断喷洒0.3%的高锰酸钾溶液进行消毒。一般营养土配好后应放置2 d待用，以便达到充分的消毒效果。培养基质的水分直接影响它的透气性。通常在移栽前1~2 d将移栽基质喷透水晾干，然后再移栽组培苗，效果较佳。

②移栽方法

组培移栽苗的选择　选择根系发达，生长良好的组培苗进行移栽。移栽前的组培苗应具有发育良好的顶芽。黄化苗、玻璃苗、瘦弱苗、发育畸形以及老化苗均应废弃，以免影响苗木质量和成活率，增加育苗成本。

组培移栽苗的清洗和灭菌　为避免取苗时根系受到机械损伤，取苗前先往培养瓶中倒入少量适温的清水。然后将经过炼苗的组培苗用镊子从瓶中取出。苗木取出后应用清水将根部携带的培养基清洗干净。再用一定浓度的多菌灵或百菌清溶液浸泡数分钟，以增强苗木移栽后抗病菌的能力。应注意不同种类植物对杀菌剂浓度要求不一，以防浓度过高，抑制苗木生长。

移栽组培苗　为便于以后移栽到大田，一般将组培苗移栽到装有基质土的营养钵中。移栽时用镊子进行操作，可减少机械损伤。用镊子在营养钵的中间挖一小洞，将苗木轻轻放入挖好的小穴中，并用镊子使苗木根系舒展，在根部轻轻地覆上营养土，使幼苗根系既能吸收土壤营养，又有较好的透气性。移栽后及时喷水使苗木根系与土壤接触紧密。

移栽后的管理　组培苗移栽后，幼苗根系吸水和自我调节能力比较弱，应加强管理，保持较适宜的温度、湿度和光照条件，并严格控制病菌传播，幼苗才有较高的成活率。

(3) 提高移栽成活率的途径

影响组培苗移栽成活率的因素有许多种，包括内因与外因。不同的植物和不同的试管苗种类对移栽的具体要求是不同的。但是总的来说，提高试管苗移栽成活率的途径有以下几种：

①壮苗移植　试管苗的生理状况是影响移栽成活率的内在因素。同一种植物的试管苗，其壮苗比弱苗移栽后成活率高。

②巧用生长调节物质　一般来说，生长素能促进生根，故能提高试管苗移栽的成活率。但是，不同的植物有其适宜的生长素种类。如在月季的试验中发现，以NAA诱导生根和提高移栽成活率效果最好；而IAA并不理想，当IAA的浓度超过1 mg/L时，反而急剧降低移栽成活率。细胞分裂素一般会抑制根的生长，不利于移栽。如在月季的试验中表明，即使在很低的浓度下，BA对生根和移栽都有抑制效应。

③降低无机盐浓度　试验结果表明，降低培养基的无机盐的浓度对植物生根效果较好，有利于移栽成功。

④加入活性炭　在生根培养基中加入少许活性炭，对某些月季的嫩茎生根有良好作用，尤其是采用酸、碱和有机溶剂洗过的活性炭，效果更佳。但活性炭对一些月季无反应。

⑤创造良好环境　环境条件也影响试管苗移栽的效果，关键是控制好移栽后10 d内的光、温、湿。应做好适当遮阴工作，降低温度，避免太阳光直射造成试管苗迅速失水而死亡。加强喷淋，必要时用塑料薄膜覆盖，保持周围环境的相对湿度在85%以上。

⑥从无菌向有菌逐渐过渡　试管苗出苗后要将培养基洗净，以免杂菌滋长。移栽前对基质进行灭菌处理，移植初期定期喷杀菌剂预防病害发生，以提高移栽成活率。

5.1.5　组培育苗新技术

随着科学技术的进步，现代生物工程技术、新型材料、信息技术等科技成果在组织培养技术的应用越来越多，如LED新型光源、无糖培养技术、CO_2施肥技术、开放组培技术等。

5.1.5.1　LED新型光源

光是影响植物生长发育的重要因素之一，光质对植物的生长、形态建成、光合作用、物质代谢以及基因表达均有调控作用。

在植物组织培养中，以往使用最广泛的光源有高压钠灯、金属卤化物灯和荧光灯，这些灯具普遍存在寿命短、发热量大以及发光效率不理想等缺点。

新型照明光源的发光二极管（LED）应运而生。其波长正好与植物光合成和光形态建成的光谱范围吻合，光能有效利用率可达80%~90%，并能对不同光质和发光强度实现单独控制。光质比例和光照强度可调的LED光源比通常植物组织培养使用的荧光灯更能有效地促进试管苗的光合作用和生长发育。因此在植物组织培养中采用LED提供照明，调控光质和光合光量子通量密度，不仅能够调控组培植物的生长发育和形态建成，缩短培养周期，还能节约能耗，降低生产成本。除此之外，LED还具有体积小、寿命长、耗能低、波长固定、发热低等优点，而且还能根据植物的生长需要进行发光光谱的精确配置，实现传统光源无法替代的节能、环保和空间高效利用等功能。有关研究表明，在常用的植物光照光源中，LED 是最佳的人工照明光源。除了 LED 光源外，冷阴极荧光灯也开始受到人们的关注，其在植物组织培养方面的应用研究正在进行中。

5.1.5.2 无糖组培快繁技术

植物组织培养过程中，小植株生长方式是以植物体依靠培养基中的糖以人工光照进行异养和自养生长。由于传统的组培技术中使用的是含糖培养基，杂菌很容易侵入培养容器中繁殖，造成培养基的污染。为了防止杂菌侵入，通常将培养容器密闭，这样既造成植物生长缓慢，又容易出现形态和生理异常，同时增加了费用。

20 世纪 80 年代末，日本千叶大学古在丰树教授发明了一种全新的植物组培技术——无糖组培技术，又叫光自养微繁技术。其特点在于将大田温室环境控制的原理引入到常规组织培养中，通过改变碳源的供给途径，用 CO_2 气体代替培养基中的糖作为组培苗生长的碳源，采用人工环境控制的手段，提供适宜不同种类组培苗生长的光、温、水、气、营养等条件，促进植株的光合作用，从而促进植物的生长发育，使之由异养型转变为自养型，从而达到快速繁殖优质种苗的目的。该培养基主要采用多孔无机物质，如蛭石、珍珠岩和砂等作为培养基，因此不易引起微生物的污染。无糖培养技术的优点在于可大量生产遗传一致、生理一致、发育正常、无病毒的组培苗，并且缩短驯化时间，降低生产成本。目前，无糖组培技术已经成功地应用于一些草本植物的培养中，并且取得了很好的试验效果。但是，无糖培养法对环境要求较高，若无糖组培环境不能被控制并达不到一定的精度，就会严重影响组培苗质量和经济效益。随着理论研究的不断深入及相关配套技术的不断完善，无糖组培技术必将成为今后组培生产的一种重要手段。

5.1.5.3 开放组培技术

植物开放式组织培养，简称开放组培，是在使用抗菌剂的条件下，使植物组织培养脱离严格无菌的操作环境，不需高压灭菌和超净工作台，利用塑料杯代替组培瓶，在自然开放的有菌环境中进行的植物组织培养。这种模式目前在多种植物上试验成功，有效地简化了试验步骤，降低了生产成本。开放组培技术突破了人工光源培养的限制，实现了大规模利用自然光进行植物培养的目标。

5.2 容器育苗

5.2.1 容器育苗概述

利用各种容器装入营养土或培养基质，采用播种、扦插或者移植幼苗等方式，通过水肥管理等措施培育苗木称为容器育苗。通过容器育苗方式繁殖培育而成的苗木统称为容器苗。

作为园林苗圃苗木生产的一种工艺或技术体系，容器育苗的生产过程，可分为繁殖、容器育苗、容器栽培等几个连续的栽培阶段。繁殖就是利用播种、扦插、嫁接、组织培养等繁殖手段，获得大量的可供继续培养的种源，然后将其移入各种容器中培育成方便移植的幼苗，即容器育苗，最后将幼苗移入大规格容器中继续养护栽培，生产出可供园林绿化利用的容器苗，即容器栽培。在这样的生产体系中，有时将繁殖与容器育苗合并在一起进行，直接培育幼苗。在林业苗圃中，在完成容器育苗后，各种容器苗即被应用于造林，成为苗圃生产的最终产品；而在园林苗圃中，利用容器大规模繁殖出来的容器苗，还必须经过换盆或移植，在较大规格的容器中或大田中继续培养，才能最终生产出符合园林苗木出圃要求的苗木产品。

与传统的大田栽培育苗比较，容器育苗与容器栽培技术是一种生产栽培方式的改变，它引起了与此相关的苗圃建设、苗木生产、管理技术、应用手段、经营理念等的重大变革。容器苗便于集约化管理、机械化作业，便于销售和运输，体现了更为商业化的经营理念。在全球苗木产业迅速发展的新形势下，容器育苗与栽培技术体现出的种种优势，使其成为苗木生产发展的主要趋势之一。

5.2.2 容器育苗特点

容器苗是在容器中装入各种配制的基质中进行栽培，其长势一致，可以随时移动，可以一年四季用于园林绿化，且不影响成活和生长，绿化和形成景观效果好；但对苗木生产而言，容器育苗又有成本高、技术与管理要求高等特点，成为其发展的限制因素。容器苗与传统的地栽苗相比，容器化育苗生产方式具有以下特点：

①容器育苗的基质以及栽植容器的设计都需要较高的技术要求，且能够对苗木进行集约化经营；

②容器育苗可以提高单位面积苗木的产量，加快育苗周期，从而提高效益；

③打破季节限制，供应园林苗木，满足不同季节绿化施工需求，适合工期紧张的园林绿化工程和要求高的重点项目，控制不可预见成本；

④容器培养的苗木可以直接用于园林绿化，移植时移栽成活高，不需要进行重剪，减少对树木本身以及树形的伤害；

⑤可以利用盐碱地、荒滩等不适合地栽的土地资源用于园林苗木生产，降低土地使用成本，并避免与其他种植业争地；

⑥便于实施标准化生产，集约化经营，机械化作业，便于形成容器苗的品牌，有利于发展园林苗木的出口贸易，使得我国的园林绿化苗木产业走向世界；

⑦容器苗价格比地栽苗高50%~100%，其经济效益优于地栽苗。

虽然园林苗木容器育苗比地栽苗木具有很大优势，但容器栽培的生产成本要高于地栽苗木生产成本，同时容器育苗中的营养土配制和处理等操作技术比一般育苗复杂，这也限制了容器育苗的发展，对容器的规格、施肥灌溉的控制和病虫害防治等抚育措施，都有待进一步总结和研究。

5.2.3 育苗容器

育苗容器是指填装育苗基质、培育容器苗的各种器具，如穴盘、营养钵、网袋等，可以使用不同的材料制成，具有各种不同的性状和规格，是容器育苗的基本生产资料，也是容器育苗的关键技术之一。

育苗容器的选择在国内外都经历了从简单到完善、从小容器到大容器，容器材料由硬到软的过程。目前常用的容器种类有纸质容器、塑料薄膜容器、舒根型容器、塑料袋、硬塑杯、泥炭杯等（图5-2）。我国主要采用塑料容器袋和蜂窝连体纸杯容器。育苗容器可分为可以和苗木一起植入土中的容器和不能与苗木一同植入土中的容器两类。第一类容器，制作材料能够在土壤中被水和植物根系分散，并为微生物所分解。如用纸张制造的营养袋、营养杯、泥土制作的营养钵、营养砖、用竹编制的营养篮（竹篓）等。第二类容器，制作材料不易被水、植物根系分散和微生物分解。如用无毒塑料薄膜制作的营养袋，用硬塑料制作的塑料营养筒，用多孔聚苯乙烯（泡沫塑料）制作的营养砖等，在栽植时应先将容器去掉，然后进行栽植。

容器的形状有六角形、四方形、圆筒形和圆锥形等。另外，还有单杯和连杯，有底和无底之区别。对育苗容器的要求是既要适于苗木的生长，又方便排列、集约生产。早期采用的圆筒状营养杯，易使根系在容器中盘旋成团，栽植后根系不易伸展。为了避免根系在容器中盘旋成团和定植后根系伸展困难，主要采用3种方法。

①在容器壁上制作引导根系生长的突起棱　当根系长至容器壁时，沿突起棱向下生长而不会在容器内盘旋。

②采用硫酸铜修根　在容器内壁涂抹硫酸铜，苗木根系接触到重金属离子时，会停止生长，防止根系盘旋，栽培后脱离硫酸铜的苗木根系又会继续生长，形成发达的根系，但是硫酸铜会污染环境。

③采用空气修根　制作容器时，在容器壁上留下边缘，当苗木侧根生长到边缘接

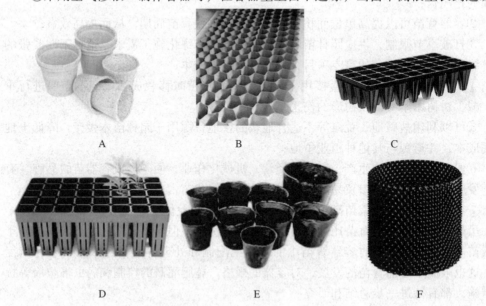

图5-2　常见的集中育苗容器

A、B为可降解育苗容器　C、D、E、F为不可降解育苗容器

A. 纸质育苗钵　B. 纸质连体育苗钵　C、D. 不同类型的穴盘　E. 单体塑料育苗钵　F. 空气修根控根容器

触到空气时，根尖便会停止生长，留下具有活力的根尖，同时又促进形成更多的须根，但不会形成盘旋根，栽培后根尖又继续生长，发展成发达的根系。空气修根是目前最先进最有效的防止根系盘旋的方法。

容器苗栽培中应用的硬质容器盆壁，都有防止缠根和烧根的凹凸条纹（早期的塑料容器无），而且其材料有其抗老化性能，一般都能使用5年以上。在实际生产中，也有无纺织物修根容器，它的通透性好，水肥能自由通过，苗木的新根也能通过容器上的小孔伸向袋外，但在根的加粗生长过程中，由于小孔的限制，容器外根将被切断死亡，由此实现根的顶端修剪，在袋内促发侧根以达到增加根系的目的。

5.2.4 栽培基质配置

育苗基质是固定苗木根系，使植株直立生长的固体物质，是容器育苗的关键因素之一，现代化生产所说的容器苗，容器中装的用于栽培苗木的一般是人工基质。因为只有这样，才能够使植物在有限环境中获得最理想的根系生长环境和获得充足的营养。如果仅用整个容器来栽培苗木，而在容器中装的仍然是泥土的话，还不算是真正的容器苗。另外，良好的基质配方也是容器育苗获得成功的重要条件之一，因为从幼苗开始，根系在一个容量很小的容器中生长，随着规格不断增加而换盆培育，在此过程中，所需要的水分和营养元素全部由容器中基质或人工定期定量施肥来提供。所以育苗基质的物理化学特性，决定了基质对苗木水分和营养的供应状况，影响着苗木的生长发育。

5.2.4.1 栽培基质的选择原则

容器育苗的基质要求本着因地制宜、就地取材的选择原则，选用来源充裕，成本较低，性质良好，有较好的保湿、通气、排水性能、重量轻、不含有苗木有毒的物质，不带病原菌和杂草种子的基质。

5.2.4.2 栽培基质的分类

(1) 按照基质组成分类

按基质组成可分为无机基质和有机基质两类。沙、泡沫塑料、岩棉、蛭石和珍珠岩等属于无机基质；而泥炭、树皮、蔗渣、砻糠灰等是以有机残体组成的，为有机基质。

(2) 按照基质性质分类

按基质性质可分为活性基质和惰性基质两类。活性基质是指基质具有阳离子代换量，可吸附阳离子或基质本身能够供应养分的基质；惰性基质是指基质本身不起供应养分的作用或不具有阳离子代换量、难以吸附阳离子的基质。例如，泥炭、蛭石、蔗渣等基质本身含有植物可吸收利用的养分并具有较高的阳离子代换量，属于活性基质；而沙、石砾、岩棉、泡沫塑料等基质本身不含有养分，也不具有阳离子代换量，属于惰性基质。

(3) 按照基质组分分类

按基质组分可分为单一基质和复合基质两类。单一基质是指使用的基质是以单种基质组成，如沙培、砾培、岩棉培使用的沙、石砾和岩棉，都属于单一基质。复合基质是指由两种或两种以上的单一基质按一定的比例混合制成的基质，例如，蔗渣—沙混合基质培中所使用的基质是由蔗渣和沙按一定的比例混合而成的。

5.2.4.3 常见基质性质

(1) 泥炭土

泥炭土是以泥炭（又称"草炭"）为主要成分配制的培养土。泥炭是一种矿物质，是由很多年前沼泽地中的各种植物（其中大多数是蕨类植物）死亡后，堆积变化而成的。泥炭中含有一定量的腐植酸，并具有一定肥力，同时具有质松软、孔隙度高等优良性能。

(2) 珍珠岩

珍珠岩是把原岩粉碎并经筛选后在 760 ℃炉温下烘焙，使岩屑中含有的少量水分变成蒸汽，从而使珍珠岩变成很小的海绵质颗粒。珍珠岩的化学性质基本呈中性，但不具缓冲作用，每立方米只有 70～120 kg，吸水能力强，持水量相当自身重量的 3～4 倍，容易排水、通气状况好，物理和化学性质比较稳定。珍珠岩不能单独作为基质使用，因其容重较轻，根系固定效果较差，一般与泥炭和蛭石混合使用。珍珠岩无阳离子代换能力，不含矿物养分，它在容器育苗中的作用是增加培养基质的通气性，防止基质板结。

(3) 蛭石

蛭石属于性状稳定的惰性基质，通气良好，透水持水性能；质地轻，便于搬运；高温消毒无病虫害；阳离子代换量很高，并且含有较多的钾、钙、镁等营养元素，这些养分是植物可以吸收利用的。蛭石重量很轻，一般每立方米只有 100～140 kg，呈中性，有良好的缓冲性能，能吸收大量的水分，每立方米能吸水 400～500 kg。蛭石有很强的阳离子代换能力，所以能够储备养分逐步释放。

(4) 腐熟树皮类

树皮是木材加工过程中留下的下脚料，使用堆积发酵法，将树皮粉碎，同时添加活性物质即活性促进剂，经过长时间腐熟发酵后制成的富含有机质、氮、磷、钾、腐植酸以及植物所需要的各种微量元素的纯天然绿色环保性有机物料，是一种很好的栽培基质，价格低廉，易于运输。

(5) 松针

松针也是一种较为理想的园林苗木育苗基质，松针的收集有两种方式，一是将松树林下的落叶扫成堆收集；二是在松林采伐地将已落下地面的和采伐枝上的松针收集在一起，林下自然脱落的松针，已变干无松香味时，可直接切碎作育苗基质。

(6) 椰子糠

椰子壳粉碎后做育苗基质,在华南地区已有广泛应用,是较为稳定的中性物质,是扦插苗和组培苗瓶子移栽的理想基质材料。其加工方法是用粉碎机将椰子壳粉碎成椰子糠,但不过筛。因其纤维长,不宜过筛,粉碎后,如果用于较大容器装填的基质,不必粉碎;如果用于小容器装填的基质,则必须将粉碎后的椰子糠用粉碎机切过,使纤维长度不大于 5 mm。

5.2.4.4 基质消毒

对固体基质的消毒处理方法主要有蒸汽消毒和化学药剂消毒两大类。

(1) 蒸汽消毒

利用高温的蒸汽(80~95 ℃)通入基质,以达到杀灭病原菌的方法。消毒时将基质放在专门的消毒柜中,通过高温的蒸汽管道通入蒸汽,密闭 20~40 min,即可杀灭大多数病原菌和虫卵。在进行蒸汽消毒时,要注意每次进行消毒的基质不可过多,否则,基质内部不能达到杀灭病虫害所要求的高温而降低消毒的效果。另外,还要注意,进行蒸汽消毒时,基质不可过于潮湿,也不可太干燥,一般以基质含水量 35%~45% 为宜。过湿或过干都可能降低消毒的效果。少量基质消毒时,蒸汽消毒的方法简便,但在大规模生产中,消毒过程较麻烦。

(2) 化学药剂消毒

化学药剂消毒分为药剂熏蒸和药液喷淋两种方式,在利用药剂熏蒸时,基质必须是潮湿的(含水量相当于田间持水量的 40%~80%),温度 18~24 ℃,才会有良好效果。化学熏蒸以后,仍需把基质放置一段时间,使残留药雾完全消失后,才能用于育苗。化学药剂熏蒸消毒一般是在基质装容器前进行,化学药剂喷淋消毒则是在基质装入容器之后进行。化学药剂消毒的效果不及蒸汽消毒的效果好,而且对操作人员有一定的副作用,但方法较简便,大规模生产使用广泛。常用的化学药剂消毒方法如下:

①甲醛消毒 进行基质消毒时将浓度为 40% 左右的甲醛溶液稀释 50~100 倍,把待消毒的基质在干净的、垫有一层塑料薄膜的地面上平铺一层,约 10 cm 厚,然后用花洒或喷雾器将已稀释的甲醛溶液喷湿这层基质,接着铺上第 2 层,再用甲醛溶液喷湿,直至所有要消毒的基质均喷湿为止,最后用塑料薄膜覆盖,封闭 1~2 昼夜后,将消毒的基质摊开,暴晒至少 2 d 以上,直至基质中没有甲醛气味方可使用。利用甲醛消毒时,由于甲醛有挥发性强烈的刺鼻性气味,因此,操作时工作人员必须戴上口罩做好防护性工作。

②溴甲烷消毒 溴甲烷在常温下为气态,作为消毒用的溴甲烷为贮藏在特制钢瓶中、经加压液化的液体。它对病原菌、线虫和许多虫卵具有很好的杀灭效果。如为槽式内的基质,可在原种植槽中消毒。方法是:将种植槽中的基质稍加翻动,挑除植物残根,然后在基质面上铺上一根管壁上开有小孔的塑料施药管道(可利用基质培原有的滴灌管道),盖上塑料薄膜,用黄泥或其他重物将薄膜四周密闭,用特殊的施入器将溴甲烷通过施药管道施入基质中,以每立方米基质 100~200 g 的用量施入,封闭

塑料薄膜 3~5 d 之后，打开塑料薄膜，让基质暴露于空气中 4~5 d，以使基质中残留的溴甲烷全部挥发后才可使用。袋式基质栽培消毒时，要将种植袋中的基质倒出来，剔除植物残根后将基质堆成一堆，然后在堆体的不同高度，用施药的塑料管插入基质中施入溴甲烷，施完所需的用量之后，立即用塑料薄膜覆盖，密闭 3~5 d 之后，将基质摊开，暴晒 3~5 d 后方可使用。使用溴甲烷进行消毒时基质的湿度要求控制在 30%~40%，过干或过湿都将影响到消毒的效果。溴甲烷具有强烈刺激性气味，并且有一定的毒性，使用时如手脚和面部不慎沾上溴甲烷，要立刻用大量清水冲洗，否则可能会造成皮肤红肿，甚至溃烂，这一点要特别注意。

③氯化苦消毒　氯化苦是一种对病虫有较好杀灭效果的药物，外观为液体。消毒时可将基质逐层堆放，然后加入氯化苦溶液。即将基质先堆成大约 30 cm 厚，堆体的长和宽可随意，然后在基质上每隔 30~40 cm 的距离打一个深 10~15 cm 的小孔，每孔注入 5~10 mL 的氯化苦，然后用一些基质塞住这些放药孔，等第 1 层放完药之后，再在其上堆放第 2 层基质，然后再打孔放药，如此堆放 3~4 层之后用塑料薄膜将基质盖好，经过 1~2 周的熏蒸之后揭去塑料薄膜，把基质摊开晾晒 4~5 d 后即可使用。

④高锰酸钾消毒　高锰酸钾是一种强氧化剂，只能用在石砾、粗沙等没有吸附能力且较容易用清水洗干净的惰性基质的消毒，而不能用于泥炭土、木屑、岩棉、蔗渣和陶粒等有较大吸附能力的活性基质或者难以用清水冲洗干净的基质消毒。因为这些有较大吸附能力或难以用清水冲洗的基质在用高锰酸钾溶液消毒后，由基质吸附的高锰酸钾不易被清水冲洗出来而积累在基质中，这样有可能造成植物锰中毒或高锰酸钾对植物的直接伤害。用高锰酸钾进行惰性或易冲洗基质的消毒时，先配制好浓度约为 1/5000 的溶液，将要消毒的基质浸泡在此溶液 10~30 min 后，将高锰酸钾溶液排掉，用大量清水反复冲洗干净即可。高锰酸钾溶液也可用于其他易清洗的无土栽培设施、设备的消毒中，如种植槽、管道、定植板和定植杯等。消毒时也是先浸泡，然后用清水冲洗干净即可。用高锰酸钾浸泡消毒时要注意其浓度不可过高或过低，否则消毒效果均不好，而且浸泡的时间不要过久，否则会在消毒的物品上留下黑褐色的锰的沉淀物，这些沉淀物经营养液浸泡之后会逐渐溶解出来而影响植物生长。一般控制浸泡的时间不超过 2/3~1 h。

⑤次氯酸钠或次氯酸钙消毒　这两种消毒剂是利用它们溶解在水中时产生的氯气来杀灭病菌的。次氯酸钙是一种白色固体，俗称漂白粉。次氯酸钙在使用时用含有有效氯 0.07% 的溶液浸泡需消毒的物品（无吸附能力，易用清水冲洗的基质或其他水培设施和设备）4~5 d，浸泡消毒后要用清水冲洗干净。但次氯酸钙不可用于具有较强吸附能力或难以用清水冲洗干净的基质上。

次氯酸钠的消毒效果与次氯酸钙相似，但它的性质不稳定，没有固体的商品出售，一般可利用大电流电解饱和氯化钠（食盐）的次氯酸钠发生器来制得次氯酸钠溶液，每次使用前现制现用。使用方法与次氯酸钙溶液消毒相似。

⑥甲基溴和三氯硝基甲烷的混合液　这两种混合液体，消毒效果比其中任何一种纯药液都好，对杀灭杂草种子、昆虫、线虫和各种土壤中病原菌特别有效，熏蒸以后要通气 10~14 d。

5.2.4.5 苗木栽培基质特点及配方

(1) 苗木栽培基质特点

苗木栽培的容器较大，可容纳的基质多，苗木种植时间长，对基质的孔隙度要求较高，以达到35%为好。基质的颗粒程度要大，应有相当大的粗度。基质用量多，要考虑基质的成本问题。

(2) 基质配制

基质的配制因树种、育苗容器的不同而异，如当容器较小，一般多以泥炭、蛭石、珍珠岩等为主；当为大容器时，应增加树皮、松针等低成本的基质。为了能充分满足苗木生长的正常营养的供给，在配制基质中应加入各种营养元素如氮、磷、钾等，以及个别树种所需的微量元素。在生长高峰期进行叶面施肥也是必要的。基质配置完成后，一般要进行基质消毒。在苗圃容器育苗基质中，一般都以1~2种材料为主要基质，然后掺加其他的一些材料以调节营养土的性能。另外，也可掺加部分有机或无机肥料。常见的配方有(均以体积比例计算)：

①泥炭土:蛭石(1:1，2:1，3:2，3:1)；
②泥炭土:珍珠岩(1:1 或 7:3)；
③腐熟树皮:泥炭土(2:1 或 1:1)；
④松树鳞片:珍珠岩(3:1)。

5.2.5 容器育苗技术

苗木容器育苗生长的速度及质量关键在于栽培技术，包括以下几个方面：

(1) 容器苗的装盆与摆放

①装盆　人工操作或机械化作业。
②摆放　按照容器育苗类型和特点进行摆放，如按照植物对水分的需求及酸碱度的不同分小区摆放，将对环境条件要求相同的植物放置于同一区内，便于管理。

(2) 灌溉

水质、灌溉方式和灌水量是容器栽培生产的重要因素。

水质以中性或微酸的可溶性盐含量低的水为佳，水中不含病菌、藻类、杂草种子更为理想。灌溉方式可喷灌和滴灌。全自动控制喷灌技术可兼做施肥，省工省力，效果好。自动滴灌的节水效果明显。灌溉的最佳时间为早晨，这样可减少病虫害的发生。灌水量和灌水次数，根据树种、苗龄、喷水淋苗要求及气候情况等因素决定。一般针叶树幼苗不宜过湿，容器的基质经常湿润即可；阔叶树要潮湿些，但也不能过湿，以勤喷量少为宜。大的容器1~2周灌水1次，小的容器3~6 d灌水1次。夏秋季高温晴天可喷水多次，冬春季及阴天少喷。只要保持基质表面不发白就可不喷水，如果泛白就要喷水至底部。

(3) 施肥

容器苗与地栽苗不同，吸收不到土壤中的肥料，主要靠人工施肥来补充营养。采用如下几种方法：①在容器苗的基质中施用适量的长效肥，此法适合于大苗的生产，每年只需施 1~2 次，可在配制栽培基质过程中将缓释肥直接添加到基质中；②直接表施在容器介质的表面，一般在追肥时采用；③结合喷灌，直接施入水溶解肥料。容器育苗面对有限的空间和灌水淋失，需要经常给予肥料补充。但是要注意，要避免烧苗。

（4）病虫害及杂草防治

苗期常见立枯病和猝倒病，防止幼苗病害的主要方法是基质消毒，可采用溴甲烷或福尔马林熏蒸，同时药剂处理基质和种子，也可以在苗期灌根。常用的杀菌剂有地菌灵、土菌消、福美双等。茎叶部的病虫害应经常观察，一发现病虫害就要及时防治，以减少损失。病虫害的防治应以预防为主，综合防治。容器内的杂草要及时清除。大苗区，可喷施灭生性除草药剂彻底清除杂草；小苗区，要在苗木售出后苗床清理干净时彻底清除。

（5）容器苗的固定绑扎、整形与修剪

由于容器苗初期摆放较密，植株生长较快，茎较软弱，一般需要用立柱支撑，用塑料带或绳索绑定，以保证树苗直立。为生产树冠紧凑、树形优美的绿化苗木，需要精心整形修剪。一般要轻剪为宜，除非树形变化太大才能重剪。灌木的修剪，可通过类似草坪修剪机械的工具进行。

（6）越冬

越冬是容器栽培的重要一关，很多苗木的根系对低温反应敏感，在长江中下游地区，冬季气温低于 −5 ℃，如果不加保护，容器苗根系会因冻坏伤根而影响翌年生长甚至死亡。因此，需积极采取越冬保温措施。常用方法有：小型容器苗可移入温室或塑料棚，大苗可用锯木屑覆盖根部，以保证苗木的正常越冬。经过越冬的容器苗，由于上一年的生长，在翌年摆放时为了保证苗木的生长及质量，有些需要更换较大的容器。但不论是否更换容器，都要加大容器间的摆放距离，使苗木有更大的生长空间。

5.2.6 控根容器育苗

控根容器育苗技术是一种以调控植物根系生长为核心的新型快速育苗技术。该技术是由澳大利亚专家 20 世纪 90 年代初研发的，1995 年投产，1996 年始在新西兰、欧洲和我国等地区应用。该技术包括控根快速育苗容器、复合培养基质和控根栽培与管理技术。

控根育苗容器　是技术的核心部分，容器的侧壁和底盘可以拆开，侧壁外面突起的顶端开有小孔，内壁表面涂有一层特殊的薄膜，这种设计利用空气自然修剪的原理调整苗木的根系生长。总根量较常规育苗提高 30 倍左右，育苗周期缩短 50% 左右。

复合栽培基质　是以有机废弃物，如动物粪便、秸秆、刨花、玉米芯、城市生活垃圾等为原料，经特殊微生物发酵工艺制造，根据原料和使用对象配加保水、生根、缓释肥料以及微量元素复合而成。

控根栽培与管理技术　主要包括种子处理、幼苗培育、水热调控技术、移栽技术等。针对不同品种、不同地域条件采用相应的技术。该技术的3个部分相互联系、相互依赖，缺一不可。

控根快速育苗容器有3个特点：

①增根作用　控根快速育苗容器内壁有一层特殊薄膜且容器四周凹凸相间，外部突出顶端开有气孔，当种苗根系向外向下生长时，接触到空气（围边上的小孔）或内壁的任何部位，根尖则停止生长，实施"空气修剪"和抑制根生长。接着在根尖后部萌发3个或3个以上新根继续向外向下生长，当接触到空气（围边上的小孔）或内壁的任何部位时，又停止生长并在根尖后部长出3个新根。这样，根的数量以3的级数递增，极大地增加了短而粗的侧根数量，根的总量较常规的大田育苗提高30倍左右。

②控根作用　控根技术可以限制主根发育，使侧根形状短而粗，发生数量大，不会形成缠绕的盘根。

③促长作用　控根快速育苗技术可用来培育大龄苗木，缩短生长期，并且具有气剪的所有优点，可以节约时间、人力和物力。由于控根育苗容器的形状与所用栽培基质的双重作用，根系在控根育苗容器生长发育过程中，通过"空气修剪"，短而粗的侧根密布四周，可以储存大量的养分，满足苗木在定植初期的生长需求，为苗木的成活和迅速生长提供了良好的条件。育苗周期较常规方法缩短50%左右，管理程序简便，栽植后成活率高。

总之，控根容器快速育苗技术能促使苗木根系健壮发育、数量增加，缩短育苗周期，减少移栽工序，提高移植成活率，特别对大苗移植和恶劣条件下树木栽培具有明显的优势。

5.2.7　双层容器育苗技术

20世纪90年代以来，美国和加拿大等国家开始研究和推广双层容器栽培方法，具体做法是：将支持容器放入地下，栽培容器内种植苗木，然后将栽培容器放入支持容器。

双层容器栽培技术集基质栽培、滴灌施肥技术和覆盖保护于一体，解决了普通容器育苗的根系冻害、热害和水肥管理的问题。双层容器栽培的容器有两个，支持容器套在栽培容器的外面，埋在土壤中。有了外界土壤的保护，栽培基质的温度变化比单容器栽培慢一些，因而双层容器栽培的苗木比单容器栽培对恶劣环境有更强的抵抗能力，能够避免冬季苗木根系冻害、枯梢，夏季根部热害的发生。

双层容器栽培系统是采用无土基质栽培，人为创造苗木生长的最优环境，水分、养分及通气条件良好，苗木生长旺盛。同时，冬季可采用覆盖措施，苗木提早发芽，生长期加长，大大缩短生产周期，出圃率提高，苗木质量得以保证，还不受土壤条件的限制。研究结果表明，双层容器栽培苗木生长率比普通苗圃的生长率高30%~40%，而且移植成活率高，无缓苗期，绿化见效快。

双层容器育苗系统是一个崭新的现代化苗圃生产系统，具有一次性投入大、管理技术水平要求高、效益大的特点，特别是为我国开发利用盐渍土和其他土地资源提供了一条新的途径。

5.3 工厂化育苗

5.3.1 工厂化育苗概述

工厂化育苗是指在人工创造的优良环境条件下，采用规范化技术措施以及机械化、自动化手段，稳定地成批生产优质种苗的一种育苗技术。以组织培养和植株再生为技术基础，实现种苗周年生产，是快速繁殖技术的进一步发展。育苗是在严格的保护条件下对温度、湿度、光照、土壤等植物生长条件实行人工调控，它可以解决露地育苗无法解决的幼苗污染和病菌传播问题，是大批量繁育高质量的良种无病毒苗的重要途径。

20 世纪 60 年代，美国首先开始研究开发穴盘育苗技术，70 年代欧美等国在各种蔬菜、花卉等的育苗方面逐渐进入机械化、科学化的研究。由于温室业的发展，节省劳力、提高育苗质量和保证幼苗供应时间的工厂化育苗技术日趋成熟。

5.3.2 育苗设施

工厂化育苗设施兼用太阳光和人工光源，栽培室与外界隔断，实行高度环境自动调控。地上部通过建筑物内部的照明、空调设置来调控光照、温度和二氧化碳，地下部则通过无土栽培如岩棉栽培、营养液膜栽培（NFT）、深水液流栽培（DFT）等方式实行根区环境的完全调控。

工厂化育苗的设施可分为 3 个部分：①厂房建筑，主要为温室，包括现代化连栋式温室、日光温室、塑料大棚等；②育苗设施，主要包括基质处理车间，填盘装运及播种车间，栽培装置，发芽、绿化、驯化、幼苗培育设施，扦插车间，嫁接车间；③育苗环境自动控制系统，主要包括照明设备、空调设备、检测控制设备以及二氧化碳发生供给系统，空气环流机等。试管育苗法还需植物组织培养（室）设施。

5.3.2.1 厂房建筑

为适应育苗现代化工厂化的需要，厂房建筑的主要部分是温室。

①连栋式温室　这是目前正在发展的大型温室。它利用计算机技术进行综合控制，采用先进的生产环境调控技术与设备，散热面小，光照均匀，适用于大型工厂化苗木生产，可作为育苗首选温室设施。连栋式温室一般要求南北走向，透明屋面东西朝向，保证光照均匀。

②单屋面日光温室　基本结构是一种不等式双斜面温室，东西向建造，北、东、西三面为砖墙，墙内带保温层。北屋面由檩和横梁构成，檩上铺保温材料。前屋面为半拱形。前屋面覆盖塑料薄膜，夜间在薄膜上面再盖棉被、草苫等防寒保温。日光温室使用的建材有钢材、竹木钢材混合及水泥预制件等。日光温室形式多重多样。据各地经验，北纬 33°~43°地区，一般日光温室的内侧跨度为 6~8 cm，高 2.8~3.1 m，长度 50 cm，墙体厚度 50~100 cm，中间设保温层。墙外培土隔热防寒，厚度为当地

最大冻土层厚度,后屋面仰角大于或等于当地冬季太阳高度角,草泥复合保温层厚40~70 cm,前屋面脚下可挖30~40 cm防寒沟。随着科技的进步,墙体、覆盖保温材料、建材均将为新型轻质的新材料所替代。单屋面日光温室在采光性、保暖性、低耗能和实用性等方面,有明显的优异之处,同时,投资少,经济效益高,是我国北方地区主要的设施育苗形式。

③塑料大棚 用于设施育苗的塑料大棚,棚宽6~10 m,面积200~350 m^2。也可以用作连栋式的大棚。覆盖的薄膜宜选用防尘、无滴、耐老化的长寿膜,棚内设置二重幕装置。但大棚易于吸尘,透光性差,且湿度大,适于耐弱光和湿润环境的观叶类苗木的育苗与栽培。塑料大棚结构简单,拆建方便,一次性投资较少,土地利用率高。

5.3.2.2 育苗设施

①基质处理与播种设备 工厂化育苗一般是批量生产,基质用量较大,而且一般是使用复合基质。按照复合基质配方,对各种基质进行混合、消毒。经消毒后的基质存放要避免与未消毒的基质接触,保证不再被污染。混合、消毒后的基质,即可运到装盘、钵车间,在该车间由机械化精量播种生产线自动完成基质搅拌、填盘、装钵、播种、覆土、洒水等全过程。此车间有较宽敞的作业面积,设施通风良好,有供水来源。

②催芽车间 采用丸粒化种子播种或包衣种子干播,播种覆土后将穴盘基质浇透水,然后把穴盘一同放进催芽室内催芽。催芽室内的温度和湿度可根据各种作物发芽的最适温湿度条件自动调控。如果采用催芽后人工播种,可用恒温培养箱、光照培养箱催芽。

催芽室规格体积可根据苗量设计,按每平方米可摆放30 cm×60 cm穴盘5个,摆放育苗穴盘的层架每层按15 cm计算,再由每张穴盘的可育苗数和每一批需要育苗的总数,就可以计算出所需要的催芽室体积。建在温室和大棚内的催芽室可采用钢筋骨架,双层塑料薄膜密封,两层薄膜间有7~10 cm空间。因为能透光,既能增加室内温度,又可使幼苗出土后即可见光,不会黄化。为避免阴雨低温天气,催芽室内应设加温装置。建造专用催芽室可砌双层砖墙,中间填满隔热材料或用一层5 cm厚泡沫塑料板保温,出入口的门应该采用双重保温结构,内设加温空调或空气电加热线加温。电气控制设备安装在室外。

③幼苗培育设施 种子经催芽萌动出土后,要立即放在有光并能保持一定的温湿度条件的保护措施内,幼芽见光后即可变成绿色;否则,幼苗会黄化,影响幼苗的生长和质量。穴盘、营养钵培养的嫁接苗或试管培养的试管苗移出试管后,都要经过一段驯化过程,即促进嫁接伤口愈合或使试管苗适应环境的过程。

5.3.2.3 环境自动控制系统

育苗环境自动控制系统主要是温室内温度、湿度、光照等环境控制系统。

①照明设备 目前使用的光源主要有高压钠灯、金属卤化物灯和荧光灯。高压钠

灯的长波红外线（热线）占60%，为排除蓄积热，空调费用很大；后两种灯富含短光波段，长光波段很少。目前高压钠灯、高光效的荧光灯，以及各种灯的合理配置和设置，可显著增加光合有效辐射（PAR）。苗床上部一般配置光照度为 16 000 lx、光谱波长 550~600 nm 的高压钠灯，当自然光照不足时，开启补光系统可增加光照度，满足各种植物的生产要求。

②加温系统　育苗温室内温度控制要求冬季白天晴天达到25℃，阴雪天达到20℃，夜间温度能保持在14~16℃，以配备若干台 1.5×10^4 kJ/h 燃油热风炉为宜。育苗床架内埋设电热加温线，可以保证幼苗根部温度在10~30℃范围内，以满足在同一温室内培育不同植物苗木的需求，有条件的可运用大型空调设备，以热系温度调控方式的空调设备的性能为佳。

③调温排湿系统　该系统主要包括温度调节和湿度调节系统。保温系统是在温室内设置遮阴保湿帘，四周有侧卷帘，入冬前四周加装薄膜保温。降温排湿系统主要功能是，在育苗温室上部设置外遮阳网，在夏季有效地阻挡部分直射光的照射，在基本满足幼苗光合作用的前提下，通过遮光降低室温内的温度；温室一侧配置大功率排风扇，高温季节育苗时可显著降低室内的温湿度；通过室温的天窗和侧墙的开启和关闭，实现对温湿度的有效调节。在夏季高温干燥地区，还可通过湿帘风机设备降温加湿。

④灌溉和营养液补充设备　种苗工厂化生产，必须有高精度的喷灌设备，可以调节供水量和喷淋时间，并能兼顾营养液的补充和喷施农药。对于灌溉控制系统，最理想的是根据水分张力或基质含水量、温度变化控制调节灌水时间和灌水量；应根据种苗的生长速度、生长量、叶片大小以及环境的温湿度状况决定育苗过程中的灌溉时间和灌溉量。在苗床上部设行走式的喷灌系统，保证穴盘、每个穴孔加入的水分（含养分）均匀。

⑤检测控制设备　工程化育苗的检测控制系统对环境的温度、光照、空气湿度和水分、营养液灌溉等实行有效的监控和调节（图5-3）。由内传感器、计算机、电源、监视和控制软件等组成，对加湿、保温、降温、排湿、补光、微灌及施肥系统实施准确而有效的控制。包括地上部环境监测感应器，如光照度、光量子、气温、湿度、二氧化碳浓度、风速等感应器；培养液的EC值、pH、液温、溶氧量、多种离子浓度的检测感应器，以及植物本身光合强度、蒸散量、叶面积、叶绿素含量等检测感应器，目前各厂家都十分重视对植物非接触破坏而获得各种检测资料的仪器设备的研发。

5.3.3　工厂化育苗生产流程

以播种育苗为例，工厂化育苗的生产流程为调配基质、播种、催芽、育苗和出室5个阶段。工厂化育苗中，依据其栽培作物的品种和栽培方式的不同，所采取的育种播种手段也不同。播种育苗是最主要和常见的方法，常采用穴盘育苗精良播种生产线，以草炭、蛭石等轻质无土基质材料作育苗基质，以不同孔穴的塑料穴盘为容器。用机械化精量播种生产线自动填充基质、播种、覆土、镇压、浇水，然后在催芽和温室等设施内进行有效的环境管理和培育，一次性成苗的现代化育苗管理系统。该生产

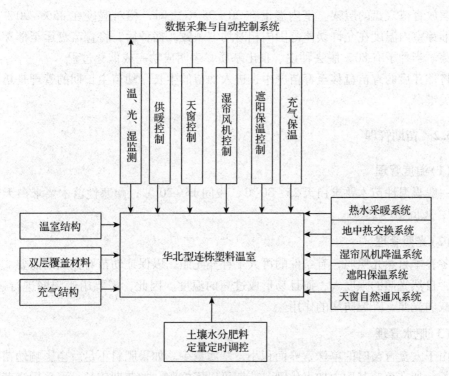

图 5-3　连栋温室自动控制系统

线的主要工艺过程包括：基质筛选→混拌→装料→穴盘装料→刷平→压穴→精量播种→刷平→喷水等。

5.3.3.1　播种与催芽

(1) 基质装盘与精量播种

播种前，对一些不易发芽的种子，如种皮坚硬不易吸水萌发的种子，可采用刻伤种皮和强酸腐蚀等方法；对具有休眠的种子，可用低温或变温处理的方法，也可利用激素(如赤霉素等)处理打破休眠等。一般的种子，若播种前以温水(40~50 ℃)浸种，多可取得出苗快、出芽整齐的效果。

把育苗用的各种基质以及肥料按一定的比例加入到基质粉碎和混配机中，经过适当的粉碎和混合均匀后，由传送带输送到自动装盘机，育苗穴盘在自动装盘机的另一传送带上缓慢运行。混合好的育苗基质就均匀地撒入育苗穴盘中，待穴盘装满基质后运行至一个机械的压实和打穴装置进行刮平和稍压实，然后打穴。已装满基质并打了穴的育苗穴盘传送至精量播种机时就可根据穴盘的型号进行精量播种，每穴播 1 粒。播种后的穴盘继续前行至覆盖机，在种子上覆盖一层约 0.5 cm 厚的基质，最后将穴盘传送到自动洒水装置喷水。

(2) 催芽

催芽在催芽室内进行。室内设有加热、增湿和空气交换等自动控制和显示系统，具有摆放育苗穴盘的层架。室内温度在 20~35 ℃ 之间，相对湿度在 85%~90% 范围内，催芽室内温度在允许误差范围内相对均匀一致。播种后，将育苗盘运至催芽室进行催芽。当种子有 80% 脱去种皮、顶出基质，表明成功完成催芽过程。

将催芽后的育苗盘移至育苗床中，进入幼苗的生长。幼苗生长期的管理是培养壮苗的关键。

5.3.3.2 苗期管理

(1) 温度管理

一般喜温性苗木要求白天 25~30 ℃，夜间 15~20 ℃；耐寒性苗木要求白天 15~20 ℃，夜间 10~15 ℃。

(2) 光照管理

冬春季自然光照弱，有条件的可人工补充光照，以保证幼苗对光照的需要。夏季育苗，自然光照的强度大，而且易形成过高的温度。因此，需要用遮阳网进行遮光，起到减弱光照、降温防病的作用。

(3) 肥水管理

由于穴盘育苗时的单株营养面积小，基质量少。如果肥料不足就会影响幼苗的正常生长。如在育苗基质中加入化肥，苗期可以不施肥。如苗期较长，可采用浇营养液的方式进行叶面追肥。播种后要喷透水，在幼苗的生长中，视具体情况补充水分。冬春季喷灌最好在晴天上午进行。起苗的当天要喷灌一次透水，使苗培容易脱出，长距离运输时不萎蔫死苗。

(4) 苗期病害防治

幼苗期易感染的病害主要有猝倒病、立枯病、灰霉病等，由环境因素引起的生理病害有沤根、寒害、冰害，以及有害气体毒害、药害等。以上各种病理性和生理性病害要以预防为主，及时调整并杜绝各种传染途径，做好穴盘、器具、基质、种子和温室环境的消毒工作，发现病害症状及时进行适当的化学药剂防治。

育苗期间常用的化学农药有 75% 百菌清粉剂 600~800 倍液，可防治猝倒病、立枯病、霜霉病和白粉病；50% 多菌灵可湿性粉剂 800 倍、64% 杀毒矾可湿性粉剂 600~800 倍溶液等对苗木的苗期病害都有较好的防治效果。对于环境因素引起的病害，应加强温、光、湿、水、肥的管理，严格检查，以防为主，保证各项管理措施到位。

(5) 定植前炼苗

幼苗在移出育苗温室前，必须进行炼苗，以适应定植后的环境。如果幼苗定植于有加热设施的温室中，只需保持运输过程中的环境温度，幼苗若定植于没有加热设施的塑料大棚内，应提前 3~5 d 降温、通风、炼苗；定植于露地无保护设施的幼苗，必须严格做好炼苗工作，定植前 7~10 d 逐渐降温，使温室内的温度逐渐与露地相近，防止幼苗定植时因不适应环境发生冷害。另外，幼苗移出温室前 2~3 d 应施一次肥水，并进行杀菌、杀虫剂的喷洒，做到带肥、带药出室。

5.4 无土栽培育苗

5.4.1 无土栽培概述

无土栽培是不用土壤,在化学溶液或栽培基质中培养苗木的栽培技术。植物在没有土壤有机质存在的情况下,由人工供给养分而生长。无土栽培在生产上有一系列的优点:如无土栽培基质重量轻、体积小,方便苗木长距离运输和销售;无土栽培可以有效防止土壤传播病害的发生;无土栽培更适合于大规模工厂化育苗的操作和管理,生长环境的可控性更强,苗木生长整齐度高,个体之间的差异小,品质更高,而且无土栽培不受土壤的限制,适用面广。缺点是:一次性投资大,成本高,营养液配制复杂,管理技术要求高。

随着无土栽培技术的发展,又派生出许多新的方法,主要是在培养基质上的一些改变,如沙培、砾培、蛭石培和煤渣培等通称为无土栽培。

5.4.2 水培育苗

5.4.2.1 水培育苗概述

水培可以直接供给植物生长所需要的养分和水分,为生长提供优越的条件。由于基质的选用恰当,改善了通气条件,有利于苗木生长。同时,由于水培所用的基质疏松,移苗方便,根系完整,成活率高(表5-5)。同时水培育苗不受环境条件的限制,许多不适合常规育苗的地方都可以进行水培育苗。在城市利用庭院、空地、屋顶、阳台等都可进行水培种植,不仅有所收益还美化了环境。也可设立大规模水培场,进行车间化生产、机械化管理,可大大提高育苗效果。但水培要求有一定的设备,比普通育苗成本高,这也在一定程度上限制了水培育苗的发展。

表 5-5 黄杨水培扦插试验比较

扦插基质	生根率(%)	平均根长(cm)	每年扦插次数	生根情况
蛭 石	90	5~10	5~6	须根多
土 壤	10	2	1	须根少

5.4.2.2 水培育苗的设备

水培对场地没有严格要求,只要能满足光照、空气及充足的水源条件,人为提供矿质营养和基质的地方即可。水培用容器的大小,依生产规模及要求而定,任何大小的花盆、水桶、木箱等容器都可进行水培。大规模生产可用水培槽。简易的小型水培设备,可用一容器放入营养液,上面用细网隔开并放入基质,进行苗木培育。更简单的还可用一简单的塑料箱,设几个排水孔,内放基质,稍倾斜放置,浇营养液来进行苗木培育。

5.4.2.3 水培营养液

(1) 营养液的组成

根据植物种类、生长发育时期对营养的要求配置营养液，同时还应考虑环境因子的影响，如温度、湿度、光照等条件。两种园林植物常用著名营养液配方见表5-6。

表5-6　园林著名营养液配方

	化合物名称	霍格兰营养液				日本园试配方			
		化合物用量		元素含量 (mg/L)	大量元素总计 (mg/L)	化合物含量		元素含量 (mg/L)	大量元素总计 (mg/L)
		(mg/L)	(mmol/L)			(mg/L)	(mmol/L)		
大量元素	$Ca(NO_3)_2 \cdot 4H_2O$	945	4	N 112	Ca 160	N 210 P 31 K 234 Ca 160 Mg 48 S 64	945	4	N 112	Ca 160	N 243 P 41 K 312 Ca 160 Mg 48 S 64
	KNO_3	607	6	N 84	K 234		809	8	N 112	K 312	
	$NH_4H_2PO_4$	115	1	N 14	P 31		153	4/3	N 18.7	P 41	
		493	2	Mg 48	S 64		493	2	Mg 48	S 64	
微量元素	0.5% $FeSO_4$ 0.4% $H_2C_2H_6O_6$	0.6 mL×3/(L·周)		Fe 3.3/(L·周)					
	$Na_2Fe-EDTA$					20		Fe 2.8	
	H_3BO_3	2.86		B 0.5		2.86		B 0.5	
	$MnSO_4 \cdot 4H_2O$					2.13			
	$MnCl_2 \cdot 4H_2O$	1.81		Mn 0.5				Mn 0.5	
	$ZnSO_4 \cdot 7H_2O$	0.22		Zn 0.05		0.22		Zn 0.05	
	$CuSO_4 \cdot 5H_2O$	0.08		Cu 0.02		0.08		Cu 0.02	
	$(NH_4)_6Mo_7O_2 \cdot 4H_2O$	0.02		Mo 0.01		0.02		Mo 0.01	

(2) 营养液的浓度及酸度

营养液中大量元素浓度一般不超过 0.2%~0.3%，其营养液的总浓度不能超过 0.4%，浓度过高有害生长。不同植物要求浓度也不同，例如，杜鹃花所用营养液浓度一般不超过 0.1%，而蔷薇类则营养液浓度为 0.2%~0.5%。营养液的酸度以微酸为好，一般情况下 pH 5.5~6.5。

(3) 营养液用水的要求

一般饮用水均可用于配制营养液。含酸的或其他工业废水、硬水不能用。城市自来水中的碳酸盐和氯化物，妨碍根系对铁的吸收，可以用乙二胺四乙酸二钠进行调节，使铁成为 Fe^{2+}，便于苗木吸收利用。

5.4.2.4 水培基质

水培槽上苗床中的基质是代替土壤,起着固定、支撑苗木的作用。选用基质应疏松通气,保水、排水性能好。常用的基质是有蛭石、珍珠岩、石英砂和泥炭等,也可用其混合物;也可使用刨花、干草、稻草等混合物或用磨碎的树皮等。

5.4.2.5 水培的播种与扦插

小粒种子可以直接撒在苗床上,不需要覆盖,大粒种子需插入苗床内。为了更好地保持湿度,在播小粒种子之前用稀释的营养液(水、营养液比例为1:1)预先浇透苗床。一般水培播种苗都比土壤中的播种苗生长好,为提高苗床的育苗效益,对所使用的种子加以精选,以保证出苗及质量。水培扦插所选用的插条,多为当年生半木质化枝条。进行水培扦插育苗,配合生长素处理能够获得更好的效果。

5.4.3 固体基质育苗

无土栽培育苗中,固体基质是必要的基础。即使水培中,在育苗阶段和定植时也要使用少量固体基质来支持苗木。无土栽培用的固体基质有许多种,其中包括沙、石砾、珍珠岩、蛭石、岩棉、泥炭、锯木屑、稻壳、多孔陶粒、泡沫塑料等。

5.4.3.1 固体基质的作用与选用原则

(1)固体基质的作用

①支持固定植物 要求固体基质在苗木扎根其中生长时,不致沉埋或倾倒。

②保持水分 能够作为无土栽培使用的固体基质都可以保持一定的水分。这样在灌溉间歇期间不至使苗木失水而受害。例如,珍珠岩可以吸收并保持相当于本身重量的3~4倍的水分;泥炭则可以吸收并保持相当于本身重量10倍以上的水分。

③透气 苗木的根系进行呼吸作用需要氧气,而固体基质的颗粒之间空隙中存有空气,可以供给苗木根系呼吸所需的氧气。

④缓冲作用 只有少数固体基质有这种作用。缓冲作用可以使根系生长的环境比较稳定,当外来物质或根系本身新陈代谢过程中产生一些有害物质危害苗木根系时,缓冲作用会将这些危害化解。具有物理化学吸收功能的固体基质都有缓冲作用。如蛭石、泥炭等。具有缓冲功能的固体基质,通常称为活性基质。

(2)固体基质的性质

①基质的物理性质 对栽培苗木生长有较大影响的基质物理性质主要有容重、总孔隙度、持水量、大小孔隙比及颗粒大小等。

容重是指单位体积基质的重量,用 kg/m^3 或 g/cm^3 来表示。$0.1~0.8\ g/cm^3$ 容重范围对苗木生长好。

总孔隙度是指基质中通气孔隙和持水孔隙的总和。大孔隙反应基质中空气占据的空间,可认为是通气孔隙;小孔隙是反映基质中水分所能够占据的空间,可认为是持水孔隙。通气孔隙与持水孔隙值称为大小孔隙比。大小孔隙比大，则说明空气容量大而持水容量较小；反之，则空气容量小而持水容量大。一般而言，大小孔隙比在1:(1.5~4)范围内苗木都能良好地生长。

总孔隙度大的基质重量较轻，基质疏松，有利于苗木根系生长，但对于苗木根系的支撑固定作用的效果较差，易倒伏。例如，蔗渣、蛭石、岩棉等的总孔隙度在90%~95%及以上。总孔隙度小的基质较重，水、气的总容量较小，如沙的总空隙度约为30%。因此，为了克服单一基质总孔隙度过大或过小所产生的弊病，在实际应用时常将几种不同颗粒大小的基质混合制成复合基质来使用。基质的颗粒大小直接影响着容重、总孔隙度和大小孔隙比，因此，生产实际中应依据所培育的苗木类型选用适宜的基质颗粒。

②基质的化学性质　基质的化学组成及由此而引起的化学稳定性、酸碱性、阳离子代换量（物理化学吸收能力）、缓冲能力和电导率等，会对栽培苗木生长产生较大影响。

基质的化学稳定性是指基质发生化学变化的难易程度。在无土栽培中要求基质有很强的化学稳定性，这样可以减少营养液受干扰的机会，保持营养液的化学平衡而方便管理。

基质的阳离子代换量以每千克基质代换吸收阳离子的厘摩尔数（cmol/kg）来表示。有的基质几乎没有阳离子代换量，有些却很高，它会对基质中的营养液组成产生很大影响。其有利的一面是对酸碱反应有缓冲作用；不利的一面即影响营养液的平衡，是人们难以按需控制营养液的组分。

基质的缓冲能力是指基质加入酸碱物质后，本身所具有的中和酸碱性（pH）变化的能力。缓冲能力的大小，主要由阳离子代换量以及存在于基质中的弱酸及其盐类的多少而定。一般阳离子代换量高，其缓冲能力就大。含有较多的碳酸钙，镁盐的基质对酸的缓冲能力大，但其缓冲作用是偏性的（只缓冲酸性）。含有较多腐殖质的基质对酸碱两性都能有缓冲能力。总的来说，在常用基质中，植物性基质都具有缓冲能力，而矿物性基质则有些有很强的缓冲能力（如蛭石），但大多数矿物性基质缓冲能力都很弱。

基质的电导率是指基质未加入营养液之前，本身原有的电导率。它反映基质中原有的可溶性盐分的多少，将直接影响到营养液的平衡。

③基质的选用原则　一是适用性；二是经济性。一般来说，基质的容重0.5 g/cm^{3}左右、总孔隙度60%左右、大小孔隙比0.5左右、化学稳定性强（不分解出影响物质）、酸碱度接近中性、没有有毒物质存在时，都是适用的。基质的适用性还体现在当基质某些性质有碍苗木生长，但这些性状是可以通过采取经济有效的措施予以消除。例如，新鲜的蔗渣的C/N很高，在种植苗木过程中会发生微生物对氮的强烈固定而妨碍苗木的生长，但经过采取比较简单而有效的堆沤方法就可将其C/N降低而成为很好的基质。有些基质虽对植物生长有良好的作用，但来源不易或价格太高，因而不能使用。如南方的泥炭来源相对较少，价格比较高，可考虑使用作物茎秆、稻壳等植物性材料作为基质。

5.4.3.2 无土栽培基质的分类

常用基质分类如下：

①按照来源　分为天然基质、人工合成基质两类，如沙、石砾、岩棉等为天然基质，而岩棉、泡沫塑料、多孔陶粒等则为人工合成基质。

②按照基质组成　分为无机基质和有机基质两类，沙、石砾、岩棉，蛭石和珍珠岩等以无机物组成为无机基质，而树皮、泥炭、蔗渣、稻壳等是以有机残体组成的，为有机基质。

③按照基质性质　分为惰性基质和活性基质两类，惰性基质是指本身不起供应养分或不具阳离子代换量的基质，活性机制是指具有阳离子代换量或本身能供给植物养分的基质。沙、石砾，岩棉、泡沫塑料等本身既不含养分也不具有阳离子代换量，属于惰性基质；而泥炭、蛭石等含有植物可吸收利用的养分，并具有较高的阳离子代换量，均属于活性基质。

④按照基质使用组分　可分为单一基质和复合基质两类。单一基质是指使用的基质是以一种基质作为生长介质的，如沙培、沙砾培使用的沙、石砾，岩棉培使用的岩棉。复合基质是指由两种或两种以上的基质，按一定的比例混合制成的基质。

5.5　庭院绿化苗木容器化培育

随着人们生活水平的提高，生活方式的改变，对于居住环境的要求也越来越高，庭院绿化日益受到重视。种类繁多的绿化植物可美化环境，给人们以最直接、最强烈的美感。庭院绿化还是提供人们休闲、观赏和改善生态环境的重要手段。庭院绿化是一门综合艺术，庭院的绿化和美化主要依靠植物造景的手段，来达到室外景观细节与整体的和谐统一，优美的绿化环境能够潜移默化地培养人们积极健康向上的审美情趣，让生活在这个环境中的人们，能感受到生命的多彩以及生活的丰富多姿，大大提升人们的生活质量。一个好的庭院绿化，应更加贴近自然，形成和谐的自然景观，使庭院具有独特的风格，因此也需要丰富多样的庭院绿化植物。在庭院绿化苗木的培育中，各种珍贵苗木和造型苗木，通常需要通过容器化育苗方式生产。

5.5.1　庭院绿化植物选择

人们对于居住环境的要求日益提高，迫切需要通过庭院景观来达到自己对于高雅环境的要求，所以庭院园林景观日益受到重视。树木作为园林景观中的重要构成要素，在庭院绿化中占据重要位置，树木种类的选择决定着庭院绿化效果的成败。因此，适合庭院绿化的植物种类选择在庭院绿化中起着重要作用。庭院植物选择配置，要考虑自然条件、生态需求、栽植小环境、社会文化等，还需要充分考虑不同植物的季相变化、色彩搭配、植物造型，观赏效果等，常见的庭院绿化植物如下：

(1) 观花类

观花类植物艳丽芬芳，是庭院中的主要观赏对象。例如，牡丹花大色艳，是庭院绿化中的主要花种；海棠、紫薇因兼有姿态花色之美，海棠又有西府、垂丝、贴梗之分，虽树形各异，都具有相当观赏价值；山茶与桂花既常绿，又耐阴；而且山茶花色艳，桂花芬芳，故较多采用；蜡梅花香色美，是冬季和早春的重要观赏对象，常作院落种植的树种。

(2) 观果类

观果类主要作为夏秋观赏之用，也可作为冬季点缀。常绿的有枇杷、南天竹、枸骨等，落叶的有柿子、无花果、枸杞等。其中枇杷果实金黄，既能观赏，又可供食用，庭院绿化中颇多采用。南天竹也称天竹，冬季结红果，常与蜡梅合栽，也是园中常用的重要树种。

(3) 观叶类

观叶类乔灌木是构成庭院中山林与绿荫的主要因素，也是园林植物配置的基础。常绿树有罗汉松、马尾松、樟树、八角金盘、丝兰、女贞等，落叶树有银杏、合欢、黄连木、皂角、乌桕、紫叶李、枫香等。

(4) 藤蔓类

藤蔓类是庭院中依附于山石、墙壁、花架上的主要植物。因其习性攀缘，故有填补空白，增加园中生气的效果。常绿藤蔓有蔷薇、木香、常春藤等，落叶藤蔓有紫藤、凌霄、地锦等。其中紫藤除攀缘外，还可修剪成各种形态。木香花千枝万条，香馥清远，在庭院中较多采用。

(5) 竹类

竹类性喜温暖的气候和肥沃的土壤，姿态挺秀，经冬不凋，与松柏并重。由于生长快，不择阴阳，墙根池畔，皆可种植，常用的有毛竹、淡竹、刚竹、慈孝竹、观音竹、寿星竹、斑竹等。其中毛竹、淡竹、刚竹高大且挺直，多成片种，绿意盎然。紫竹、方竹秆叶纤细，多用以填补空白，遮挡视线。

5.5.2 庭院绿化苗木培育

5.5.2.1 育苗容器选择

可根据培育苗木的种类、大小、培育时间、是否移植等因素，选择材质、形状和色彩等适宜的容器。庭院绿化多用大苗，常用控根育苗容器，控根容器的口径一般为苗木地径的 8~10 倍。有时需要将苗木和容器一起销售，则要选择与苗木形态能够搭配，且外形美观的容器。

5.5.2.2 育苗基质的选配

育苗基质的选配非常关键，在苗木培育工程中，苗木生长所需的水分、养分、酸碱度等生长环境主要依赖容器内的基质提供。因育苗容器的容量有限，对水、肥等的缓冲能力较差，故对容器内装填的育苗基质要求较严。庭院绿化苗木种类繁多，生物学特性和生态类型各不相同，对基质的要求也不同。多数苗木需要中性或微酸性基质；应当疏松、透水和通气能力好，不会因积水导致根系腐烂，又有利于根系的生长发育和根际菌类的活动；要有较强的保水和保肥能力，可保证经常有充足的水分和肥料供苗木生长发育使用。还要重量较轻，资源丰富、来源容易、成本低廉。生产实际中，可选择砂质壤土与杂树皮、锯沫、枯枝落叶、作物秸秆、花生壳、废菌棒、牛粪、圈粪等进行合理混合配置后，加入菌液进行发酵，然后选用化学药剂对基质进行消毒处理，杀死其中的病、虫害病原。

5.5.2.3 育苗类型的选择

庭院绿化所需的苗木，应具有美化环境、改善小环境生态、空间分隔等作用。如苗木的树型、枝干颜色、叶片、果实等应有可观赏，如金脉刺桐、鸡蛋花、桂花等开花的或带有香味的品种，月季、海棠等花期长、颜色鲜艳的品种。

苗木应适宜修剪造型，以便在苗木培育中通过修剪美化，培育出满足功能需求、形态多样、风格独特的苗木。如树状月季、独干金银木、球灌木，红叶石楠球、紫叶小檗球、瓜子黄杨球。

所有培育的苗木种类，最好能够具有吸收有害气体、分泌挥发性物质以杀灭空气中的细菌。还要考虑培育不同高度和不同种类的乔木或灌木苗木，以满足庭院绿化中空间分隔的需求。

注意选择珍贵树种和多功能树种，培育大规格精品苗木、商品价值高的苗木，以满足庭院绿化的多种需求。如苗木树干直径 15 cm 的红枫，苗木树干直径 8~15 cm 的玉兰、樱花、海棠等。多功能的绿化植物树种，能够增加绿化苗木的附加值，是庭院绿化苗木培育选择值得重视的发展方向之一。如苹果、梨树、枣树、山楂、香椿、樱桃等，既可赏花，又可收获果实；枸杞、杜仲、牡丹、芍药等，既能赏景观花，又能收获养生产品。

庭院绿化苗的选择中，还要注意乡土树种苗木的培育，乡土树种适应性强，对自然灾害抗逆性强，具有强大生命力，用量大，市场长久。

5.5.2.4 庭院绿化容器苗培育的关键技术

(1) 育苗容器摆放

育苗容器摆放在地势平坦的地上，如水泥地、铺装地等。如果地面为裸露土壤，应在地面垫一层石子或粗炭渣。摆放密度根据苗木大小而定，以不相互遮阴，行间便于管理为度。摆放容器时还要考虑所育苗木的生物学及生态学特性，如不要把抗旱性强的苗木种类与喜水的苗木种类摆放一起，以免给后期管理带来不便。

(2) 种植要求

容器内的基质不要装太满，离容器上边缘 5 cm 左右，以便浇水。苗木种植深度，要依据所种植苗木的根系特性确定。尤其庭院绿化大苗的培育，要使苗木栽植深度适宜，且有充分的生长空间，种植过深或过浅都不利于苗木的生长发育。苗木栽植完成后，浇第一次定根水，要浇透，然后覆土，3 d 后进行第 2 次浇水，之后按照常规浇水管理进行。

(3) 养护管理

苗木生长过程中，按照培育目标，有针对性地精心管理，定向培育。

浇水要浇透，不能上湿下干，浇水最佳时间是早晨。观叶类的植物要时常对叶进行淋洗，让其保持清洁，展现植物本色。叶片大而薄的苗木种类，需要较多的水分。叶片小、质硬或叶表有厚的角质层或密生茸毛的苗木种类，有较强的抗旱能力，需水量小，可减少浇灌次数。休眠期的落叶植物，需要较少的水分。

及时剪去内膛枝、弱枝、病虫害枝。及时清理病叶、烂叶、死苗和容器内杂草。病虫害的防治是庭院绿化苗木培育和养护的重要环节。随着气温上升，蚜虫、天牛等常常危害苗木。可喷施25%吡虫啉可湿性粉剂10 000 倍液防治介壳虫和蚜虫；人工捕杀天牛成虫，或者在树干上涂石硫合剂防止天牛成虫产卵；白粉病发病初期喷施50%"多菌灵"，白粉病枝条应及时剪除，集中烧毁；立枯病发病初期用70%甲基托布津可湿性粉剂1000 倍液灌根。

苗木旺盛生长期，要及时施肥供给植株需要的养分。对长势较差的苗木，可叶面喷肥。

冬季注意防冻等，进入冬季后，对容器苗的苗干进行包干涂白，或在主干周围捆上稻草或草绳缠绕，用塑料薄膜包上树干等，都有利于苗木安全越冬。

(4) 造型苗培育

造型苗木指通过人工绑扎、修剪等方式处理过的绿化苗木。通常需经过多年造型外形塑造栽培而成，每一株都能独立成景。如造型罗汉松、黄杨、石榴等，用于庭院造景立即能取得良好的景观效果，市场前景看好。造型苗生长缓慢，寿命长，多以观叶观干为主。

造型苗培育的重点是人工造型。结合庭院绿化市场需求和植物特性，选择枝丫修剪伤口愈合快、造型可塑性大的树种，不断进行修剪和整形，可培育各种造型苗木。如地径 10 cm 的小叶造型罗汉松、地径 6 cm 的造型小叶女贞、黄杨编织的立体球、黄杨云片造型、紫薇长廊、桂花花瓶。有的树种虽然可塑性小、造型难度大，但也能够通过精心管护，培育出优美的造型苗。

思 考 题

1. 组培育苗的流程及关键的技术环节有哪些？
2. 容器育苗特点及育苗容器的种类有哪些？
3. 简述容器育苗营养土材料与配制方法。
4. 控根容器育苗技术特点是什么？
5. 工厂化育苗的主要工艺流程及关键技术环节有哪些？

推荐阅读书目

1. 植物组织培养．沈海龙．中国林业出版社，2005．
2. 无土栽培学．郭世荣．中国农业出版社，2003．
3. 植物组织培养与工厂化育苗．崔德才，徐培文．化学工业出版社，2003．

第 6 章
大苗培育

[**本章提要**] 为了快速达到美化效果，园林绿化中普遍采用大规格苗木栽植，本章介绍了影响园林树木苗木移植成活的主要因素，苗木移植的关键技术措施以及苗木的反季节移植技术，介绍了苗木的整形修剪时间和修剪方法、苗木造型基础、野生树木资源的苗木繁殖、技术。重点阐述了园林树木大苗培育的技术特点。

城市园林绿化是城市建设中的重要组成部分，随着社会经济的发展以及城市建设水平的提高，城市园林绿化对苗木的选用要求也发生了变化。原来的小规格苗木，已经不能满足现代设计及施工的要求，转而普遍选用大规格苗木。目前在城市公园绿地、单位、居民区绿化以及旅游区、风景区、森林公园、公路等绿化美化中几乎都采用大规格苗木进行栽植。大规格苗木已经具有了一定的体量，树形也基本稳定，能尽快成景，达到设计的绿树成荫、花枝交错的绿化效果，快速满足绿化、防护、美化功能及人们的观赏需要，可以收到立竿见影的效果。大规格苗木具有发达紧凑的根系、完美的树形，健壮的生长势，较大的树体，且适应性强，抵抗自然灾害的能力强，能更好地适应园林树木栽植地如城市道路、工矿企业，甚至更恶劣的生长环境，栽植后能顺利地存活和生长。

园林树木的大苗培育是指将苗圃中经繁殖形成的小苗进一步培养，经移栽、整形修剪和多年培育，最终得到符合城市绿化要求的大规格苗木的培育过程。大苗一般情况下需要在苗圃中经过几年到几十年的培育，才能成为符合城市绿化要求的大规格、高质量的苗木。在大苗的培育过程中，最主要的是苗木移植，同时结合苗木移植进行整形修剪、土肥水管理和病虫害防治等工作。

6.1 苗木移植

6.1.1 移植的作用

移植是指在一定时期把生长拥挤密集的小苗木挖掘出来，按照规定的株行距在新的育苗地栽植培养。这一环节是培育大苗常用的重要措施。凡是经过移植继续培养的苗木称为移植苗。苗木移植是保证苗木高产和提高定植成活率的关键，是苗木基地苗木生产的一道必须环节，对提供高质量的苗木起着重要的作用，概括如下：

(1) 为苗木提供了良好的生长环境

一般的育苗方法，如通过播种、扦插、嫁接等方法培育苗木时，小苗密度较大。随着苗木的不断生长，株高、冠幅迅速增加和扩张，枝叶稠密，日显拥挤，如不及时移植，常因营养面积小，生存空间狭窄，苗木之间相互争夺水、肥、光照、空气等，导致苗木细长、枝叶稀疏，株形变差，易感染病害，严重制约苗木的生长发育。因此必须扩大苗木的株行距，但间苗会浪费大部分苗木，留下的苗木也不便对其根系进行剪截，促其发展。因此常使用移植的方法来扩大苗木的株行距。移植时要根据植株特性来决定合理的株行距，等苗木生长几年后再进行移植，并随苗木的不断扩大逐步扩展其生存空间。

幼苗经过移植，增大了苗木的株行距，扩大了生存空间，能使根系充分舒展，叶面充分接受太阳光，增强苗木的光合作用、呼吸作用等生理活动，为苗木健壮生长提供良好的环境。可以说，确定合理的株行距是培养通直的主干、完整的树冠和发达的根系的有效措施，既可防止苗木徒长，也为树冠主侧枝的合理分布和正常的生长创造条件。此外，在移植的过程中可以对根系、苗冠进行必要的、合理的整形修剪，人为地调节地上部分与地下部分生长平衡。同时，可以除去那些生长差、达不到要求或预期不能发育成优质大苗的劣质苗木，从而可提高苗木的品质。也为施肥、浇水、修剪、嫁接等日常管理工作提供了方便。

(2) 促进苗木产生发达的根系，提高成活率

未经过移植的苗木根系分布深，侧根、须根少，定植后不易成活，生长势差。苗木经过数次移植后，苗木主根和部分侧根被切断，刺激根部萌发大量的侧根、须根，使根系数量显著增多，吸收面积扩大，形成比较发达的根系，从而对地上部树体营养生长和冠径扩大起到促进作用。移植还可以起到一定的疏根作用，可使苗木新根分布均匀，形成比较完整的根系系统。此外，移植后的苗木由于切断主根，新生的侧根、须根都处于根颈附近和土壤的浅层，将来起苗伤根少，有利于将来绿化栽植的成活率和生长发育，达到良好的绿化效果。

(3) 培育苗木优美的树形

园林绿化用的大苗，为了美化环境，需要树姿优美，树冠丰满，而通过苗木移植，可以培养出具有优美干形和冠形的健壮、优质的园林绿化苗木，从而满足园林绿化美化的要求。园林苗木经过移植，淘汰了树形差的苗木，扩大了苗木的株行距，使苗木的枝条有足够的空间充分伸展，形成该树种应有的树形。另外，在移植的过程中结合整形、修剪等管理技术，可以使树形按照设计的要求发展，培育出特殊的树形，增加园林树木的观赏价值。移植时期对苗木树冠的修剪可以使培育的苗木水分与光能利用趋于合理，保持旺盛的生长状态。因此，苗木移植是保障苗木枝叶繁茂，树姿优美的重要措施。

(4) 利于苗木分级处理

苗木移植时，一般要根据苗木的生长情况进行分级栽植。分级移栽后，苗木在高度、大小一致的情况下，生长较均衡、整齐，分化小，管理比较方便，有利于在有限的苗圃地上培育出品质好、批量大、规格一致的大苗。此外，对于分级后的不合格苗木，如果是有病虫的、根系过短或过少的、重损伤以及生长发育不良的劣质苗，必须淘汰舍弃，提高苗木整体质量；如果仅是形态指标不够标准的小苗，还可通过移植进一步优化。

(5) 合理利用土地

苗木生长的不同时期，树体大小不同，对土地面积的需求不同；在栽培过程中，不同时期树体对土壤营养条件的需求也存在差异。根据这些特点，园林绿化用大苗，在各个龄期，根据苗木体量大小，树种生长特点及群体特点，通过移植的方式合理安排密度，有针对性地选择土壤类型，才能最大限度地利用土地，节约成本，在有限的土地上尽可能多地培育出大规格优质绿化苗木，使土地效益最大化。

6.1.2 影响移植成活因素

6.1.2.1 移植成活原理

在园林苗木的生长中，苗木地下部分（根）和地上部分（茎、枝、叶）存在着相互依赖的关系，地下部分的生命活动必须依赖地上部分产生的碳水化合物和某些生长物质，而地上部分的生命活动也必须依赖地下部分吸收的水肥等营养物质。地下部分和地上部分在物质上的相互供应，维持着苗木生理代谢的动态平衡，使植物正常生长发育。苗木在移植后，根系遭到大量的损伤，从土壤中吸收水分和养分的能力大大降低，而地上部分对水分和养分的消耗没有减少，这就严重打破了原来地上和地下的平衡关系。因此，苗木移植后要采取一系列有效的技术措施，尽快使苗木恢复地上部分与地下部分物质供给的动态平衡，保持苗木有较长时间的生命力。苗木地上、地下部分物质供给的动态平衡主要表现在水分代谢的平衡，如果苗木移植后不能尽快恢复，很容易造成苗木失水死亡。因此，为了提高苗木移植成活率，在移植的过程中应尽量减少对苗木根系的破坏，如带土球移植；对地上部分的枝叶进行适当修剪，减少部分枝叶量，减少蒸腾作用对水分的消耗；通过采取技术措施减少地上部分的水分和养分消耗，如喷水、搭遮阳网、喷洒抗蒸腾剂等。

6.1.2.2 影响移植成活的内部因素

园林苗木根系的再生能力是影响苗木移植成活的重要内在因素。而苗木根系的再生能力由于遗传性的差异，在不同苗木种类甚至同一种类的不同品种之间表现出很大的差异，且同一个品种，树木的年龄、营养状态等不同，根的再生能力也存在差异。一般依据苗木的生根难易程度可将苗木分为两大类，一类容易生根，移植很容易成活，如大叶榕、高山榕、麻楝、大叶相思、木棉、凤凰树、夹竹桃、红花紫荆花、黄槐、新疆杨、泡桐、鸡蛋花等；另一类移植后较难生根，不易成活，如扁桃、杧果、尖叶杜英、桉树、白兰花、秋枫、樟树、海南红豆、油松、板栗等。另外，生长健壮的苗木含有丰富的碳水化合物等营养物质，这些营养物质在树木移植时，能使树木较快恢复生根，促进生长。树体内还含有一定浓度的生长素和一些能刺激根生长的物质如吲哚乙酸、萘乙酸等，可使树木移栽后快速萌发新根。对于苗龄来说，随着苗木苗龄的增长，移栽成活越加困难，但树木太小移栽，短期达不到绿化效果，因此在园林绿化的栽种中，一般使用8~15 cm胸茎的树木较好，灌木使用2~3年生的树木较好。

6.1.2.3 影响移植成活的外部因素

树木移栽从起苗、运输、种植、生根到生长发育，时刻与它周围的空气、温度、水分、光照、土壤或其他基质和微生物等环境发生着密切的关系，构成环境的这些基本因素称为外部环境因素。苗木移栽成活受到多个外部环境因素的共同影响，而各个因素对苗木成活的影响有其特有的作用，其中水分是在移植苗的整个成活过程中的主导因素。苗木在移栽后根被切断，不能从土壤吸收大量的水分来满足叶片蒸腾作用的需要，通过外部淋水和喷水可以维持水分的平衡，促进树木的成活。空气中有苗木叶片进行光合作用所需的二氧化碳和根细胞及其他细胞进行呼吸作用所需的氧气，对苗木的成活至关重要。风可以改变气温和温度，对树木起到降温作用，促进树木成活，又可增强蒸发，加速苗体水分的散失，对树木既有益也有害。温度影响着苗木细胞分裂、光合作用、吸收作用、蒸腾作用和其他生理活动的强度及植株内部物质的转化与输导，从而影响树木的再生和整个生长发育进程。温度过低过高都不利于苗木根的再生，因此，苗木移植应该选择在合适的季节或者温度范围内进行。光是植物光合作用的能源。苗木移植时，在满足苗木正常生长的光照条件下，光照可使叶片及时制造碳水化合物，快速促进苗木的生根，恢复正常的生长，但在移植过程中有时要给移植苗木适当的遮阴以起到缓解蒸腾和降低苗体温度的目的。土壤的通气性和吸水量是影响树木移植成活的关键因素。在施工中应根据不同的土壤特点选择树木和进行土壤改良，以保证树木移植后有良好生长。

6.1.3 移植技术

6.1.3.1 移植地的准备

(1) 补土还田

圃地经掘苗出圃后，不论是带土球苗还是裸根苗，都要或多或少地带走土壤，造成圃地土壤亏损，所以在苗圃出圃后，应立即填土还田，补足亏缺土壤。因为苗木根系从圃地带走的土壤属于耕作层内的土壤，这层土壤质地疏松，结构良好，有着丰富的营养和优良的理化性质，因此，补土要注意所选土壤的肥力和土壤质地，否则将影响移植苗的生长发育，进一步影响苗木质量。补土应尽量选用经过耕作可供种植的富含有机质的熟化土，不可选用未经耕作的深层新土和新垦荒地的生土；且所选土壤的各种化学性质指标应适合拟移植的苗木的要求。补土的来源可以附近就地取材，也可以利用湖泥、塘泥等便利条件。

(2) 休闲轮作

一般大苗培育需要留床 2~8 年，因此，大苗育苗地经过一茬苗木生长，会消耗土壤中的大量营养成分，所以在大苗出圃后，应使之休闲，短则半年，长则 1 年，休养生息，恢复地力。再植苗木时，苗木可旺盛生长，加速成苗。

苗圃若连年种植同种类的苗木，容易造成土壤里同一种养分的过度消耗，地力衰退，致使苗木质量下降，产苗量减少。如杨树、刺槐、榆树、合欢、紫穗槐等，连作会出现苗木质量严重下降的现象。苗木连作还容易造成土壤中某些有害代谢物的累积。另外，长期培育同一树种的苗木，会给某些病原菌和害虫造成适宜的生活环境，容易发生严重的病虫危害。因此，大苗出圃后，为了使地力得以恢复，不影响下一茬苗木的正常生长，应有计划地进行轮作。轮作是在同一块苗圃地上轮换种植不同苗木或其他作物，如农作物、绿肥的栽培方法。此法能充分利用土壤肥力，调节根系排泄的有毒物质的积累；能预防病虫害，如猝倒病、金龟子幼虫等；有利于增加苗木产量，提高土地利用率。如常绿树种常与落叶树种轮作、乔木类可与灌木类轮作等。对于易染根癌肿病的桃、海棠类和苹果尤其要进行轮作。

(3) 整地施肥

苗圃地在苗木出圃后，由于掘苗和带土球起苗，常造成地面坑坑洼洼，坎坷不平。因此，在苗圃整地施肥之前，应先进行用粗整，即翻地整平，填平坑穴。用于移植苗木的苗圃在移植前，要进行全面整地。整地可与施肥同时进行，以利肥土充分混合。

由于苗木生长量大、枝叶多，对营养需求量大，若营养不足，树势则明显衰弱，若缺少某种元素，还可能表现出缺素症。只有在苗木移植前施足基肥，才能保证苗木在整个生育过程中有充足的养分吸收，旺盛地生长。因此，翻耕前先在地表均匀地撒一层基肥，基肥应以迟效性肥料如厩肥、堆肥等有机肥为主，每亩施充分腐熟的厩肥或堆肥 5000 kg 左右，并适量混入过磷酸钙、草木灰、尿素等无机肥。然后深翻，翻耕深度因圃地、移植时期、苗木大小而异，秋耕或休闲地初耕可深些，春耕或二次翻耕可浅些；移植大苗可深些，移植小苗可浅些。另外，如果计划春季移植，可在前一年秋季挖坑或沟，使土壤晒冻熟化。也可挖坑或沟后施入农家肥埋土，第二年再在施肥基础上移植，这样既可合理安排工作，又使土壤熟化，能取得较好的效果。翻耕后及时耙压，做到地平土碎、肥土混匀。

(4) 作畦

整地施肥完毕，即可作畦。作畦方式有高畦、半高畦、平畦或低畦，具体可根据当地的降水条件来确定。高畦的制作方法为：畦宽 2~2.5 m，畦高 15~20 cm，具有提高土温，加厚耕层，便于排水等作用。一般雨水较多、地下水位高，地势低洼地区多采用高畦。平畦畦面与畦间步道高度相平，保水性好，一般在土层深厚、排水良好的地区采用。低畦保水力强，一般在降雨量少，易干旱地区采用。作畦时可先打边线，然后修整四边，再平整畦面，最后作畦壁。畦面要求土块细碎平坦，如果移植较小的苗木，畦面更应仔细平整，以利灌溉排水。在作畦的同时，应同时做好灌排系统以及苗木管理必需的苗圃步道。

6.1.3.2　移植时间

中国明代的《种树书》中说到"移树无时惟勿使树知"。也就是说，移树没有固定的时间，只要不使苗木受太大的损伤，一年四季都可以进行移植。但是在具体实践中，应根据树种特性和各地环境条件的差异，确定苗木适宜的移植时间，一般情况移植的最佳时间是苗木的休眠期，如在北方秋季10月至翌春4月进行移植较好，而对于常绿树种也可在生长期移植。

(1) 春季移植

春季土壤解冻后直至苗木萌芽时，都是大苗移植的适宜时期。早春气温回升，土壤开始解冻，土壤湿度较好。此时苗木开始打破休眠状态恢复生长，树液刚刚开始流动，枝芽尚未萌发，树体内贮存养分还没有大量消耗，蒸腾作用微弱，同时土块温度、湿度已经能够满足根系的生长要求，根系先期进行生长，为生长期吸收水分供应地上部分做好准备，移植后苗木成活率高。春季的具体移植时间可根据各树种发芽时间的早晚来安排，发芽早的早移植，发芽晚的晚移植。一般是落叶树种先移，常绿树种后移；大苗先移，小苗后移。有的地方春季干旱大风，如果不能保证移植后充分供水，应推迟移植时间或加强保水措施。此外，早春容易出现倒春寒，应该注意观察苗木的生长和发芽情况，如月季、雪松、女贞、桂花和紫薇等，及时采用浇水、培根和施肥等技术进行防治。

(2) 秋季移植

秋季也是苗木移植的重要季节。秋季移植应在苗木地上部分停止生长后立即进行，即落叶树开始落叶时始至落完叶止，常绿树应在生长高峰期过后进行。此时土温仍较高，根系尚未完全停止生理活动，移植后被切断的根系还能够愈合恢复并长出新根，为来年春季萌芽生长创造了良好的条件，移植后成活率高。秋季移植一般在秋季温暖湿润，冬季气温不太低，无冻伤危害和春旱危害的地方进行，北方冬季寒冷，秋季移植应早。冬季严寒和冻拔严重的地区不能进行秋季移植。

(3) 夏季移植

在夏季多雨季节移植，多用在北方移植针叶常绿树和南方移植常绿树种。这个季节雨水多、湿度大，苗木蒸腾量较小，根系生长较快，移植成活率高。一般常绿树种在雨季初进行移植，移植时要带大土球，并做好包装，保护好根系。苗木地上部分可进行适当修剪，移植后及时喷水喷雾，保持树冠湿润，必要时还可进行遮阴防晒。种植后的浇水量视天气情况而定，若连续下雨，可减少浇水量和浇水次数；若连续高温少雨，则需加大灌溉量，但每次灌溉量不能过多或过少，否则会泡根或使根受旱而影响成活。

6.1.3.3　移植的次数与密度

培育大规格苗木要经过多年多次移植，具体移植次数应根据树种的生长速度、移植时的密度及对苗木的规格要求来确定。一般阔叶树种,用1~2年生播种苗或营养繁殖苗进行移植培养,苗龄满后进行第一次移植,以后根据生长快慢和株行距大小,每隔2~3年移植一次。对于行道树、庭荫树、花灌木等,一般移植1~2次,苗龄3~4年即可出圃。对要求立即产生绿化效果的重点工程所使用的苗木,需要经过2次以上移植,苗龄达5~8年才可出圃。对于针叶树种及一些生长缓慢,根系不发达而且移植后较难成活的树种,如银杏、白皮松、罗汉松、云杉、七叶树等,一般苗龄满2~3年开始移植,以后每隔3~5年移植一次,常需苗龄8~10年,甚至十几年才能养成出圃。苗木移植次数最多为2~3次,过多移植会阻滞苗木的生长。

移植苗的密度应根据苗木生长速度、苗木大小、喜光程度、气候条件、土壤肥力、培育的年限、苗木用途以及机械化水平等来确定。一般针叶树的株行距比阔叶树小;速生树种株行距应大些,慢生树种应小些;苗冠开展,侧根须根发达,培育年限较长者,株行距应大些,反之应小些;以机械化进行苗期管理的株行距应大些,以人工进行苗期管理的株行距可小些。移植密度一般第1次移植为落叶树行距50~100 cm,株距40~50 cm;针叶树行距30~50 cm,株距5~30 cm。第2次移植行距100~150 cm,株距80~100 cm。另外,培育大苗每次移植的密度与移植次数紧密相关,若苗木移植得密,相应移植的次数就多;每次移植得稀,相对移植次数就少。一般情况下,在保证苗木有足够的营养面积的前提下必须合理密植,以充分利用土地,提高单位面积的产苗量。

6.1.3.4 苗木移植方法

(1) 起苗

苗木移植时,起苗的方法一般有裸根起苗和带土球起苗两种。

①裸根起苗 掘苗省工,操作简单,适用于大部分落叶树种和常绿树小苗,如槐树、悬铃木、杨、柳等。裸根起苗前几天应对苗木生长的地块浇水,使土壤相对疏松,便于起苗,同时,可使苗木充分吸水,增加苗木的含水量,提高移植成活率。起苗时,依苗木的大小,确定下锹的范围,保留好苗木根系,一般2~3年生苗木保留根幅直径为30~40 cm。在此范围之外下锹,切断周围多余根系,提取树干,起出苗木。起苗时使用的工具要锋利,尽量使切口齐整平滑,防止主根劈裂和撕裂。苗木起出后,抖去根部宿土,尽量保留好须根。如果苗木挖出后少抖掉些泥土,保留根部护心土及根毛集中区的土块,带部分宿土,还可以提高一些不易移植种类苗木的成活率。裸根移植也可用机械代替,提高工作效率。

②带土球起苗 常绿树种及规格较大的或移植不易成活的树种、直根系树种,如板栗、核桃、七叶树、柿树、槲栎等以及名贵树种,如山茶、广玉兰、杜鹃花等宜用带土球起苗,以保证移植成活率。带土球起苗时先铲除苗木根系周围表土,然后按一定的土球规格,顺次挖去规格范围以外的土壤,挖掘时稍向内斜切根下,待四周挖通后,再将苗木主根铲断,将土球一起提出坑外。2~3年生苗木一般土球直径为30~35 cm,厚度为30 cm。规格较大的苗木则要求较大的土球。起苗后根据苗木特性和土壤特征确定是否需要包扎,需包扎的苗木,可用草绳自根部开始向下过土球底部绕

扎5~8圈或装入蒲包内，也可用塑料布临时包扎，栽植时解除。

(2) 小苗整修

苗木起苗后要按苗木大小分级，施行分区栽植，可使移植的苗木生长发育均匀，减少分化现象，便于田间管理，提高苗木出圃率。

起苗后栽植前，要对苗木进行修根、修枝等技术处理。主侧根过长时应略加短剪，促使发生大量须根；有劈裂或者无皮的根应剪除，以免烂根；有病虫根应及时清除；起苗时断根处不整齐的伤口应剪齐。对于裸根移植苗，一般根系保留长度为20~25 cm，超过部分应加以剪除，剪口应力求光滑，不伤根皮，这样有利于伤口愈合，促发新根。修剪根系也不宜过短，过短影响苗木成活和生长。如果移植苗木地上部分枝条过密，应适当剪去部分枝条，同时，可以疏去生长位置不适合且影响树形的枝条。对于常绿阔叶树，为了减少蒸腾，应剪去下部枝条和部分叶片，促使成活。

(3) 栽植方法

①穴植法　人工挖穴栽植，适于较大苗木的移植，此法成活率高，生长恢复较快，但工作效率低，如果条件允许，采用挖坑机挖穴可以大大提高工作效率。挖穴时应根据苗木的大小和设计好的株行距，拉线定点，然后挖穴。植穴直径和深度应大于苗木根系幅度。穴土放在坑的一侧，以便放苗木时确定位置和填土。覆土时应混入适量的底肥，先在坑底填一部分肥土，然后将苗木放入坑内，放时边扶正苗木，边填土，并将填入的土踩实，浇足水。裸根苗的根在树穴内要舒展；带土球苗在踩实时，不能将土球踩碎，应踩在土球与树穴空隙处。较大的苗木要设立柱支撑，以防苗木被风吹歪或吹倒。

②沟植法　适于移植小苗，工作效率高。先按行距开沟，深度以苗木根系能充分舒展为宜。土放在沟的两侧，以利回填土和苗木定点。将苗木按株距排列于沟中，扶直、填土、踩实。对于裸根移植，填土时先填部分土，轻轻向上提一下苗木，使其根系充分伸展，然后再填满土。浇水时要顺栽植沟浇水。

③孔植法　适于移栽小苗，用专用的打孔机可提高工作效率。先按株行距画线定点，然后在点上用打孔器打孔，深度同原栽植深度或稍深1~2 cm。把苗放入孔中，覆土、按实。

为了提高移植成活率，栽植时要求做到：根系舒展，严禁窝根；根据土壤湿度，及时浇水，保持苗根湿润；适当深栽，以免灌水后土壤下沉而使根系外露；覆土后要踩实，使根土紧密接触，以利成活；移栽后及时浇透水，以保证苗木成活。苗木浇水后会有所移动，等水下渗后务必要扶正苗木，回填土壤并踏实，对容易倒伏的苗木要采取一定措施固定。移植最好在阴天进行，种植完毕后要检查是否合乎移植要求，苗木规格要整齐，种植位置要正确，横竖成行，发现有规格不对或偏离行列的要挖出重种。有些苗木还需要进行遮阴防晒工作。

6.1.3.5 移植苗抚育

(1) 灌溉与排水

大苗移植初期要及时灌溉。注意第1次浇水必须浇透，至坑内或沟内水不再下渗为止。第1次浇水后,隔2~3 d再浇一次水,连灌3遍水,以确保苗木成活。其后主要是做好春旱、伏旱和秋旱期间的灌水工作。

苗圃灌水方式有漫灌、浸灌、喷灌、滴灌等。

漫灌 多用于平畦或低洼,灌溉时在树行间筑土坝,然后水从水渠或管道流出后顺行间流动进行浇灌。其灌水量大,效果较好,但灌后床面易板结,要及时中耕松土。此外,在灌水时,水面不能淹没苗木下层叶片,以防叶面沾土,妨碍光合作用和呼吸作用。

浸灌 多用于高畦,水由畦侧浸润土壤,床面不易板结,但耗水量较大。

喷灌 适合于大苗灌水,既节约用水,又可增大空气湿度,减轻土壤板结程度,但投资较大。

滴灌 更为理想,使水更为节约,可连续保持根际湿润,在盐碱地上还可减轻土壤返盐程度,但投资更多。

灌水应掌握重点浇透、时干时湿的原则。一般在早晨和傍晚进行,此时水温与地温差异较小,灌溉后对苗木生长影响不大。如果在气温最高的中午进行地面灌溉,此时水温和地温差异较大,灌溉会造成突然降温而影响苗木根系的生理活动,影响苗木的生长。春季水温较低,灌溉会使土温下降,影响种子发芽和苗木的生长。在北方如用井水灌溉,应使用蓄水池贮水以提高水温。另外,秋季停止灌溉的时间对苗木的生长、枝条的木质化和抗性都有直接的影响,苗木停止灌溉的时期过早不利于苗木生长,停灌过晚会降低苗木抗寒、抗旱性。适宜的停灌期,因地因树种而异,一般应在土壤霜冻之前6~8周停止灌溉,寒冷地区还可以再早些。灌水也可结合施肥进行,以节约用水,或在施肥之后进行,以提高肥效。

排水是大苗培育过程中不可缺少的措施,尤其是雨季。培育大苗的地块一般较平整,在雨季容易受到水涝危害。排水在南方降水量大的地方尤为重要;北方高原地带降水量较小,主要考虑浇水的问题,但是雨季容易造成短时期的水涝灾害,也不能忽视排水设施的建设。排水首先要做好排水设施,提前挖好排水沟,使过量的水能够及时排走。

(2) 喷水与遮阴

树体地上部分,特别是叶面,因蒸腾作用而易失水,必须及时喷水保湿。喷水要求细而均匀,喷及地上各个部位和周围空间,为树体提供湿润的小气候环境。可采用高压水枪喷雾,或将供水管安装在树冠上方,根据树冠大小安装一个或若干个细孔喷头进行喷雾,效果较好,但较费工费料。也可采取"吊盐水"的方法,即在树枝上挂上若干个装满清水的盐水瓶,运用吊盐水的原理,让瓶内的水慢慢滴在树体上,并定期加水,既省工又节省投资。但喷水不够均匀,水量较难控制,一般用于去冠移植的树体,在抽枝发叶后,仍需喷水保湿。

常绿树种移植时,为了保持其冠形,一般地上部分较少修剪,这样就容易造成地上部与地下部水分的消耗与供给不平衡。移植时虽然已经尽可能多带和保留原有根系,但是要保持树冠对水分的需求,就必须经常往树冠上喷水,这样维持一段时间后,地上与地下部才能逐渐平衡,使移植成功。

苗木移植后，为了降低日光对育苗地的辐射强度，使移植苗免遭日灼之害，降低死亡率，需要对苗木进行遮阴处理，同时，遮阴也能减少土壤水分的蒸发，节省常绿树种移植苗树冠喷水次数。但是不能遮阴过多，否则会由于光照不足，降低苗木光合作用强度，使苗木组织松软、含水量提高，降低苗木质量，还会使苗小细弱，根系生长差，容易引发病虫害。遮阴度一般以70%左右为宜，让树体接受一定的散射光，以保证树体光合作用的进行。以后视树木生长情况和季节变化，逐步去掉遮阴物。遮阴所需的费用往往会增加苗圃的成本，因此只在一些特殊情况下才会采用。如大树移植初期或高温干燥季节，要搭制荫棚遮阴，以降低棚内温度，减少树体的水分蒸发。常绿树种在生长季移植后，为了防止强烈的日光直射，一般在南、西方向采用搭遮阳网的方法来减少树冠水分蒸腾量，待恢复到正常生长，逐渐去掉遮阳网；中小常绿苗成行、成片移植可全部搭上遮阳网，浇足水，过渡一段时间后逐渐去掉，也可在阳光强的中午盖上，早晚打开。

(3) 扶正与补植

初移植的苗木，由于移植地经过深耕翻土，土层疏松，虽然在栽苗时，注意踏实根际填土，但短时间内土层难以紧实，特别是几经浇水或降雨后，往往出现苗木倒伏倾斜现象。因此，移植后要经常到田间观察，出现倒伏要及时扶正、培土踩实，不然会出现树冠长偏或死亡现象。扶苗时应视情况挖开土壤扶正，不能硬扶，以免损伤树体或根系。扶正后，整理好地面，培土、踏实后立即浇水。对容易倒伏的苗木，在移植后应立支架，待苗木根系长好后不易倒伏时，再撤掉支架。在春季多风地区，尤需注意及时做好苗木扶正工作。

苗木移植后，会有少量的苗木因为不同的原因而不能成活，因此，移植后一两个月要检查苗木成活状况，将不能成活的植株挖走，种植另外的苗木，以有效地利用土地。

(4) 覆盖

苗圃管理中常常需要给苗圃覆盖地膜或杂草、秸秆、割盖绿肥等。

覆盖地膜既可以最大效应是提高土壤温度，改善土壤理化性质，提高土壤肥力，又由于薄膜的气密性强，能显著地减少土壤水分蒸发，使土壤湿度稳定，并能长期保持湿润，有利于根系生长，还可以提高光能利用率，促进树苗生长，提高成活率。覆盖塑料薄膜时，要将薄膜剪成方块，薄膜的中心穿过树干，用土将薄膜中心和四周压实，以防止空气流通。覆草是用秸秆覆盖地面，厚度为5~10 cm。覆草可保持水分，减少水土流失，增加土壤有机质，夏季可降低地温，冬天可提高地温，促进苗木的生长。但覆草可能增加病虫害的滋生。如果圃地不进行覆盖，则浇灌后待水渗入后地表开裂时，应覆盖一层干土，堵住裂缝，防止水分进一步散失。

(5) 中耕除草

中耕除草是大苗培育过程中的一项非常重要的工作。每当灌溉或降雨后，当土壤表土稍干后就可以进行中耕。中耕可以疏松表土，增加土壤通气性，提高地温，促进好气微生物活动和养分有效化、去除杂草、促使根系伸展、调节土壤水分状况，为移植苗创造良好的生长条件。中耕的深度与次数应灵活掌握，在苗期中耕宜浅并要及时，当苗木逐渐长大后，要根据苗木根系生长情况来确定中耕深度。中耕往往结合除草一起进行，可取得双重的效果。

除草可以用人工除草，也可以用机械除草和化学除草。除草一般在夏天生长旺盛及秋初草籽尚未成熟前进行。晴天太阳直晒时除草可使杂草被晒死。除草要一次锄尽、除根，不能只把地上部分除去。阴天和雨天不宜除草。除掉的草最好抖掉土渣后拣出地外。

（6）合理施肥

培育生长健壮、根系发达、生长快的优良苗木，必须有较好的营养条件。施肥能增加圃地各种营养元素含量，保持土地肥力，提高苗木质量。有机肥料还能增加土壤中的有机质，促进土壤形成团粒结构，改善土壤的通透性，对土壤的物理和化学性质都有良好的改善作用。

苗圃中常用的肥料大体分为3种，即有机肥料、无机肥料、生物肥料。在苗圃生产中，应在施足底肥的基础上，根据苗木生长的状况、不同阶段以及不同树种，以薄肥勤施为原则，施用不同的肥料。早春芽开始膨大前根系就已吸收肥料，所以应在树盘内施有机肥。之后随着苗龄的增加，苗木需肥量也随之加大，一般来说苗木第2年需要的养分数量是第一年的2~5倍。对于阔叶树种，容易发根，苗木在生长前期吸取的养分多一些，施肥应集中在前半段。针叶树与阔叶树相反，早施肥用途不大，施肥集中在生长后期利用率会较高。到入冬前期应施有机或垃圾杂肥，期间可根据苗木生长情况，施肥1~2次。

施肥分为基肥和追肥两种，基肥常由有机肥和部分化肥组成，追肥多以化肥为主。一般初期施肥量少，以氮肥为主，值得注意的是新移植的苗木，由于根系损伤，吸收能力较弱，追肥不宜太早，一般从成活期开始。且使用氮肥的时候应该注意，氮肥的追肥停止期对移植苗木质化程度影响很大，为了提高苗木对低温和干旱的抗性，应当在霜冻来临之前6~8周结束。苗圃追肥常用方法分有沟施、撒施、浇灌3种。如果苗木急需补充磷、钾或微量元素，还可用根外追肥的办法。根外追肥一般要喷3~4次，才能取得较好效果。此外，移植坑穴的基肥应与土壤拌匀后再覆土，根系不宜直接与肥料接触，以免伤根，影响成活率。

生物肥料对苗圃生产也有重要意义，许多针叶树种、壳斗科树种、桦木科树种和榆类等都有菌根菌寄生，育苗时土壤中有菌根菌，苗木才能生长良好。大多数树种获得菌根菌的方法是靠客土进行接种，从与所培育苗木相同树种的老苗圃内选择菌根菌发育良好的地方，挖取根层土壤，作接种材料，然后将挖取的土壤按正常施肥的比例施入苗地的幼苗根层中。

（7）防病治虫

苗木病虫害是影响苗木正常生长的重要因素之一。苗木病虫害比较普遍，各种条件下的苗圃，苗木几乎都存在各种各样的病虫害，造成严重的后果。因此，做好病虫害防治工作是保证培育优良苗木的重要措施之一。防治工作应该坚持预防为主、综合防治的原则，使病虫害尽可能不发生或少发生。常做的病虫害防治工作有种植前土壤消毒，可用药剂喷洒土壤、火烧地面、秋冬翻晒消灭土壤中的病虫。栽植后要加强田间管理，改善田间通风透光条件，消除杂草、杂物，以减少病虫残留。苗木生长期应根据树种特性和病虫害发生发展规律，勤检查，做好防范工作。一旦发生病情，要对症下药，及时防治。

(8) 苗木越冬防寒

北方冬季寒冷，春季风大、干旱，气温变化剧烈，每年都会发生当年新栽绿化苗木因为天气寒冷、防冻措施不当而受冻害死亡的现象。因此，为保证苗木安全越冬，避免冬季过度低温损伤苗木，必须采取一些有效的越冬防寒措施。苗木防寒主要是防止冻害、冻拔和生理干旱。常用的方法是浇冻水，即在土壤冻结前浇一次越冬水，这样既能保持冬春土壤水分，又能防止地温下降太快。一些较小的苗木可采用培土、覆盖、草帘或搭塑料拱棚防寒。易冻死的较大的苗木可缠草绳防冻伤。萌芽或成枝均较强的树种可剪去地上部分，使来年长出更强壮的树干。冬季风大的地方，可在苗床迎风面设立风障防寒，以阻挡冷气流侵袭。冬季防寒主要针对易受冻害的树种，北方土生土长的树种一般可在露地安全越冬。此外，增强苗木自身抗寒能力也是行之有效的防寒措施，即在苗木入秋后适时停止灌溉，控制氮肥，增施磷、钾肥，加强松土除草、通风透光，并逐步延长光照时间，以提高树体的木质化程度，从而增强苗木抗寒能力。

6.2 整形修剪

整形是根据一定的目标，采取一定的措施，把苗木整修成一定的树体结构和形态。修剪是去掉树体地上部或地下部的一部分，是人们干预苗木生长的一种方法。修剪与整形有密切的关系，整形是完成树体的骨架结构，修剪是实现整形的一种手段，只有通过各种必要的修剪技术，才能逐步形成事先所设计的苗木形体结构，并且在整形的基础上，调节树体各部分营养物质的分配，维持既定树形。因此，整形修剪是相辅相成的，共同成为调节树冠各部位生长的一种栽培技术。

6.2.1 整形修剪时期

苗木的整形修剪是通过人为手段主观地改变苗木生长状态的过程，担负着调节各部分的营养分配，控制生长和发育平衡的作用。一般说来，修剪是在培育过程中需经常反复进行的工作，应贯穿于苗木培育的整个过程。虽然整形修剪只要方法得当、目标明确，在一年四季随时都可以进行。但是根据整形修剪的目的和方法，可以将整形修剪分为休眠期修剪和生长期修剪。

(1) 休眠期修剪

从落叶后到春季萌芽前的这段休眠期内进行的修剪称为休眠期修剪，也称为冬季修剪。在这段休眠期内，苗木的各种代谢水平很低，生理活动较弱，树体内的养分大部分回流到树干和根部贮藏，修剪后养分损失最少，修剪对苗木的伤害也较小，苗木容易恢复，因此，这个时期修剪强度较大，具体修剪方法通常以疏枝、短截、回缩等为主。

苗木的休眠期依各地的气候差异而不同，一般是12月到翌年3月，从树体上可以反应为树液停止流动的一段时间。由于树种耐寒性的差异较大，同为休眠期的修剪其在时间掌握上也不尽相同。伤流现象严重的树种，休眠期修剪一定要在春季伤流前修剪。抗寒力差的树种，休眠期修剪要在早春发芽前进行。对一些需要保护越冬的苗木，在秋季落叶后即进行重剪，然后进行埋土等保护工作。当培养苗龄比较大的时候，特别是一些早春开花的苗木，为防止损失花芽，休眠期修剪只限于一些必要的枝条整理。对于常绿树，在其休眠期也要避免进行重剪。休眠期修剪对苗木树冠的形成、枝梢的生长、花果的形成具有重要的作用。

(2) 生长期修剪

从春季萌芽后到当年停止生长前进行的修剪称为生长期修剪，也叫夏季修剪。生长期苗木生理活动较活跃，光合产物多分布于生长旺盛的枝、叶、花、果等处，修剪时会损失大量的营养，修剪对树体的养分消耗较大，伤口不易恢复，如果修剪量较大，会影响树木的生长发育。因此，这个时期修剪强度小，多以抹芽、摘心、扭枝等修剪方法为主。

夏季修剪是在萌芽后至新梢或副梢生长停止前进行的，一般在4~10月。由于苗木生长开花习性不同，生长期修剪更要注重树种之间的差异。春季是抽芽前的常绿阔叶树与常绿针叶树整形修剪的适宜时期。夏季是新梢旺盛生长时期，造型苗木要注意修剪新梢，整理株形，随时剪掉徒长枝。对于早春与初夏开花的苗木类型，如玉兰、丁香、黄蔷薇、迎春、榆叶梅等，如果这些苗木已经有花，可以在花后对花枝进行短截，以防徒长，这样能促进当年花芽的形成。夏季酷热的时候苗木要避免重剪，但是夏末开花的木槿、珍珠梅、紫薇等应在花后立即修剪，否则新生侧枝在当年不能形成新的花芽。秋季休眠前，为使苗木在寒冷来临前有足够时间恢复伤口，一般进行轻剪。

6.2.2 整形修剪方法

对苗圃苗木进行整形修剪的方法有很多，常用的修剪技法有短截、疏枝、回缩、长放、弯枝、环剥与环割、摘心、抹芽等。现分别介绍如下：

(1) 短截

将1年生枝剪去一部分的修剪方法。短截对枝条有刺激作用，能刺激剪口下侧芽的萌发，促进分枝，增加生长量。短截能改变枝条的长度、着生方向和角度，调节每一级分枝之间的距离和组合。短截程度对产生的修剪效果有明显的影响。根据对枝条短截的程度，可分为轻短截、中短截、重短截和极重短截4种。

①轻短截　剪去枝条全长的1/5~1/4。轻短截可以刺激剪口下多数半饱满芽的萌发，防止顶芽单轴延伸，促使多数侧芽发生较强的中短枝。该方法可以用于苗木强壮

枝的修剪。

②中短截　剪去枝条全长的1/3~1/2。该方法一般把剪口芽留到饱满芽处，由于剪口芽饱满充实，养分充足，可刺激其多发强旺的营养枝。该方法可用于弱枝复壮或延长枝的培养。

③重短截　剪去枝条全长的2/3~3/4。该方法刺激作用更强，用于刺激萌发强旺的营养枝。可用于弱苗的更新复壮，重短截在垂直类苗木中经常使用，该方法可促发向上向前生长的枝条萌发和生长，从而形成圆头形树冠。

④极重短截　剪去枝条的绝大部分，仅剩基部2~3个"瘪芽"的方法。由于剪口芽在基部，质量较差，一般只萌发中短营养枝。

短截时应注意留下的芽，特别要考虑剪口芽的质量、位置等因素，以正确调整树势的平衡。短截对树体具有双重作用，短截的刺激作用仅限于剪截点附近，但是对于整个树体而言，短截使枝条生长点的总量减少，叶面积相应减少，因此也减少了树体的总生长量。

(2) 回缩

对多年生枝条或枝组进行短截叫回缩，也称缩剪。回缩是苗木修剪时常用的一种方法，即将较弱的主枝或侧枝缩剪到一定的位置上。在苗木生长势减弱，部分枝条开始下垂，树冠中下部出现光秃现象时采用此法，多用于衰老枝条或枝组的复壮和更新，促使剪口下方的枝条旺盛生长或刺激休眠芽萌发壮枝，达到更新复壮的目的。回缩对全株有削弱作用，减少了树体的总生长量；但可以重新调整树势，使养分和水分集中供应剪截部位后部的枝条，刺激后部芽的萌发，有利于更新复壮，重新调整树势。

(3) 疏枝

将枝条从基部或分枝点整个剪去的方法称为疏枝或疏剪。疏去的可以是1年生枝，也可以是多年生枝组。疏枝能使枝条密度减小，改善了树冠通风透光条件，使留下来的枝条营养面积相对扩大，增加同化作用，有利于生长势的增强。另外，疏枝使整个树体枝条之间分布均匀，布局合理，增加了树体的观赏价值。当树冠内枝条密挤、重叠、交叉、并生等时，多采用疏枝的方法解决。对干枯枝、病虫枝、无用的徒长枝和竞争枝等也用疏枝方法疏除。

疏枝有促进和削弱生长的双重作用。由于疏除了部分枝条，节省了养分，合理的疏枝使留下的枝条分布均匀，通风透光条件得到改善，还能起到均衡树势的作用，总体上有利于生长；但疏枝同时也减少了枝量，造成了伤口，对树体或伤口前部的枝条有削弱生长势的作用，疏枝越多，造成的伤口越大，削弱作用越明显。因此，疏枝时要注意避免伤口过多，尤其在疏除大枝时要分年进行，不可一次疏除过多。

(4) 长放

对1年生枝不剪，任其自然延伸生长叫长放，亦称缓放。长放是一种缓势修剪的方法，有利于物质积累，缓和树势，对增加枝的生长点和全树的总生长量有好处。长放在苗圃幼龄苗上经常采用。长放的枝条是有选择的，不同的枝条有不同的做法：在有空间的情况下，对中等的斜生枝、水平枝、下垂枝长放，很容易形成短枝；长放可以加大骨干枝的角度，增加短枝比例，缓和生长势；长放对于直立的强旺枝、竞争枝必须弯倒、压平或配合扭枝、拿枝等夏剪技术，才能收到效果。

(5) 摘心

在生长季节，将新梢最先端部的顶尖除去称为摘心。新梢如任其自然生长，则养分和水分多集中在顶端的生长点，下部的侧芽因此而发育不良。摘心能使新梢暂停生长，养分集中在已形成的新梢组织内，使枝梢发育充足，侧芽发育饱满充实，有时可促发二次梢，有利于扩大冠形，使其更加丰满；强盛的主枝到了一定长度摘心，能促进其他较弱的主枝生长得到均衡；细长的枝条经摘心后，可使其充实饱满。针叶树种由于某种原因造成的双头、多头竞争，落叶树种枝条的夏剪促生分枝等，都可采用摘心的办法来抑制生长，达到平衡枝势的目的。摘心一般在新梢长到 20~30 cm 时进行，如有副梢，可在副梢长 10 cm 左右时再行摘心。

(6) 抹芽

在生长季，将苗木上位置不当或多余的芽或嫩梢抹去，称为抹芽。有时候苗木基部的根蘖或嫁接苗砧木上生出的萌蘖，也需要及时除去，这些都可以归入抹芽的范畴。抹芽可改善保留芽的养分供应状况，增强其生长势。苗木整形修剪时，在树体内部枝干上往往会萌生很多芽，苗木的枝条和芽的分布要根据树形的要求使其具有一定的空间位置，如果位置不合适，应将多的芽抹除。抹芽在播种苗、扦插苗定干整形时经常采用，如落叶灌木定干后，会长出很多萌芽，抹芽要注意根据相距角度和空间位置选留一定数量的主枝芽，生产上一般选留角度合适的 3~5 个芽，多余芽可以全部抹去。抹芽经常应用于嫁接苗上，高接砧木上的萌芽应全都抹除，以防与接穗争夺养分和水分，从而影响接穗的成活或生长，如碧桃、龙爪槐的嫁接砧木上的萌芽，及时除去可使养分集中供给苗木生长发育。

(7) 伤枝

凡是对枝条造成损伤以削弱顶端优势而促进下部萌发和生长的方法均称为伤枝。伤枝多在生长季进行，对局部影响较大，对全树的生长影响较小。环剥与环割、刻伤、拿枝、扭梢等方法均属于伤枝。

①环剥与环割　环剥就是在枝或干上某个部位，用刀割透树皮两圈深至木质部，两圈相距一般为枝干直径的 1/10，剥去两圈之间的树皮，露出木质部。环剥以后韧皮部输导组织被切断，环剥处以上的叶片制造的有机营养物质向下运输被切断，贮存于环剥处以上的枝条内。环剥能很快减缓植物枝条或整株植物的生长势，环剥应该在苗木生长最快时进行，在操作上一定要控制环剥的宽度，切不可过宽或过窄。环剥对树种有一定的要求，有些流胶流脂愈合困难的苗木不能使用环剥，环剥后应注意防止环剥部位病菌感染。环割与环剥类似，只是用刀割透树皮而不剥皮，这种办法效果虽不如环剥好，但比较保险，不易死树或死枝。环剥与环割只能用于生长过旺的树或枝，弱树弱枝不能使用。

②刻伤　在苗木枝条或枝干的某处用刀横切，深达木质部，从而影响枝条和枝干

生长势的方法称为刻伤。刻伤切断了韧皮部和木质部的一部分输导组织，可暂时阻止养分运输而贮存在伤口的位置。如果在芽的上方进行刻伤，由根系贮存的养分向枝顶回流的时候，就会使位于伤口下方的芽获得较为充足的养分，从而有利于芽的萌发和抽生新枝。苗木修剪时利用刻伤能够定向定位枝条，形成良好的树形结构。苗木培育时，如果枝条上有缺枝部位，可在春季苗木发芽前，在芽的上方刻伤促发新枝生长，弥补缺枝。刻芽还可以用来抑制枝条或枝组的生长势，使枝势变成中庸。苗木如果需要去掉强壮枝，为了防止一次性去掉枝条给苗木造成的生长势减弱，可以利用刻芽先降低强壮枝的生长势，待变弱后再将其全部剪掉。

③扭梢　在新梢半木质化前，在新梢下部的半木质化部位扭转180°，使枝有裂痕但不折断，扭曲处上部枝条呈斜生、水平、下垂或倒转，这种方法称为扭梢。扭梢的对象主要是有旺长趋势而未停止生长的竞争枝、直立枝、徒长枝及内向枝等，通过扭梢可控制上述枝条的生长势。扭梢的时期以新梢半木质化时进行最好，扭梢过早，新梢组织幼嫩，扭之即折；扭梢过晚，则枝条木质脆硬，扭时也容易折断。

④拿枝　在生长季苗木枝条已木质化时，用手对枝条自基部到顶部捋一捋，伤及木质部，响而不折，使枝条低头转向，不再恢复到原来的着生状态的方法称为拿枝。拿枝主要是适当破坏枝条的输导组织，改变枝条的极性，阻碍养分的运输，缓和生长，从而提高萌芽率、促进中短枝和花芽的形成。拿枝的主要对象是1年生直立枝、竞争枝和其他生长旺盛营养枝。拿枝的时间视枝条情况而定，多年生和1年生枝在春季萌芽期即可进行，当年生新梢最好在新梢半木质化时进行。拿枝时应尽量使枝条维管束断裂，从基部到枝顶应每隔5 cm左右弯折一下。如果所选枝条过旺，可以连续拿枝，直到枝条弯成水平状或下垂状。

(8) 弯枝

改变枝条生长方向，缓和枝条生长势的方法称为弯枝。如拉枝、撑枝、圈枝、别枝等均属于此法。

①拉枝和撑枝　拉枝是把直立枝拉成下垂或水平状，如果是开张骨干枝角度，则按要求拉到一定程度，一般用于开张腰角。拉枝是经常采用的变向方法，一般在夏季枝条较软的时候，将绑上绳的木桩埋入地中，上端拴上木钩，挂在被拉骨干枝的适当位置，按树形要求将骨干枝拉开，待角度固定后再解除绳索。拉枝时绑绳不能过紧，否者绳索会破坏树枝的加粗生长。拉枝应从幼树时期及早进行，苗龄大时主干枝不容易拉开。撑枝是用剪下来的树枝或棍棒做支棍，将被撑的枝条撑开一定角度，当角度固定时再除去支棍，一般用于开张基角。用拉枝和撑枝开张枝条角度的时间，一年四季均可进行，但以春季树液流动后进行较好，一般当年即可固定。

②圈枝和别枝　圈枝是把直立徒长枝圈成近水平状圆圈，也可把两个相邻的徒长枝圈在一起。别枝是把直立徒长枝按倒，别在其他枝条上。

(9) 平茬

从近地面处将茎干剪除，刺激根颈附近萌发分枝的方法称为平茬，又称截干。此法可用于培养主干，如槐树、杨树、栾树等。当苗木1年生苗干细弱、弯曲或有其他情况不符合要求时，常在萌芽前将主干自茎部截去，使其重新萌发新枝后，再选留1枝直而生长强壮的枝条培养为主干。当培养多分枝的灌木时，平茬后能萌发较多的分枝，有利于培养丰满的树冠。

（10）截冠

截冠是指从苗木主干一定高度处将树冠全部剪除。一般在苗木出圃移植苗木时采用，多用于萌发力强的落叶乔木，如槐树、馒头柳、元宝枫、栾树、千头椿等。截冠后分枝点的高度一致，进行群植、列植时，可形成统一的景观效果。如培育行道树、庭荫树等时，可采用截冠的方法，获得干高一致的苗木。

（11）断根

断根是将植株的根系在一定范围内全部切断或部分切断的方法。断根有抑制树冠生长过旺的效果。断根后可刺激根部发生新的须根，有利于移植成活。因此，在珍贵苗木出圃前或进行大树移植前，均应采用断根措施。

6.3 苗木造型

苗木造型是采用修剪、盘扎、镶嵌、编结、搭架及折、弯、别等整形措施，使园林苗木育成预期优美的形状。经过造型的苗木，称为造型苗。培育造型苗木要了解苗木的生物学特性，在此基础上，经过独特的艺术构思，将美学、园艺学等应用在苗木培育中，培育多姿多彩的园林绿化苗木。为充分利用枝条的柔软度，苗木造型一般从幼苗期开始，在培育坯苗的基础上按照适宜的造型技艺手法进行造型。

6.3.1 苗木主要整形方式

6.3.1.1 自然式整形

自然式整形是根据树木本身的生长发育特性，对树冠稍加修剪而形成的自然树形，树木基本保持其自然形态。在整形中只对有损树形和树体健康的徒长枝、过密枝、交叉枝、重叠枝、病虫害枝、枯枝等进行必要的疏除等简单修剪。自然式整形能充分体现树木的自然美。常见树木自然式树形有尖塔形、圆柱形、椭圆形、圆锥形、圆球形、伞形、垂枝形、丛生形、匍匐形等。

6.3.1.2 人工式整形

人工式整形是根据园林树木观赏的需要和人们对艺术的向往而将苗木修剪成各种形状的几何体、动植物图案等。这种整形方式忽视树木本身的特性，需要经常不断地整形修剪。通常在枝叶茂密、枝叶细软、有较强的萌芽力、耐修剪的树种上应用。人工式整形包括几何体的整形方式和非几何体的整形方式。

（1）几何体的整形方式

按照几何形体来进行修剪整形，如球形、半球形、圆柱形、正方体、长方体等。

(2) 非几何体的整形方式

①附壁式　在庭院及建筑物附近为达到垂直绿化墙壁的目的而进行的整形。

②雕塑式　根据设计意图整形修剪成各种各样的形状，如马、鹤、鹿等动物形状。

③建筑物形式　整形修剪成如亭、楼、台等形状。

④盆景式造型树　树桩盆景根据所用树木的种类和特性、设计制作的特点而分为直干式、卧干式、斜干式、曲干式、悬崖式、附石式、垂枝式等形式。直干式主干直立，树干长到一定高度时摘心，有单干、双干、多干之分。卧干式和斜干式的主要特点为主干横卧或倾斜，树冠偏向一侧，全株呈平卧状态，姿态独特古朴。曲干式为主干屈曲，树形富于变化，常见如"三曲式"，形如"之"字。悬崖式的主要特点为主干倾于盆外，树冠下垂。附石式为树干扎于石缝中，好似贴附于石头上生长。垂枝式主要适用于垂柳、迎春等树木，利用其自然下垂的枝条进行整形。

6.3.1.3　混合式整形

混合式整形是指在自然树形的基础上，结合树木生长发育规律和观赏要求，对树木的自然树形进行适当的整形修剪而改造成不同于其自然树形的形状。常见的经混合式整形而形成的树形有以下几种。

(1) 中央领导干形和疏散分层形

中央领导干形是在树冠中心保持较强的中央领导干，在中央领导干上均匀配置多个主枝。若主枝在中央领导干上分层分布，则又称为疏散分层形。这两种树形的中央领导干的生长势较强，可以不断向外向上扩大树冠，主枝分布均匀，通风透光良好，主要适用于干性较强的树种，是孤植树、行道树、庭荫树适宜的树形。

(2) 杯状形

杯状形的树木没有中心干，只有很短的主干，主干高度一般为 40~60 cm；主干上着生 3 个主枝，主枝与主干的夹角约为 45°；每个主枝上着生 2 个侧枝，共形成 6 个侧枝；每侧枝各分生 2 个枝条即成 12 枝，通常又称为"三股、六杈、十二枝"的树形。杯状形树形开张，树冠通风透光性良好，利于树木的正常生长和开花结果，主要适用于极为喜光的苗木。

(3) 自然开心形

自然开心形是由杯状形简化而来的一种树形，树体没有中心干，且主干上分枝点较低；3~4 个主枝在主干上错落分布，自主干向四周放射生长；主枝上的侧枝不一定为 2 个，视具体情况而定。自然开心形与杯状形相似，树形开张，树冠通风透光性良好。

(4) 多主干形

多主干形的特点是一株树拥有多个主干，主干上分层配备侧生主枝，能形成规则优美的树冠，适用于观花类灌木和庭荫树的整形。

(5) 丛生形

丛生形与多主干形相似，不同之处在于主干较短，每个主干上着生数个主枝呈丛状。一般灌木都为这一树形。

(6) 棚架形

棚架形一般适合木质藤本的整形。整形时应先建好各种形式的棚架、廊、亭等，然后在旁边种植藤本树木，并按照藤本的生长习性加以修剪和整形，使藤本顺势向上生长，最后与棚架、廊、亭等结合为一体形成独特的景观。

6.3.2 各类景观大苗培育

6.3.2.1 乔木类大苗的培育

乔木类主要包括针叶树乔木及阔叶乔木。标准的乔木树形首先要有明显的主干，主干高度应在 1 m 以上，有优势明显的中央领导干，其他主枝和各级侧枝围绕着中央领导干均匀分布，力求层次分明，从属关系正确。对乔木类大苗的培育，其技术关键是培育具有一定高度的树干，以及在其基础上获得圆整的树冠。

(1) 针叶乔木大苗的培育

针叶树苗木主要包括松柏类的常绿树种，针叶树顶端优势明显，容易培养主干，在大苗培育过程中，多取自然树形。一般在保持其原有自然树形的基础上，通过适当的修剪，使树冠丰满圆整。

针叶树苗木的修剪整形应在苗木基本定型前尽早进行，这是因为针叶树小苗生命力旺盛，生长速度快，修剪力度可以大一点，而且一旦发生错误，还有足够的时间弥补，可以大大减轻大苗时修剪的压力。如白皮松约在 6 龄后进入快速生长期，所以应在达 6 龄苗之前修剪完毕；不同树种要视苗木的生长情况适时进行。

对针叶树小苗进行整形修剪时，其主要目的是定干数，应根据小苗自身情况确定采取独干或多干，如圆柏、侧柏、白皮松、华山松等在幼苗阶段要注意剪除基部徒长枝，避免出现计划外的双干或多干现象。苗木培育过程中要适时去掉多干苗的弱干，避免因去干过晚对树形产生不利的影响。对于去干后出现的偏冠问题，如果不严重可以忽略，随着时间的推移，苗木本身可以自然纠正；如果偏冠严重，可用拉枝的方法加以解决。

对针叶树大苗的枝条进行修剪时，特别是松类的轮生枝，要适时去掉多头枝、重叠枝和基部首轮弱枝，如对于油松、黑松等树种，每年生长一轮主枝，数量过多时会削弱领导干的生长优势，特别是 10 年生以后，顶端生长渐弱，故应适量疏剪轮生枝，每轮可留 3~4 个主枝，并使其分布均匀。如培育行道树、庭荫树等需要露出主干的苗木，可在 5 年生以后，每年提高分枝一轮，到分枝点达 2 m 时为止。

针叶树必须保持中心领导干向上生长的优势，有些苗木的正头弯曲或软弱，势必影响整株的正常生长，需用细竹竿绑扎嫩梢，使树干挺直，并利用顶端生长优势，促使其向高生长；对无顶尖苗，要选择一个合适的侧枝作为新头进行培养。对于顶端优势弱、下部枝条生长分枝旺盛的树种，可按其自然分枝特点，培养成丰满的半圆形或圆形树冠。

(2) 阔叶乔木大苗的培育

①阔叶乔木的养干　阔叶乔木大苗的养干是培养合格苗木的基础。根据园林应用方式的不同，阔叶乔木大苗的养干方法和目的不尽相同，现将各种常见的养干方法分别介绍如下：

抚育修剪养干法　对于生长快、干性强、主茎顶芽发达，顶端优势明显，容易在1年内形成挺拔通直的主干的树种，如银杏、梧桐、喜树、毛白杨等，可以采取抚育修剪养干法，即在苗木培育过程中注意保持苗木的主干通直，随苗木高度增长，及时修除主干基部侧枝，直至养成主干。对高大的、顶芽优势比较明显的树种，如白蜡、香椿等，移植1年后进行冬剪时提高分枝点，并注意疏除分枝点以上的竞争枝；对于幼苗阶段叶片较少的树种，如柳树类，其萌发的侧枝可以保留一部分，以满足旺盛生长的需求，当苗高到一定程度后，对长粗的侧枝应逐步疏除，对上部出现的竞争枝，也应及时去除以防影响主干通直；对分枝多着生又较密的树种，侧枝往往较多，对着生在分枝点上的侧枝也要酌量疏除，以免造成"卡脖"，妨碍中心干的生长，影响树体高度。

接干养干法　对第1年移植后长势弱的树种，如柳、毛白杨雌株等，如果主干出现弯曲，可在延长干上选强壮上芽处进行短截，剪口芽萌发后，新梢向上直立生长，以培养新主干。

截干养干法　对萌芽力强、干性弱、主干容易弯曲的树种，可以采取截干养干法。如槐树、杜仲、栾树等播种苗1年生长高度达不到定干要求，而在第2年侧枝又大量萌生且分枝角度较大，很难找到主干延长枝，所以自然长成的主干常常矮小弯曲，不能满足行道树和庭荫树的要求。这种情况下可采取截干养干法来培养主干，即将苗木换床移植，第1年地上部不加修剪，任其多生枝叶，扩大同化面积，养好根系；第2年在萌芽前，从主干近地面处截干，剪口芽萌发抽梢后，选留合适健壮的枝条作为主干，如当地春季风害严重，可选留2个，到5月底木质化时去掉1个。通过截干养干法可以在秋季实现苗高达2.5~3.0 m，且可以获得通直高大的主干。采取截干养干法在生长季中要注意加强肥水管理和病虫害防治，保护主芽生长，对侧枝进行摘心，控制其长势。

逐年养干法　对干性较强、主干不易弯曲、苗木生长速度较慢的树种，可采用逐年养干法，即通过数年时间持续培养主干。逐年养干法必须注意保护好主梢的绝对生长优势，当侧梢太强或超过主梢时，可采用摘心、拉枝等办法抑制侧梢的生长。

密植养干法　培育一些生长较慢的树种时，如女贞、五角枫等，可以适当密植，增强顶端优势，抑制侧枝的生长，以此来培养比较通直的树干。密植养干时要配合水肥管理，精细管理，促使苗木快速生长，减少主干弯曲。

②阔叶乔木的养冠　通常树木按其自然冠形进行自然养冠，不多加以人为干预。一般情况下，自然冠型在养冠过程中，一方面为了改善树冠内部的通风透光条件，修剪时有目的地疏除过密枝、重叠枝、病虫枝及创伤枝；另一方面，当树冠上部出现较

强的竞争枝时，为了防止双干的出现要及时地疏除。但不同树种根据中心领导干的强弱不同，养冠的方法也有一定区别：中心领导干较强的树种，养冠时可利用其顶端优势，保护和促进中心主枝的生长，同时对侧枝生长适当控制；中心领导干较弱的树种如槐树、悬铃木等，可按预定分枝点的高度短截主干，促使侧枝生长，翌年选留分布均匀、角度适宜的主侧枝 3～5 个进行短截，剪掉多余侧枝，此后逐年对侧枝进行整形修剪，最后养成理想的圆整树冠。

6.3.2.2 灌木类大苗的培育

灌木种类丰富，体量适中，在园林中有极高的使用价值。苗圃灌木大苗根据主干的数目可以分为单干类和多干类，绿篱也可以视为一种特殊的灌木应用形式。

(1) 单干类灌木大苗培育

单干类灌木与乔木类似，这类灌木一般也要求有一定的主干高度，并且冠形丰满匀称，根系强大。单干类灌木，如桃、梅花、海棠等，当苗木主干高度达 50～70 cm 以上时，即可进行摘心或短截，促发二次枝，进行圃内整形。

单干类灌木很多用来观花，因此进行圃内整形时可以根据树种特性选择合适的树形。单干开花灌木一般采用的树形有自然开心形和疏散分层形。自然开心形的整形方法是：在苗木距地面 50～60 cm 处定干，剪口下 20～30 cm 要有良好的芽以作整形带，主干整形带的芽萌发后的新梢长到 30 cm 时，选留 3 个生长势均衡、向四周分布均匀的新梢作为主枝培养，其余疏除；对整形带以下的萌发枝，在早春一次性疏除。疏散分层形树冠有中央主干，主枝分层分布于主干上，一般第 1 层主枝 3～4 个；第 2 层主枝 2～3 个；第 3 层主枝 1～2 个，层距 80～100 cm，主枝错落着生，夹角角度相近。

苗木经过圃内整形，带主枝出圃，不仅提高苗木规格，而且由于分枝级次的增加，扩大了叶面积，提高了光合效能，有利定植后促进苗木茎干和根系生长，提高成活率及观赏效果。

(2) 丛生多干类灌木大苗培育

多干类灌木整形修剪时，一般不改变它的自然生长形状，只是按要求培养成丰满匀称的灌木丛。多干类灌木的根蘖萌发能力较强，因此，多干类灌木大苗培育过程中，应注意每丛留枝数量不可太多，否则易造成枝条过细，达不到应有的粗度；多余的丛生枝要从基部全部清除。如月季、玫瑰、连翘、迎春、珍珠梅等，一般选留 4～5 个分布均匀的作主枝，其余一律自基部剪除，对所保留作主枝的枝条，每一枝上留 3～4 个芽进行重短截。以后每年只需剪去枯枝、过密枝和病虫枝，适当短截徒长枝。

(3) 篱类大苗培育

绿篱的整形方式有两大类，即自然式和规则式。用作绿篱的苗木要求枝叶丰满，尤其是下部枝条不能光秃。为实现绿篱苗木的要求，在育苗过程中，要进行多次修剪，特别注意从基部培养出大量分枝，形成灌丛，以便定植后能够进行任何形式的修剪。绿篱苗木培养过程要重剪，苗高 20 cm 时进行摘心或短截促进侧芽萌发多生侧枝，以后随着苗木的生长继续进行多次摘心或短截，使枝叶密集，树冠丰满。对于大型绿篱用苗，为了节约定植后的整形时间，需要在苗圃内养成一定形状。

6.3.2.3 藤本类大苗的培育

藤本类大苗是进行墙面、篱笆、围墙、亭廊、棚架等垂直绿化的主要材料。垂直绿化植物大多生长较快，因此对用苗规格不一定要太大，如地锦类植物1年生扦插苗即可用于定植；如果培育的藤本苗用于棚架绿化，则应选择大苗，以便于牵引，快速满棚。藤本类大苗培育一般应用水泥柱和铁丝构建立架，把1年生苗栽于立架之下，株距15~20 cm，当爬蔓能上架时全部上架，随枝蔓生长再向上放一层，直至第3层为止，培养3年即成大苗。藤本类大苗整形修剪的主要任务是养好根系，并培养一至数条健壮的主蔓，方法是重截或近地面处回缩。藤本类大苗一般根系发达，枝蔓覆盖面积大而茎蔓较细，移植起苗时容易损伤根系，为了防止移植后植株水分代谢不平衡而造成死亡，移植时要适当重剪：苗龄不大的主蔓留3~5个芽重剪；苗龄较大的植株，主、侧蔓均留数芽重剪，并视情况疏剪。

6.3.2.4 垂枝类大苗的培育

树木枝条下垂生长现象是植物中的一种常见变异，如垂枝榆、垂枝梅、垂枝桃等。树木的垂枝性状为园林绿化提供了形态各异的造景材料，丰富了树木的造景手法。树木垂枝性状用播种繁殖不能真实遗传，仅能在隔代分离时获得少量垂枝苗木，因此，在生产中垂枝树木不宜采用播种繁殖。嫁接繁殖是垂枝性状的一种较为理想的繁殖方法，垂枝大苗的培育一般用该树种普通树形的种子进行繁育做砧木，然后用垂枝类型做接穗进行培育，以扩大树冠，因此，对于垂枝苗的培育可以分为砧木培育和树冠培育两个部分。垂枝类大苗生产时，一般先把砧木培养到一定粗度，接口粗度达到3 cm以上最为适宜，然后进行嫁接，这样操作较容易，嫁接成活率高，而且由于砧木较粗，接穗生长势很强，接穗生长快，树冠形成迅速。

垂枝类树冠培养主要是进行冬季修剪；夏季主要是积累养分，注意及时清除接口处和砧木上的萌条，一般很少进行树冠修剪，夏剪培养的冠枝往往过于细弱。垂枝树木大苗培育的具体方法为：嫁接成活后，要附以支架，将萌条放在支架上，使其平展向外生长，第1年冬剪进行重短截，剪口的位置一般与接穗的接口在同一水平面上，剪口留向上芽，以便芽能向斜上方生长；树冠短截后所剩枝条应向外放射状生长，交叉比较严重的枝条要从基部剪掉，并且要及时疏去直立枝、下垂枝、病虫枝、细弱枝。第2年冬剪时还应进行重短截，再留向上剪口芽，疏除向下芽，经2~3年培育后即可形成圆头形树冠。

6.4 野生树木资源苗木繁殖

园林树木种质资源是在漫长的历史过程中，由于自然演化和人工创造而形成的一种重要的自然资源，它积累了由于自然和人工引起的极其丰富的遗传变异，蕴藏着各种性状的遗传基因。我国具有极其丰富的树木资源，树木种质资源具有种类繁多、分布集中、特点突出、遗传性好等优点，是进行园林树木育种工作的物质基础，是适应园林绿化中不断发展新的树木种类的主要来源。其中，野生树木资源是指未经人们栽培的自然界野生的树木，它们是长期自然选择的结果，具有极强的适应性和抗逆性，是产生优良园林树木新的种类和品种的极好基础材料。园林树木品种改良的主要方法有引种、选择育种、杂交育种、诱变育种和生物技术育种等，其中引种具有简单易行、时间短、见效快等优点，是园林树木新种类改良和培育最常用的方法。

6.4.1 野生树木资源引种

植物种类和品种在自然界都有其一定的分布区域，人工将它们从现有的分布区域引入到其他地区进行栽培的方法称为引种。树木引种有两种情况：一种是原分布区与引入地区的自然条件差异较小或引入树木适应范围较广，树木不需改变其遗传性就能适应引入地区的环境，正常生长发育、开花结果，称为简单引种；另一种是原分布区与引入地区的自然条件差异较大或引入树木适应范围较窄，树木正常不生长，但经过精细管理或采取改良措施，逐步改变其遗传性以适应新的环境，称为驯化引种。

6.4.1.1 引种的生态学基础

引种驯化的核心问题是研究和解决引种树木的遗传性要求和引入地区环境条件之间的矛盾问题，所以必须全面分析和比较原产地和引入地的生态条件，初步估计引种后的可能性，找出影响引种成败的生态因子，制定切实可行的措施，保证引种成功。

影响树木引种成功的主导生态因子主要有温度、光照、降水量和湿度、土壤。温度是影响引种的主要限制因素之一，它的作用主要是支配植物的生长发育，限制植物的分布，考虑温度因素时包括年平均气温，最高、最低温及持续时间，无霜期，季节交替等方面。光照因素需考虑昼夜交替的光周期、日照强度和日照时间的长短。水是树木生存的必要条件，水的因素需要考虑年降水量和空气湿度两个方面。土壤的理化性质、盐、酸、碱等情况都影响树木的生长发育，成为树木种类和品种分布的限制因子。

6.4.1.2 引种的程序

（1）确定引种目标

引种目标通常是针对本地区的自然条件、现有园林树木种类和品种存在的问题、市场的需求及经济效益等来确定。

（2）搜集引种材料并编号登记

搜集引种材料时，必须先掌握有关材料选育历史、生态类型、遗传性状、原产地的生态条件和生产水平等情况，然后进行比较分析，以此来估计哪些材料具有适应本地区生态环境和生产要求的可能性，从而确定引种的材料。

目前繁殖材料的类型很多，有种子、接穗、插穗、球根、块茎、完整的植株或试管苗，搜集引种材料时可根据具体情况搜集一种或多种形式的材料，并逐个进行详细的登记编号。

(3) 引种材料的检疫

引种是传播病虫害和杂草的一个重要途径。为避免随引种材料传入本地区没有的病虫害和杂草,从外地区特别是国外引入的材料必须先通过植物检疫部门严格的检疫,如发现具有检疫对象的繁殖材料,必须及时进行药剂处理;除进行严格检疫外,引进的材料最好进行隔离种植,一旦发现具有检疫对象,马上采取根除措施。

(4) 引种试验

由于各地区生态条件存在差异,因此,一个种类或品种引入到新地区后,必须进行引种试验,以当地有代表性的优良种类或品种做为对照,对引入材料进行系统的比较观察,以确定其适应性和优劣。引种试验一般分种源试验、品种比较试验、区域试验和栽培试验 4 个步骤进行。

(5) 引种材料的评价

经引种试验后,要组织专业人员对其进行综合评价,包括两方面:一是根据引种驯化成功的标准进行科学评价;二是根据生产成本和市场价格进行经济性评价。

(6) 扩大繁殖和推广

引种材料试验成功后,往往数量较少,远远不能满足生产及其他应用上的需要,因此必须进行扩大繁殖,满足生产及其他应用的需要,使引入成果产生其应有的效益。

6.4.2 野生树木资源繁殖

野生树木资源引种时,可以以种子、接穗、插穗、球根、块茎等形式引入,无论以哪种形式引入,一般引种的材料较少且尤为珍贵。在引种之后的保存保育、开展引种试验时,均需要较多的引种材料;引种成功后用于生产栽培时,更需要大量的应用材料。因此,野生树木资源繁殖技术是野生树木资源引种和应用的关键技术,是实现野生树木资源引种成功及生产应用的技术保障。野生树木资源苗木繁殖可采用如下方法。

6.4.2.1 播种繁殖

播种繁殖具有如下特点:种子获得容易、贮藏运输都较方便;播种苗生长健壮,对不良环境的适应力较强;播种繁殖一次可获得大量苗木。播种繁殖非常有利于野生树木资源异地引种成功和大量繁育,因此,播种繁殖依然是野生树木资源常用的繁殖方法之一。

用播种繁殖的苗木,特别是杂种幼苗,由于遗传性状的分离,在苗木中常会出现一些新类型的品种,这对于园林树木新品种和新类型的选育有很大的意义;但同时,由于播种苗具有较大的遗传变异性,因此,对一些遗传性状不稳定的园林树木,播种繁殖后的苗木常常不能保持母树原有的观赏价值或特征特性。因此,野生树木资源采用播种繁殖时应视具体情况而定,如在野生树木资源应用时,如果采用播种繁殖导致苗木性状分离,形态特征与采种的母株表现不一致,则不宜采用播种繁殖;另外,获得种子困难或种子因各种原因繁殖率极低的野生树木资源也不宜采用播种繁殖。

6.4.2.2 营养繁殖

营养繁殖具有如下突出特点:营养繁殖苗保持了母本的遗传特性;营养繁殖苗开花结实提前;繁殖速度快,繁殖方便、简单、经济;营养繁殖方法较多。营养繁殖苗的遗传性与母株基本一致,能保持母本优良性状,很少变异;如果母株发生芽变,通过营养繁殖,可以把发生的芽变固定和保持下来。这是营养繁殖不同于播种繁殖最明显的特点。另外,营养繁殖在提早生长发育和繁殖速度方面具有明显的优势;且营养繁殖的方法较多,不同植物可以根据各自情况选择适宜的营养繁殖方法。由于以上特点,营养繁殖是野生树木资源苗木繁殖的主要方法。营养繁殖方法主要包括扦插、嫁接、分株、压条。

野生树木资源挖掘利用潜力大,但在其绿化苗木使用中要注意,通常野生苗或是山地苗应经当地苗圃养护培育3年以上,适应当地环境和生长发育正常后才能应用。

6.5 反季节苗木栽植技术

按植物生存生长规律,常规的绿化施工是从3月中旬开始至5月末结束或者是10月中旬至11月下旬,在这两段短暂的时期种植施工,操作容易、成活率高;而在其他时期移栽树木会对树木的成活有很大影响,属于非季节性园林施工。反季节栽植,就是在不适宜的栽植季节进行绿化施工。

当前城市建设的快速发展对城市建设中的园林绿化提出了新的要求。尤其是在目前城市建设工程的配套绿化过程中,由于特殊时限的需要,绿化施工要打破季节限制,克服不利条件,进行非正常季节施工。反季节栽植以其不受时间限制来优化城市绿地的植物配植和空间结构,及时满足重点或大型绿化美化要求、最大限度地发挥城市绿地的生态效益和景观效益的特点,近几年被广泛应用于城市绿化建设中,是现代化城市绿化建设中经常采用的重要手段和技术措施。

反季节栽植树木存在的主要问题是地上部和地下部水分容易失去平衡。新栽树木地下部根系受伤后尚未恢复,新根尚未产生,而地上部枝叶生长又需要大量的水分和无机养分,因根系供应得不到保证,故常造成树木生理干旱,导致栽植成活率低或死亡。进行反季节栽植树木时需做好栽植前准备、栽植及养护3个环节的工作。

6.5.1 栽植前准备工作

(1) 施工方案的制订

施工前,施工单位应较正常季节施工制订更为详细的施工方案,包括施工预算、苗木采购、进度计划、人员安排、机械准备、工序流程、质量目标、栽植方式、现场准备、采取的特殊措施等，以便统筹安排、合理调度。

(2) 苗木的选择

由于非正常季节气候环境相对恶劣，因此对植物本身的要求更高，在选材上要尽可能地挑选长势旺盛、植株健壮的苗木。大苗应做好断根、移栽措施；小灌木根和茎应发育良好、植株健壮、无病虫害。

(3) 苗木的起挖

反季节移植树木，起苗时都必须带土球且应适当加大，严禁裸根或散坨移植。带完好的土坨栽植是反季节栽植树木的最根本措施。根据各树种的根系分布特性决定所带土球的大小，做到使根系少受损伤，以便栽植后尽快恢复吸收水、肥的功能，从而保证成活。只要做到带好土坨、阴雨天移栽，移栽成活率大都能达到90%以上。常规起苗，土球大小是干径的8~10倍，反季节栽植时应增大到10~12倍。用草绳把土球包好，以防散球。起苗前，将四周侧根分两期断掉，断根范围在根系最多处以外。全部断完后灌一次水，养好根后即可起苗。起苗后用包装物包好，并洒水保湿，炎热天气一定要先将树冠遮蔽包裹后起苗，叶必须喷水，以保持叶片新鲜。装车运输时需轻装轻卸，防止散坨。装车完毕进行叶面喷水，防止运输期间枝叶失水过多。最好选择夜晚运输，白天运输车厢要遮阴，避免强光直射。

树木起挖后要及时进行疏剪内膛枝、过密枝、枯枝，保证树形。修剪后，进行人工摘叶，落叶树一般保留叶量不超过总叶量的50%。疏枝伤口应用石蜡或油漆封口。用草绳把主干缠好，并用水浸透。一般不能用塑料薄膜单独缠干，特别是青皮树，影响树皮的正常生理活动，严重时直接影响树木成活。

(4) 苗木的运输

苗木起挖包装后应及时运载，若长距离运输，为减少枝叶水分蒸发，应做到下午起挖，晚间运输，第二天清晨栽苗；蒸腾量较大的落叶阔叶树种，必须做到随起随栽。

6.5.2 栽植技术

(1) 确定栽植时间

经过修剪的苗木应马上栽植；若运输距离远，则用湿草、塑料薄膜等加以包扎和保湿。栽植时间确定在11:00之前或16:00以后。

(2) 开挖种植沟

根据树苗根系或土球大小决定种植穴的大小，一般要求种植穴直径较土球或根系大30~60 cm，深10~20 cm；种植穴的穴口、穴底要一样大。并清除土中的瓦砾、石块、树根等，土壤质差的必须进行换土。

(3) 栽植苗木

栽植深度要求根颈部的原土痕与栽植穴地同等高，穴底要施基肥并铺设细土垫层，栽植土要疏松肥沃。每填土30 cm左右时要用木棍捣实和踩紧，使土球和根系与土壤密接,但不可损坏土球或根系。树苗栽好后立即灌水,灌水时不要损坏围堰,围堰中要灌满水,让水慢慢浸入到栽植穴内;为提高苗木成活率,在所浇灌的水中可加入合适的生长素,以刺激新根生长。

(4)尽量缩短起、运、栽的时间

大树的运输一要注意安全,杜绝一切事故;二要保护大树不受损伤;三要尽快到达目的地,及时移栽。装车时应将树兜放在一起,放齐靠紧,并用稻草充填空档和适当遮盖,勿损伤树皮和撞散土球。途中应注意大树的保护,及时洒水和遮阴,特别是在长途运输时,停车时应停靠在阴凉通风处。

6.5.3 栽植后养护管理

(1)灌溉及排水

浇水是反季节种植能否成活的重要环节。通常至少要紧跟3次浇水才能保证成活,浇水次数要较正常栽植的树木多;灌水时可掺入发根促进剂促进发根。叶面喷水是进行反季节苗木栽植成活的重要措施,反季节施工往往都是在6~9月,这段时间温度高、太阳光照强、蒸腾作用强,导致叶面水分和养分蒸发迅速,要经常对树木进行叶面喷水,以增加空气湿度,降低植物蒸腾作用。叶面喷水时,可加入适量的磷酸二氢钾、尿素等肥料以增加其养分。叶面喷水时要避开中午11:00~14:00的高温时间。

在保证水分供给充足的前提下,也要注意排水,防涝有时比抗旱更为重要。

(2)施肥

栽植后可定期向土壤中施肥,既补充营养、改良土质,又能长期维持土壤的生产能力。此外,只有通过施肥植物才能生长良好,花繁叶茂,充分发挥观赏效果与调节小气候的能力,使园林绿地的绿化和美化作用提高。

(3)整形修剪

修剪是提高成活的关键措施,虽然在种植前已经进行过修剪工作,如果在栽植后的生长过程中发现前期修剪较轻,树势长势较弱,且有少数病枝、枯枝时,则需进行进一步修剪。在保持树木原有树形姿态的原则下,将枯枝、病虫枝、受伤枝、纤弱枝、重叠枝、过密枝去除。

(4)遮阴

大树移植初期或高温干燥时搭设荫棚,荫棚上方及四周与树冠保持至少0.5 m左右的距离,以1.2~1.5 m为宜,保证棚内空气流通;遮阴度为70%左右,让树体接受一定的散射光,以保证树体光合作用。遮阴一段时间后,视树体生长情况和季节变化,逐步去掉遮阴物。

(5)架设扶木或支柱

移植后视情况需要可架设扶木或支柱,扶木或支柱的高度视植株的大小而定,支柱或扶木不能打入土球或根系上,树身必须扶直。裸根苗扶木可用标杆式,带土球苗则采用扁担式,为了增强高大树木的抗风能力,扶木也可采用三脚桩(撑)。

(6)病虫害防治

高温高湿季节是细菌生长、繁殖的高发期,要做到每 5~7 d 或根据实际情况喷施杀菌剂。

(7)防止人为和机械损伤

园林绿地的树木及街道上的行道树等常处于游人的包围之中,常会遭受人为的伤害,如推摇树干,攀折花枝,在树干上刻字留念或无目的地刻伤树皮;又如将铁丝缚扎在树干上,导致在铁丝上方的树干上形成瘤状缢伤,既影响树木的美观,也对树木的生长不利,而且缢伤处往往成为病菌的侵入口,引起木腐病,木质部腐烂,造成孔洞;如在绿篱上晒衣被,使绿篱被压,顶芽无法向上伸长,侧壁得不到阳光,长此以往会造成绿篱空秃或缺株,影响绿篱的立体美感等。因此,应加强管理人为活动对园林绿地造成破坏,保持和提高景观效果。

思 考 题

1. 苗木整形修剪分哪两个主要时期?
2. 苗木整形修剪的方法有哪些?
3. 简述苗木自然式整形、人工式整形和混合式整形的基本概念及整形方式。
4. 野生树木资源繁殖的主要方法有哪些?
5. 进行野生树木资源繁殖时应注意哪些问题?
6. 反季节栽植苗木时栽植前应做好哪些工作?
7. 掌握苗木反季节栽植技术。
8. 苗木反季节栽植后应注意哪些养护管理措施?

推荐阅读书目

1. 园林苗圃学. 丁彦芬,田如男. 东南大学出版社,2003.
2. 园林绿化苗木培育与施工实用技术. 叶要妹. 化学工业出版社,2011.

第7章
园林苗圃圃地管理

[**本章提要**]园林苗圃的圃地管理是贯穿苗木繁育与培育始终的常规作业内容，是苗圃生产和管理的基础。本章主要介绍地栽苗圃的圃地管理技术措施、原理与方法，具体包括：苗木轮作与复式种植技术、苗圃灌溉和排水技术、苗木施肥技术、接种菌根菌和根瘤菌、苗木切根、苗木遮阴降温与越冬防寒，以及圃地的杂草控制技术等内容。

园林苗圃苗木繁殖与培育，涉及从苗木种质资源（即繁殖材料）获取到苗木成苗出圃的整个过程。目前国内外的园林苗木培育类型基本上可以分为裸根培育体系和容器培育体系。在裸根培育体系即地栽苗圃中，圃地土壤是苗木生长的主要环境之一，对土壤的一系列管理技术措施都不可避免地直接影响着苗木的质量和产量；同时，肥、水等苗木生长的各种栽培及环境因子，也是决定苗圃苗木生产质量的主要因素，构成了本章将要讨论的有关圃地管理的主要内容。

7.1 苗木轮作与复式种植

7.1.1 苗木轮作

轮作是在同一块圃地上按一定的顺序轮换种植不同树种苗木或其他作物（如农作物、绿肥等）的栽培方法，又称换茬。轮作能调节苗木与土壤环境之间的关系，合理轮作可提高苗木的产量，改善苗木的质量。轮作可以增加土壤有机质含量，改善土壤结构，提高土壤肥力，减少病原菌和害虫数量，减轻杂草的危害程度。与轮作对应的是连作，又称重茬，即在同一圃土地上连年种植同一树种的苗木，连作可使很多种苗木的产量和质量下降，其原因是：①多年消耗同种养分，使之缺乏；②某一病原积累严重，后茬种植苗木发病严重；③苗木本身分泌酸类及有毒物质等。除了有菌根菌的树种（如松科树种、桦木、栎树等）外应避免连作。

7.1.1.1 轮作的效果

通过轮作能改良土壤，减少病虫害和杂草等危害，因而提高了苗木的质量和产量。因为通过轮作能得到以下效果：① 轮作能充分利用土壤肥力；② 轮作能调节根系分泌的有毒物质的积累；③轮作能预防病虫害；④有防除杂草的效果；⑤在苗圃中实行轮作，可以改良土壤，提高土壤肥力，如用苗木与绿肥植物或牧草实行轮作的效果最好；⑥能保蓄土壤水分。

7.1.1.2 轮作方法

轮作方法就是某一种苗木与其他植物（包括苗木）相互轮换栽培的具体安排。现用的轮作方法有3种：即苗木与绿肥植物（或牧草）轮作、苗木与农作物轮作、不同树种的苗木轮作。

(1) 苗木与绿肥植物轮作

为恢复土壤肥力，选用绿肥植物（如草木犀、苜蓿等）进行轮作。与绿肥轮作能够增加土壤有机质，促进土壤团粒结构形成，协调土壤中的水、肥、气、热状况，为苗木的生长发育创造良好的条件。本法所表现的效果最显著，尤其在改良土壤和提高土壤肥力的作用方面，是其他方法所不及的。苗圃应该在3~4年内种植一次绿肥，分区轮换种植。

种植绿肥可与苗圃地休闲或轮作结合进行，以苜蓿、大豆、紫穗槐等豆科作物最好，播种密度要大，在雨季植株鲜嫩、种子未成熟时将其翻入土中，任其腐烂作为肥料。

(2) 苗木与农作物轮作

育苗的特殊性就是苗木不仅每年要消耗土壤中的大量营养元素，而且起苗时把主要根系都一块带走，有时起苗连圃地肥土一块运走，对苗圃土壤的消耗是严重的。而种农作物收割后，它的全部根系都遗留在土壤中，增加土壤的有机质，实行苗木与农作物轮作，是目前切实可行的轮作方法。理由如下：

①对于维持土壤肥力的效果，居其他两种方法之间，轮作的许多优点基本具备。

②能兼收粮食，不会发生与农业争地问题。

③可以轮作的作物种类较多，据已有的经验，如豆类（黄豆、绿豆、蚕豆等）、高粱、玉米和水稻等都可选用，如落叶松与水稻轮作取得良好效果。

但是，选用轮作植物必须防止引起病虫害。例如，在育苗地种植蔬菜或马铃薯、玉米等易感染猝倒病和招引虫害。所以不要选用这类植物与苗木轮作，也不宜间种或套种。

(3) 苗木与苗木轮作

这是用不同树种的苗木与苗木进行轮作。为提高圃地的利用率，在育苗树种较多而苗圃面积有限的情况下采用，选择无共同病虫害的树种，进行轮换育苗。根据现有的经验：红松、落叶松、樟子松、油松、侧柏、马尾松、云杉等针叶树种，既可互相轮作，又适于连作。因为这类针叶树种具有菌根，育苗地土壤中含有相应的菌根菌，可以促进土壤中养分的分解，有助于苗木对养分的吸收，因此无论是轮作还是连作，苗木都能生长良好。杨树、榆树、黄檗等阔叶树种之间仅适于相互轮作，不易连作。油松在刺槐、杨树、紫穗槐、板栗等茬口地上育苗，生长良好，病虫害较少。油松、白皮松与合欢、复叶槭、皂角等轮作,可减少猝倒病的发生。但若将油松安排在白榆、核桃、黑枣等茬口地上育苗,效果不好。根据实践,落叶松与梨、苹果、毛白杨、刺槐与紫穗槐等不宜轮作。此外,为防止锈病感染,落叶松与桦木、云杉与稠李属、圆柏与糖槭等在同一圃地上不宜同时育苗。

苗木与苗木轮作的优点是全部土地都用于育苗。但是,它也有自己的缺点:①对于维持土壤肥力的效果很小;②因为生产上计划要培育的苗木不能全符合轮作的需要,所以在搭配轮作树种时受限制。总之,从维持和提高土壤肥力及其他优缺点全面来看,本法的效果远不如前两种方法。

轮作效果如何,很大程度上取决于选择轮作植物。选用植物得当效果大,否则效果小,甚至会得到相反效果。因此,选择轮作植物时,要注意以下问题:①没有共同的病虫害,而且不是病虫害的中间寄主,也不会招引害虫;②能适应本圃的环境条件,对土壤肥力要求的高低要与育苗树种相配合;③轮作植物根系分布深浅与苗木根系分布深浅相配合;④轮作植物与育苗树种前后茬之间无矛盾。

7.1.1.3 轮作制和休闲制

轮作制是指轮作周期而言,大致分为3年、4年、8年和9年等轮作制。

休闲制是为了提高圃地肥力进行保养的地段。为了改善休闲地的肥力和水分条件,一般是种植绿肥作物、牧草和农作物。在很干旱的地区,为了保蓄土壤水分,也可以任何植物不种,照常进行中耕、除草等土壤管理工作,则称为完全休闲,又叫绝对休闲。

7.1.2 复式种植

复式种植即按照一定的株行距要求在同一地块上种植两种或者两种以上作物的一种种植模式,复式种植可以根据植物对光照强度的需求不同,生长特点不同,不同种间按照一定的方式种植,增加土地利用效率,最大程度地利用光能和土壤肥力,达到产出的最大化。复式种植在农业作物种植中早已得到成功应用,例如,华北地区广泛开展桐粮间作,既不影响泡桐生长,又不降低小麦产量;而园林苗圃开展复式种植情形相对较少。复式种植可以有效利用土地,提高单位面积的出苗量和收益,生产更多优质苗木,创造更大经济效益。

7.1.2.1 复式种植的树种选择原则

按照植物地带性分布规律和生态学规律,并非所有树种都适合做复式种植最终目的树种,必须按以上两规律筛选确定适宜树种。同时应满足以下原则:首先,从树种特性而言,必须是窄冠树种,或是幼龄期为窄冠类型;其次,必须要求培育高分枝点材料,如行道树,这样才能满足间种植物生长对光照与空间需求。适宜园林苗圃培育复式种植最终目的树种主要有:白榆、垂榆、高接中华金叶榆、垂黄榆、旱柳、新疆杨、银中杨(幼龄时窄冠)、黑皮油松、水曲柳、花曲柳、黄檗、核桃楸、蒙古栎、花楸树、梓树等。

7.1.2.2 复式种植模式与苗木配置

目前的复式种植模式均建立在最终目的树种为窄冠、高分枝点大苗基础上，分别是：大苗+花灌木模式、大苗+草坪草模式、大苗+豆科作物模式。

①大苗+花灌木模式　该模式间种植物虽然是各种花灌木，但体量相对占有一定空间，为保证其正常生长，最终目的树种定植株行距要大些，避免相互产生不利影响。该模式最终目的树种初始定植时苗高规格为 1.5~2.0 m，株行距为 2 m×3 m 及以上。以间种花灌木为主，主要有小叶丁香、小叶女贞、地接中华金叶榆、紫叶小檗、木绣球、紫穗槐、茶条槭球、绣线菊类、紫丁香球、红王子锦带、四季锦带、榆叶梅球、连翘球等。花灌木出圃高度不超过 1.2 m，培育年限 2~3 年，在最终目的树种出圃时，可生产 2~3 个周期。产量依株行距和培育周期数而不同。

②大苗+草坪草模式　间种植物为草坪草，其体量小，不需要太大生长空间。因此，该模式最终目的树种初始定植时苗高规格 1.5~2.0 m，株行距可以略低于大苗+花灌木模式，株行距控制在 2 m×2 m 及以上。春季地适时播种草籽，播幅 1.0~1.2 m，待草籽发芽、植株密闭地面时即可挖草皮用于绿地建植。

③大苗+豆科作物模式　采用该模式同时起到养地的作用，以补充土壤中有效成分。虽然育苗期间每年都要追施肥料，但由于苗木密度大，消耗养分多，故在开展新一轮复式种植第一年要间作豆科作物，与苗木间作植物不得是水肥消耗量大的蔬菜等作物。

7.2　苗木地灌溉技术要点及圃地排水

水分既是苗木生活的基本条件之一，又是土壤肥力的一个重要因素。苗木从土壤中吸收的水分主要来源于雨水、地下水及灌溉水。在北方干旱地区主要依靠灌水补充土壤中的水分。但如果雨水过多或排水不畅，也会影响苗木的呼吸，严重的会导致烂根甚至死亡。苗木的水分调节主要包括灌溉和排水两方面。

7.2.1　灌溉技术要点

7.2.1.1　水分性质调节

苗木的水分来源主要靠根从土壤中吸收。土壤中的水主要靠自然降水，人工灌溉和地下水。自然降水一般难以满足苗木生长需要，必须根据不同生长阶段的需要量通过人工灌溉补充土壤水分。不同来源的水分性质不同，需要加以调节，以适应苗木生长和苗圃管理对水质的要求。

(1) 水源选择

人工灌溉的水源分河水、湖水、水库水、井水、截贮雨水等。有条件的应首先使用河水，其酸碱度比较稳定，养分含量优于井水；其次可以选用湖水或水库水。井水和截贮雨水一般只作为辅助水源。

(2) 盐碱度与 pH 值控制

苗木常常由于土壤溶液中盐分过多而遭受危害，盐害对苗木的危害主要通过以下几个途径：增加土壤溶液的渗透压，造成生理干旱；使土壤结构和团聚作用遭到破坏，由此降低土壤通透性；溶液中的钠、氯、硼等其他离子的直接毒害；改变土壤 pH 值和溶解度，进而影响养分有效性。

灌溉水中可溶性盐分的盐量一般要求小于 0.2%~0.3%；以碳酸盐为主的灌溉水全盐量应小于 0.1%，含 NaCl 为主的水全盐量应小于 0.2%，含硫酸盐为主的水全盐量应小于 0.5%。

灌溉水的 pH 值，要求中性至弱酸性，具体应根据培育树种不同而调节。灌溉水经常用酸处理降低 pH 值至 5.5~6.5，最常用的酸是磷酸、硫酸、硝酸和醋酸。国外通常使用磷酸作为水的 pH 值调节剂，既调节 pH 值，又增加磷素营养。酸化不改变灌溉水的盐分，但能移走碳酸盐和重碳酸盐的盐离子。目前，我国实际生产中灌溉水 pH 值的调控还是较薄弱环节。

(3) 水温控制

一般作物春秋季灌水的水温应大于 10~15 ℃；夏季水温不宜低于 15~20 ℃，不宜高于 37~40 ℃。如水温过低或过高，应采取适当措施调节，如建立晒水池晒水、人工加温、利用太阳能加温等。

(4) 杂质控制

灌溉水中杂质包括沙粒、土粒、草木碎片、昆虫、病菌孢子、草籽等，它们或者影响灌溉系统，损坏灌溉和施肥设备或灌溉喷头，或者给苗圃土壤带来病虫杂草，因此，要加以控制。灌溉水中有真菌、细菌等，可用氯化的方法进行处理；向灌溉水中加入次氯酸钠或次氯酸钙溶液，或向灌溉系统中注射加压的氯气。灌溉水中有悬浮的和胶状的粒子，如小细沙、杂草种子、藻类等，可以用过滤的方式去除。

7.2.1.2 苗圃灌溉系统

苗圃的灌溉系统包括水源、提水系统、引水系统、蓄水系统和灌溉系统等。

水源最好在苗圃的高处，以便引水自流灌溉。如用井水，水井的数量应根据井的出水量和圃地一次灌水量来决定，并力求均匀配置在各生产区，以保证及时供水。

如果水源位置过低，不能直接引水灌溉时，则需安装抽水机等提水设备。引水主要通过灌溉渠道。苗圃渠道有固定渠道和临时渠道两种，按其规格大小又可分为主渠和支渠。主渠直接从水源引水供应整个圃地的灌溉用水，规格较大。支渠从主渠引水供应苗圃的某一生产区的灌溉用水，规格较小。其具体规格大小和数量多少，可根据实际需要来确定，以保证育苗用水的及时供应而又不过多占用土地为原则。灌溉渠道的设置可与道路相结合，并均匀分布于各生产区，力求做到自流灌溉，保证及时供水。

设计渠道时，可直接挖沟开渠，也可用铁管、塑料管、瓦管、竹管、木槽或用砖石砌成渠道，以减少水分渗透流失，提高水流速度。渠道的水流要保证畅通无阻，渠道不要发生淤积和冲刷现象。大田育苗时，灌溉渠道方向与耕作方向一致。

在北方苗圃中，通常建筑蓄水池以提高灌溉用水温度、提高灌溉水的利用效率，尤其是以深井水或山区河水作为灌溉水源时，使用蓄水池提高温度后的水灌溉可以有效地提高苗木质量。蓄水池通常设置在圃地水源附近，其规格大小依灌溉面积和一次灌溉量而定。

目前，苗圃常用的灌溉系统有喷灌系统（有固定式和移动式两种）、微喷系统、雾喷系统、滴灌系统等。环境控制育苗设施内还可能配备地下灌溉（渗灌）设施。

7.2.1.3 灌溉方法

苗圃的灌水方法根据当地水源条件、灌溉设施不同而异。

(1) 漫灌

漫灌又称畦灌，即水在床面漫流，直至充满床面并向下渗透的灌溉方法。其优点是投入少，简单易行。缺点是水以及水溶性养分下渗量大，尤其是在砂壤土中造成漏水、漏肥。漫灌容易使被浇灌的土壤板结。经过改造用水槽或暗管输水到苗床，浪费水会少些。

(2) 侧方灌溉

侧方灌溉又称垄灌，一般用于高垄、高床，水沿垄沟流入，从侧面渗入垄内。这种灌溉方法不易使土壤板结，灌水后土壤仍保持原来的团粒结构，有较好的通透性并能保持地温，有利于春季苗木种子出土和苗木根系生长。该方式灌溉省工，但耗水量大。

(3) 喷灌

喷灌是利用水泵加压或自然落差将灌溉水通过喷灌系统输送到育苗地，经喷头均匀喷洒到育苗地上，为苗木生长发育提供水分的灌溉方法，主要优点是不受苗床高差及地形限制，便于控制水量，控制浇灌深度，省水、省肥。喷灌不会造成土壤板结。配合施肥装置，可同时进行施肥作业。我国苗圃喷灌大规模应用已有30多年历史，是一项成熟的技术。喷灌系统由水源工程、首部装置（控制器、电气设备、过滤器、压力表、进气阀、排气阀、肥料注入系统等）、输配水管道系统和喷头组成。有固定管道式喷灌系统（喷灌系统的全部设备在整个灌溉季节甚至全年都固定不动）、移动管道式喷灌系统（除了水源工程固定不动外，其他所有设备均可以移动）、半固定管道式喷灌系统（水源工程、首部装置和主干管道不动，支管和喷头可移动）、机组式喷灌系统（即喷灌机组，除了水源工程以外，其他部件，在工厂内构建完毕）、旋转式喷灌系统（又叫时针式喷灌机或中心支轴自走式连续喷灌机组，由固定的中心支轴、薄壁金属喷洒支管、支撑支管的桁架、支塔架及行走机构等组成）、平移式喷灌系统（即连续直线移动式喷灌机或平移自走式喷灌机，除了水源外，其他自成体系，行走靠自己的动力）、软管牵引绞盘式喷灌机（由绞盘车、输水管、自动调整装置、水涡轮驱动装置、减速箱、喷头车等组成）等。

我国苗圃以固定管道式喷灌系统和平移式喷灌系统为主。随着管道材料的发展，现在采用高强度轻质塑料管道的前提下，半固定管道式喷灌系统的应用越来越多。移动管道式喷灌系统、机组式喷灌系统和旋转式喷灌系统的应用很少，软管牵引绞盘式喷灌机多在温室内作为辅助灌溉设备使用。各类喷灌系统都需要通过专门的专业设计、施工才能建设完成。

(4) 微喷灌

微喷灌是通过低压管道将有压水流输送到圃地，再通过直接安装在毛管或与毛管连接的微喷头或微喷带将灌溉水喷洒在育苗地的方式。整个系统的组成与喷灌系统基本一样，只是喷灌压力、喷头结构和喷洒雾滴大小有区别。一般微喷灌是水雾，雾滴大于 50 μm；雾室微喷是汽雾，雾滴 2~40 μm。

(5) 滴灌

土壤滴灌是通过管道输水以水滴形式向土壤供水，利用低压管道系统将水连同溶于水的化肥均匀而缓慢地滴在苗木根部的土壤，是目前最先进的灌溉技术。适用于精细灌溉，特别是在盐碱地，能稀释根层盐碱浓度，防止表层盐分积累。其优点是：每次灌溉用水量仅为地表漫灌的 1/8~1/6、喷灌的 1/3；干、支管道埋在地下，可节省沟渠占地；随水滴施化肥，可减少肥料流失，提高肥效；减少了修渠、平地、开沟筑畦的用工量；灌溉效果好，能适时适量地为苗木供水供肥，不致引起土壤板结或水土流失，且能充分利用细小水源。缺点是投入较高。

(6) 地下灌溉

地下灌溉又称"渗灌"。是指将灌溉水引入地下，湿润根区土壤的灌溉。有暗管灌溉和潜水灌溉。暗管灌溉灌溉水在地下管道的接缝或管壁孔隙流出渗入土壤；潜水灌溉通过抬高地下水位，使地下水由毛管作用上升到作物根系层。设施（如温室）育苗时，在设施建设时，预先设计铺设灌水管道和出水孔，育苗时灌溉水从苗床底部排出，苗木如自然状态下吸收水分那样从下部吸水利用。

该方法具有如下优点：不破坏土壤结构，上层能保持良好的通气状态，水、热、气三因素的比例协调，并能自动调节，能均匀输送水分和养分，为植物提供稳定的生长环境，增产效果显著；地表含水率较低，蒸发很少，输水基本无损失，水的利用率高，与喷灌相比可节水 50%~70%；灌溉水只需低压输送，一般约 0.2 MPa 即可，且流量小，扬程低，减少了装机容量，节能效果好；地表下 5~10 cm 厚的土壤控制在干燥条件下，不具备温湿环境，能减少病虫草害的滋生，可减少农药费用。缺点是建设投资大，施工技术复杂。目前，国内外均未普及。

7.2.1.4 灌水的技术要求

灌溉要合理，就是要求灌溉要区分不同季节、不同土壤、不同树种、不同生长阶段、不同作业内容分别进行灌溉，实施时具有不同的技术要求。

(1) 播种苗的灌溉要求

播种苗的水分管理技术要求比较高，要求播种前先行灌水洇地，做到底墒足，土壤疏松；播种后种子发芽前不宜漫灌，如蒸发量大、土壤过于干燥，可以喷灌给予补充；高垄播种苗，出苗前土壤过干，可用小水垄沟侧灌。

出苗期的喷灌量宜少量多次，以便在保障苗木水分需求的前提下，通过控制苗床土壤水分促进根系生长。进入气温较高的盛夏季节，还可以通过少量多次喷灌降低土壤表面温度，避免苗木遭受日灼危害。以补充土壤水分为目的时，喷灌时间多选择在15:00以后气温相对较低的时间段；以降温为主要目的时，可在上午气温进入高峰前喷灌，但不宜直接使用河水或井水喷灌；在中午气温达到高峰时，通常不宜喷灌。

(2) 扦插和埋条苗的灌溉要求

扦插、埋条苗的插穗和母条生根发芽都需要充分的水分。尤其是春末夏初，北方气候干燥季节，要经常补充水以保证生根环境的湿度。这个阶段补水最好利用喷灌，如果没有喷灌条件采用漫灌时，要求水流要细、水势要缓，防止冲垮垄背或冲出插条。在早春和晚秋扦插作业中（小拱棚扦插、阳畦扦插），扦插、埋条繁殖苗灌水应注意调整与地温的矛盾，因为补充一次水就使扦插苗（埋条）的局部环境降一次温，地温过低会影响扦插（埋条）生根，应掌握土壤基质湿度适当控水。

嫩枝扦插育苗可采用全光喷雾灌溉，或者在遮阴条件下定时喷灌，以保持扦插育苗环境的高湿。通常需要保持扦插环境的相对湿度不低于85%。

(3) 移植苗和根蘖分根苗的灌溉要求

苗木移植后要连续灌水3~4次（称作连三水），中间相隔时间不能太长，且灌水量要大，起到镇压土壤、固定根系的作用。

(4) 留床苗的灌溉要求

对于留床苗，早春应在解冻后及时灌水；养护阶段要按不同树种习性区别给水；秋冬季节灌冻水，以利苗木越冬；视降雨情况及时调整灌溉和排水作业，防止干旱和涝害发生。

(5) 不同生长发育时期的灌溉要求

在北方，4~6月是苗木发育旺盛时期，需水量较大，而此期又是北方的干旱季节，因此，这个阶段需要灌水6~8次才能满足苗木对水分的需求。有些繁殖小苗，如播种、扦插、埋条小苗等，由于根系浅更应增加灌水次数，留床保养苗至少也应灌水5~6次。7~8月进入雨季，降水多，空气湿度大，一般情况下不需要再灌水。9~10月进入秋季，苗木开始充实组织，枝条逐步木质化，准备越冬条件，此阶段不要大量灌水，避免徒长。11~12月苗木停止生长进入休眠期，对秋季掘苗的地块应在掘苗前先灌水，一是使断根苗木地上部分充实水分，以利过冬假植；二是使土壤疏松，以利掘苗，保护根系。对留床养护苗木应在土壤冻结前灌一次冻水，以利苗木越冬。

(6) 不同土壤质地的灌溉要求

不同理化性质的土壤对水分的蓄持能力不同，灌水的要求也不同。黏重的土壤保水能力强，灌水次数应适当减少。砂质土漏水、漏肥，每次灌水量可少些，次数应多些，最好采用喷灌。有机质含量高，持水量高的土壤或人工基质，灌水次数及数量可少些。

7.2.2 苗圃排水

排水作业是指对因雨季雨量过大时，避免发生涝灾而采取的田间积水的排除工作。这是苗圃在雨季进行的一项重要的育苗养护措施。北方地区年降雨量的60%~70%都集中在7~8月，此间常出现大雨、暴雨，造成田间积水，加上地面高温，如不及时排除，往往使苗木尤其是小苗根系窒息腐烂，或减弱生长势，或感染病虫害，降低苗木质量。因此，在安排好灌溉设施的同时必须做好排水系统工作。

苗圃在总体设计时，必须根据整个苗圃的高差，自育苗床面开始至全圃总排水沟口，设计组织安排排水系统，将多余的水从育苗床面一直排出圃外。

进入雨季前，应将区间小排水沟和大、中排水沟联通，清除排水沟中杂草、杂物，保证排水畅通，并将苗床畦口全部扒开。连雨天、暴雨后应设专人检查排水路线，疏通排水沟，避免积水。

对不耐水湿的树种苗木，如臭椿、合欢、刺槐、山桃、黄栌、丁香等幼苗，应采取高垄、高床播种或养护，保证这些树种的地块不留积水。

此外，苗圃经常应用一些肥料和杀虫剂，排水时水中含有的这些物质会对环境造成污染。苗圃应该建立废水沉淀池，先将水排入沉淀池，经过沉淀处理，再把符合环保要求的水排放。

7.3 苗木施肥

7.3.1 施肥意义及其特点

园林苗木生长地的土壤条件相当复杂，既有贫瘠的荒山荒地，又有盐碱地和人为干扰及翻动过的地段；土壤肥力和养分状况差别大，所以科学地施肥，改善土壤的理化性质、提高土壤的肥力，增加苗木营养，是保持苗木健康的有力措施之一。

长期以来，人们都非常重视农作物、蔬菜和果树的施肥，却忽视园林苗木的施肥。其实，从某种意义上讲，园林苗木的施肥比果树以及林木更重要，因为园林苗木定植以后，人们希望绿化树木生长数十年、数百年，甚至上千年直到它们衰老死亡。在这漫长的岁月里，由于园林苗木栽植地具有特殊性，营养物质片面地消耗，使其营养的循环经常失调，枯枝落叶不是被扫走，就是被烧毁，归还给土壤的很少。因为地面铺装及人踩车轧，土壤非常紧实，地面营养不易下渗，根系难以利用。加之地下管线、建筑地基的修建，降低了土壤的有效容量，限制了根系的吸收以及活动范围。此外，随着园林绿化水平的提高，乔、灌、草多层次的配置，更增加了养分的消耗与苗木对养分的竞争。总之，给园林苗木适时适量补充营养元素是十分必要的。

根据园林苗木生物学特性与栽培的要求和环境条件，其施肥的特点如下：

①园林苗木属于多年生植物，长期生长在同一地点，从施入肥料的种类来看，应

以有机肥为主,还要适当施用化学和生物肥料。施肥方式以基肥为主,基肥与追肥兼施。

②园林苗木种类繁多,习性各异,作用不一,防护、观赏或经济效用不同,因此,就反映出施肥种类、用量以及方法等方面的差异。在这方面各地经验颇多,需要科学系统地分析与总结。

③园林苗木生长地的环境条件情况差距很大,既有高山、丘陵,又有水边、低湿地及建筑周围等,这样便增加了施肥的困难,所以应根据栽培环境的特点,采用不同的施肥方式和方法。同时,在园林中对苗木施肥时要注意园容的美观,避免在白天施用奇臭的肥料,有碍游人的活动,必须做到施肥后随即覆土。

施肥属于综合养护管理中的必要环节,但必须与其他养护管理措施(特别是灌水)密切配合,肥效才能得到充分的发挥。

7.3.2 施肥原则

施肥时需根据苗木自身需肥情况、天气情况、土壤状况等全面考虑。并且施肥时要按比例地施用氮、磷、钾三要素和微量元素,用来满足苗木对养分的平衡需要。也就是说应正确选定最适宜的施肥期、肥料种类和施肥量。

(1) 依据苗木各生长期的需要施用

苗木生长一般分为出苗期、幼苗期、速生期和硬化期4个阶段。出苗期苗木不能自行制造养分,其营养主要靠种子内贮存的养分;幼苗期是指幼苗地上部分出现真叶、地下部生出侧根,到幼苗生长量大幅上升为止,这时对氮和磷比较敏感;速生期是苗木地上部和地下部同时生长,对养料需求量大,应增加氮肥用量及次数,并按比例施用磷钾肥。在生长后期为促进苗木硬化,提高抗性,应适时停施氮肥,到了硬化期要防止徒长,停止施用肥料,以提高苗木抗性。一般一年生播种苗在生长初期需氮、磷肥较多,以促进幼根生长发育,在速生期需大量的氮磷钾及其他元素,在生长后期以钾为主,磷为辅,促进幼茎木质化。对已成苗的大规格苗木,根系强大、分布较远,施肥宜深,范围宜大,如油松、银杏、合欢、臭椿等;根系浅的大苗木施肥宜浅,范围宜小,如悬铃木、紫穗槐及花灌木等。

(2) 依据天气状况施肥

根据天气状况决定施肥次数和施肥量。温度低,苗木吸收量少,温度高,根系生长旺盛,吸肥量多。最好选天气晴朗,土壤干燥时施肥。阴雨天由于树根吸收水分慢,不但养分不易吸收,肥分也易被雨水冲失,造成浪费。在天旱时最好采用湿施法,即把肥料兑水成液肥,均匀施于苗圃地上;雨量适中可采用干施法,即把肥料沟施,沟施深度应在根系的分布层,以利苗木对肥料的吸收。

(3) 以土壤缺肥特点为依据施肥

施肥措施和土壤状况有密切关系。土壤是否需要施肥,施用肥料的种类还有施肥量的多少,都要根据土壤的性质和肥力来确定。不同性质的土壤中所含有的营养元素的种类及数量有所不同,故应看土施肥,缺哪种肥则施哪种肥。在一般土壤中,应以施氮肥为主，但也不是绝对的。如在红壤土与酸性砂土中，磷和钾的供应量不足，要增施磷、钾肥；褐色土中氮、磷不足，故应以氮、磷为主，可不施或少施钾肥。土壤质地不同，施肥种类和施肥量也应不同。假如要给某处的土壤施肥，首先应当很好地观察分析该处土壤内的氮素实际状况，若该处土壤含有较多的有机质且氮素不缺少，则应加大磷、钾肥的施用比例，适当控制氮肥的施用量。不过，土壤养分的速效性因苗木的吸收、气象条件的变化及土壤微生物的活动等因素的变化而改变，如果根据土壤化验结果进行施肥，要特别注意这些因素的影响。

肥效的发挥和土壤水分含量也有密切的关系。土壤中水分亏缺，施肥后土壤溶液浓度增高，苗木不但不能吸收利用，反而会受毒害，对于这种情况施肥有害无利。积水或多雨地区肥分易淋失，会降低肥料的利用率，因此，施肥要根据当地土壤水分变化规律或结合灌水进行。土壤容重、土壤紧实度、通气性以及水、热等均是土壤的物理性质，土壤质地和土壤结构都会影响土壤的这些物理性质。

砂性土壤质地疏松、通气性好、温度较高、湿度较低，是"热性土"。宜用猪粪、牛粪等冷性肥料，施肥宜深不宜浅。为了延长肥效时间，还需加入半腐熟的有机肥或腐殖酸类肥料等。因为砂土有机质少，温度高，吸收容量小，保肥力差，所以每次施用量宜少，但应增加施用次数。

黏性土壤土质地紧密，通气性差，温度低而湿度小，属于"冷性土"。宜选用马粪、羊粪等热性肥料，施肥深度宜浅不宜深，而且使用的肥料应当充分腐熟。因为黏土通气差，温度低，吸附保存 NH_4^+、K^+ 一类矿质营养的能力强，所以应加大每次施肥量并减少施肥次数。

酸性土壤处于酸性反应的条件下，有利于阴离子的吸收。且酸性条件下，可提高磷酸钙和磷酸镁的溶解度。所以，酸性土壤应选用碱性肥料，氮素肥料选用硝态氮较好。在酸性土壤中有利于磷向可溶性状态转化，钾、钙和镁等元素易流失，应施用钙镁磷肥、磷矿粉、草木灰、石灰等碱性肥料，以及其他碱性还有偏碱性的可溶性盐类肥料。碱性土壤，处于碱性反应的条件下，有利于阳离子的吸收。且在碱性条件下，可降低铁、硼和铝等化合物的溶解度。碱性土壤应选用酸性肥料，氮素肥料以氨态氮肥为好，磷肥要选过磷酸钙磷酸铵等水溶性肥料。对中性或接近中性、物理性质也很好的土壤，适用的肥料较多，不过也要避免使用碱性肥料。

（4）根据肥料的性质施用

肥料施用时要根据其性质不同合理选择。一般情况下，施肥应对症而施，针对苗木的需要进行施肥，才能达到应有的效果。施肥的时间通常因肥料性质不同而异。对于易流失与易挥发的速效性或施后易被土壤固定的肥料，如碳酸氢铵、过磷酸钙等应在苗木需肥前施入；迟效性肥料如有机肥料，因为需要腐烂分解矿质化后才能被苗木吸收利用，故应提前施用。由于同一肥料因施用时期不同而效果不一样，所以，肥料要在经济效果发挥的最高时期施入。肥料种类不同，其营养成分、性质、作用、效果和施用的苗木种类、施用的条件与成本都不相同。通常将肥料分为有机肥料、无机肥料与微生物肥料3种。

①有机肥料　是将有机质当作主要组成的肥料。此类肥料一般由动、植物的残

骸、人粪尿和土杂肥等经过充分腐熟后而成。堆肥、厩肥、绿肥、饼肥、鱼肥、血肥、人粪尿、家畜与鸟类的粪便、屠宰场的下脚料、马蹄掌以及秸秆、枯枝、落叶等经过腐熟后均成为有机肥。一般农家肥料均为有机肥。因为有机质需经过土壤微生物的分解，才能逐渐为苗木所利用，为植物提供多种营养元素，所以，有机肥通常见效较慢，为迟效性肥料。

②无机肥料 包括经过加工而成的化肥与天然开采的矿质肥料等。化肥又有单质化肥与复合化肥，为速效性肥料，多用于追肥。在生产中用到的化肥有硫酸铵、尿素、硝酸铵、碳酸氢铵、过磷酸钙、磷矿粉、氯化钾、硝酸钾、硫酸钾、钾盐等。还包括含 Fe、B、Mn、Zn、Cu 等微量元素的盐类。

③微生物肥料 一般用对植物生长有益的土壤微生物制成，又分细菌肥料与真菌肥料等。细菌肥料由固氮菌、根瘤菌、磷化细菌和钾细菌等制成，而真菌肥料是菌根菌等制成的。

此外，根据补充的元素不同，常用的化学肥料还包括氮肥、磷肥、钾肥、复合肥等。通常氮肥应集中适当使用，在土壤中少量施用氮肥往往没有显著效果。在缺少氮肥的土壤中要注意磷、钾肥的使用，因为 P、K 与 N 有颉颃作用，磷、钾肥的使用应在不缺氮素的土壤中才经济合理，否则其效果不大。而且，施用有机肥与磷肥时，除考虑当年的肥效外，一般还需要考虑前一两年施肥的种类和用量。

在生产实际中需根据肥料的性质及在不同土壤条件下对苗木的作用和效果，决定施肥的种类与用量。如磷矿粉生产成本低、肥源较广、肥效长，在酸性土壤上施放效果很好，不过若在石灰性土壤上施放则效果不明显。

7.3.3 施肥时期

每种植物在其生长发育的过程中，对各种营养元素的需要，已经形成了一定的比例关系，所以，施肥的时间需掌握在苗木最需肥的时候，以便使有限的肥料能被苗木充分吸收。植物自外界环境中吸收利用营养元素的过程，实质上是一种选择吸收的过程，其主要取决于植物本身的需要。确定施肥的最佳时期，首先要了解植物在何时需要何种肥料，同时还要了解植物并不是在整个生长期内都从土壤中吸收养分，也不是土壤中有什么营养元素就吸收什么元素。具体施肥的时间要视苗木生长的情况和季节而定。在生产上，一般分基肥和追肥。总的来说，基肥施用较早，追肥要巧。

(1) 基肥

基肥是处于较长时期内供给苗木养分的基本肥料，所以宜施腐殖酸类肥料，堆肥、厩肥、圈肥、鱼肥与腐烂的作物秸秆、树枝、落叶等迟效性有机肥料。这些有机肥料需经过土壤中的微生物分解，方能提供大量元素和微量元素给苗木较长时间吸收利用。

基肥分秋施和春施。秋施的基肥在秋分前后施入效果最好。基肥是较长时间内供给苗木养分的基本肥料，应施迟效性的有机肥，迟效性肥料则要比较长的时间腐烂分解。秋季施用有机质腐烂分解的时间较充分，可以提高矿质化程度。苗木早春萌芽、开花和生长，主要消耗的是苗木贮存的养分。苗木贮存的养分丰富，能提高开花质量和坐果率，有利于枝条健壮生长，叶茂花繁，增加观赏效果。而苗木落叶前，处于积累有机养分的时期，地上部分制造的有机养分以贮藏为主。这时根系吸收强度虽小，不过吸收的时间较长，吸收的养分积累起来，为来年生长与发育打好物质基础。秋施的营养物质可以在翌春及时供给苗木萌芽、开花、枝叶和根系生长的需要。若可能的话再结合施入部分速效性化肥，提高细胞液浓度，也可以同时增强苗木的越冬性。此外，施有机肥能提高土壤孔隙度，使土壤疏松，有利于土壤积雪保墒和提高地温，防止冬春土壤干旱，并减少根际冻害。且秋施基肥正处于一些苗木根系生长的高峰，伤根容易愈合，并可发出新根，因此为了提高苗木的营养水平，北方一些地区多于秋分前后施用基肥，时间宜早不宜晚。尤其是对观花、观果及从南方引入的苗木，更应早施。若施得过迟，则导致苗木生长不能及时停止，会降低苗木的越冬能力。春施基肥，如果有机质无法充分分解，肥效发挥较慢，早春不能及时供给根系吸收，到生长后期肥效发挥作用时，通常会造成新梢二次生长，对苗木生长发育不利，特别是对某些观花、观果类苗木的花芽分化及果实发育不利。因此春施在苗木养护管理实践中采用较少。

(2) 追肥

为补充基肥之不足，可根据需要在苗木生长期适时追施速效性肥料 2~4 次。一般苗木以氮肥为主，对高生长旺盛的苗木在生长后期可适当追施钾肥。一般在生长期末不再追施氮肥，以免影响苗木木质化和安全越冬。对于移植苗和留床苗而言，如果是容易发根的速生阔叶树苗，定植后不久施肥就有效果，而且前期生长所吸收的肥料占全年吸收量的 70% 以上，因而施肥宜早不宜迟；如果是针叶树苗，由于它的根系比较完整，追肥时期可以比 1 年生苗适当提前。

总的来说，土壤追肥主要在生长期进行。常用的方法有撒施、沟施和浇施。撒施是把肥料均匀地撒在苗床面上或圃地上，浅耙 1~2 次以盖土。沟施是在苗木行间或行列附近开沟，把肥料施入后盖土。开沟的深度以达到吸收根最多的层次，即表土下 5~20 cm 效果比较好，特别是追施磷、钾肥。浇施是先把肥料溶于水中，随灌溉施入土壤中。

在苗木生长期间将速效性肥料的溶液喷于苗木的叶子上，叫根外追肥，又叫叶面追肥。根外追肥能及时供给苗木急需的营养元素，通常喷后 24 h 能吸收 50% 以上。为了使溶液能以极细的微粒分布于叶面上，应使用压力较大的喷雾器，时间宜选在傍晚。如果喷后 2 d 内遇雨，雨后还要补喷。

7.4 接种菌根菌和根瘤菌

7.4.1 接种菌根菌

在苗圃土壤中缺乏菌根菌情况下，需要接种菌根菌。一般苗木接种菌根菌的方法有森林菌根土接种、菌根"母苗"接种、菌根真菌纯培养接种、子实体接种、菌根菌剂接种。

(1) 森林菌根土接种

在与接种苗木树种相同的林内或老苗圃内，选择菌根菌发育良好的地方，挖取根层的土壤，而后将挖取的土壤与适量的有机肥和磷肥混拌后，开沟施入接种苗木的根层范围，接种后要浇水。这种方法简单，接种效果非常明显，菌根化程度高，但需求量大、运输不方便，也有可能给苗圃带来新的致病菌、线虫和杂草种子。

(2) 菌根"母苗"接种

在新建苗圃的苗床上移植或保留部分有菌根的苗木作为菌根"母苗"，对新培育的幼苗进行自然接种。具体做法是：在苗床上每隔 1~2 m 移植或保留 1 株有菌根的苗木，在其株行间播种或培育幼苗。通常菌根真菌从"母苗"向四周扩展的速度是每年 40~50 cm。一般有 2 年时间苗床就充分感染了菌根真菌。待幼苗感染菌根后，母株即可移出。

(3) 菌根真菌纯培养接种

从菌根菌培养基上刮下菌丝体，或从液体发酵培养液中滤出菌丝体，直接接种到土壤中或幼苗侧根处。该方法还没有在生产上广泛应用。

(4) 子实体接种

各种外生菌根真菌的子实体和孢子均可作为幼苗和土壤的接种体。特别是须腹菌属、硬皮马勃属和豆马勃属等真菌产生的担孢子，更容易大量收集，用来进行较大面积的接种。一般将采集到的子实体捣碎后与土混合，或直接用孢子施于苗床上，然后翻入土内，或制备成悬浮液浇灌，或将苗根浸入悬浮液中浸泡，或将子实体埋入根际附近。还可以采用两种或多种子实体混合接种，其效果更好。

(5) 菌根菌剂接种

对于松树、云杉、杨树、柳树、核桃等树种，可使用人工培养的菌根制剂进行浸种处理、浸根处理或喷叶处理。

7.4.2 接种根瘤菌

使用根瘤菌剂播种前浸种或苗木移植时浸根，可以接种根瘤菌。

(1) 菌种制备

根瘤菌感染专一性很强，所以没有统一的广谱性菌剂。目前，通用的办法是从要接种的苗木树种的成年林分中采集根瘤，从根瘤中提取菌种。如在相思类树种上应用的根瘤菌种，基本上是广西大学从大叶相思、厚荚相思、马占相思、杂交相思、黑木相思和台湾相思林分中采集根瘤、分离根瘤菌，经过培养纯化得到的菌种。

(2) 接种方法

①浸种 将目的树种种子经过播前处理，用根瘤菌液浸泡一定时间进行接种。如马占相思种子用浓硫酸处理去掉蜡质层并用清水浸泡 12 h 后，捞起沥干；将根瘤菌种制成液态，把去蜡和浸水的种子浸泡在根瘤菌液中（菌液没过种子），经过 90 min

时间处理后用于播种,效果很好。农业上还有种肥(种子与菌剂混合后同时播种)、拌种(用适量清水将种子浸湿,然后将菌剂与种子拌匀,稍阴干后即播种)、拌肥(将根瘤菌剂与颗粒肥料混拌均匀后机播)、种子丸衣化(利用包衣机、黏着剂和丸衣剂将根瘤菌剂黏着并包裹在种子上,主要用于大面积机械播种和飞机播种)等方式。

②浸根 先培养芽苗,移栽前用菌液浸泡芽苗根部。用菌液浇灌苗木根际土壤也是常用方法。

7.5 苗木切根

切根又叫断根、截根,是把生长在苗圃地上的幼苗或苗木的根用工具割断,主要为促使苗木多生侧根和细根,达到根系发达、提高苗木质量和造林成活率的目的。

7.5.1 幼苗切根作用

苗木切根能促进苗木多生侧根和须根,使根系发达,地径粗壮,茎根比值小,苗木健壮,移栽后成活率高;切根能使苗木提高吸收水分和养分的能力;早秋切根能限制苗木吸收水分,抑制苗木徒长,促进苗木木质化和落叶;秋季切根的苗木还能减少起苗阻力,给起苗、贮藏等工作创造有利条件。所以,苗木切根是培育壮苗的重要措施之一,其效果仅次于苗木移植。

7.5.2 切根方法

切根的方法以两侧切的效果为好。播种裸根苗切根,不需将苗子挖出,用铲子从小苗两侧斜向切下,将伸得较长的侧根和主根切断,切根后要将土层压实,并且浇水。人工切根可用特制的切根锄,面积较大的苗圃可用带切根刀的犁进行切根。

7.5.3 切根工具

人工切根可用特制的切根铲。面积较大的苗圃可用弓形起苗刀,但要把抬土板取下。断根后要及时浇1次透水,使松起的土壤及苗根落回原处,以防透风。

7.6 苗木遮阴降温、越冬及防冻

7.6.1 遮阴降温

高温常使某些树种在出苗期和幼苗期大量死亡。可以进行遮阴处理。对于耐阴树种、花卉,播种期过迟的苗木,春季新购进的芽苗,要采用降温措施,减轻高温热害的不利影响,如搭荫棚等,有条件的可采用遮阳网,避免日灼危害苗木。

7.6.2 越冬防冻

苗木冬季越冬常出现死亡现象,主要原因:因严寒使苗木细胞原生质脱水结冰,损伤了细胞组织,失去了生理机能而致死,即冻死;地冻开裂拉断苗木根系,或被风吹干而死,即地裂伤根;在早春因干旱风的吹袭使苗木地上部分失水太多,而地下部又因土壤冻结,根系吸不上水分,苗木体内失去水分平衡而致死,即生理干旱。其中以生理干旱致死较为常见。

针对冻害发生原因,越冬保苗的方法主要有很多,如用土埋、覆草、设风障和架暖棚等。

①埋土防寒 这种方法是防止苗木生理干旱较好的方法,既能使苗床土壤保持较稳定的温度,又可以防止和减少土壤水分的大量蒸发。埋土的时间一般在苗木停止生长落叶后、土壤结冻前进行。过早,苗木易腐烂;过晚,取土困难,也影响效果。埋土时应从苗木侧方进行,要防止损伤苗木。埋土厚度要超过苗梢 $3\sim5$ cm。埋土后的床面要耧平,四周要埋严,迎风面埋土要适当加厚,以防透风,避免冻害。翌春撤土的时间很重要,早撤仍易患生理干旱;晚撤易捂坏甚至使苗木腐烂。要在苗木开始生长之前,分两次撤除覆土为好,撤土后要立即将苗床灌一次透水,以满足早春苗木所需水分,这是防止早春生理干旱的有效措施。

②灌水防寒 即在土壤结冻前,将苗床进行大水漫灌,以满足苗木在越冬期间对水分的大量消耗,避免产生生理干旱,为苗木安全越冬创造良好的环境条件。

③盖草防寒 即用麦秆、稻草或其他杂草,将苗木进行覆盖。要在秋冬土壤结冻前进行。覆草厚度要超过苗梢 5 cm 以上。为了防止草被风吹走,可用栓草绳固定住覆草。在早春苗木开始生长前,分两次将覆草撤除。撤草时防止损伤苗木。

④对新植或引进树种的防冻 还有下列 3 种方法:一是设置风障,在主风侧或植株外围用塑料布做风障防寒,有的品种还需加盖草帘;二是树干包裹,多在入冬前进行,将新植树木或不耐寒品种的主干用草绳或麻袋片等缠绕或包裹起来;三是树干涂白,一般在秋季进行,用石灰水加盐或石硫合剂对树干涂白,利用白色反射阳光,减少树干对太阳辐射热的吸收,从而降低树干的昼夜温差,防止树皮受冻,另外,此法对预防害虫也有一定的效果。

7.7 圃地杂草控制

杂草生长迅速,不但与花卉苗木争夺养分和水分,而且还是多种病虫害的中间寄主,如果防治不及时就会蔓延,影响花木生长。杂草防除的物理方法主要是人工拔除、耕作和使用覆盖物,除草、松土要及时。松土要浅,除草做到除早、除小、除了,不伤苗,不漏除,步道、沟内杂草都要清除干净。拔草时,圃地干燥的应先灌溉,至土壤湿润时进行。最简单有效的方法则是化学除草。

7.7.1 杂草种类

杂草是指农田中非有意识栽培的植物,根据生活周期将其分为 1 年生、2 年生和多年生杂草。

1 年生杂草分夏季 1 年生和冬季 1 年生杂草。夏季 1 年生杂草在春季发芽,夏季或秋季成熟、结种，冬季死亡；冬季1年生杂草秋季发芽，以幼苗过冬，翌春生长，夏季结籽死亡，如牧羊草和千里光就是这种类型。

2年生杂草生长期为2年，第1年发芽长叶，把能量积累在根部；第2年杂草利用储存的能量继续生长，一般在夏季或第2个秋季结籽后死亡，如毛蕊花属、牛蒡属和蓟是常见的2年生植物。

多年生杂草包括普通多年生、球根多年生和匍匐多年生杂草，它们的生长期为2年以上，大多数情况下第1年不产种子，第2年结籽。普通多年生杂草只靠种子传播，杂草自身能够繁殖，如蒲公英、车前草就是这种类型的杂草。在苗圃生产中很少涉及球根杂草，它们可以用种子或地下鳞茎繁殖。匍匐多年生杂草靠种子和匍匐根繁殖，如加拿大蓟。多年生杂草通常需要重复控制，如使用除草剂、耕作或人工拔除。

有效的杂草防治不仅要了解杂草生命周期，还需要早防早治。大多数除草剂在杂草较小时使用效果最好。因此，杂草幼苗的鉴定是防治成功的关键。杂草防治要特别注意遗漏的杂草和新出现的杂草，任何危害严重的杂草都应尽早防除。

7.7.2 苗圃除草方法

目前除草的方法主要有人工除草、机械除草、化学除草、异株克生物质除草和生物除草等。

(1) 人工除草与机械除草

人工除草就是人工直接拔除杂草或者使用锄头、镰刀之类的简单工具铲除或割除杂草的方法，是传统的、彻底的、无其他副作用的方法，但是劳动强度大、速度慢。适用于杂草密度较小、个体较大的场合。

机械除草就是使用专用除草机械或中耕机具进行除草的方法，速度较快、效率较高。但是对于苗行内苗木间的杂草无法去除，适用于去除条播时苗行间、垄间杂草、大苗的行间株间杂草。

(2) 化学除草

化学除草就是使用化学药剂进行除草的方法，这种化学药剂叫除草剂或除莠剂。化学除草速度快、效率高、效果好；适宜在杂草密度大、分布均匀时使用。缺点是有些杂草种类去除效果不好，应用不当易产生药害，使用过量对环境有污染等。

(3) 异株克生物质除草

异株克生物质除草是利用某些植物向环境中释放出一些有毒气体、有机酸、芳族酸、香豆素、生物碱等对另一些植物可以产生毒害作用的原理，选择性杀除某类杂草的方法。目前，它还是一种概念性方法，实际尚没有应用。

植物源除草剂的开发主要是利用植物间的异株克生物质，其对植物的生长发育和代谢均有影响。这类具除草活性的化合物，主要有酯酚类、生物碱类、肉桂酸类、香豆素类、噻吩类、类黄酮类、萜烯类、氨基酸类等。如柠檬树中的莨菪亭、蒿属香豆素等香豆素类化合物具有明显的杀草活性。

(4) 生物除草

生物除草即利用昆虫、病原菌、线虫、动物（如稻田养鱼）及生物除草剂等除草的方法。以虫（动物）或微生物除草是利用专牲植食性动物、病原微生物，在自然状态下通过生态学途径，将杂草种群控制在经济上、生态上可以接受的水平；生物除草剂是指在人工控制下施用人工培养繁殖的大剂量生物制剂杀灭杂草，具有两个显著的特点：一是经过人工大批量生产而获得大量生物接种体；二是淹没式应用，以达到迅速感染，并在较短时间里杀灭杂草的目的。

①以虫治草　用作杂草生物防治天敌昆虫应根据其自身的生物学、生态学特性和与寄主植物的关系来判别，即昆虫的专化程度、取食类型、取食时期、发生时期、发生代数、繁殖潜力、外部死亡因子、取食行为与其他生防作用物的协调性和作用物的个体大小等。用虫控制仙人掌、空心莲子草、紫茎泽巴、豚草、黄花蒿、顶羽菊、香附子、扁秆藤草、眼子莱、鸭跖草和槐叶萍等都是成功的例子。

②以病原微生物治草　一般来讲，杂草病原微生物都是杂草的天敌，但是从生物防除的要求来看，只有那些能使杂草严重感染，影响杂草生长发育、繁殖的病原微生物才有望成为生物防草作用。到现在为止，已有不少病原微生物防除杂草的成功实例，有的已大面积推广应用，如灯芯草粉苞苣、紫茎泽兰等杂草利用微生物控制获得成功或部分成功。

③生物除草剂除草　1981年，De Vine在美国被登记注册为第一个生物除草剂，De Vine是土生于美国佛罗里达州的棕榈疫霉致病菌菌株的厚垣孢子悬浮剂，用于防除杂草莫伦藤，防效可达90%，且持效期可达2年，被广泛用于该州橘园。随后，Collego获得登记，并实用化。基因工程和细胞融合技术的介入，可以重组自然界存在的优良除草基因，给人们提供了改良生物除草剂品种上提高防效和改良寄主专入性的可能性。

④植物治草　人类利用植物治草主要包括下列3个方面：利用作物群体遮阴和竞争优势来控制杂草；替代植物治草；利用它感作用治草。

7.7.3　苗圃化学除草

由于机械除草、人工除草综合成本高，效果经常不理想，异株克生物质除草和生物除草属于新技术，园林苗圃中研究和应用尚未开展，所以苗圃中化学除草应用较多。

7.7.3.1　化学除草原理

化学除草的原理是利用化学药剂的内吸、触杀作用，有选择地防除田间杂草。除草剂能抑制和破坏杂草发芽种子细胞蛋白质酶，从而使蛋白质合成受阻，同时抑制杂草的光合作用。杂草吸收药液后一般不能正常生长，逐渐枯死。根据作用机理，化学除草可分为3种方法：①根据作物与杂草的抗药性不同，选择某种除草剂消除杂草，而作物不受药害；②利用作物与杂草的形态结构上的区别和根系、茎、叶分布的差异进行化学除草；③根据作物与杂草发生时间不同，适时进行化学除草，如在栽植前施用除草剂，杀死各种杂草，待除草剂失效后再播种栽植。

7.7.3.2 除草剂的类型

(1) 土壤处理剂、茎叶处理剂和土壤兼茎叶处理除草剂

①土壤处理剂　一般用在土壤或生长介质表面，通过杂草根系吸收或在杂草萌芽时穿过土壤表面到达发芽处而起作用。它必须在土壤或介质中溶解以提高药效，这种除草剂会在土壤中保持相当一段残效期，少则1周，多则1年或更长，因此必须慎重选择以免对后茬花卉苗木造成药害。常见的有氟乐灵、都尔以及土壤兼茎叶处理除草剂森草净、果尔、森草净等。在使用此类药剂以前必须对土壤情况有个大致了解，如土壤组成、有机质含量、土壤pH值等，以便确定用药量。

②茎叶处理除草剂　指除草剂通过植物茎叶进入植物体内而起作用的药剂，入土后往往失效或者效果大大降低，常采用喷洒方式施药，最常见的有盖草能、禾草克、稳杀得、拿扑净以及茎叶兼土壤处理的茅草枯、2,4-D丁酯等。使用茎叶处理除草剂时首先要对这类药剂的杀草谱、杂草敏感期以及选择性能有所了解，其次是知道要求的气候条件，特别是与降雨要有一定相隔时间。如果刚打完药下大雨，把药剂全部淋洗掉，则造成浪费。

③土壤兼茎叶处理除草剂　通过土壤作为媒介进入植物，也可以通过茎叶进入植物起作用。这类药剂按用药时间可分别按土壤处理阶段与茎叶处理阶段使用。

(2) 内吸传导型除草剂和触杀型除草剂

①内吸传导型除草剂　喷在杂草上，被杂草的根、茎、叶或芽鞘等部位吸收，并在植株体内输导运送到全株，破坏杂草的内部结构和生理平衡，使之枯死。内吸传导型除草剂可防治1年生和多年生的杂草，对大草也有效。

②触杀型除草剂　喷到土壤表面或杂草叶片上，既不会被传导到其他叶片也不会传导到根部等其他部位，是通过削弱和扰乱杂草细胞膜，导致渗漏和局部死亡。这类除草剂只能杀死杂草的地上部分，对杂草地下部分或有地下繁殖器官的多年生杂草效果差或无效。因而主要用于防除1年生较小的杂草。施药时要求喷洒均匀，使所有杂草个体都能接触到药剂，达到好的防治效果。

7.7.3.3 使用除草剂注意事项

由于田间杂草种群数量大、适应性广、生命力强，增加了化学防治的难度，在使用除草剂时必须注意以下几点：

(1) 正确选择除草剂

化学除草剂是选择性很强的农药，是利用植物生理上的差异进行选择除草。不同植物对药剂的敏感程度不同，因而产生的作用也不一样。除草剂的选择主要根据要控制的目标杂草、杂草生长期、栽植地点和植物品种等几个主要因素。影响除草剂选择的其他因素还包括土壤类型、土壤温度、土壤pH值、有机质、土壤湿度、杂草或植物是否在胁迫下生长、使用除草剂的方式、除草剂在叶子或土壤表面的保持力、杂草流动和喷雾量等。

在同一苗圃中，防治同类型杂草连年使用单一除草剂，就会出现两种不良后果：一是诱发杂草对该除草剂产生抗药性；二是杂草种群发生变化，杀除了原先优势种群杂草，促使原来次要的杂草逐渐上升为优势杂草，加大杂草防除的难度。因此，可以采用除草剂混用的方法，还应循环使用。用于交替使用的除草剂品种应根据药剂性能、防除对象、安全性及成本等因素灵活配。一般选用不同杀草谱或不同作用机理的除草剂交替使用，或是土壤处理剂与茎叶处理剂交替使用。

(2) 严格掌握使用剂量

除草剂用量一定要适宜，量小影响除草效果，达不到除草目的；量大既不安全也不经济。除草剂用药剂量应根据土质和植物敏感期而定。砂质土吸附能力较弱而易产生淋溶，宜使用低限量，其用药量一般要降低1/3左右；黏土胶体吸附能力强，吸附的除草剂多，宜使用高限量，在高温多雨条件下用药量要适当减少；杂草小时用剂量下限，杂草大时用上限。为追求除草效果随意加大剂量，或拌药不匀（撒施法）、兑水过少（喷施法）、或重喷后局部浓度过大，容易造成植株药害。在除草剂配制上要按推荐剂量和浓度配制，按比例配制，要用量具，不要用瓶盖或其他器皿。

7.7.3.4 园林化学除草常用除草剂

(1) 春多多

这是新型内吸传导型广谱非选择性芽后灭生除草剂。主要通过抑制植物体内烯醇丙酮基莽草素和磷酸合成酶，从而抑制莽草素向苯丙酸、酪氨酸及色氨酸转化，使蛋白质的合成受到干扰导致死亡。春多多具有以下特性：

广谱性　能防除单子叶和双子叶、1年生和多年生、草本和灌木植物。

内吸性　能迅速被植物茎叶吸收，上下传导，对多年生杂草的地下组织破坏力很强。

彻底性　能连根杀死，除草彻底。

安全性　对哺乳动物低毒，对鱼类没有明显影响。

残留性　一旦进入土壤，很快与铁铝等金属离子结合而钝化，对土壤中潜藏的种子和土壤微生物无不良影响。

长效性　使用一次春多多，抵过多次使用其他类除草剂，省时、省工又省钱。

可混合性　能与盖草能、果尔等土壤处理除草剂混用，除灭草外，还能预防杂草危害。春多多的主要弱点是单用入土后对未萌发杂草无预防作用。

(2) 割地草（果尔）

这是选择性触杀型土壤处理除草剂。其主要特点：

杀草谱广，芽前或芽后能杀死多种杂草，尤其能杀死多种阔叶草。适用树种多。适用期长，主要以土壤处理法控制芽前杂草，也可在杂草苗期以茎叶喷雾法杀除出苗杂草，在杀除出苗杂草的同时，落入土壤的药液又可以控制尚未萌发的杂草。对树木安全，无残留的污染，毒性极低，应用方便，可与春多多、盖草能混用。主要缺点是对禾本科杂草防除效果差。

（3）盖草能

这是选择性极强的苗后除草剂。主要特点：能由杂草叶面吸收，并传导到整个植株，使之死亡；性质稳定，在土壤中残效期长；既可做茎叶处理，也可做土壤处理，在进行茎叶处理时，洒落到土壤中的药液仍有杀草作用；能有效防除禾本科杂草。主要缺点是对阔叶杂草无效。

（4）森草净

这是内吸性传导型高效除草剂，具有芽前、芽后除草活性。可杀草，也能抑制种子萌发，用药量少，杀草谱广，持效期长，用药 1 次，可保持 1~2 年内基本无草。是某些针叶树大苗苗床、针叶幼林地和非耕地优良的除草剂。

（5）扑草净

内吸传导型除草剂，主要由植物根系吸收，再运输到地上部分，也能通过叶面吸收，传至整个植株，抑制植物的光合作用，阻碍植物制造养分，使植物饿死。播后苗前或园林里 1 年生杂草大量萌发初期，1~2 叶期时施药防效好。能防除 1 年生禾本科、莎草科杂草、阔叶杂草及某些多年生杂草。

（6）精禾草克

内吸传导型选择性除草剂，专门防除禾本科杂草的茎叶处理除草剂，对阔叶草、莎草科杂草无效。由于种种原因，错过了杂草萌芽期化学除草，可用精禾草克防除杂草。

思 考 题

1. 园林苗圃的轮作方式有哪些？各有何优缺点？
2. 试述园林苗圃灌溉的技术要点。
3. 苗木切根的作用有哪些？
4. 苗木防冻措施有哪些？
5. 化学除草剂的种类有哪些？各有何特点？

推荐阅读书目

1. 除草剂使用技术．唐韵．化学工业出版社，2010.
2. 复合农林学．朱清科．中国林业出版社，2016.

第8章 园林苗圃病虫害及有害动物防治

[**本章提要**]园林苗圃中的病虫害是苗木正常生长的主要危害因子,掌握这些因子的危害规律,选择适宜的措施做好防治工作,是培育健壮、优良苗木的重要保证。病虫害的防治工作应以预防为主,使病虫害不发生或少发生,为苗木生长创造良好的环境。若一旦发生,就要在了解病、虫种类和发生原因和规律性的基础上,及时采取有效措施,科学合理地使用农药等进行控制,以较少的投入把病虫的危害降至最小程度。

园林苗木的生产环节多、周期长,整个生育期中都不可避免地与各种病虫害接触。苗圃生产期间,一旦有危险的病虫害发生,往往会造成很严重的损失。这既浪费资源,又浪费宝贵的时间。因此,苗圃病虫害防治显得尤为重要。园林苗圃是生产以提供具有观赏价值的苗木为目标,所以苗木外观质量的优劣直接关系到苗圃生产的计划、目标与产品销售。因此,重视病虫害的防治工作,也是苗圃最终获得经济效益的有力保障。

为了实现有效的病虫害防治效果,现代苗圃生产提倡"预防为主、综合防治"的方针。即防治病虫应从生态学观点出发,全面考虑生态平衡、环境安全、经济合算;苗圃应充分发挥害虫天敌的优势,体现自然界的自控作用,将病虫数量维持在不造成经济损失的水平上。另外,对病虫害的防治要尽量采取多种手段和措施,不要单纯依赖某一种速效方法。在选择农药品种时,要尽量采用具有选择性的农药,以减少对自然天敌的伤害,特别是要尽可能少用或不用对环境和对苗圃生态系统有破坏作用的药剂。

植物检疫是防治病虫草害的基本措施之一,也是贯彻"预防为主,综合治理"方针的有力保证。植物检疫对象是指国家农、林业主管部门根据一定时期国际、国内病虫发生、危害情况和本国、本地区的实际需要,经一定程序制定、发布禁止传播的危害植物的病、虫、杂草名单。我国林业部门确定的国内森林植物病害检疫对象是松材线虫病、松疱锈病、松针红斑病、松针褐斑病、冠瘿病、杨树花叶病毒病、落叶松枯梢病、毛竹枯梢病、杉木缩顶病、桉树焦枯病、猕猴桃溃疡病、肉桂枝枯病、板栗疫病、柑橘溃疡病等,检疫害虫主要有日本松干蚧、梨圆蚧、湿地松粉蚧、松突圆蚧、落叶松种子小蜂、大痣小蜂、柳扁蛾、双钩异翅长蠹、黄斑星天牛、锈色粒肩天牛、双条杉天牛、美国白蛾、杨干透翅蛾、杨干隐喙象、苹果棉蚜、苹果蠹蛾、枣大球蚧、杏仁蜂等。此外，各省（自治区、直辖市）还有补充的检疫对象，不同地域各不相同。所以，苗木调运时要务必把好植物检疫这一重要关键。一般地，我国本地移植的苗木不需要检疫，而在异地移植和跨境的苗木才需要检疫。

8.1　园林苗圃主要病害类型及防治

8.1.1　病害发生因素、类型与防治策略

8.1.1.1　病害发生因素与类型

园林幼苗对病害的抵抗能力弱，相对于成年植株更容易受到病害的侵袭。因为幼苗植株体积小，受害部分的面积往往占全株面积的比例较大，特别是刚出土的幼苗，一个不大的病斑就可能损坏大部分的叶片或幼根。因此，同样的病害，发生在幼苗上时，比发生在成龄植株上造成的损失往往要严重得多。所以，要特别重视和做好对幼龄苗木的病害预防与防治工作。

引起苗木发生病害的因素既有包括土壤、温度、光照和营养条件在内的非生物因素，也有行寄生习性的生物因素。这些引起苗木病害的生物因素都可称为病原。苗木病害是苗木、病原和环境条件三者之间的复杂关系体现。在苗木与病原相互斗争的过程中，如果环境条件有利于苗木而不利于病原，则病害发生过程就可能延缓，甚至终止。如果相反，病害过程就会顺利地发展，造成严重的后果。所以，防治病害时，必须以防为主，通过改变适宜于病菌生长、发育、繁殖的条件，创造不利于它们生长的环境，才能抑制病菌，或消灭其于潜伏或尚未扩散蔓延以前，达到既主动又经济有效的目的。

园林苗木的病害按是否具有侵染性可分为两类。一类是非侵染性病害，是由苗木所处不利环境因子造成的苗木生理失常，如日灼病、缺素症、寒害等，这类病害不具传染性。对于这类病害，要及早发现，改善不利于苗木生长的环境因子，采取保护措施，及时补充营养等进行防治。另一类是寄生物引起的侵染性病害，其病原主要是真菌、细菌、病毒等，如立枯病、根腐病、根癌病、锈病、白粉病、褐斑病、腐烂病等。这类病害在环境条件适合时，可进行扩散并再传染，会造成更大的损失。因此，要根据病害种类和发病规律，采取科学合理的方法和措施及时防治。

每一种侵染性病害的症状都具有一定的特征，一般表现在发生部位、病斑大小、形状、颜色和花纹等方面。真菌引起的病害，到后期会产生明显的病症，它通常是病原的繁殖器官，用显微镜可观察到它的形态。细菌引起的病害，常见症状主要是斑点、腐烂和肿瘤3种类型。但是，细菌性病害往往和真菌病害相似，容易混淆，不过大多数细菌病害在潮湿条件下会产生球状浓滴，或发生黏湿液层的"溢浓"现象，这是鉴定细菌性病害的重要依据。由病毒侵染所引起的病害，只有寄主植物所呈现的异常变化，而没有病症部分。当苗木患有病毒病时，迟早一定会出现全株性症状，这与生理病害很相似。

8.1.1.2 病害的防治策略

苗木病害的防治,要遵照"预防为主,综合防治"的总体策略。在培育和先后适应立地生态环境的抗性树种的基础上,从苗圃选址、建立开始,以及整个育苗过程的各个阶段,将病害生物控制在生态和经济效益可接受(或允许)的低密度,并在时空上达到持续控制的效果。明确苗木各个生产环节及各个时期工作的重点,具体到每一个区域甚至每一块苗圃,根据地理环境、病害防治历史与现状,以及防治水平等的差异,针对病害的主要种类,有的放矢地围绕主要病害种类制定综合防治措施。

8.1.2 根部主要病害防治

8.1.2.1 立枯病

症状 又称苗木猝倒病,是苗木繁育圃地中的一种常见病。针叶树种中,除柏类抗病外都易感病;阔叶树种中,刺槐、枫杨、银杏、榆、桑等树种容易感染此病。该病从播种到幼苗出土,以至1~2年生苗木各个时期可表现出不同的症状。①种芽腐烂:播种后种芽出土前,由于土壤潮湿板结,种芽被病菌侵入引起腐烂,地面表现缺苗,此时称为种腐病。②茎叶腐烂:幼苗出土时,由于土壤湿度过大,小苗过于稠密,或者揭开覆盖物过迟,幼苗被病菌感染,茎叶黏结呈水肿腐烂状,此时称为首腐或顶腐病。③幼苗猝倒:幼苗出土后扎根期,由于苗木幼嫩,未木质化,未形成角质层和木栓层,病菌自根颈侵入,产生褐色斑点,病斑扩大呈水渍状而破坏根颈组织,引起苗木迅速倒伏,此时称为猝倒病。④苗木立枯:苗木茎部木质化后,病菌虽然难从根颈侵入,但能从根部进入使根部腐烂,病苗虽然枯死但是却不倒伏,此时称为立枯病。

发病规律 苗木立枯病的原因有侵染性病原和非侵染性病原两种。侵染性病原包括真菌中的镰刀菌、丝核菌、腐霉菌等。一般带菌的土壤是该病主要侵染来源,有时病株残体、肥料也有传病可能。病菌还可通过雨水、农具等传播。非侵染性病原是土壤积水、覆盖过厚、表土板结、地表温度过高等。

农业防治 选择排水良好的圃地做苗床,对苗床土壤进行严格消毒;做好苗圃的清理工作,及时清除杂草、病株;苗圃有机肥料应堆置发酵腐熟后方可使用;尽量减少在同一地块上连作;及时播种,小苗出土期控制浇水,加强通风。

化学防治 常用0.3%的硫酸亚铁,每隔15~20 d喷洒幼苗1次进行预防;如果发现已有被感染发病的苗木,可用绿色无污染的生物农药木霉菌生物菌剂、青枯立克、大蒜油、沃丰素等,进行喷雾防治。

8.1.2.2 根腐病

症状 根腐病主要危害当年生苗木,针叶、阔叶树种均可受害。病菌侵染幼苗根部和茎基部,苗木受害后根部皮层腐烂,根皮与木质部易分离。在潮湿条件下,受害的根茎表面为白色,并蔓延到附近的土壤中,后期在根茎表面或土壤中形成油菜籽似的圆形菌核。染病幼苗常自地面倒伏，若苗木组织已木质化，则地上部表现为失绿，顶部枯萎，甚至全株枯死。

发病规律 该病主要侵害出苗 3~4 个月以上的苗木，病菌在病株残体上、杂草上或土壤中存活，可在土壤及病残组织上越冬，在土壤中可存活 4~5 年。病菌生长适温为 20~32 ℃，借助苗木或流水传播。在苗床中此病常常是点状或片状发生，然后向四周蔓延，高温、高湿条件下发病严重，传染快速。

农业防治 苗床避免重茬，倒茬种植。选用优质种子，日常管理中避免伤及苗木根系。做好排水工作，避免积水引发此病。避免土壤结块，促进根部发达。施用腐熟有机肥、钾肥、磷肥，使植株"强壮"，增强抗病力。平常要加强苗木检查，剔除可疑苗木。要注意及时排水，消灭杂草，促进苗木生长旺盛。

化学防治 土壤使用前进行土壤消毒，种子播种前也要消毒。田间一旦发现此类病苗，立即挖除病株及其附近的带菌土，并在周围 1 m 的范围内用石灰进行土壤消毒。药物喷洒苗木根茎或灌根，可用恶霉灵、代森锰锌、敌菌丹、硫酸铜等，单独或混合使用均可。

8.1.2.3 根癌病

症状 又称根头癌肿病，是一种世界性病害，我国华北、东北等地普遍发生，为国内检疫对象。主要危害毛白杨、樱花、梅花、榆叶梅、山桃、苹果、梨、月季、玫瑰、柿、柳等 300 多种树种。该病主要发生在树干根颈部及主、侧根，通常也在嫁接口处，有时也可发生在地上部的枝干处。受害处形成大小不等、形状不同的瘤状突起，初生的小瘤呈灰白色或肉色，表面光滑，内部灰白色，质地柔软，以后渐变成褐色至深褐色，质地坚硬，最后龟裂，病部组织紊乱并木质化。植株染病后根系发育不良，树势衰弱，枝短叶小，甚至会全株枯死。

发病规律 该病由杆状细菌引起，病原细菌在根瘤的表层或土壤中越冬。该菌在土壤中的存活时间因土壤内寄主残体存在与否而定，没有伴随寄主组织的单独细菌，只能存活很短的时间。该病传播时，病原从癌瘤表皮分解，病菌进入土中，借工具、水、地下害虫等传播，由机械伤、虫伤、嫁接伤口等侵入根部。需要注意的是，嫁接用的工具、机具、苗木的远距离运输也能帮助病菌的传播。病菌侵入后，潜伏时间可达几周至 1 年以上，酸性、黏重的土壤不利于病害的发生，而土壤疏松、湿度大、微碱性、根部伤口多时，有利于病害发生。土温 22 ℃时最适于癌瘤的形成，超过 30 ℃的土温，几乎不能形成肿瘤。病菌开始是在皮层组织内繁殖，刺激附近细胞，加快分裂，细胞迅速增生并逐渐形成瘤，而且在远离入侵点的地方也可发生瘤。嫁接方式与发病有一定关系，芽接比枝接发病率低，根部伤口的多少也与发病呈正比。

农业防治 严格检疫，防止传播，发现病株应立即烧毁。对轻病株可用切除瘤体法防治，切后用链霉素、土霉素、硫酸亚铁等涂抹伤口。选用无病苗木进行移植或嫁接，避免苗木产生各种伤口。管理中应多施有机肥以提高土壤酸度，改善土壤结构。中耕除草等操作时应尽量少伤根或损伤花木茎蔓基部。注意及时防治地下害虫和土壤线虫，减少虫伤。雨后注意及时排除积水，降低土壤湿度，促进花木生长，提高抗病性。

化学防治 对可疑的苗木在栽植前进行消毒，用 500~2000 mg/L 的链霉素浸泡 30 min，1% 硫酸铜浸泡 5 min，或 2% 石灰水浸泡 2 min，然后用水冲洗干净再进行栽植。嫁接刀要用 5% 的高锰酸钾进行消毒，苗木伤口要用石灰乳或波尔多液涂抹消毒。对于发病初期病株，可用快刀切除病瘤，再用 5 °Be 的石硫合剂涂抹伤口消毒，或用二硝基邻甲酚钠 20 份、木醇 80 份混合涂瘤消毒。病株周围土壤可以用 50~100 g/m² 的硫黄粉进行消毒。

8.1.3 叶部主要病害防治

8.1.3.1 白粉病

症状 白粉病是园林苗圃中常见的一种病害，寄主十分广泛，几乎包括所有木本阔叶植物。常见寄主植物有月季、蔷薇、丁香、木芙蓉、玫瑰、紫薇等，可侵害苗木叶片、嫩枝等部位。病原菌种类繁多，但病原菌的生物学特性、侵染循环、症状、防治方法等都类似。白粉病叶片发病初期出现褪绿斑，随后在病斑背面产生灰白色粉状物，秋季在白粉层产生初为黄褐色，最后变为黑褐色的粒状物。苗木感染白粉病菌后，叶片不平整、卷曲，幼嫩枝梢发育畸形，生长停滞，严重时枝叶干枯，甚至可造成全株死亡。

发病规律 病菌以菌丝体在病芽、病叶、病枝或寄主芽鳞内越冬，以分生孢子进行多次侵染。病菌生长适温为 18~25 ℃，因此白粉病发病与季节关系密切，主要发生在春秋两季气候较干燥温暖时候，其中以秋季较为严重，而在 7~8 月高温时期不发病。白粉病潜育期 4 d，在干燥、不通风处易发病，但是也需要有一定的湿度。白粉病在栽培管理不善、植物生长势弱时较易感病。另外，当土壤中氮肥过多，钾肥不足时也容易发病。

农业防治 选用抗白粉病的品种。在购买苗木前严格剔除染病植株，杜绝病源。及时剪除病芽、叶、梢等，及时清扫落叶残体并烧毁，以清除和减少病源。合理密植、合理施肥；改造环境，控制温湿度，加强通风透光，营造不利于发病的环境。增施磷钾肥，少施氮肥，使植株生长健壮，多施充分腐熟的有机肥，以增强植株的抗病性。

化学防治 苗木发芽前可喷洒 140 倍等量式波尔多液，或 5 °Be 的石硫合剂。苗木生长期发病，可用 25% 粉锈宁 2000 倍液喷洒，连续 2~3 次（间隔 15~20 d）能起到较理想的防治效果；或用 0.2~0.3 °Be 的石硫合剂，或 70% 托布津可湿性粉剂 1000 倍液，或 50% 多菌灵可湿性粉剂 1000 倍液，交替使用以防抗药性产生。新型广谱杀菌型如苯醚甲环唑、速净、乙嘧酚磺酸酯（又名粉清）、5% 白粉宁烟剂等效果很好。

8.1.3.2 锈病

症状 锈病是苗圃普遍发生的严重病害，是锈菌侵染而引起的病害总称。常见锈病有：毛白杨锈病、梨锈病、玫瑰锈病等。锈病大多数侵害叶片，也危害叶柄、嫩梢和冬芽。冬芽严重受害后不展叶，或皱缩加厚向叶背反卷。叶片受侵染后，初期正面为淡黄色不规则病斑，在叶背产生橙黄色粉状斑点，以后是黑色孢子堆；叶片后期病斑相连成片，病部叶背面隆起，常造成焦叶落叶。叶柄、嫩梢受害后成条状病斑。

发病规律 病菌以菌丝或孢子在冬芽内越冬。冬芽萌发期开始发病，产生黄色粉末状的夏孢子，经反复扩大，侵染新叶，造成叶片焦枯、脱落。夏孢子萌发最适温度为15~20 ℃，相对湿度在85%以上时有利于病害发生。锈孢子是病叶的主要侵染来源，锈孢子仅有1次侵染，但夏孢子可重复侵染。锈病春秋发病严重，7~8月高温期病势减缓，11月中旬停止发展。因此，锈病多发生于温暖湿润的季节，在雨水多、通风差的苗圃中发生严重。

农业防治 选用抗病品种，合理轮作倒茬。初春展叶期，及时摘除植株病芽集中烧毁，但要注意随采随装入塑料袋中以免夏孢子扬散。秋末及时清除落叶，减少病原。有的锈病菌存在中间寄主，例如梨锈病，除去苗圃周围5 km内的圆柏，病害就不会发生。

化学防治 苗木发芽前喷3~5 °Be的石硫合剂。生长期发病时喷25%粉锈宁可湿性粉剂。最好用绿色有机杀菌剂如速净、大蒜油、靓果安、沃三素、ELATUS、特普微助等，单用连喷3次，最好混合使用，效果较好。

8.1.3.3 褐斑病

症状 又称叶枯病、斑枯病。该病主要危害苗木下部叶片，有时也危害枝干。发病初期，叶片上出现大小不等的浅黄色或紫褐色病斑，逐渐发展成边缘黑褐色，中央灰黑色的病斑，病斑多为圆形或不规则多角形，一叶上病斑可多达十多个，病斑上生绒状黑色小点。后期病斑相连成片，叶色变黄，发黑干枯，早落或穿孔，病株从下部叶片开始顺次向上枯死。

发病规律 病菌以菌丝体或分生孢子器在病株残体越冬，翌年产生大量的分生孢子。孢子借风雨、灌溉水、工具等传播，一般下部叶片最先发病。5~6月开始发病，7~8月雨水多、湿度大，病害发生严重，扩展较快，病斑由褐变黑，引起霉烂。直到10月，仍可发病。

农业防治 选用抗病品种，避免重茬，实行轮作。加强管理，浇水时避免水流冲溅到苗木下部叶片；雨后及时排水，降低圃地湿度。栽植不要过密，使之通风透光。秋季清除病落叶加以烧毁，以减少侵染来源。冬前深翻林地将落叶埋入土内，使其腐烂，减少侵染来源。

化学防治 在发病初期喷75%代森锰锌500倍液，或50%多菌灵可湿性粉剂500倍液，连续喷2~3次，每次间隔10~15 d；展叶后定期喷施50%多菌灵1000倍液，10 d一次，喷3~4次；或用等量式波尔多液100倍，及雷多米尔、甲霜灵锰锌、溃腐灵等，均可有效地减轻受害程度。

8.1.3.4 黄化病

症状 又称失绿病，是园林苗圃中常见的一种生理性病害。主要是由于缺铁、镁、铜等微量元素或缺乏养分所造成。叶片失绿，首先发生在嫩叶上，从叶缘开始退绿，向叶片中心发展，叶色由绿变黄，逐渐加重，叶肉变成黄色或浅黄色，但叶脉仍呈绿色；以后全叶变黄，进而变黄白色、白色，叶片边缘出现灰褐色至褐色，坏死干枯。黄化症状多表现于植物顶端，严重时叶片出现叶缘焦枯、脱落或坏死，以至整株死亡。

　　发病规律　缺铁引起的黄化，由于北方多数土壤及水中含盐碱多，通常可被植物利用的二价铁离子在碱性环境中变成不溶性的三价铁化合物，不能被植物吸收利用，造成植物生理性缺铁。苗木发生黄化后，缺少叶绿素，不能进行正常光合作用，停止制造有机营养，影响苗木生长发育。该病冬、春季比夏季发病严重，如果土壤碱性大，发病较重。

　　农业防治　改良盐碱土壤，多施有机肥，降低土壤pH值。

　　化学防治　根际周围打孔，灌注1:30的硫酸亚铁水溶液；树干注射硫酸亚铁15 g、尿素50 g、硫酸镁5 g，水1000 mL的混合液；发病初期，喷0.2%~0.5%的硫酸亚铁，或喷施镁、锌等微量元素，每隔7~10 d喷1次，连续喷施3次，一般发病叶片可恢复正常。

8.1.4　枝干部主要病害防治

8.1.4.1　腐烂病

　　症状　该病是北方苗圃的重要病害，发生普遍，寄主广泛，在槐树、杨树、柳树、苹果、海棠、山荆子等树种上常见。苗圃主要危害苗木的主干、主枝、树叉及侧枝的树皮，有溃疡型及枝枯型两种。溃疡型症状为病部树皮呈红褐色，水渍状稍肿胀，用手指按压有松软感，病斑多成椭圆形或不规则形，常渗出红褐色汁液，有酒糟气味。枝枯型发生在生长衰弱的植株和小枝上，病斑不呈水渍状，形状不规则，也无明显边缘，病部蔓延会迅速使枝条枯死。

　　发病规律　病菌在树皮内越冬，天气转暖时开始扩展。腐烂病产生的分生孢子随风雨传播，通过伤口，如冻伤、日灼、虫伤、修剪伤等侵入。此病菌是弱寄生菌，具潜伏侵染特点，与栽培管理条件、树势强弱关系密切。腐烂病只有在侵染点周围树皮长势衰弱或死亡时，才容易扩展发病。因此，凡是能够影响树势衰弱的因素，都可成为发病的诱因。该病一般有春、秋季两次发病高峰。

　　农业防治　加强抚育管理，防治病虫害，增强树势。冬、夏季在树干上涂白，防止冻伤及日灼。结合修剪，清除病枯枝，及时刮除病疤，并集中烧毁，以防止病菌潜伏、蔓延。

　　化学防治　对修剪伤口，喷洒波尔多液，或涂抹接蜡(松香:石蜡:动物油 = 2:2:1)保护；用快刀将病变皮层彻底刮掉，且边缘还要刮去1 cm好组织，刮后伤口涂40%福美砷可湿性粉剂100倍液或抹0.1%萘乙酸羊毛脂以促进伤口愈合。

8.1.4.2　枯萎病

　　症状　该病是北方合欢等树种的重要病害，发生普遍。主要危害苗木的主干、主枝、树叉及侧枝叶变黄枯萎，以后脱落，枝条枯死，症状有时由1~2枝或几个枝上表现出来，有时半边树冠枝条枯死，严重时全株枯死，在树干、枝横截面上可出现一整圈变色环。有时，在树皮上可出现黄褐色微凸起的圆斑。病树在潮湿条件下树干和树枝的皮孔中可产生肉桂色至白色粉状霉层。病害较轻时，从带病枝条基部发出不定芽形成新枝。

发病规律　病菌在树皮内越冬，天气变暖时开始扩展。病斑产生的分生孢子随风雨传播，通过伤口，如冻伤、日灼、虫伤、修剪伤等侵入。此病菌病原在土壤内，由风雨、水流、种菌等传播，病菌从须根或伤口侵入，具潜伏侵染特点，与栽培管理条件、树势强弱关系密切。夏季干旱少雨，叶片先出现萎蔫现象，多雨季节为发病盛期，可延续到10月。树势衰弱，土壤干旱或过湿，都可成为发病的诱因。

农业防治　结合修剪，清除病枯枝，并集中烧毁，以防止病菌潜伏、蔓延。栽后加强管理，立即灌透水，促进伤口及时愈合，在日常浇水、施肥等管理过程中尽量减少创伤口，增强树势。

化学防治　灌根或喷药均在发病初期开始。常用药剂有40%多菌灵胶悬剂800倍液，25%敌力脱乳油800倍液，或20%抗枯灵水剂400~600倍液，每10 d 1次，连续2~3次。灌药以树冠的投影区为主，或环施、穴施。育苗时应进行土壤及种子消毒。种子消毒用2.5%咯菌腈悬浮种衣剂拌种。尽量减少修剪伤口，并对伤口喷洒波尔多液等保护。移栽时，以移栽小苗为宜，因大树移栽中的伤根多，为病原侵染提供了可乘之机。大树移栽时，减少起苗与运输、定植时间，栽前对根部进行杀菌消毒，可喷洒40%多菌灵可湿性粉剂500倍液，或65%代森锌可湿性粉剂500倍液，10%硫酸铜溶液蘸根处理，也可同时喷施生根粉等生长调节剂，以促进根系萌发生长。

8.2　园林苗圃主要虫害类型及防治

8.2.1　虫害发生因素、类型与防治策略

8.2.1.1　虫害发生的因素、类型

昆虫发生与环境因素有很大关系，如气候、生物、土壤等。

气候因素包括温度、湿度、光照和风等。昆虫新陈代谢的速率在很大程度上受环境温度所支配。温度对昆虫的生长发育、成活、繁殖、分布、活动及寿命等许多方面都有重要的影响。在一定温度范围内，温度越高，昆虫发育的速率越快。反之，不适宜的温度则使昆虫生长变慢，甚至死亡。湿度可加速或延缓昆虫生长发育，影响其繁殖与活动。光照主要影响昆虫的行为。昼夜节律的变化会影响昆虫的活动、年生活史以及迁移等。风影响昆虫的迁移、扩散活动。如草地螟等具有迁飞特性的昆虫往往会受风的影响。

生物因素主要包括食物和天敌两类。昆虫对寄主植物有选择性，不同种类的昆虫，其取食范围的大小有所不同，可以是几种、十几种，甚至上百种，但最喜食的植

物种类却不多。吃最喜食的植物时，昆虫发育速度快、死亡率低、繁殖力强。但植物并不是被动的，在长期演化过程中，产生了多方面的抗虫特性，如生化、形态和物候抗虫特性等。昆虫的天敌包括病原微生物、食虫昆虫以及食虫的鸟类、蛙类等。病原微生物包括病毒、细菌、真菌、线虫、原生动物等。目前已有许多微生物制剂被广泛应用于害虫防治中，如苏云金杆菌、白僵菌等。食虫昆虫的种类也很多，如捕食性瓢虫、寄生性赤眼蜂等可以规模生产，用以防治害虫。

土壤对昆虫的影响主要是它的物理和化学特性两个方面。土壤温湿度的变化、通风状况、水分及有机质含量等不同，对昆虫的适生性影响各异，如蛴螬喜黏重、有机质多的土壤，蝼蛄则喜砂质疏松的土壤。也有些昆虫对土壤的酸碱度及含盐量有一定的选择性。

苗圃虫害对苗圃生产的影响很大，苗木的质量、数量和效益都与苗圃虫害的防治有莫大的关系。在园林苗圃害虫中，除有害螨类之外，绝大部分是昆虫。但是值得注意的是，苗圃内的昆虫，并不都是苗木的害虫，而是有相当一部分为专门克制害虫的益虫，需要对这些有益虫类进行保护。

按照昆虫的分类系统，经统计发现，与苗圃有关的害虫约有 12 个目，它们是弹尾目、等翅目、直翅目、半翅目、同翅目、缨翅目、鞘翅目、鳞翅目、膜翅目、双翅目、脉翅目及蛛形纲的蜱螨目等。

实际生产上，根据虫害发生的部位，将苗圃害虫可简单分为地下害虫和地上害虫两类。地下害虫主要有地老虎、蝼蛄、蛴螬、灰象虫甲、金针虫、地老虎等，它们生活在土壤中，主要咬食根和幼苗，造成大量缺苗、死苗，严重地影响育苗生产。地上害虫主要有尺蠖、蚜虫、红蜘蛛、卷叶虫、白粉虱、避债蛾、巢蛾、刺蛾、天牛、吉丁虫、介壳虫等，它们主要蚕食树叶、刺吸汁液，破坏新梢顶芽等，极大地影响着苗木的正常生长。

8.2.1.2 虫害的防治策略

现代害虫防治的指导思想，就是包括检疫、栽培在内，综合利用生物、物理、化学等防治手段，经济有效地利用现有资源，将害虫数量控制在不危害苗圃苗木的程度之下。进行防治虫害时，必须事先掌握情况，做好周密的计划和充分的准备才能取得主动。害虫的发生发展与环境有密切的关系，而环境条件是多方面的，如食料、温度、光照、土壤以及各种有关生物等，这些条件都是影响害虫的生态因子。了解影响害虫的生态因子，是为了能主动掌握害虫发生发展的规律，准确进行害虫预测预报，并在这个基础上制订合理的综合防治措施，合理地组织人力、物力，有目的地改变害虫的生活条件，及时控制其危害。

苗木害虫防治可分为植物检疫、栽培防治、生物防治、化学防治、物理及机械防治、综合防治等。

①植物检疫　是从根本上解决病虫害问题的重要而基本的方法之一，在调入新的园林苗木时，须严格进行植物检疫。一旦发现有害生物，即检疫对象。要立即进行消毒处理，严重者要予以就地销毁或隔离试种，以防止新病虫害的传入，给当地园林植

物带来各种损失。

②栽培防治　是苗圃栽培技术措施中的一项重要内容，它是害虫防治的基础。合理先进的栽培管理技术不仅能保证苗木对生长发育所要求的适宜条件，同时还可以创造和经常保持足以抑制害虫大发生的条件。

③生物防治害虫　是利用生物或它的代谢产物来控制有害昆虫的活动，减轻其危害程度，主要有3种方法，分别是以虫治虫、以菌治虫、利用其他有益动物防治害虫。其特点是对人畜安全，无污染，不形成抗性。以虫治虫是利用天敌昆虫防治害虫，其中也包括益螨的利用。利用天敌昆虫是生物防治应用最广、最多的方法。按天敌昆虫取食的方式可以分为两大类，即捕食性天敌和寄生性天敌。捕食性天敌主要有瓢虫、草蛉、食蚜蝇、食虫虻、食虫蝽象、胡蜂、步行虫以及捕食螨类等；寄生性天敌主要有寄生蜂和寄生蝇。以菌治虫就是利用害虫的病原微生物（真菌、细菌、病毒等）防治害虫，其中以细菌和真菌应用最广。以菌治虫具有繁殖快，用量少，无残留，无公害，与少量化学农药混合使用可以增效等优点，近几年来使用量日益增大。目前，我国生产的病原微生物有细菌，如苏云金杆菌、松毛虫杆菌、青虫菌等芽孢杆菌一类；真菌，如白僵菌、绿僵菌等。

此外，还可以利用其他有益动物防治害虫如鸟类、蛙类及其他动物，来控制害虫数量的发展。例如，灰喜鹊可以吞食松毛虫。但是，目前我国的生物防治技术还比较落后，需要加强研究，开发出高效、低毒、广谱、无残留的生物农药。

8.2.2　主要地下害虫防治

8.2.2.1　小地老虎

分布与危害　属鳞翅目夜蛾科，又名地蚕、土蚕、切根虫等。小地老虎分布广泛，危害严重，以雨量丰富，气候湿润的地区发生较多。幼虫咬食各种苗木根、茎，甚至齐地面截断已出土的幼苗，即使其主茎已硬化，也能咬食嫩枝和生长点，造成缺苗或分枝不全。

形态特征　成虫体长16～23 mm，翅展42～54 mm，全体灰褐色。雌蛾触角丝状，雄蛾双栉状，端半部为丝状。前翅具有2对横纹，将翅分为3个部分，顶端为黄褐色，中间暗褐色，近中间有一肾状纹，纹外有1个尖端向外的楔形黑斑。后翅灰白色，翅脉及缘线褐色，腹部背面灰色。老熟幼虫体长37～47 mm，宽5～6.5 mm，黄褐色至暗褐色，背线明显。表皮粗糙，满布大小间杂的颗粒，尤以深色处最明显。腹部末端臀板黄褐色，有1对明显的深褐色纵带。

发生规律　在华北1年3～4代，长江流域4代，华南5～6代。以蛹或老熟幼虫在土中越冬，每年4月上旬至5月初成虫羽化。该虫无论年发生代数多少，在生产上造成严重危害的均为第1代幼虫，其后几代数量骤减，危害较轻。成虫19:00～22:00活动最盛，有趋光性，对糖、醋、酒的气味敏感。卵大部分产在土面或杂草叶背。初龄幼虫具有昼伏夜出习性。有假死性，受惊即卷缩成环，幼虫常将咬断的幼苗拖在洞口，易于发现。一般土壤湿度大，杂草多时，危害严重。

农业防治　加强苗圃管理，清除田间和周围环境的杂草，及时进行中耕除草以减少苗圃中地老虎的数量；可用黑光灯或糖醋液诱杀成虫；于清晨在刚被害株的茎叶周围，将土拨开 3~6 cm，即可发现幼虫；将新鲜蔬菜、杂草拌药作毒饵诱杀。

　　化学防治　用 50% 辛硫磷乳油 2000 倍液，或 25% 亚胺硫磷可湿性粉剂 250 倍液，在小地老虎幼虫开始扩散危害前集中灌药于苗圃地。

8.2.2.2　华北蝼蛄

　　分布与危害　属直翅目蝼蛄科，别名为土狗等。华北蝼蛄分布于全国，但多发生在北方，为园林苗圃的主要地下害虫之一。食性极杂，若虫和成虫咬食幼苗根、茎，造成幼苗干枯死亡。成虫和若虫到处开掘隧道，常使苗木的根与土分离，造成缺苗断垄现象。

　　形态特征　雄成虫体长 40~45 mm，头宽 5.5 mm，雌成虫体长 45 mm，头宽 9 mm，体黑色或黑褐色，全体密生细毛。前翅短小，长 14 mm 左右，覆盖腹部不及 1/2，后翅纵卷成筒状，伸出腹端 3~4 mm。前胸背中央有 1 个心脏形暗红色斑点，腹部近圆锥形，前足扁平强壮，后足胫节内缘有 1 根刺，有尾须两根。若虫形似成虫，体较小，体乳白色，复眼淡红色，2 龄以后变为黄褐色，前后足 5~6 龄以上同于成虫，无翅或仅有翅芽，老熟时体长约 40 mm。

　　发生规律　3 年完成 1 代，以若虫或成虫在土穴中越冬，翌春 3~4 月开始活动，以幼苗发芽生长初期危害最重。成虫多在夜间活动危害，有一定趋光性，对有机质肥料也有趋向性。成虫 6~7 月产卵于地下 30 mm 左右的土室内，经 20~30 d 孵化为若虫。成虫期约 9 个月，若虫期可长达 2 年之久。

　　农业防治　注意用肥，如堆肥、厩肥、饼肥等充分腐熟后施用；悬挂黑光灯诱捕成虫，特别在下雨前、闷热天气效果更好；保护和利用天敌如地鼠、隐翅虫及步行虫等天敌昆虫以及硬化病菌和黑僵病菌等。

　　化学防治　撒毒土防治，每平方米用 5% 辛硫磷颗粒剂 0.5~5 g，拌和 30 倍细土，均匀撒在苗床上，翻入土中；用麦麸、豆饼或秕谷 50 kg 炒香制作饵料，加 90% 晶体敌百虫 0.5 kg 及水 50 kg，制成毒饵诱杀；在受害植物根际或苗床泼浇 50% 辛硫磷乳剂 1000 倍液；播种前用 50% 辛硫磷 500 mL 加水 25 kg 拌种 200 kg，拌匀闷种 7 h 后播种。

8.2.2.3　蛴螬

　　分布与危害　属鞘翅目金龟子科，又名白地蚕、地蚕、地狗子。金龟子科包括粪食性类群和植食性类群，植食性金龟子有很多种类是苗圃害虫，如华北大黑金龟子、铜绿金龟子、苹毛金龟子等逾 30 种。分布全国，食性杂，危害重，常危害多种植物的根部，包括苗根、须根、幼嫩支根，常造成苗木发育不良，萎黄枯死，或造成倒伏、缺苗断垄。

　　形态特征　体近圆筒形，身体柔软，肥胖而弯曲呈 C 形。一般为乳白色或淡黄色，密被棕褐色细毛，分头、胸、腹三部分。体长因种类不同而异，一般为 5~

30 mm。头部发达，赤褐色或黄褐色。胸部着生胸足3对，第3对胸足最长。腹部末节圆形，无腹足，胴背面横皱，肛门口横裂，离蛹。

发生规律 一般1年发生1代。有的长达2~6年1代，终生在土中生活，以成虫或幼虫越冬。春季温度回升时，蛴螬逐渐上升活动，一般4月下旬开始危害，6~7月危害最重。夏季气温上升，土壤干燥时，当年孵化的小蛴螬下潜到土壤深处不食不动，待秋季再爬到表土层活动。因此，每年春秋两季是蛴螬危害的严重期。成虫趋光性弱，活动范围小。夏季多雨、土壤湿度大、生荒地、厩肥施用较多的圃地，蛴螬发生特别严重。

农业防治 加强田间管理，进行冬耕深翻，减少越冬虫源；施基肥要充分腐熟，减少蛴螬发生条件；保护和利用茶色食虫虻、金龟子乳状杆菌等天敌；黑光灯诱杀成虫或用火堆诱杀。

化学防治 用榆树或杨树枝叶浸于40%氧化乐果乳剂30倍液，傍晚放在苗圃田中诱杀；春秋危害期用40%乐果或氧化乐果乳剂800倍液浇施，防治效果较好。

8.2.2.4 金针虫

分布与危害 金针虫是叩头虫的幼虫，属鞘翅目叩头甲科，又名铁丝虫、黄夹子虫。因幼虫身体坚硬细长，颜色为金黄或黄褐色，状如埋在土中的金针而得名。该虫分布于全国各地，尤以北方严重，经常危害丁香、海棠、元宝枫、梧桐、悬铃木、刺槐、松柏类等。幼虫主要以钻蛀危害，也咬食根茎、刚出芽的种子或幼芽，幼苗受害后逐渐枯死。

形态特征 成虫体狭长，末端尖削，略扁，头小，紧镶在前胸前端。当虫体被压住时，头和前胸能做叩头状的活动，以图逃脱。当处在反面位置时，前胸会急剧向后活动使全身弹跳起来，恢复正常的位置。触角较长，锯齿状。幼虫身体细长，圆柱形，略扁，皮肤光滑坚韧，头和末节特别坚硬，颜色多数是黄色或黄褐色。

发生规律 经2~3年能完成1代，发育也极不整齐，一般以幼虫或成虫在土中越冬，入土深度各地不一，约在30 cm。幼虫喜欢生活在温度和湿度适宜的土里，一年中随气温的变化，在土壤中作垂直迁移，在华北3月中下旬开始活动，春、秋两季是危害高峰期。老熟幼虫入土，在深20 cm左右处筑土室化蛹，一般于8月下旬开始化蛹，蛹期约2周，于9月中旬陆续羽化。

农业防治 秋季深耕，捡拾成虫或幼虫集中杀死；在分布多的地方，每隔一小段挖一小坑，放入甘薯、萝卜等食物，上面覆盖草屑，诱集后捕杀；可用毒饵诱杀。

化学防治 使用辛硫磷等杀虫剂掺土制成毒土，撒于苗圃中，中耕盖土，可杀死幼虫和成虫。

8.2.3 主要地上害虫防治

8.2.3.1 尺蠖

分布与危害 属鳞翅目尺蛾科，又名槐尺蠖、吊死鬼。分布我国北方各地，经常危害槐树、龙爪槐，有时也危害刺槐。槐尺蠖幼龄幼虫食叶呈网状，3龄以后取食叶肉仅留中脉，槐尺蠖是暴食性害虫，大发生时短期内即可以把整株大树叶片蚕食一光。

形态特征　成虫体长12~17 mm，翅展30~45 mm，全身褐色，触角丝状，复眼圆形，黑褐色。口器发达，下唇须长卵形，突出于头部。黄褐色，前翅有3条明显的横线。前足短小，中、后足较大而长。幼虫初孵化时黄褐色，取食后变为绿色，老熟幼虫为紫红色，长30~40 mm，胸足3对，腹足2对。

发生规律　以蛹在土壤越冬，翌年4月中旬起羽化为成虫。幼虫1年发生3~4代，分别为5月中旬、6月下旬、8月上旬。有趋光性，白天多在墙壁上或灌木丛里停落，夜晚活动产卵。幼虫受惊吐丝下垂，过后再爬上去。

农业防治　在幼虫吐丝蛹化时扫集处死；利用灯光诱杀成虫；保护胡蜂、卵寄生蜂、麻雀等天敌；于9月到翌年3月、5月底、6月底，在树木附近松土里挖蛹处死。

化学防治　重点用药剂防治第1代，可在幼虫期喷撒20%灭扫利乳油4000倍液，或喷施50%的辛硫磷乳剂1500~2000倍液。

8.2.3.2　蚜虫

分布与危害　该类害虫属同翅目蚜科。种类很多，大都个体细小，繁殖力强。蚜虫以刺吸苗木根茎叶汁液为主，常造成枝叶变形，生长缓慢停滞，严重时造成落叶以至枯死。蚜虫危害后还会导致苗木出现斑点、卷叶、皱缩、虫瘿、肿瘤等多种被害状，同时其排泄物常诱发煤污病。另外，蚜虫可传带植物病毒，给苗木造成间接的危害。现以桃蚜为例，介绍蚜虫类害虫的防治。桃蚜又名桃赤蚜、烟蚜、蜜虫，主要分布于我国北方地区。

形态特征　桃蚜无翅胎生雌蚜体长1.4~2 mm，呈绿色或粉红色，触角基部淡褐色，其余部分黑色。有翅胎生雌蚜头胸部黑色，腹部暗绿色，腹背有淡黑色纹，翅展约6.6 mm，蜜管较长。若虫形态近似无翅胎生雌蚜，淡绿色或淡红色，后变黑色，体较小。

发生规律　每年发生10~20代，以卵在枝梢、芽腋、小枝杈处越冬。叶芽萌发时，卵孵化为干母，展叶后至叶背危害。春季随着气温增高而加速繁殖，在气温适宜时1周左右即可发生1代。6月以后孤雌不断胎生有翅的迁移蚜，到处扩散蔓延危害，到10月中下旬飞回原寄主交配产卵越冬。空气过湿过干都有可能降低虫口数量，大风雨后也可降低虫口数目。

农业防治　虫量不多时，可喷清水冲洗或结合修剪，剪掉虫枝；保护利用瓢虫、草蛉等天敌，需要时可以人工放养。

化学防治　尽量少用广谱触杀剂，选用对天敌无害或内吸、传导作用大的药物，发芽前或秋末可喷2.5%的溴氰菊酯乳油2000倍液。

8.2.3.3　白粉虱

分布与危害　属同翅目粉虱科，也称小白蛾、白蝇。发源于美洲，传到我国后，在全国各地均有发生。白粉虱危害时，大量成虫、若虫群集于植株上部嫩叶背面刺吸汁液，造成叶片褪绿变黄，萎蔫，甚至死亡。除直接危害外还排泄大量蜜露，造成煤污，该虫还是传播植物病毒的重要媒介。

形态特征 体型微小，雌雄均有翅，翅短而圆，膜质，前翅仅有 2~3 条翅脉，前后翅相似，后翅略小。体翅均有白色蜡粉，故称粉虱。成虫体长 1~1.2 mm，翅展 2.4 mm，体浅黄色，复眼赤红色，喙发达，触角短丝状。幼虫体长 0.5 mm 左右，长椭圆形，扁平，淡黄绿色。幼虫体周围有白色放射状蜡丝，两根尾须稍长。幼虫共 3 龄。

发生规律 白粉虱在我国南方可以在自然条件下越冬，在北方不能露地越冬。1 年发生 9~10 代，生长最适温度为 25~30 ℃。白粉虱繁殖快，产卵量大，世代重叠严重。卵经 6~8 d 孵化为幼虫，幼虫危害嫩叶 8~10 d 后形成蛹，蛹期约 7 d 羽化成虫，羽化后 1~3 d 就可产卵。白粉虱在两性生殖之外可以进行孤雌生殖，但后代全是雄虫。成虫一般不大活动，但在气温较高，阳光充足时，稍有惊动就会乱飞，对黄色有趋向性。

农业防治 利用其对黄色的趋向性，可在植株行间插黄色黏虫板；丽蚜小蜂、中华草蛉是白粉虱的有效天敌；清除苗木周围杂草，以减少虫源；可用防虫网来防止外来白粉虱的传播。

化学防治 可喷施 2.5% 溴氰菊酯，因世代重叠，需每隔 7~10 d 喷施 1 次，连续喷施 3~4 次。

8.3　园林苗圃主要鸟兽害及防治

8.3.1　园林苗木主要鸟兽害

8.3.1.1　鸟兽害的概念与防治理念

鸟兽害是指当某些鸟类或兽类达到一定数量后，在某一地区或某个时期活动给人类带来某种经济损失的结果。有的地区，鸟兽害的危害程度甚至超过了一般病虫灾害，成为广大苗农十分头痛的问题。但是，鸟兽害和有害鸟兽是两个完全不同的概念，有害鸟兽是指在一定时间、地点、条件下，给人类社会造成某种经济损失的鸟类或兽类群体。

苗木鸟兽害是指林栖鸟兽因栖息、取食等活动给苗木带来的直接或间接的危害。鸟兽直接的危害有直接取食苗木种子和果实，影响种子和果实的数量；直接啄毁或者啃咬幼苗、根、树皮和枝叶，影响苗木的生长，甚至造成苗木枯死。间接的危害有兽类践踏苗木地造成土壤板结，不利幼苗出土和苗木生长；一些小型兽类会挖掘洞穴，造成干旱地区因土壤水分蒸发加剧而更加干旱。

鸟兽对苗木的危害取决于它们数量的多寡。当其数量少，危害微不足道时，可以不进行防治；当有害鸟兽大量集聚时，势必成灾造成严重危害。此外，鸟兽对苗木的益害是相对的，同一种鸟兽在不同地区、不同季节、不同植被和植被的不同发育阶段，益害迥异。即使对苗木有害的，也可以通过狩猎等生物防治方式，压低其数量基数，以控制为主，且可获得猎产品，取得经济效益，从而化害为益。因此，评价鸟兽的益害，必须经过长期观察，在全面了解情况后才能得出正确的结论。

然而，我们必须要认识到，野生鸟兽是人类的宝贵财富。由于天灾人祸，破坏了野生鸟兽的生存环境，使许多种类正处在濒临灭绝的境地。因此，当我们在讨论园林苗木鸟兽害的防治时，切勿忘记，保护野生鸟兽也是我们的神圣职责。所以，要以生物防治为主，禁止一刀切、无标准、大规模野蛮的、盲目的药杀、捕杀等。

8.3.1.2 主要鸟兽害类型

(1) 鸟害

苗圃中危害苗木的鸟类主要有雀类如锡嘴雀、红交嘴雀、麻雀、山麻雀、黄雀、灰喜鹊等，鸡类如灰胸竹鸡、山鸡等，鸦类如星鸦、松鸦等，鸠类如斑鸠、山斑鸠、珠颈斑鸠等。

这些鸟类主要在春、秋、冬食料贫乏季节盗食林木种子、幼芽和幼苗等。例如，竹鸡主要啄食茶树、女贞、石楠的果实、种子和幼叶；环颈雉危害松子、橡实、栗子；斑鸠危害松类、杉类、女贞、柑橘、樟类、马褂木、茶树等的种子；啄木鸟毁坏松、杉类的球果和种子及栎树类等的小坚果。有些鸟类常啄食树木、嫩竹、笋的液汁，致使幼树、竹笋液汁外流，植株因伤口感染病菌衰弱以及枯死。如白头鹎危害樟类、火棘、乌桕、桑树、构树、稠李、蓝果树、天目木姜子等的果实和种子。而有些鸟类则在冬春季嗜食幼芽、嫩叶、花瓣等。如八哥危害樟、乌桕的果实、种子，松鸦以山毛榉、木兰、槭树及蔷薇科种子或野果为食。黑鹎以樟树、女贞、构树、花楸、稠李、鼠李、接骨木的果实为食。鸥类会啄食橡实、椴树、槭树、水青冈、松类、杉木及桦树的种子。黄雀以松类、杉木的果实和种子为食。锡嘴雀、蜡嘴雀等，则能毁坏椴树、槭树、松类、杉木、稠李等的果实和种子。麻雀、山麻雀是苗圃育苗的主要危害者。如山麻雀能啄食播下的种子和不到一寸长的幼苗，早晚危害最为严重。苗圃无人看管时危害可达70%~80%。如在马尾松、杉木育苗时，受危害率为20%~30%。

(2) 兽害

苗圃中危害苗木的兽类主要是小型啮齿类动物，即鼠类有百余种，主要有大林姬鼠、红背鼠平、棕背鼠平、松鼠、花鼠、东方田鼠、东北鼢鼠、中华鼢鼠、黑线姬鼠、巢鼠、社鼠等。此外，其他的有害兽类是草兔、野猪、棕熊等。

鼠害是因为鼠类有一对门牙呈凿状且不断生长，其特性是需要经常啃咬磨牙以防止牙齿过长而刺穿口唇。其危害形式可以分为两类：一类为地上鼠，主要啃食树皮及茎干部分；另一类为地下鼠，主要啃食苗木的根系。

鼠类能啃咬多种针叶树、阔叶树及灌木的根系、树干、嫩枝、顶芽、果实和种子。不仅危害大树，对幼树和苗木危害更为严重。它们咬伤的部位会成为各种病原菌的侵入门户，导致次生性病虫害的发生，造成种实歉收，或在人工播种和飞机播种造林区，造成大面积缺苗。

不同的地区，引起鼠害的种类不同。在东北地区常发生的种类有红背鼠平、棕背鼠平、大林姬鼠、黑线姬鼠、东北鼢鼠和沼泽田鼠；而在西北地区常发生的种类有中华鼢鼠、社鼠、花鼠和沙鼠等；在长江以南地区常发生的种类有姬鼠、巢鼠、岩松鼠和鼢鼠等。在鼠害严重的林地内，林木受害率可达80%，而死亡率可达50%以上。如青海省某县的2800 hm^2榆树，90%以上幼树根茎部遭鼠环状啃食树皮而死亡。宁夏回族自治区西吉县新营造的油松林1周后因鼠害的损失率达27%；2年生落叶松林平均损失率34%，最高地段达45%。黑龙江省冬季害鼠在雪下啃食椴树根部树皮，另外，该省每年还被鼠类吃掉多达数千千克的红松果实。

鼠害发生的特点是，未经采伐的原始林区很少发生鼠害，而人工林和天然次生林中危害比较严重；幼树受害重，大树受害轻；郁闭小的疏林受害重，郁闭大的密林受害轻；林缘的树木受害重，林内的树木受害轻；阳坡、缓坡的树木受害重，阴坡、陡坡的树木受害轻；灌木杂草丛生、乱石多、卫生条件差的林地受害重，反之则受害轻。

8.3.2 园林苗木主要鸟兽害防治办法

治理鸟兽为对策是以压低密度为主，可以采用物理、化学、生态、生物等技术措施，全面防治，重点突击，消除一片，巩固一片，使危害面积逐步减少，把危害程度降到最低限度。

在鸟兽严重危害之前要经常监测有害鸟兽的数量，预测害情，在危害趋于严重时采取相应措施。

(1) 鸟害的防治

鸟害的防治，可采用设置恐吓物，如在田间扎草人、插长杆系红布条随风飘摇，或在山坡、荒地播种造林后，在播种穴上加盖有刺的树枝，使播种穴不易被鸟发现或发现也难偷食，等种子发芽、壮苗后再移去树枝，也可用桐油、松根油、煤焦油和煤油等有臭味的物品与快要发芽的种子混拌，然后播种，以防野鸡、鸿鸽类等鸟啄食。也可采用种子拌农药，及幼苗出土后再喷农药等方法防治鸟害。幼苗或即将成熟的果实、种子，可以释放毒饵进行诱杀之。

但是，为了保护鸟类，最好采用生物防治法。对于小型结群而危害又严重的鸟类，则可以采用张网、拉网、胶黏法，以减少鸟害的发生。这里提倡采用黏网惊鸟法防治鸟害。由于鸟会飞，单纯靠撵的方法太累人，撵走这帮又会来那群，赶不尽撵不绝，令农户非常头疼。可以在鸟危害区高挂若干块小黏网，固定拉紧。这样做的目的是在吓而不在于捕。飞鸟一见有网，大多数吓得不敢停落。即使偶尔有鸟被黏住，不要急于去救，而是要在其挣扎无力时再取出放飞。可能鸟儿会互传信息，以后就会很少有鸟再来危害。

在田间悬挂防鸟彩带也是很好的生物驱鸟法。此法用的彩带由纤维性材料和塑料薄膜制成，长10~15 m，宽5~10 cm，正反两面为紫红色或铝箔色，以便能反射出耀眼的光泽。使用时将两端拴在木桩上，使其随风飘舞，在日、月、星、灯光的照射下，放射出奇异的彩色光束，使鸟（兽）产生惧怕感而逃走。1 hm² 农田只需要 20 卷彩带。此法成本低廉，简单易行，便于普及和推广。

也可以在苗圃地立标杆或在植株上挂一空酒瓶，瓶口朝上，瓶口与作物顶端一平，微风吹来，可发出人听不到但鸟能听得到的音频，可将害鸟吓得落荒而飞。随着现代科学技术的发展，可以采用"闪光警示驱除器"代替上述悬挂酒瓶法。闪光警示驱除器由交、直流式电源蓄电池 12 V，10 W 和红（或黄）色回转型警示灯组成。1 hm² 农田放 1~2 盏，每天在黄昏时至次日晨天亮前接通电源。它发出的彩色电光在夜空中来回闪烁，光怪陆离，使鸟、兽望而生畏，各自奔逃，驱除效果极好。

（2）兽害的防治

苗圃兽害主要以鼠害为主，防治方法主要有人工捕捉、器械灭鼠、腐尸逐鼠、生物灭鼠、药物毒杀等方法。

①人工捕捉法　简单易行，尽管费力费事，但是不污染环境，适合于小范围、小面积防治。

②器械灭鼠法　常用灭鼠器械有老鼠夹、老鼠笼、竹筒套、铁钩夹、地箭等，也是比较环保的方法。使用该法需要了解鼠情，用好诱饵和捕鼠工具。该法适宜在苗圃地、科研实验林、野外调查鼠害时使用。制造灭鼠器械比较麻烦，成本相对较高，不适宜野外大面积捕鼠。

③腐尸逐鼠法　是利用鼠类能够识别自己的同类味道的原理来驱赶之的方法。先设法用捕鼠器如夹子或套子等捕到几只害鼠，连皮捣烂加水，装入玻璃容器中，扎上口在阳光下暴晒几日，待容器中的水变成酱油色时进行过滤，取其清液稀释后喷洒于害鼠危害之处。害鼠闻到同类的腐尸味后，便会急忙惊逃，有的甚至被累死。

④生物灭鼠法　是在尽可能的保护野生动物的前提下消灭鼠害。现在国家加大了保护野生动物的力度，颁布了"野生动物保护法"，要求严禁对受保护的鸟、兽进行捕杀。但是，不捕杀鸟、兽，采取适当的生物方法将其驱离，这是农业生产中亟待解决的难题。我国农业专家与农民合作共同研究出了几种方法，如防鸟、防兽的彩带、闪光警示驱除器等。经实地使用证明，对驱除鸟、兽效果很好，既能保护农作物，又不伤害野生动物，可谓两全其美。此外也可利用鼠类天敌和致病病原微生物抑制害鼠种群密度的方法。鼠类天敌包括鹰、蛇、狐狸、黄鼬等食肉类动物，它们对控制害鼠种群数量增长具有积极的作用，具体措施如实行封山育林，禁捕、禁猎等天敌保护措施；在苗圃地内垒积石头堆或枝柴、草堆等招引鼬科动物；在人工林缘或林中空地，保留较大的阔叶树，或悬挂招引杆及安放带有天然树洞的木段，以利于食鼠鸟类的栖息和繁衍。利用致病病原微生物防治害鼠，是指人为地用微生物诱发鼠类感染流行病以抑制其种群密度。但是，在具体防治过程中一定要谨慎使用，以免引起人类感病。

⑤药物灭鼠法　是利用剧毒农药制成毒饵，诱使老鼠误食而中毒。利用药物灭鼠，适用于大面积人工林，而且方法简单、速效、省工、省时，但易产生抗药性，污染环境，危害天敌，也不安全。不过由于鼠类是食肉用和毛皮用兽类食物的主要来源。因此，一般不宜全部毒杀，而要使用化学趋避剂驱赶之。例如可使用敌鼠钠盐灭

鼠比较安全，不会引起人畜中毒。

除了鼠害之外，一些育苗地区还会受到野熊和野兔的危害，也要想办法驱避，不要使用毒杀或捕杀法。熊类可以采用白绳驱避之。熊不仅食量大，而且有"黑瞎子掰苞米，掰一穗扔一穗"的憨态陋习。这样，在有熊危害地块的四周，按中等身量黑熊站起与眼睛并齐的高度，用木杆或直接在苗木上拉起白色的尼龙绳。当熊看到白色的尼龙绳后就不敢前往危害了。也可用此法，尝试预防野猪、狍等。

对于野兔，可以用臭鱼驱赶。野兔不仅在冬天啃食苗木的树皮，夏秋季节也危害园林苗木。有人从兔子不吃带鱼腥味的饲草中得到启发，从饭店或鱼类屠宰场要来鱼的废弃物，装入容器中暴晒，变质发臭后过滤，取其清液稀释后在野兔的危害区喷洒。这样苗木就不再会遭到野兔的危害了。

总之，鸟兽害是严重的生态学问题，要以生态学观点，综合采用各种措施有机地结合与协调，讲求整体效益，才是解决当前苗圃鸟兽害问题的基本对策。即要实行"预防为主，综合治理"，各种防治手段和措施要配套成型。

8.4 园林苗圃常用农药与安全使用

8.4.1 园林苗圃常用杀虫剂及使用

8.4.1.1 杀虫剂类型

杀虫剂按其作用方式和原理，可分为胃毒剂、触杀剂、熏蒸剂和内吸剂四大类。

①触杀剂　杀虫剂与虫体接触后，经过虫体体壁渗透到体内，引起中毒死亡，这种作用称为触杀作用，有这种作用的杀虫剂称触杀剂。

②胃毒剂　杀虫剂经过害虫口腔进入虫体，被消化道吸收后引起中毒死亡，这种作用称为胃毒作用，有这种作用的杀虫剂称胃毒剂。

③熏蒸剂　杀虫剂在常温下挥发成气体，经害虫的气孔进入虫体内，引起中毒死亡。这种作用称为熏蒸作用，有这种作用的杀虫剂称熏蒸剂。

④内吸剂　杀虫剂能被植物的根、茎、叶或种子吸收并传导至其他部位，当害虫咬食植物或吸食植物汁液时，引起中毒死亡，这种作用称为内吸作用，有这种作用的农药称内吸剂。

8.4.1.2 常用杀虫剂简介

(1) 辛硫磷

杀虫谱广，击倒力强，以触杀和胃毒作用为主，无内吸作用，对磷翅目幼虫很有效。在田间因对光不稳定，很快分解，所以残留期短，残留危险小，但该药施入土中，残留期很长，适合于防治地下害虫。剂型有 50%、45% 辛硫磷乳油，5% 颗粒剂。一般每 666.7 m^2 用 50% 乳油 1000~2000 倍，兑水 50 kg 喷雾。因见光易分解，所以田间使用最好在夜晚或傍晚使用。也可用于拌种，用 50% 乳油 100~160 mL，兑水 5~7.5 kg，拌种 50 kg，防治地下害虫。注意勿与碱性药剂混用。

（2）绿色威雷

8%触破式微胶囊水悬剂，施用后天牛踩触时立即破裂，释放出的高效原药黏附于天牛足部并进入体内，从而达到杀死天牛的目的。药物对天敌、环境影响小；药效迅速，持效期长达 52 d，防治效果在 90%以上。毒性为微毒，无药害，对人畜安全，在环境中低残留。防治对象主要有松褐天牛、光肩星天牛、黄斑星天牛、桑天牛、云斑天牛、桃红颈天牛等多种天牛成虫以及金龟子、象甲、竹象、吉丁虫、小蠹虫等害虫成虫。用药方法，是将稀释后的药液喷洒在地面以上树干、大枝和其他天牛成虫出没之处。若施药后 6 h 内遇雨，药效会大大降低。常量喷雾，需要稀释 300~400 倍。

（3）灭蚜灵

高选择性内吸杀蚜剂，对多种植物上的各种蚜虫均有效，也能防治抗性蚜虫。土壤施药可防治食叶性蚜虫，叶面施药可防治食根性的蚜虫。制剂类型有：15%乳油、25%乳油。一般常用 25%乳油 1000 倍喷雾防治蚜虫。

（4）灭幼脲

高效胃毒性杀虫剂，绿色、安全、环保。对鳞翅目幼虫表现为很好的杀虫活性，可防治松毛虫、舞毒蛾、舟蛾、天幕毛虫、美国白蛾、黏虫、螟虫、菜青虫、小菜蛾、甘蓝夜蛾等食叶类害虫，可用 25%悬浮剂 2000~4000 倍均匀喷雾。注意，此药在 2 龄前幼虫期进行防治效果最好，虫龄越大，防效越差。施药 3~5 d 后药效才明显，7 d 左右出现死亡高峰。此药不宜与速效性杀虫剂混配，有沉淀现象。也不能与碱性物质混用，和一般酸性或中性的药剂混用药效不会降低。

生产上其他常用的杀虫剂见表 8-1。

表 8-1　生产上常用的杀虫剂及使用方法表

药名	制剂	作用方式	主要防治对象	使用方法	注意事项
氯氰菊酯	10%乳油	触杀、胃毒	菜青虫、食心虫、叶蝉、尺蠖、蚜虫	1000~2000 倍喷雾	勿与碱性药混
甲氰菊酯	20%乳油	触杀、胃毒	棉铃虫、蚜虫、食心虫等	2000~4000 倍喷雾	勿与碱性药混
乙硫磷	50%乳油	触杀、胃毒	杀虫、杀螨	1500~2000 倍喷雾	远离火源
抗蚜威	50%可湿粉剂	触杀、胃毒、内吸	大多数蚜虫	喷雾	对棉蚜无效
三唑锡	25%可湿粉剂	触杀	红蜘蛛、叶螨等	1000~1500 倍喷雾	对鱼毒性高
氧化乐果	40%乳油	触杀、胃毒、内吸	蚜虫、叶蝉、木虱、介壳虫	1500~2000 倍喷雾	勿与碱性药混
蚧必治	15%乳油	熏蒸、渗透、触杀和胃毒	介壳虫	750~1000 倍喷雾	勿与碱性药混
溴氰菊酯	2.5%乳油或粉剂	触杀、胃毒	白粉虱、蚜虫等	2000~3000 倍喷雾	勿与碱性药混
根线散	2%阿维微胶囊	触杀、胃毒	根结线虫	撒施	勿与碱性药混
敌敌畏	50%、80%乳油	触杀、胃毒、熏蒸	叶蝉、介壳虫等	1000~1500 倍喷雾	梅花慎用

8.4.2 园林苗圃常用杀菌剂及使用

8.4.2.1 杀菌剂类型

按杀菌剂作用原理和方式,可划分为保护性杀菌剂、内吸性杀菌剂、治疗性杀菌剂3种类型。

①保护性杀菌剂 在植物体表或体外,直接与病原菌接触,抑制病原,保护植物免受其害,如波尔多液、福美砷、石灰涂白剂等。

②内吸性杀菌剂 药剂施于植物体一部分(根部、叶部等),被植物吸收后传导到植物各处、发挥杀菌作用,如甲基托布津、多菌灵等。

③治疗性杀菌剂 当病原菌侵入植物体或已使植物体感病后,施用它能抑制病原菌继续发展或能灭杀病原菌的药剂,如百菌清、石硫合剂等。

8.4.2.2 常用杀菌剂(表8-2)

表8-2 生产上常用的杀菌剂及使用方法表

名称规格	主要性能	主要防治对象	使用方式	注意事项
石硫合剂	强碱性,有腐蚀性	杀菌、虫、螨、白粉、锈病等	喷雾	原液贮藏防氧化,高温时不用
高锰酸钾	紫黑色结晶,强氧化剂	防治立枯病等	浸种、喷雾	现配现用
硫酸亚铁	绿色结晶,溶于水	多种土传病菌	土施	不能用金属容器配制
可杀得	广谱性保护剂	霜霉病、叶斑病	喷雾	不与强碱强酸性药混用
代森锰锌	广谱性保护剂	霜霉病、各种叶斑病	喷雾	不与铜和碱性药混用
福美双	保护性杀菌剂	土传病害、霜霉病、疫病	喷雾、土施	不与铜、汞及碱性药混用
加瑞农	广谱性保护剂	霜霉病、白粉病、叶斑病	喷雾	不与铜、强碱性药混用
百菌清	不耐强碱	霜霉病、白粉病、锈病	喷雾	不与碱性农药混用
福星	广谱性内吸剂	白粉病、锈病、叶斑病	喷雾	不与碱性农药混用
世高	广谱性内吸剂	白粉病、锈病、叶斑病	喷雾	不与铜制剂混用
多抗霉素	抗生素类杀菌剂	枯萎病、灰霉病、叶斑病	喷雾	不与碱性农药混用

(1)粉锈宁

这是一种有保护、治疗作用的内吸杀菌剂,对白粉病、锈病有特效,不但能防止病菌侵染,而且能将初发生的病斑铲除掉。对人畜低毒,残效期15~20 d。使用方法,15%粉锈宁可湿性粉剂100~1500倍液喷雾,可防治蔷薇、月季、芍药、荷兰菊等植物的白粉病及部分植物的锈病。

(2)多菌灵

为氨基甲酸甲酯杂环化合物,是一种高效、低毒、广谱性的内吸杀菌剂,具有保护和治疗作用,能防治多种真菌引起的园林植物病害。对人畜低毒,残效期7 d左右。使用方法,50%多菌灵可湿性粉剂500~1000倍液喷雾,可防治月季黑斑病、菊花斑枯病、幼苗立枯病、茎腐病等。

(3) 甲基托布津

这是一种广谱性内吸杀菌剂。对人畜低毒，药效期持久。使用方法，70%甲基托布津可湿性粉剂700~1500倍液喷雾，可防治园林花木（苗木）的白粉病、叶斑病等真菌病害。不能与铜制剂、碱性药剂混用。

(4) 波尔多液

这是一种广泛使用的无机杀菌剂，又是一种保护剂，喷在植物体上能形成一层薄膜，可以抑制病菌侵入植物体内。选择优质石灰和硫酸铜按防治病的类型配制药液，一般应随配随用，药效期15~30 d。可作为园林苗圃中常用的防病保护剂使用，1∶1∶150~200倍等量式波尔多液可以防治立枯病、叶锈病、叶斑病等。

8.4.3　园林苗圃科学使用农药原则

8.4.3.1　生产上农药使用存在的问题

长期以来，人们单纯依靠大量施用农药来防治病虫害，产生了一系列不容忽视的问题。一是导致了病虫害的抗药性种群呈指数级增长，因而一些农药的防治效果大大降低，甚至无效果；二是化学农药在杀灭有害生物的同时，也大量杀伤了非防治对象，特别是对有害生物起到控制作用的天敌，从而破坏了生态平衡，导致了有害生物的继增而猖獗；三是污染了大气、水域和土壤等生态环境和农产品，特别是有一部分农药潜在着致癌、致畸、致灾变的可能，威胁着人们的健康。

任何事物都是一分为二的，农药既有对人类有利的一面，也有对人类不利的一面。因此，我们必须大力提倡科学用药，既要充分发挥化学农药的重大作用，又要把其不利作用尽可能地降低到最小限度。这就要求我们要科学合理地使用农药，掌握农药的安全使用原则和正确使用方法，避免在病虫害的防治中因多种原因产生各种药害。

一般来说，药害可以分为急性药害和慢性药害。急性药害是指施药后12 h至十几天内表现出异常形态，如叶片或果实出现斑点、黄化、枯萎、皱叶、落叶和落果等；慢性药害是指施药后经过较长时间表现出的药害症状，如光合作用减弱、成熟期延迟、矮化畸形、色泽差等。因此，对于农药比较敏感的园林植物，在防治病虫害时，正确选择农药及使用方法尤为重要。

总之，农药的品种很多，作用也不同。只有正确选择最合适的农药品种，根据需要防治的病虫害的种类、危害性，按照农药的性能按照科学合理施药原则，在适宜的用药时期采用合适的施药方法和施用量施药，才能达到预期的效果。我国幅员辽阔，各地自然条件差异很大，一些农药在不同的地区、不同时期使用效果也不同。因此，使用农药之前必须准确识别防治对象、有害生物的发育期和农药的性能、使用方法，才能做到科学施药，取得好的防治效果。

8.4.3.2 农药科学安全使用原则

(1) 选用对症的农药

要根据农药使用范围及方法，先进行试验，采用喷雾、喷粉、涂叶、涂茎、灌根、针刺等方法施药，经过一段时间(1周左右)观察有无药害情况，同时与不施药的植物做对照。特别是在使用一种新型农药之前，这个步骤一定不能省却。

(2) 禁用高毒高残留农药

一些高毒高残留农药如滴滴涕、六六六等有机氯农药，属于无选择性作用的广谱性杀虫剂，对天敌杀伤力强，尤其值得注意的是它们在环境中有高度的持久性，又易于通过食物链进行浓缩，富集于食品，危害人类健康。另外，一些如赛力散、西力生等有机汞制剂对哺乳动物毒性高，对植物也易造成药害，世界各国已将这两类农药逐渐淘汰。一些长效性农药和剧毒农药如甲拌磷和呋喃丹等，只限于用来处理种子，或以颗粒剂在土壤内施用，而不准用于喷雾，以确保施药人员的安全。一些农药还要注意控制其最后一次施药距离作物收割的天数，以免造成人畜等中毒。

(3) 按照防治指标施药

生态系统中有害生物的数量变化总是保持在一定范围内，既不会无限制地增加，也不会无限制地减少下去。如果使有害生物的数量保持在一个低密度的范围，既不造成经济上的损失，又有利于天敌的繁衍以控制有害生物，对人类则是十分有利的。因此，要严格按照各地实际情况制定的防治指标，在只有当有害生物的数量接近于经济受害水平时，才要采取化学防治的手段进行控制。这样，既可节省农药，降低生产成本，减轻农药对环境和农产品的污染，同时，可扩大对天敌的保护面，有效地减少对天敌的杀伤作用。

(4) 掌握施药合适时期

这是以少量的农药取得防治的最大经济效益的关键之一，因此需要考虑到以下4个方面。一是要深入了解防治对象的生物学特征、特性以及发生规律，寻求最易被杀伤的时期。如害虫一般在幼龄期的抗药力弱，有些在早期有群集性，许多钻蛀性害虫和地下害虫到一定龄期才开始蛀孔和入土，适期用药，效果就比较明显。病害要掌握在发病初期施药效果较好，因为一旦病菌侵入植物体内，药剂较难发挥作用。二是要在作物最易受害的危险期施药。三是要根据田间有害生物和有益生物的消长动态，避开天敌对农药的敏感期，选择对天敌影响小而对有害生物杀伤力大的时期施药。四是要避免在苗木敏感期用药。苗木在不同的生长期对农药的忍受能力是不一样的，成熟的组织耐药性强，幼嫩多汁的组织对药剂敏感，故施药时要区别对待。苗木在花期对农药十分敏感，应慎重用药。此外，要避免在花木的某个部位施药过多。

(5) 采用适宜的施药剂量

在施药剂量上，一定要改变过去追求防治效果高达99%以上从而使用药量偏高的习惯。要选择恰当的剂量：一是要控制药液或药粉的适宜的使用浓度；二是要控制单位面积上适宜的使用量。浓度越高，效果越好，但超过有效浓度，不仅造成浪费，而且还有可能造成药害。但是，若低于有效浓度，又达不到防治的目的，而且有毒物质的微量使用，甚至反而会对有害生物产生刺激作用。所以，单位面积上的用药量不能过多，也不能过少。配药之前必须准确计算，严格称量，一定要按规定确定适宜的浓度和用量。此外，施药次数要适当，施药次数过频也易发生药害。一种农药的施用次数是由病虫危害频率和药剂的持效期所决定，要灵活掌握，因地因时制宜。

（6）轮换或混合用药

对一种有害生物长期反复使用一种农药，便使这种有害生物逐渐形成有显著抗性，防治效果大幅下降。克服和延缓有害生物抗药性的有效办法，一是轮换交替施用农药；二是混合施用农药。一般来说，作用机理不同的2种或2种以上的药剂交替施用，可以推迟抗药性的发生。但要注意这种有害生物的交互抗药性问题，要选择没有交互抗药性的药剂交替使用，否则，达不到防止抗药性发生的目的。

农药混用有诸多优点，但必须注意混用后应当产生增效作用，而不是减效作用；应当不增加对人畜的毒性，或增毒倍数不大；应当不增加对作物的药害，比较安全；应当不发生酸碱反应，即遇酸分解或遇碱分解；应当不产生絮结和大量沉淀。例如，有机磷农药与碱性药剂、乳油剂与某些水溶性药剂、波尔多液与石硫合剂等，混用后既降低药效，又诱发药害。

（7）注意配药和施药条件

配药时要注意观察原药的基本特征，察看药液是否清亮透明，是否有絮状物或沉淀。加入水中观察其能否自行分散。如果是粉剂农药，要求不能结块，粉粒粗细适度。可湿性粉剂原药加入水中要能溶于水并均匀地分散。稀释农药的水也要求用干净的软水，不能使用含有杂质的塘水、坑水，或含钙、镁离子过多的硬水。

农药施用后大多在高温下易造成药害。合剂、松脂合剂以及一些挥发性较大的农药，在气温超过35 ℃以上时要禁止施用，否则易引起药害。强碱性农药在空气湿度过大时，也极易造成药害。

（8）选择合适的施药方法

农药施用方法很多，要根据农药种类、性质，针对需要防治对象和防治目标而选择。

①喷雾法　是最常用的一种施药方法，又分为常规喷雾法、低容量喷雾法和超低容量喷雾法。喷雾法需要良好的喷雾设备和良好的水质。

②喷粉法　是用喷粉器产生风力将农药粉粒喷撒到农作物表面，适用于缺水地区或保护地（大棚内）。工效较高，但露地喷粉粉剂黏着力差，飘逸性强，防治效果一般不如喷雾法。缺点是易污染环境。

③撒施法　适用于施用颗粒剂和毒土。

④土壤处理法　结合耕翻，利用喷雾、喷粉或撒施等方法将农药施于地面，再翻入土层，主要用于防治地下害虫、线虫、土传性病害或用于处理土壤中的虫、蛹，也用于内吸剂施药，由根部吸收，传导到作物的地上部分，防治地面上的害虫和病菌。

⑤拌种法　将一定量的农药按比例与种子混合拌匀后播种，可预防附带在种子上的病菌和地下害虫以及苗期病害。

⑥毒饵、毒谷法　将具有胃毒作用的农药拌上害虫、害鼠喜食的饵料、谷物，施于地面，用于防治地面危害的害虫、害鼠等。配制毒谷时，应先将谷物炒香或煮半熟，晾至半干后再拌药。

⑦熏蒸法　是利用具有挥发性的农药产生的毒气防治病、虫害的方法，主要用于土壤、温室、大棚、仓库等场所的病、虫害防治。但是，熏蒸结束后需要充分散气，以避免人员中毒。

⑧熏烟法　主要应用烟雾剂农药，将农药点燃后产生浓烟弥散于空气中，起到防治病虫害的作用。主要用于温室、大棚、仓库等密闭场所的病虫害防治。同样，也要注意熏蒸结束后充分散气，避免人员中毒。

⑨涂抹法　将具有内吸性的农药配制成高浓度的药液，涂抹在植物的茎、叶、生长点等部位，主要用于防治具有刺吸式口器的害虫和钻蛀性害虫及树木病害。

⑩注射法　将农药稀释到一定浓度后，用注射器将药液注射植物体内防治病虫害。

(9) 发生药害后的补救

施用农药造成药害后，可采取下述解毒措施进行补救。

①喷施高锰酸钾溶液　高锰酸钾是一种强氧化剂，对多种化学物质都具有氧化分解作用，喷洒 6000 倍的高锰酸钾溶液，能有效缓解药害。

②用清水冲洗　如果因施药浓度过大而造成药害，要用喷雾器装满清水，朝叶片上反复喷洗，以冲去残留在叶片表面上的药剂。

③及时施肥浇水　应结合浇水补充一些速效化肥，并中耕松土，可促进植物恢复正常的生长发育。同时，在叶面喷施 0.3%~0.5% 尿素、0.2%~0.3% 磷酸二氢钾溶液等，以改善营养状况，增强根系吸收能力。操作时，应将叶背面喷匀，喷施时最适温度为 18~25 ℃，时间宜选在 10:00 前和 16:00 后进行。

思 考 题

1. 园林苗圃病害有哪些类型？常用杀菌剂有哪些类型？
2. 园林苗圃地下害虫主要有哪几种？杀虫剂有哪些类型？
3. 如何才能做到安全用药？
4. 简述苗圃田间管理与病、虫发生的关系。
5. 如何落实"预防为主，综合防治"的方针？

推荐阅读书目

园林植物保护. 徐永柏，文振忠，刘凤英. 高等教育出版社，1989.

第 9 章 园林苗木质量评价与出圃

[**本章提要**] 苗木质量是园林绿化成败的关键，苗木出圃是园林苗圃管理的最后一个环节，对苗木出圃后的成活和生长有较大的影响。本章全面介绍了园林苗木产量和质量的调查方法，园林苗木质量的标准与评价方法，出圃前的分级、出圃规格的确定、苗木检疫与消毒，苗木运输前的包装方法和苗木运输过程中防止苗木失水的措施，以及苗木的假植和其他贮藏方法。

苗木出圃是育苗工作的最后一个环节。苗圃生产的各种合格的苗木，经过出圃这个最后的环节运往各城乡绿化场所。城市绿化苗木应具备生长健壮、枝叶繁茂、冠形完整、色泽正常、根系发达、无病虫害、无机械损伤、无冻害等基本质量要求。高质量的苗木，栽培后成活率高，生长旺盛，能很快形成景观效果；反之，影响观赏效果，推迟工程或绿地发挥效益的时间。为了确保苗木质量及观赏效果，对出圃苗木质量进行准确评价十分重要。苗木的出圃主要包括：掘苗、分级、苗木的检疫与消毒、包装、运输以及假植等工序，其中苗木的掘取、运输、贮藏等过程也对苗木的生命力有很大影响。

9.1　苗木质量评价

苗木是城市绿化的物质基础，苗木质量的优劣直接关系到城市绿化的成败。苗木质量评价是苗木质量调控的核心问题之一。过去对苗木质量的评价主要是根据苗高、地径和根系状况等形态指标，但形态指标只能反映苗木的外部特征，难以说明苗木内在生命力的强弱。因为苗木的形态特征相对较稳定，在许多情况下，虽然苗木内部生理状况已发生了很大变化，但外部形态却基本保持不变。20世纪80年代以来，苗木质量评价有了较快的发展，苗木生理指标和苗木活力表现指标成为评价苗木活力指标的重要方面。根据目前研究情况看，苗木形态指标、生理指标和苗木活力表现指标是评价苗木质量的3个主要方面。对于园林苗木，其观赏价值也作为主要的评价指标。不同质量指标所反映的是苗木某方面的具体表现，因此，单一指标难以全面反映苗木质量，生产中应建立多种指标的苗木质量评价体系。

9.1.1 苗木形态指标

从生物学观点看，苗木的形态学（广义的）表现是树种在苗圃对所施培育条件发生的生理学响应的外在表现，因而在苗木保持正常生命状态下，苗木的高度、粗度、针叶颜色、顶芽有无和大小、根系发育程度等可目视的外在形态以及形态参数之间的比例，应是苗木质量的一种体现。苗木质量形态指标主要有地径、苗高、高径比、根系指标、重量指标、茎根比、顶芽状况以及综合的质量指数等。形态指标在生产上简便易行，用肉眼可观测，用简单仪器可以测定，便于直观控制，而且各形态指标都与苗木生理生化状况、生物物理状况、活力状况及其他状况等有相关关系，如苗茎有一定的粗度可使苗木直立挺拔、有适当的根量保证向苗木提供水分和养分等。因此，形态指标始终是研究和生产上都特别关注的苗木质量指标。

(1) 苗高

苗高是指自地茎至顶芽的苗木长度。树种及培育年限不同，对苗高的要求也不同，例如，兴安落叶松播种苗苗高要求达到 15 cm 以上，换床苗要求达到 30 cm 以上。圃地中过于矮小的苗木一般都是种子品种差、出苗后生长衰弱的被压苗，用这种苗木栽植，缓苗期长，抗逆性差。但并非苗木越高越好，由于育苗时密度过大或秋季徒长而形成细而高的苗木，也属于生长不良的弱苗。城市绿化使用的苗木种类繁多，对于乔木树种的苗木，苗木高指从地表面至乔木正常生长顶端的垂直高度；有时还要用分枝点高进行评价，分枝点高指从地表面到乔木树冠的最下分枝点的垂直高度。对于灌木树种，使用灌高指标，灌高指从地表面至灌木正常生长顶端的垂直高度。

(2) 地径

地径又称地际直径，指苗木主干靠近地面处的粗度，是苗木地上与地下部分的分界线。用游标卡尺或特制的工具测量。它与根系发育状况、根系重量以及苗木的其他质量指标关系密切，能比较全面地反映苗木的质量。通常，在苗龄和苗高相同的情况下，地径越粗的苗木，其质量越好，移植、造林成活率越高。

生产上主要根据苗高和地径两个指标来进行苗木分级。城市绿化工程中对苗木质量的评价常常使用干径、基径、冠径、蓬径、主枝数等指标。干径指乔木主干离地表面 1.3 m 处的直径，基径指苗木主干离地表面 0.3 m 处的直径，冠径指乔木树冠垂直投影面的直径，蓬径指灌木、灌丛垂直投影面的直径。

(3) 根系发育状况

根系包括主根、侧根和须根。根系是苗木吸收水分和矿物质营养的器官，根系完整、主根短而直、有较多侧根和须根、主侧根分布均匀、大根系无劈裂的苗木，栽植后成活率高，能较快恢复生长，并为以后苗木的健壮生长奠定良好的基础。苗木出圃时，调查根系发育状况要测主根长度、统计侧须根数量、根幅大小等。苗木主根长度对绿化栽植后的成活率和生长均有一定影响，所以，苗木出圃时要保持一定的根长，不宜截得太短。适宜的主根长度，应根据苗木种类、类型和绿化地的具体条件而定。侧须根数量较多、根幅较大为苗木根系发达的标志。苗木根是影响栽植后能否成活的关键因子，所以，苗木分级过程中，常以根系所达到的级别确定苗木等级，即在根系达到要求后，再依据地径和苗高指标进行分级，如根系达不到要求，则为不合格苗。

(4) 苗木重量

苗木重量分为苗木鲜重、干重、苗木总重、地上部分重量和地下部分重量等，它能说明苗木体内贮存物质的多少。在其他形态指标近似时，其重量较大的苗木，说明其组织充实，生长健壮，木质化程度高，抗逆性强，品质优良。

(5) 高径比

高径比是苗高与地径之比，说明苗木生长发育均衡程度。高径比适宜的苗木，生长均匀。不同树种的高径比具有很大差异；同一树种，受育苗技术和苗圃地条件的影响，高径比也不完全一样。与出圃前的移栽次数，苗间的间距等因素有很大关系。如云杉移植苗的根系发达、地径较粗，所以高径比较小；云杉留床苗则因根系发育较差、地径较细，造成苗木地上部分生长旺盛，高径比大。苗木追施氮肥过多，容易引起苗木徒长，往往高径比过大，苗木细长，发育不匀，质量较差。

(6) 茎根比

茎根比是苗木地上部分与地下根系的重量或体积之比，是评价苗木质量的综合指标。比值的大小说明苗木地上部分与地下部分生长的均衡程度。在物种、苗龄相同的情况下，茎根比值越小，说明苗木根系越发达，苗木质量越好，造林后越易成活。茎根比因树种不同而异，如1年生播种苗的茎根比，落叶松1.40~3，柳杉1.50~2.50；2年生油松苗以不超过3为好。同一树种的茎根比随苗龄的增加而增大，同时也受环境条件和育苗技术的影响而发生变化。苗木密度过大，光照不足而使茎叶徒长，供给根系的有机养料减少，加之土壤通气不良，影响根的呼吸作用，根系生长减慢，从而造成茎根比增大。增施P、K肥则有利于减小茎根比。

(7) 顶芽

顶芽大小可通过用直尺测量其长度或高度，用游标卡尺测其基部粗度而反映出来。大批量苗木为了测定准确，可抽样后用锋利的刀片从芽基部将其切下，用卡尺便可准确地量出顶芽的大小。用顶芽反映苗木质量，其根据是顶芽越大，芽内含原生叶数越多，第二年苗木生长量越大。多数研究也证明，顶芽的大小与第二年的生长量呈正相关关系。因此，顶芽在反映苗木生长潜力方面有重要意义。对萌芽力弱的针叶树种，如油松和樟子松等苗木，发育正常而饱满的顶芽是合格苗木的一个重要条件。但是，对阔叶树和某些萌芽力强的针叶树种，顶芽有无对苗木质量影响不大。

(8) 质量指数

由于单个形态指标常常只反映苗木的某一侧面，而苗木各部分之间的协调和平衡对苗木栽植成活和初期生长又十分重要，因此，人们便试图采用多指标的综合指数来反映苗木的质量，如高径比、根茎比等。在此基础上Dickson等(1960)以白云杉和东方白松的研究为例，提出苗木质量指数 QI(quality index)概念，这是苗木形态分级中的一大进步。其计算公式如下：

$$QI = \frac{\text{苗木总干重 g}}{(\text{苗高 cm/地径 mm}) + (\text{茎干重 g/根干重 g})}$$

在正常生理状态下,苗木的质量指数越大,则形态学品质越高。然而必须特别强调,只有当苗木内在生理学特性无明显差异时,用形态学指标评价苗木质量才更有实用意义。

9.1.2 苗木生理指标

形态指标直观、易操作,生产实际中应用较多,但形态指标只能反映苗木的外部特征,难以说明苗木内在生命力的强弱,很多情况下苗木的内部生理状况已发生了很大变化,但苗木外部形态却保持基本不变,因此苗木质量评价的注意力逐渐由形态指标深入到生理指标,并在这一领域取得了大量成果。生理指标主要有苗木水分状况、碳水化合物储量、细胞浸出液电导率、叶绿素含量、根系活力、矿质营养状况、生长调节物质状况、有丝分裂指数、胁迫诱导挥发性物质等。

(1) 苗木水分

水分是维持苗木生命活动不可缺少的物质。缺水会对苗木的解剖、形态、生理、生化等许多方面产生不利影响。轻度缺水会引起气孔关闭,光合作用减弱;重度缺水则会破坏光合器官。苗木缺水还会影响呼吸、碳水化合物和蛋白质代谢,损伤细胞膜的结构,降低酶活性等。缺水的苗木还易遭受病虫害。因此,苗木水分状况与苗木质量密切相关。大量研究和生产实践证明,绿化苗木栽植后苗木死亡的一个重要原因就是苗木水分失调,所以水分状况是苗木质量的生理指标的重要方面,评价苗木水分状况的指标主要有含水量、水势等。

①含水量 苗木含水量是指苗木水分占苗木干重的百分比。研究发现在一定范围内,苗木水分状况与栽植成活率是一种线性关系,随着苗木体内水分逐渐丧失,成活率呈下降趋势。梁玉堂(1990)发现毛白杨和刺槐苗木根系含水量平均每减少1%,其栽植后成活率分别减少1.5%和8.67%,齐鸿儒等(1989)得出要保证红松、樟子松、油松、落叶松造林成活率达到85%以上,栽植时的苗木含水量分别在60%、60%、59%、59%、59%以上。Weatherley(1950)提出用重量法计算苗木的相对含水量(RWC)和水分亏缺(WD)其计算公式如下:

$$RWC = \frac{Wf - Wd}{Wt - Wd}$$

$$WD = \frac{Wt - Wf}{Wt - Wd}$$

式中 Wf——叶片鲜重(g);
Wd——叶片干重(g);
Wt——叶片饱水重(g)。

相对含水量和水分亏缺比单纯的含水量评价提高了一步,能较为准确地反映植物水分状况的改变,在一定程度上反映了植物组织水分亏缺程度。

②水势 其作为反映植物水分状况最主要的指标之一,它不仅能敏感地反映出苗

木在干旱胁迫下水分状况的变化，而且在解释土壤—植物—大气这一连续系统中的水分运动规律有其独特的优点，因而成为最广泛应用的指标。关于水势测定方法目前已有多种，如小液流法、热电偶湿度计法、电导法、比重法、冰点降压法、水压机法、压力室法等，其中压力室法是目前应用最广、效果最佳的一种方法。用水势反映苗木质量时，一般是先通过对苗木不同时间的晾晒后，测定苗木失水过程中的水势和栽植后的成活率，找出与成活、苗木濒危致死等有关临界水势值。油松、侧柏、华北落叶松和樟子松的研究发现，造林成活率随苗木水势降低成活率降低，在临界水势值附近较小的水势变化能大幅度地改变油松和樟子松的造林成活率。

宋廷茂等(1993)根据苗木水势提出了苗木生理品质等级的划分方法，具体划分标准如下：

$\psi_w \geq \pi_{100}$　　　　　　　一级苗(成活率 > 80%)

$\dfrac{\pi_{100} + \pi_0}{2} \leq \psi_w < \pi_{100}$　　二级苗(成活率 40% ~ 80%)

$\pi_0 < \psi_w < \dfrac{\pi_{100} + \pi_0}{2}$　　三级苗(成活率 < 40%)

$\psi_w \leq \pi_0$　　　　　　　不合格苗

式中　ψ_w——苗木水势(MPa)；

π_{100}——苗木水分充分饱和时的渗透压(MPa)；

π_0——苗木膨压为0时的渗透压(MPa)。

③P-V技术　又称P-V曲线技术，是压力—体积曲线法的简称，它基于压力对被压出树液体积的依赖关系而绘制。通常做法是，先取被测苗木样品的枝叶，在暗光下让其充分饱水吸胀10~24 h，再从中取其一个叶片或带少许叶子的小枝，置入压力室，利用压力室缓慢加压，加压后植物体内的水分会沿着叶脉向叶柄切口处倒流，从切口处溢出。读取不同阶段压力表上的读数后，依据压力表读数、被测枝叶的重量和体积、压出的树液量，计算饱和状态下植物体内组织的初始水势值、水分胁迫状态下的水势值，进而可推算出多个水分生理参数。

P-V曲线制作简便，仪器设备简单，在较短时间内，可测定出植物从饱水状态下直至脱水萎蔫各失水阶段体内的水势、渗透压、共质体水含量以及质壁分离时的水分状况。通过P-V曲线，可精确地测出各组分中的物理水分关系参数，并可求算出植物体内多个水分生理参数，通过这些水分生理参数，可解释许多植物体内水分状况的理论问题。

采用压力室法在苗木逐渐失水过程中建立P-V曲线，对研究苗木体内水分动态变化规律十分有益，为我国利用水势技术评价苗木水分状况提供了理论依据。有研究者利用这项技术，测定苗木栽植后能否成活的临界水势值，并根据水势测定结果对苗木进行分级，这为水势技术应用于生产开辟了途径。

水分在苗木生命活动中的作用至关重要，苗木的生命活动在很大程度上取决于苗木体内的水分状况。苗木体内水分亏缺很容易导致苗木死亡，因此可将水分状况作为苗木质量的生理指标。但是，苗木水分状况受到树种、苗木类型、季节、时间、土壤含水量等诸多因素的影响，将水势技术作为苗木质量指标普遍应用于指导生产，还有很多工作要做。

(2) 碳水化合物储量

光合作用产生的光合产物，一部分供苗木生长和呼吸消耗；另一部分则以碳水化合物的形式贮藏于苗木体内。苗木出圃后到绿化栽植成活以前，苗木全靠贮存的碳水化合物维持生命。因此，苗木体内碳水化合物储量的大小可反映苗木的生命力状况。栽植后苗木能否迅速长出新根，与土壤形成紧密的结合，为苗木地上部分提供水分，是苗木成活与否的关键所在。根的发生与生长是一个能量的消耗过程，需要代谢物质主要是碳水化合物，所以碳水化合物在苗木生根过程中的重要作用是不容置疑的。碳水化合物在维持苗木生命活动、促进苗木根和茎的生长、保证成活等方面的作用是分不开的，同时碳水化合物也在植物抵御干旱、低温等逆境中起到重要作用，因此碳水化合物储量是评价苗木质量的重要指标。

(3) 导电能力

从苗木质量角度研究植物组织的导电能力，其理论基础是建立在植物组织的水分状况以及植物细胞膜的受损情况与组织的导电能力紧密相关之上的。干旱以及其他任何环境胁迫所造成植物细胞膜的损坏，会使细胞膜透性增大，对水和离子交换控制能力下降，甚至丧失。K^+等离子自由外渗，从而增加其外渗液的导电能力。因此，通过对苗木导电能力的测定，可在一定程度上反映苗木的水分状况和细胞破坏情况，以起到指示苗木活力的作用。目前，对导电能力的测定方法主要有两种：一是测定植物组织外渗液的电导率；二是将电极插入植物组织，测定其电阻率。

(4) 叶绿素含量

植物叶的绿色是用以指示植物"活力"或"状态"而最广泛采用的指标。通过测定苗木叶绿素含量，定量地反映苗木健康状况，就成为人们的期望。对于叶绿素含量的季节变化问题，普遍认为是呈单峰曲线形式。根据光合作用在植物生长中的重要作用，可以推测，叶绿素含量与苗木形态大小应该关系密切。但值得注意的是，叶绿素含量受树种、种源地、生长情况和测定季节的影响而有明显的变化。

(5) 根系活力

根系活力是泛指苗木根系吸收、合成、生长的综合表现。可用染色法测定根系活力。

2,3,4-三苯基氧化四氮唑简称四唑或TTC，其水溶液为无色。根系在正常的呼吸过程中脱氢酶会产生氢，在染色过程中，被根系吸收的四唑参与细胞的还原过程，从脱氢酶接受氢，经过氢化作用，四唑在活细胞中生成稳定的、不溶于水且不扩散转移的红色物质，即三苯基甲䐶（TPF），因脱氢酶活性与细胞的呼吸作用有关，四唑的还原数量也就与根系活动的强弱呈正相关。因此，可根据红色深浅反映的脱氢酶活性作为根系活动指标。

研究表明，在苗木裸根晾晒过程中，TPF值与根生长潜力呈显著的线性关系，说明在晾晒过程中用TTC染色法来标定一个树种苗木的根系活力是可行的，将晾晒后的苗木进行栽植，TPF 值与栽植后的成活率及初期生长量也存在显著的线性关系，可根据 TTC 染色结果将苗木分级。

9.1.3 苗木活力指标

苗木活力是指苗木栽植在最适宜的生长环境下其成活和生长的能力，上述各种形态和生理指标都是苗木活力的表现，但任何单一形式的形态或生理指标都不能完全反映苗木活力。苗木活力的生长表现指标能代表苗木活力，苗木活力指标包括根生长潜力（RGP）、苗木耐寒性、抗逆性等，而其中最可靠的苗木活力指标是根生长潜力。

(1) 根生长潜力

根生长潜力是指苗木在适宜环境条件下新根发生和生长的能力，是评价苗木活力最可靠的方法。苗木根生长潜力不仅取决于其生理状况，而且与形态指标、树种生物学特性密切相关，能较好地预测苗木活力及栽植成活率。表示根生长潜力的指标包括新根生长点数（TNR）、大于 1 cm 长度新根数量（TNR_1）、大于 1 cm 新根总长度（TLR_1）、新生根表面积指数（$RSAI = TNR_1 \times TLR_1$）、新生根重量等。不同指标反映的是苗木生根过程中不同的生理过程。研究表明，苗木根生长潜力与栽植成活率及初期生长量存在显著相关性。

(2) 根生长潜力的测定方法

将新掘起的苗木根系洗净，剪除所有白色根尖，选用合适的基质培养（如泥炭与蛭石的混合物等），置于最适宜根系生长的环境中培养，如白天 25 ℃，夜间 16 ℃，每日光照 12~16 h，空气相对湿度 60%~80%，每隔 2~4 d 浇水 1 次，经过 3~4 周的培养，小心取出苗木，根系洗净后统计新根生长点的数量或者新根长度。

根生长潜力的意义不仅在于它能反映苗木的死活，更重要的是它能指示不同季节苗木活力的变化情况，这对了解苗木活力大小、抗逆性强弱，选择最佳起苗和栽植时期具有重要意义。但也存在一些不足之处，如值耗时长、条件严格、设备多，所测结果预测大田表现能力又较差。尽管其测定时间较长，但仍被认为是苗木活力测定的基准方法，用于科研及生产上仲裁苗木质量纠纷时非常有用。

综上所述，苗木质量既包括苗木的外部形态特征，又涉及苗木的生理特性和性能状况，仅凭单项指标对其难以做出全面反映。目前采用的大多数苗木质量指标的测定技术太复杂，所需时间较长，不便于生产上应用。因此，创建一种快速、简便、准确、可靠的测定苗木质量的方法，是苗木质量评价技术的发展趋势。苗木质量评价的研究正朝着多指标的综合评价方向发展。除上述介绍的评价方法外，还有运用生化技术分析苗木体内植物激素水平与酶活性等方法。但这一切都必须建立在牢固的苗木生理生化的基础研究之上，可以预见，对各种指标研究的逐渐深入，必将推动苗木生理生化的基础性研究，而基础研究的成果反过来又可促进苗木质量评价的研究。同时，随着多项苗木质量指标的不断完善，最终的趋势是建立苗木质量的数学模型，根据各项质量指标的测定结果，预测各树种苗木在特定地条件下的成活与生长状况。

9.1.4 苗木年龄表示方法

苗木年龄是指从播种、插条或埋根到出圃，苗木实际生长的年龄。

①苗木年龄计算方法 以经历1个年生长周期作为1个苗龄单位。即每年以地上部分开始生长到生长结束为止，完成1个生长周期为1龄，称1年生。

②苗木年龄表示方法 苗龄用阿拉伯数字表示，第1个数字表示播种苗或营养繁殖苗在原地的年龄，第2个数字表示第1次移植后培育的时间(年)，第3个数字表示第2次移植后培育的时间(年)，数字间用短横线间隔，即有几条横线就表示移植几次。各数字之和为苗木的年龄，称几年生。

参照《主要造林树种苗木质量分级》GB 6000—1999。苗木年龄具体表示如下：

1-0 表示1年生播种苗，未经移植。

2-0 表示2年生播种苗，未经移植。

2-2 表示4年生移植苗，移植1次，移植后继续培育2年。

2-2-2 表示6年生移植苗，移植2次，每次移植后各培育2年。

0.2-0.8 表示1年生移植苗，移植1次，2/10年生长周期移植后培育8/10年生长周期。

0.5-0 表示半年生播种苗，未经移植，完成1/2年生长周期的苗木。

1(2)-0 表示1年干2年根未经移植的插条苗、插根苗或嫁接苗。

1(2)-1 表示2年干3年根移植1次的插条、插根或嫁接移植苗。

注意括号内的数字，表示的是插条苗、插根苗或嫁接苗在原地(床、垄)根的年龄。

9.1.5 苗木商品价值参考指标

城市绿化苗木不仅对选用树种有要求需要当地适生树种，包括乡土树种以及引种驯化成功并已得到广泛应用的树种。应用的苗木应具备生长健壮、树形骨架基础良好、枝叶繁茂、冠形完整、色泽正常，顶芽要生长饱满，根系发达、有较多侧根和须根、主根不劈、无病虫害、无机械损伤、无冻害等基本质量要求。绿化使用的苗木应经过移植培育，外埠苗木必须经过植物检疫后才能栽植。

参照《城市园林绿化用植物材料木本苗》(DB11/T 211—2003)，可按照苗木生物学特性和自然形态将绿化苗木分为不同的类型：按苗木的生物学特性分为常绿乔木、落叶乔木、常绿灌木、落叶灌木、常绿藤木、落叶藤木、竹类等种类苗木类型；按苗木的自然形态分为丛生型、单干型、多干型、匍匐型等类型。

大乔木、中乔木和小乔木指自然生长的成龄树株高分别在15 m、8 m和5 m以上的树种。丛生型苗木指自然生长的树形呈丛生状的苗木；单干型苗木指自然生长或经过人工整形后具1个主干的苗木；多干型苗木指自然生长或经过人工整形后具有3个以上主干的苗木；匍匐型苗木指自然生长的树形呈匍匐状的苗木。

乔木类苗木质量要求主要以干径、树高、冠径、主枝长度、分枝点高和移植次数为规定指标。灌木类苗木主要质量标准以主枝数、蓬径、苗龄、高度或主枝长、基径、移植次数为规定指标。丛生型灌木要求灌丛丰满、主侧枝分布均匀、主枝数不少于5个、主枝平均高度达到1.0 m以上。绿篱（植篱）用灌木类苗木要求冠丛丰满、分枝均匀、下部枝叶无光秃、苗龄3年生以上。藤木类苗木主要质量标准以苗龄、分枝数、主蔓直径、主蔓长度和移植次数为规定指标。藤木类苗木要求分枝数不少于3个，主蔓直径应在0.3 cm以上，主蔓长度应在1.0 m以上。竹类苗木主要质量标准以苗龄、竹叶盘数、土坨大小和竹秆个数为规定指标。

测量苗木干径、基径等直径时用游标卡尺，读数精确到0.1 cm。测量苗木树高、灌高、分枝点高、冠径和蓬径等长度时用钢卷尺、皮尺或木制直尺，读数精确到1.0 cm。测量苗木干径、断面畸形时，测取最大值和最小值的平均值；测量苗木基径、基部膨胀或变形时，从其基部近上方正常处测取。测量灌高时，取每丛3个以上主枝高度的平均值。测量冠径和蓬径，取树冠（灌蓬）垂直投影面上最大值和最小值直径的平均值，最大值与最小值的比值应小于1.5。

按照北京市《城市园林绿化用植物材料木本苗》（DB11T 211—2003），绿化中使用银杏苗，要求干径≥7 cm，冠径≥1.5 m，分枝点高≥2.5 m；白皮松苗，要求树高≥3 m，冠径≥1.5 m；白丁香苗，要求主枝数≥5个，蓬径≥0.8 m，苗龄3年，灌高≥1.5 m；碧桃苗，要求主枝数≥5个，蓬径≥1.0 m，苗龄5年，灌高≥1.5 m，基径≥3 cm。

总体来看，绿化苗木质量一是要达到出圃的最低标准；二是要符合绿化设计要求。绿化苗木是园林构景的基本要素，要求有一定的体量和形状，在绿化设计中，都会提出明确的规格要求。在绿化苗木配置时，必须符合设计要求，才能正常发挥其造景功能，保证绿化效果。如用作行道树、庭荫树或重点地区，要求绿化美化效果立竿见影，苗木规格要求就大，而一般绿化或花灌木的定植规格要求就可小一些。但随着城乡建设的发展，人们对绿化美化的迫切追求，对苗木的规格要求出现了逐渐加大的趋势。目前园林苗木的出圃规格，国家还没有统一的标准，但各地方根据不同的绿化要求和实际情况制定了相应苗木出圃标准。现介绍北京市园林局对园林苗木出圃的规格标准，可作参考（表9-1）。

表9-1 苗木出圃规格标准

苗木类别	代表树种	出圃苗木的最低标准	备注
大中型落叶乔木	毛白杨、槐树、元宝枫、合欢	要求树形良好、干直立、胸径在3 cm以上（行道树4 cm以上），分枝点在2.0～2.2 m以上	干茎每增加0.5 cm提高一个规格级
常绿乔木	樟树、桂花、广玉兰	要求树形良好，主枝顶芽苗壮，保持各个树种特有的冠形，苗木下部枝条无脱落现象。苗高1.5 m以上，胸径5 cm以上	干径每增加0.5 cm提高一个规格级
有主干的果树、单干式灌木，小型落叶乔木	苹果、柿树、榆叶梅、紫叶李、西府海棠、碧桃	要求主干上端树冠丰满，地径在2.5 cm以上	地径每增加0.5 cm提高一个规格级

(续)

苗木类别		代表树种	出圃苗木的最低标准	备 注
多干式灌木	大型灌木类	丁香、黄刺玫、珍珠梅	要求地径分枝处有3个以上均匀的主枝，出圃高度80 cm以上	高度每增加30 cm，提高一个规格级
	中型灌木类	紫薇、海棠、木香	要求地径分枝处有3个以上均匀的主枝，出圃高度50 cm以上	高度每增加20 cm，提高一个规格级
	小型灌木类	月季、郁李、小檗	要求地径分枝处有3个以上均匀的主枝，出圃高度30 cm以上	高度每增加10 cm，提高一个规格级
绿篱苗木		小叶黄杨、侧柏	要求树势旺盛、全株成丛，基部丰满，灌丛直径20 cm以上，高度50 cm以上	高度每增加10 cm，提高一个规格级
攀缘类苗木		地锦、凌霄、葡萄	要求生长旺盛，枝蔓发育充实，腋芽饱满，根系发达	高度每增加20 cm，提高一个规格级
人工造型苗		黄杨球、龙柏球、罗汉松、榆树	出圃规格不统一，应按照不同要求和不同使用目的而定，但造型必须完整、丰满	

9.2 起苗技术要点

绿化苗木的适宜掘苗时期，按不同树种的适宜移植物候期进行。起掘苗木时，当土壤过于干旱，应在起苗前 3~5 d 浇足水。常绿苗木、落叶珍贵苗木、特大苗木和不易成活的苗木以及有其他特殊质量要求的苗木，应带土球起掘，带土球苗木掘苗的土球直径应为苗木基径的 8~10 倍，土球厚度应为土球直径的 4/5 以上。裸根苗木掘苗的根系幅度应为其基径的 8~10 倍，尽量保留护心土。苗木起掘后应立即修剪根系，同时适度修剪地上部分枝叶，根系断面达 2.0 cm 以上应进行药物处理。裸根苗木掘取后，应防止日晒，进行保湿处理。

9.2.1 起苗季节

起苗时间要与植苗绿化季节、劳力配备及越冬安全等情况相配合。除雨季绿化用苗随起随栽外，多在秋季苗木停止生长后和春季苗木萌动前起苗。对于落叶树种来说，从苗木落叶至翌年芽萌动之前这段时间为休眠期，这时起苗一般比较适宜，而且从外观上也容易判断。对常绿针叶树种而言，可根据苗木顶芽是否萌动确定。

①春季起苗 各类苗木均可在不受冻的前提下，以休眠期掘苗最为适宜。春季掘苗宜早，应在苗木开始萌动前进行，若芽苞开放后起苗，会降低成活率。春季掘苗可免去假植工序，还可避免秋末掘苗时因突然发生的恶劣气候而使苗木受到伤害。

②秋季起苗 在秋季起苗给秋冬耕地创造有利条件，并有利于春季作业的工作安排。从苗木的生理角度而言，秋季苗木地上部生长停止后及时起苗，有利于被切断的根系形成愈伤组织，起苗后立即栽植，翌春能提早开始生长。如春季萌芽早的落叶松苗，宜在秋季起苗进行越冬贮存。一般在10月下旬落叶后进行。秋季掘苗应用较多，

对落叶树种的苗木尤为适宜。

③雨季起苗　多用于常绿树种，如油松、侧柏、雪松等，对于我国许多季节性干旱严重的地区，春秋两季的降水较少，土壤含水量低，不利于一些树种苗木栽植成活。而采用雨季造林，土壤墒情好，苗木成活有保证，所以要求雨季起苗。一般在清晨、傍晚或夜间进行，随掘随栽。最好应剪掉一部分叶片，以减少水分蒸腾。

④冬季起苗　很少采用，在我国北方地区，破冻土带土球起苗，很费工费力。但利用冬闲季节，在冬季温度不低地区可以冬季起苗。

9.2.2　起苗时间确定

一般来说，随起苗随栽植能保证苗木活力，有利于提高栽植后的成活率。但是，实际中起苗时间和绿化栽植时间并不都是正好吻合，对大多数地区来说，春季是园林绿化的最好季节，同时也是苗圃育苗播种的主要季节，安排在这个时期起苗，就会与苗圃播种育苗的工作冲突。因此，苗圃往往要提前进行起苗，在绿化栽植时间之前，选定一个适宜的时间进行起苗，然后将起好的苗木暂时贮藏起来待用。但是，确定起苗的具体时间通常比确定起苗季节对苗木生活力的影响更大，有时起苗时间即使相差一两周也会成为一些树种苗木栽植成活与否的关键。所以，在苗圃生产中，要科学选择最佳起苗时间，以最大限度地保护苗木质量、保持苗木活力、增强苗木的耐贮藏能力，以及保证贮藏后的栽植成活率。何时起苗可从以下几方面考虑：

①根据苗木休眠状况确定起苗时间　苗木休眠状况是最常用的确定起苗时间的依据。

②根据苗木根生长潜力（RGP）确定起苗时间　RGP是苗木移栽在适宜生长环境条件下，根系发根的能力。许多研究都表明，RGP的大小直接影响到苗木栽植成活率。RGP具有明显的季节变化规律，这种变化受苗木生长重心的调控，当生长重心位于根系时，RGP增大，当重心转向高生长时RGP最小。生根能力较强的树种，如侧柏，其栽植后的成活率受RGP季节变化的影响较小；而生根能力较弱的树种，如油松，栽植成活率与RGP的季节变化相吻合。但是由于测定RGP所需时间较长，生产上不可能在测定完RGP后才确定起苗时间，而只能通过几年的测定，摸清楚某一树种苗木，在某一地区的季节变化规律，为生产上确定最佳起苗时间提供参考。

③根据苗木耐寒性确定起苗时间　在寒冷地区，苗木起苗时的耐寒性，影响下一步栽植后的成活率。如果在苗木尚未完全木质化之前起苗，苗木耐寒性还没达到最强水平，挖掘出来的苗木不耐低温贮藏，用于绿化栽植后，易发生枯梢，甚至被冻死。所以，可根据苗木木质化程度确定适宜的起苗时间。

④天气和土壤条件也是影响起苗时间的一个因素　干旱、大风天气会加快苗木失水速度，降低苗木活力。因此，最好选在无风的阴天起苗，苗木水势较高，失水速度也较慢。同一天内不同时间起苗，其结果也是不同的。根据水分状况的日变化情况，一天内从22:00以后到翌日6:00这一时间范围为起苗的较好时间，同时应尽量避免在阳光比较强烈的晴天和大风天起苗。

起苗时土壤水分过多，不便于操作，而且容易造成土壤板结。相反，土壤过于干燥，会形成干硬的土块，苗木不容易从土壤中起出，根系尤其是须根损伤严重。一般认为,当土壤含水量为其饱和含水量的60%时,土壤耕作阻力较小,这种土壤状况下起苗也较适宜。所以,在苗圃地土壤干燥时,应在起苗前一周适当灌水,使土壤湿润。另外,在土壤有冻结情况下起苗,对苗木根系损伤严重。

9.2.3 起苗方法

现在小苗圃掘苗工作多用人工起苗、大苗圃机械和人工兼用。

(1) 人工起苗

人工起苗因树种和苗木大小而异,分为裸根起苗和带土球起苗两种。

①裸根起苗 绝大多数落叶树种和容易成活的针叶树种小苗,在休眠期均可采用裸根起苗。人工起苗时,先在第一行苗木前顺着苗行适当位置挖一条沟,在沟壁下部挖出斜槽,根据起苗要求的深度切断苗根,再于第一二行苗行中间切断侧根,并把苗木与土一起推倒在沟中即可取出苗木。如有未断的根,先切断再取苗木。起苗时不要用力拔苗,以防损伤苗木的须根和侧根。

②带土球起苗 一般针叶树和多数常绿阔叶树以及少数落叶树,均采用带土球起苗。对于苗龄较大的、移栽难以成活或珍贵的苗木,也应带土球;常绿树种以及其他落叶树种在生长季节掘苗,因蒸腾量大需带土球。土球的大小,因苗木的大小、树种的成活难易、根系的分布、土壤质地以及运输条件而异。挖掘土球前应用3根以上木杆对苗木进行支撑,没有条件进行木杆支撑的应用较粗的风绳进行加固,保证挖掘过程当中树体不会被风吹倒或断根倾倒,以保证土球的完整和人员安全。挖掘土球的土坑四周应留出人员挖掘的空间,以便操作。起苗前应先将苗木的枝叶捆扎,以缩小体积,以便起苗和运输,珍贵大苗还要将主干用草绳包扎,以免运输中损伤。起苗时先铲去表面3~5 cm的浮土,以减轻土球重量,并利于扎紧土球。然后在规定土球大小的外围用铁锹垂直下挖,切断侧根和须根,达到所需深度后,向内斜削,使土球呈坛子形(图9-1、图9-2)。起苗时如遇到较粗的侧根,应用枝剪剪断,或用手锯锯断,防止土球振动而松散。带土球苗木应保证土球完好,表面光滑,包装严密,底部不漏土。常用的土球打包方式有"橘子包""井字包"和"五角包"等。

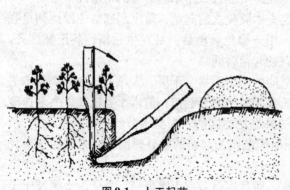

图 9-1 人工起苗
(引自俞玖,1988)

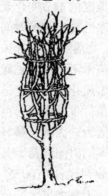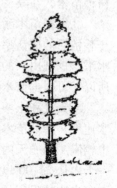

落叶树　　　　常绿树

图 9-2 树冠绑缚
(引自郭学望、包满珠,2004)

③断根缩土球起苗　大苗或未经移植的苗,根系延伸较远,吸收根群多在树冠投影范围以外,因而起土球时带不到大量须根,必须断根缩土球。其方法是在起苗前1~2年,在树干周围按冠幅大小开沟,沟距苗干的距离,落叶树木约为胸径的5倍,常绿树木须根较落叶树种集中,围根半径可小些。沟可围成方形或圆形,将周长分为4~6等份,沟宽一般为30~40 cm,深度应根据根系而定,一般为50~70 cm(图9-3)。将沟内露出的根系切断,然后灌入泥浆,第2年采用同样方法处理剩余部分。第3年起苗时,在黏土圈外起土球包扎。掘苗时要少伤根系,避免风吹日晒。掘起的苗木应立即加以修剪。此时修剪主要是剪去植株过高的和不充实的部分、病虫枝梢和根系的受伤部分。

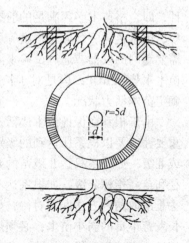

图9-3　断根缩土起苗
(引自郭学望、包满珠,2004)

(2)机械起苗

生产规模较大的苗圃目前多采用机械掘苗,如用U形犁起苗,能提高工作效率10至十几倍,并减轻劳动强度,起苗的质量较好,根长与根幅比较一致。机械起苗每台机器约需20人随机捡苗,同时还有联合起苗机、振动式起苗机、螺旋弧形起苗机等机械。

起苗应注意苗木保护苗根的完整,不损伤苗木的地上和地下部分,最大限度地减少根系失水。起苗时为减少苗木侧根和须根的损失,圃地土壤不宜太干。如果土壤很干,在起苗前2~3 d要灌溉;为防止苗根失水,要边起、边捡、边分级、边假植(或及时包装运输)。对萌芽力弱的针叶树苗木,在起苗过程中,要注意保护顶芽;为避免根系失水过多,不宜在大风天起苗。

9.2.4　苗木分级

起苗后应根据一定的质量标准把苗木分成若干等级。苗木分级的目的,一是保证出圃的苗木合乎国家或地方规定的苗木标准;二是可使栽植后生长整齐美观,且便于管理。

苗木分级标准,因树种、品种及主要观赏目的等而异。目前,我国苗木分级标准主要根据苗木的形态指标和生理指标两个方面。常用的形态指标包括苗高、地径、根系状况等。生产上只需按国家或各省(自治区、直辖市)的苗木质量标准进行分级即可。一般按苗高、胸径、地径、根系、病虫害和机械损伤状况分级。此外,常绿针叶树种,有无正常顶芽以及叶色是否正常,是分级的重要指标之一。苗木质量采用二级制,即合格苗分Ⅰ级、Ⅱ级两个等级。

虽然有不少生理指标能反映苗木生命力,但是能用于生产的主要是苗木色泽、木质化程度、苗木水势和根生长潜力(RGP)等。目前一般将生理指标作为一种控制条件，即合格苗木必须满足的前提条件，凡生理指标不能达标者作为废苗。在实施过程中，苗木色泽、木质化程度等可根据经验，通过感官来确定。而苗木水势和 RGP 则需要专门的仪器或通过试验来测定，一般对于随起苗随出圃的苗木，没有必要测定其苗木水势和 RGP，但是对于长期贮藏的针叶树苗木，应在出圃前测定苗木 RGP，以确定苗木活力状况。

由于根系在保证苗木成活及生长方面的重要作用，在分级过程中要体现出根系的重要性，要以根系所达到的级别确定苗木级别，如根系达Ⅰ级苗要求，苗木可为Ⅰ级或Ⅱ级；如根系只达Ⅱ级苗的要求，该苗木最高也只为Ⅱ级，在根系达到要求后按地径和苗高指标分级，如根系达不到要求则为不合格苗。对于分级后的不合格苗木，过去是采取两种方法区别对待，如果是有病虫的、根系过短或过少的、重损伤的以及生长发育不良的弱小苗木，必须烧掉；如果仅是形态指标不够标准的小苗，还可通过移植进一步培育。但是从遗传角度看，这些小苗很有可能是遗传基因不好的苗木，因为同是一批种子，在基本相同的培育环境中生长，如果育苗密度基本合理，育苗技术适宜，那么合格苗的比例应该较高，剩下的不合格苗木极有可能是遗传质量不佳的苗木，应剔除淘汰。

除上述要求外，一些特种整形的园林观赏树种苗木，还有一些特殊的规格要求，如行道树要求分枝点有一定高度；果树苗则要求骨架牢固，主枝分支角度大，接口愈合牢靠，品种优良等。

苗木的分级工作应在背阴避风处进行或在搭设荫棚下进行，并做到随起苗、随分级、随假植，以防风吹日晒或根系损伤。

一般苗木的统计和分级工作同时进行，多采用计数。小苗可采用称重的方法，根据质量再折算株数，可提高效率。统计完成，按 50 株或 100 株打捆。

9.3 苗木贮藏

贮藏苗木的目的是为了保持苗木质量，尽量减少苗木失水，防止发霉等问题，最大限度地保持苗木的生命力。苗木的根系比地上部怕干，细根比粗根怕干。所以，保护苗木首先要保护好根系，防止风吹日晒。现用的贮藏苗木方法有假植、窖藏、坑藏、低温库贮藏。这里主要介绍假植和低温贮藏。

9.3.1 苗木假植

苗木假植是指将苗木的根系用湿润土壤进行暂时的埋植。假植主要是为防止根系干燥。假植有临时假植和越冬假植之分。起苗后和栽植前进行短期假植，称作临时假植。苗木秋季起苗待翌春后栽植时，苗木要进行越冬性假植处理，称作越冬假植，或称长期假植。

假植的方法：选排水良好、背风的地方，与主风方向相垂直挖沟。沟的规格因苗木大小而异，播种苗假植沟一般是深、宽各 30~40 cm，迎风面的沟壁做成 45°的斜壁，临时假植将苗木成捆排列在斜壁上培土即可。如果长期假植，将苗木单株排列在斜壁上，然后把苗木的根系和苗干的下部用湿润土壤埋上，压实覆土，使根系和土壤密接。假植沟的土壤如果过干时，假植后应适量淋水，但切忌过多，过多如遇高温会使苗根腐烂。在寒冷地区，为了防寒，可用草类、秸秆等将苗木的地上部加以覆盖。在冬季无大风的地区如南方，为了少占地，假植大苗可使苗木直立，从假植沟两侧培土。在北方也可把落叶树种苗木全埋在沟中。

在假植地上要留出道路，便于春季起苗和运苗。苗木假植完要插标牌，并写明树种、苗木年龄和数量等。为了便于统计工作，假植时应每隔几百株或几千株做一记号。在风沙危害较重的地区，要在迎风面设置防风障。

9.3.2 低温贮藏

低温能使苗木保持休眠状态，降低生理活动强度，减少水分的消耗和散失。将苗木置于低温下保存，既能保持苗木质量，又能推迟苗木的萌发期，延长栽植时间。对多数树种要控制温度在 $-3 \sim 3$ ℃（北方树种适用低些，南方树种可用 $0 \sim 3$ ℃）。因为这个温度适于苗木休眠，又能抑制腐烂菌的繁殖。但落叶松苗试验结果证明：最适温度为 $-10 \sim -8$ ℃，最高温度不超过 0 ℃（红松苗也不宜高于 0 ℃），空气相对湿度为 85%~100%，要有通气设备。可利用冷藏库、冰窖，能保持低温的地下室和地窖等进行贮藏。北方地区因气候寒冷，而且春季气候干燥，故贮藏苗木多用地窖。东北地区用窖藏的落叶松、红松苗，既能推迟其春季萌发期，又能克服假植干梢的缺点。其方法是选择排水良好的地方挖地窖，边缘略倾斜，中央设立支柱数根，柱上架横梁，搭木椽，其上再盖 10 cm 厚的秋秸，上面覆土。地窖顶部需留气孔，孔口用木板或草帘覆盖，调节气温。将苗木打捆放入其中，并在苗木根部填入湿润的沙子即可。

9.4 苗木检疫与消毒

9.4.1 苗木检疫

为了防止危险性病虫害、杂草随着苗木的调运传播蔓延，将病虫害及杂草限制在最小范围内，对输出输入苗木的检疫工作十分必要。尤其我国加入 WTO 后，国际间或国内地区间种苗交换日益频繁，因而病虫害传播的危险性也越来越大，所以在苗木出圃前，要做好出圃苗木的危险性病虫害及杂草的检疫工作。苗木外运或进行国际交换时，则需专门的检疫机关检验，发给检疫证书，才能承运或寄送。带有"检疫对象"的苗木，一般不能出圃，病虫害严重的苗木应烧毁；即使属非检疫对象的病虫也应防止传播。因此，苗木出圃前，需进行严格的消毒，以控制病虫害的蔓延传播。检疫方法常有筛选法、解剖法、灯光透视法、染色法、比较法、洗剂法、切片法、分离培养法等多种。

9.4.2 苗木消毒

苗木消毒能够有效抑制病虫害的传播，能够减少栽植后病虫害的发生。苗木的消毒工作通常在定植前进行，常用的苗木消毒方法如下：

①石硫合剂消毒　用4~5 °Be石硫合剂水溶液浸苗木10~20 min，再用清水冲洗根部一次。

②波尔多液消毒　用1:1:100（硫酸铜:生石灰:水）式波尔多液浸苗木10~20 min，再用清水冲洗根部一次。对李属植物要慎重应用，尤其是早春萌芽季节更应慎重，以防药害。

③升汞水消毒　用0.1%浓度的升汞水溶液浸苗木20 min，再用清水冲洗1~2次。在升汞水中加入醋酸、盐酸，杀菌的效力更大。同时加酸可以减低升汞在每次浸渍中的消耗。

④硫酸铜水消毒　用0.1%~1.0%的硫酸铜溶液，处理5 min，然后再将其浸在清水中洗净。此药主要用于休眠期苗木根系的消毒，不宜用作全株苗木消毒。

⑤氰酸气熏蒸　首先将苗木放入熏蒸室，然后将硫酸倒入适量的水中，再倒入氰酸钾，人立即离开并密封熏蒸室，严防漏气。熏蒸结束后打开门窗，待毒气散尽后方能入室。熏蒸时间和药剂用量依树种不同而异（表9-2）。

表9-2　氰酸气熏蒸树苗时的药剂用量和时间（熏蒸面积100 m²）

树　种	氰酸钾(g)	硫酸(mL)	水(mL)	熏蒸时间(min)
落叶树	300	450	900	60
常绿树	250	450	700	45

9.5　苗木包装和运输

裸根苗木起运前，应适度修剪枝叶、绑扎树冠，并用保湿材料覆盖和包装。带土球苗木，掘取后应立即包装，要做到土壤湿润、土球规范，包装结实、不裂不散。

苗木应及时运输，在长途运输中应专人养护，保持苗木有适宜的温度和湿度，防止苗木暴晒、风干、雨淋和机械损伤。苗木在装卸工程中应轻拿轻放，保持苗木、土球及包装完好无损。苗木体量过大或土球直径超过70 cm以上，应使用吊车等机械装卸。

9.5.1　苗木包装

9.5.1.1　包装的目的

据有关资料介绍：曾用油松和侧柏1年生播种苗进行晒根，试验结果表明，在华北3月下旬的阳光下，油松1年生播种苗1 h全死，侧柏1年生播种苗晒4 h的成活率只有3.1%，而且经过日晒的苗木成活后再生长也受影响，侧柏苗对照的平均苗高为39.9 cm，晒1 h的平均苗高为31.3 cm，晒2 h的平均苗高为26.8 cm，晒4 h生长不正常；而用聚乙烯袋包装来运输的云杉苗，经过1周其成活率仍为100%。由此可见，苗木在贮藏或运输的过程中，处于不断变化的环境中，环境温度、湿度及人为活动等因素都对苗木活力产生重大影响。在运输过程中，苗木若长时间暴露于阳光之下，被风吹袭，会造成苗木失水过多，质量下降，甚至死亡。所以，在运输中尽量减少水分的流失和蒸发，对保证苗木的成活率有很大作用，这就是要求我们必须注意苗木的包装与运输。运输苗木时要加以包装，目的是防止运输期间苗木失水、苗根干燥，同时也避免碰伤。很多情况就是因为包装贮藏不严，而导致苗木活力丧失。

9.5.1.2 裸根苗的包装

(1) 包装前的苗木根系处理

包装前苗木根系处理的目的是为了较长时间地保持苗木水分平衡，为苗木贮藏或运输至栽植之前创造一个较好的保水环境，尽量延长苗木活力，常用的方法有蘸泥浆、浸水、蘸吸水剂等保湿吸水物质。

①蘸泥浆　将根系放在泥浆中蘸根，使根系形成一湿润保护层，实践证明能有效保护苗木活力。泥浆的种类及物理特性对蘸根的效果影响很大。有些蘸根用的泥浆采用黏土，干后会结成坚硬土，将这些苗木分开会严重伤害苗木的须根及菌根，降低苗木活力。理想的泥浆应当在苗根上形成一层薄薄的湿润保护层，不至于使整捆苗木形成1个大泥团，苗捆中每株苗木的根系能够轻易分开，对根系无伤害。

②浸水　在起苗后对苗木根部浸水，在定植前再浸一次水，效果比蘸泥浆更好。浸水最好用流水或清水，时间一般为1昼夜，不宜超过3 d。

③水凝胶蘸根　这是将一定比例的强吸水性高分子树脂（简称吸水剂）加水稀释成凝胶，然后把苗根浸入使凝胶均匀附着在根系表面，形成一层保护层，防止水分蒸发的方法。

④吸水剂　采用吸水剂加水后形成的水凝胶蘸根，然后包装运输，可防止苗根失水，保持苗木活力。

(2) 包装材料

目前常采用的包装材料有稻草片、纸箱、纸袋、塑料袋、化纤编织袋、布袋、麻袋、蒲包等，用不同材料包装苗木，其保护苗木活力的效果各异。通过对苗木包装箱内（硬纸箱）的温度变化测定结果表明，箱内温度基本随气温升降而变化，但是不同包装材料对苗木活力的保持能力有很大差异。采用内衬塑料薄膜的纸箱（简称运苗箱）与蒲包作为包装材料进行试验，发现蒲包内油松苗木的失水率和蒸腾强度远大于运苗箱内的苗木，持水率则明显小于运苗箱的苗木，由于运苗箱有较好的保水性能，因此运苗箱内苗木活力的下降速度比蒲包内的苗木要慢，造林成活率也更高。

有研究表明，对红松、红皮云杉等苗木，钙塑箱是适宜的包装贮运材料，它不仅轻便、坚固耐用，而且具有很好的保湿、防水、防热性能。尤其是打有一定通气孔的钙塑箱更为适用。采用这一容器直接在苗圃地包装，形成集装贮运，简化了苗木出圃后的管理工作，减少苗木损失，提高了造林成活率。

同样的包装材料，运输时间越长，苗木在不利环境中所处的时间也越长，水分丧失也越多，活力下降更大。因此，在选择包装材料的时候，因其质地（如稻草片、纸箱、纸袋、塑料袋、化纤编织袋、布袋、麻袋等),厚度及尺寸大小关系着保湿、通气、隔热、毒性及防止碰撞、窝折、挤压等诸多要求,要根据苗木、环境条件、存放与运输条件及时间等因素选择最适合的包装材料。

(3) 包装方法

可用包装机或手工包装。对于大苗如落叶阔叶树种,大部分起裸根苗。包装时先将湿润物放在包装材料上,然后将苗木根对根放在上面,并在根间加些湿润物(如苔藓、湿稻草、湿麦秸等);或者将苗木的根部蘸满泥浆(图9-4)。这样放苗到适宜的重量,将苗木卷成捆,用绳子捆住,但捆时不宜太紧。小裸苗也用同样的办法即可。包装完毕后,必须在外面附标签,注明树种、苗龄、苗木数量、等级和苗圃名称等。

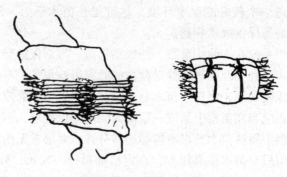

图 9-4 裸根苗包装
(引自孙时轩,1990)

9.5.1.3 带土球苗木包装

针叶树和大部分常绿阔叶树种因有大量的枝叶,蒸腾量较大,而且在起苗时,容易损伤较多的根系,因此常带土球起苗。为了防止土球碎散,以减少根系水分的损失,挖出土球后应立即用塑料膜、草包、麻袋、草绳等进行包装,对特殊的珍贵的树种也可用木箱包装。土球直径在 30 cm 以下,可用麻袋或稻草捆扎。对于土球直径在 50 cm 以上,应留土柱,便于包扎。为了防止土球破裂,在修削土球时,必须先打腰箍,打腰箍应在土球挖掘到一定的深度并修好土柱后进行(图9-5)。先将草绳一端压在土柱横缝下面,然后一圈一圈地横扎。包扎时用力拉紧草绳,边拉边用木槌敲打草绳,使草绳嵌入土球而不致脱落,每圈草绳应紧接相连,不留空隙,至最后一圈时,将绳头压在该圈下面,收紧后切除多余部分。腰箍包扎的宽度依土球的大小而定,一般从土球上部1/3处开始,围扎土球全高的1/3。铲除土球表面浮土,同时在腰箍以下土球的底部中心掏土,直至留下 1/4~1/3 的土柱为止,土球的底部的土柱越小越好,一般只留土球直径的1/4不应大于1/3。这样在树体倒下时,土球不易崩碎,且易切断待起苗木的垂直根。花箍打好后再切断主根,完成土球的挖掘与包扎。打花箍常用的方式有"橘子包""井字包"和"五角包"3 种。适用于运输距离较近,土壤较黏重,常采用"井字包"和"五角包"的形式;比较贵重的苗木,且运输距离较远、土壤砂性较强的,则选用"橘子包"的形式。

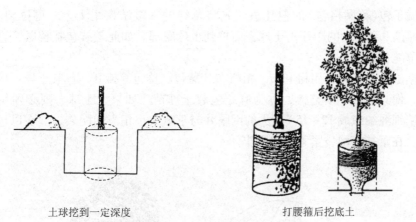

土球挖到一定深度　　　　　打腰箍后挖底土

图 9-5　土球的挖掘与打腰箍
（引自郭学望、包满珠，2004）

①井字包（又称古钱包）的包扎法　先将草绳的一端结在腰箍上或主干上，然后按照图 9-6 左所示的顺序包扎。由 1 拉到 2，经过土球底部拉到 3 再拉到 4，又绕过土球底部拉到 5，如此顺序地拉下去，最后成图 9-6 右的样子。

②五角包的包扎法　先将草绳的一端结在腰箍上或主干上，然后按照与 9-7 左顺序包扎。由 1 拉到 2，经过土球底部，再由 3 拉倒 4，再绕过土球底部，由 5 拉到 6，如此包扎拉紧，最后包扎成图 9-7 右的样子。

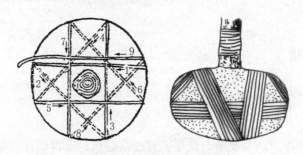

图 9-6　井字包的打包顺序及形状
（引自郭学望、包满珠，2004）

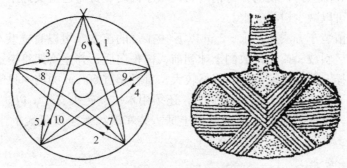

图 9-7　五角包的打包顺序及形状
（引自郭学望、包满珠，2004）

③橘子包(称网格包)的包扎法　先将草绳的一端结在主干上,再拉到土球边,然后按照图9-8所示的顺序由土球表面拉到土球底部。如此继续包扎拉紧,直到整个土球被草绳包裹为止。

根据国外的经验,用粗麻布、粗帆布、蒲包、草包等摊开,包紧土球,接口用扣钉钉牢,使其成为一个整体,称为麻布包装土球苗。如果大土球,则必须用网绳加固。即用细绳编织成12~15 cm大的网眼并与土球大小相当的网袋,套在以包扎好的土球外,在干基将网袋紧紧收拢捆牢。

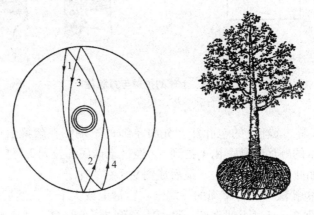

图9-8　橘子包的打包顺序及形状
(引自郭学望、包满珠,2004)

9.5.2　苗木运输

9.5.2.1　苗木装卸

(1)苗木装车

①裸根苗的装车方法及要求　装车不宜过高过重,压得不宜太紧,以免压伤树枝和树根;树梢不准拖地,必要时用绳子围拴吊拢起来,绳子与树身接触部分,要用蒲包垫好,以防伤损干皮。卡车后厢板上应铺垫草袋、蒲包等物,以免擦伤树皮,碰坏树根,装裸根乔木应树根朝前,树梢向后,顺序排码。长途运苗最好用苫布将树根盖严捆好,这样可以减少树根失水。

②带土球苗装车方法与要求　2 m以下(树高)的苗木,可以直立装车,2 m高以上的树苗,则应斜放,或完全放倒土球朝前,树梢向后,并立支架将树冠支稳,以免行车时树冠晃摇,造成散坨。土球规格较大,直径超过60 cm的苗木只能码1层;小土球则可码放2~3层,土球之间要码紧,还须用木块、砖头支垫,以防止土球晃动。土球上不准站人或压放重物,以防压伤土球。装车时,对于重量大的土球要用吊车装卸。

(2)苗木卸车

苗木到达目的地后,卸车时,对裸根苗要依次从上到下顺序来拿,不可乱抽。带土球的苗木用双手抱住土球，轻拿轻放，不可提拉树干。对于过大过重的带土球的苗木，可用木板斜搭于车厢，然后将土球移到木板上，顺势慢慢滑下，或者用吊车卸下。

9.5.2.2 苗木运输

城市交通情况复杂，而树苗往往超高、超长、超宽应事先办好必要的手续；运输途中押运人员要和司机配合好，尽量保证行车平稳，运苗途中提倡迅速及时，短途运苗中不应停车休息，要一直运至施工现场。长途运苗应经常给树根部洒水，中途停车应停于有遮阴的场所，遇到刹车绳松散、苫布不严、树梢拖地等情况应及时停车处理。如果是短距离运输，苗木可散在筐篓中，在筐底放上一层湿润物，筐装满最后在苗木上面再盖上一层湿润物即可。以防苗根不失水为原则，如果长距离运输，则裸根苗苗根一定要蘸泥浆，带土球的苗要在枝叶上喷水。再用湿苫布将苗木盖上。在运输期间，无论是长距离还是短距离运输，要经常检查包内的湿度和温度，以免湿度和温度不符合植物运输。如包内温度高，要将包打开，适当通风，并要换湿润物以免发热，若发现湿度不够，要适当加水。另外，运苗时应选用速度快的运输工具，以便缩短运输时间；有条件的还可用特制的冷藏车来运输。苗木运到目的地后，要立即将苗包打开，进行假植。但在运输时间较长、苗根较干的情况下，应先将根部用水浸一昼夜再进行假植。

思 考 题

1. 园林苗木质量评价指标有哪些？
2. 试述带土球起苗的技术及包装方法。
3. 试述裸根苗木起苗技术及包装方法。
4. 什么叫假植？试述苗木假植的方法。
5. 苗木在运输中应注意什么？
6. 壮苗的标准是什么？

推荐阅读书目

1. 苗木培育实用技术．柳振亮．化学工业出版社，2009．
2. 园林绿化苗木培育与施工实用技术．叶要妹．化学工业出版社，2011．

第10章
园林苗圃地建设与圃地区划

[本章提要] 园林苗圃的建设是城市绿化建设的重要组成部分,也关系到园林苗木的生产过程。本章主要介绍园林苗圃类型,苗圃建设时自然条件和经营条件的可行性分析。对圃地区划、建设施工、常用设施设备等进行了介绍,同时介绍了观光旅游多功能园林苗圃建设规划。

10.1 园林苗圃类型

随着经济的高速增长和城市化进程的加快,以及全社会对环境建设的日益重视,对园林绿化树种的要求更加多样化,对绿化苗木质量的需求不断提高,苗木市场不断发生着变化。与此同时,园林苗圃建设速度加快,苗圃规模及类型也都呈现出多样化的发展趋势。有的苗圃建在城市周边,专门培育和经营投资大、风险大、技术要求高、回报率高的绿化工程大苗;有的苗圃通过播种、扦插和嫁接方式专门培育经营成本及风险均低的小规格苗;有的苗圃专门培育和经营具有地区特色的优势苗木品种和拳头产品,如专门培育红枫、樱花、银杏、杜鹃花、红花檵木、樟树的苗圃,整个苗圃仅培育某一个树种,可提供的苗木数量多,规格齐全。有的苗圃建设集苗木生产、休闲观光、科普教育等功能于一体,向综合休闲型苗圃方向发展,获得很好的效益。从经营规模看,有大型的现代化苗圃,但数量相对少。而工程配套型的小苗圃居多,这类苗圃通常只是为方便绿化工程或者进行绿化工程维护而设立,培育精品苗木、盆景、大规格乔木和灌木等,起工程示范展示作用,规模较小。从苗木生产经营主体看,由过去的以国有苗圃为主,转向国有、集体及个体共同参与的多元化变化趋势。传统上主要依林业苗圃的划分方法,按照苗圃规模、苗圃所在位置、培育苗木的种类和经营年限划分苗圃的种类。

(1) 按苗圃面积划分

按照苗圃面积的大小,可划分为大型苗圃、中型苗圃和小型苗圃。大型苗圃面积在 20 hm² 以上,拥有先进设施和大型机械设备,技术力量强,生产技术和管理水平高,生产经营期限长。小型苗圃面积为 3 hm² 以下,生产苗木种类少,规格单一,经营期限不固定。中型苗圃介于两者之间,面积为 3~20 hm²。

(2) 按苗圃所在位置划分

按照苗圃所在位置划分为城市苗圃和乡村苗圃。城市苗圃位于市区或郊区，能够就近供应所在城市绿化用苗，运输方便，适宜生产珍贵的和不耐移植的苗木，以及露地花卉和节日摆放用盆花。乡村苗圃土地成本和劳动力成本均低，适宜生产绿化用量较大的苗木。

(3) 按苗圃育苗种类划分

按照苗圃育苗种类划分为综合性苗圃和专类苗圃。综合苗圃生产的苗木种类齐全，规格多样化，设施先进，技术力量强，经营期限长，引种试验与开发工作也纳入其生产经营范围。专类苗圃面积较小，只培育一种或少数几种要求特殊培育措施的苗木，苗木种类单一。

(4) 按苗圃经营期限划分

按照苗圃经营期限划分为固定苗圃和临时性苗圃。固定苗圃规划建设使用年限通常在10年以上，面积较大，生产苗木种类较多，机械化程度较高，设施先进。大、中型苗圃一般都是固定苗圃。临时苗圃通常是在接受大批量育苗合同订单，需要扩大育苗生产用地面积时设置的苗圃。经营期限仅限于完成合同任务，以后往往不再继续生产经营园林苗木。

10.2 园林苗圃建设可行性分析

苗圃的发展计划决定苗圃的发展方向和成败。为了以最低的经营成本，培育出符合城市绿化建设要求的优良苗木，在进行园林苗圃开工建设之前，必须对苗圃建设的可行性进行全面的技术论证和经济分析。通过全面、细致的调查研究，分析论证该苗圃建设的必要性及可行性。

10.2.1 园林苗圃建设需求分析

苗圃建设可行性研究，首先要在对苗木市场需求、拟建苗圃地区经济条件、自然条件和技术条件等进行充分调查研究。苗木市场调查即运用科学的方法和手段，系统地、有目的地收集、分析和研究有关市场对苗木的产供销的数据和资料。包括市场环境调查、市场需求调查、消费者和消费行为的调查、苗木产品调查、价格调查和竞争对手的调查。经过周密的市场调查后，提出苗圃的发展计划，确定苗圃的特色及定位，包括苗圃的规模、苗木品种、长线计划、短线收益等。

10.2.2 园林苗圃合理布局

园林苗圃的布局包括位置、数量、面积3个方面。位置以育苗地靠近用苗地最为合理，可以降低运输成本，提高苗木栽植后的成活率。苗圃总面积应占城区面积2%~3%，若按一个城区面积1000 hm^2 的城市计算，建设园林苗圃总面积应为20~

30 hm²。设一个大型苗圃，即可满足城市绿化用苗。如建 2~3 个中型苗圃，则应分散设于城市郊区的不同方位。

10.2.3 园林苗圃建设经营条件和自然条件分析

(1) 经营条件分析

要分析苗圃所在地的社会经济情况，调查了解苗圃地理位置、城市、村庄、交通、水源、能源、科技水平、经济水平、苗木需求状况等。苗木建设地的交通要方便，运输通道上无空中障碍或低矮涵洞，能够保证苗木出圃和育苗物资的运送。电力应有保障。劳动力也要考虑充分，便于苗木生产季节大量临时用工。销售条件方面，要考虑苗木拟供应的主要区域。

(2) 自然条件分析

还要对苗圃所在地的自然条件进行调查了解，包括地形地势、土壤、气象、水文等情况，确保苗木生产的可行性。包括：①地形、地势及坡向方面，选地势较高、开阔平坦地带，便于机械耕作、灌溉，排水防涝。地势低洼、风口、寒流汇集、昼夜温差大等地形，容易产生苗木冻害、风害、日灼等灾害，严重影响苗木生产，不宜选作苗圃地。北方选背风向阳东南坡中下部，利苗木越冬。南方易选东南和东北坡。②土壤条件，选土层深厚、土壤孔隙状况良好的壤质土。土层厚度应 50 cm 以上，含盐量应低于 0.2%，有机质含量应不低于 2.5%；土壤 pH 6.0~7.5。③水源及地下水位，靠近河流、湖泊、池塘、水库等较理想。利用地下水源，考虑水中含盐量不能超过 1/1000。地下水位过高，土壤通透性差，地下水位过低，土壤容易干旱。适宜地下水位应为 2 m 左右，砂质土为 1~1.5 m，中壤土为 2.5 m 左右，重壤土至黏土为 2.5~4.5 m。地下水位高于临界深度，容易造成土壤盐渍化。④气象条件，不能设在气象条件极端地域。地势低洼、风口、寒流汇集处等，易形成灾害性气象条件，对苗木生长不利。⑤病虫害和植被，要进行专门病虫害调查，了解圃地及周边的植物感染病害和发生虫害情况。苗圃用地是否生长着某些难以根除的灌木杂草，也需考虑。

10.2.4 园林苗圃建设可行性分析报告主要内容

①背景介绍　指出苗圃建设的意义，当地苗木的市场供求关系，建设苗圃的性质和任务，培育苗木的重要性和具体要求等内容。

②苗圃建设规模　根据苗圃性质、承担生产任务和资金状况，确定苗圃的面积、各类生产区和各种辅助设施的布局、面积和比例等，并绘制平面设计规划图。

③苗木培育工艺与技术设计　一般按苗木类型或树种设计所需主要苗木培育的工艺与技术，以技术上先进可靠、经济上合理可行为原则。

④机械设备与选型　包括对灌溉、耕作、施肥、收获、运输等各方面的机械设备的选定。

⑤苗圃组织管理　包括机构设置、隶属和经营管理模式等。

⑥苗圃建设经费及投资计划　包括资金筹措方案、使用方案、建设周期、年度资

金安排、经济效益分析等。

⑦环保评价　对苗圃建设可能带来的环境问题进行分析，并提出环境保护方案。

苗圃建设时，向国家相关政府部门申请立项、向有关主管部门申请专项资金、向金融部门申请贷款、向国土部门申请用地的、与有关部门签订合同等，都需要以《苗圃项目可行性研究报告》作为重要依据。

10.3　苗圃规划设计

10.3.1　苗圃地规划设计准备工作

苗圃地规划设计前，应对苗圃范围的历史、现状、地形地貌、土壤、植被、气候、水文等自然条件和居民点、交通等社会经济条件进行勘察与调查论证工作，提出苗圃工程设计的基础资料。

(1) 踏勘

由设计人员、施工人员及经营管理人员到确定的圃地范围内进行踏查、访问，了解圃地现状、历史、土壤、植被、水源、交通及病虫害等情况。

(2) 测绘地形图

地形图比例尺一般为1:(500~2000)，等高距为20~50 cm。有关的各种地形如高坡、道路、水面等都要绘入图中。

(3) 土壤调查

根据圃地的地形、地势及指示植物分布选择典型地区挖掘土壤剖面，调查土层厚度、土壤结构、质地、酸碱度、地下水位等各种因子，必要时采集样本进行室内分析。并在地形图上绘出土壤分布图。

(4) 病虫害调查

主要调查圃地内地下害虫及周围植物病虫害的种类及感染程度。

(5) 气象资料的收集

向当地的气象部门收集有关的气象资料。如平均温度、极温、无霜期、冻土层厚度、降水量及季节分布等，还要了解圃地的小气候条件。

10.3.2　苗圃用地划分

10.3.2.1　苗圃用地划分

为了合理地使用土地，保证育苗计划的完成，对苗圃的用地面积必须进行正确的计算，以便于土地征收、苗圃区划和兴建等具体工作的进行。苗圃的总面积，包括生产用地和辅助用地两部分。

生产用地即直接用于培育苗木的土地，包括播种繁殖区、营养繁殖区、苗木移植区、大苗培育区、设施育苗区、采种母树区、引种驯化区及暂时未使用的轮作休闲地。生产用地一般占苗圃总面积的 75%~85%。大型苗圃生产用地所占比例较大，通常在 80% 以上。

辅助用地，又称非生产用地，苗圃管理区建筑用地和苗圃道路、排灌系统、防护林带、晾晒场、积肥场及仓储建筑等占用的土地。小型苗圃内，由于必需的辅助用地必不可少，所以辅助用地的比例相对高一些。

10.3.2.2 生产用地面积计算

计算苗圃生产用地面积，主要依据每年生产苗木的种类和数量、单位面积产苗量、育苗年限、轮作制和每年苗木所占的轮作区数。

计算某树种育苗所需面积，按该树种苗木单位面积产量计算时，可用如下公式：

$$S = \frac{NA}{n} \times \frac{B}{C}$$

式中　S——某树种育苗所需面积(hm^2)；
　　　N——每年计划生产该树种苗木数量(株)；
　　　n——该树种单位面积产苗量(株/hm^2)；
　　　A——该树种的培育年限(年)；
　　　B——轮作区的总区数；
　　　C——该树种每年育苗所占的轮作区数。

例如，某苗圃每年出圃 2 年生紫薇苗 50 000 株，用 3 区轮作，每年 1/3 土地休闲，2/3 土地育苗，单位面积产苗量为 150 000 株/hm^2。需要育苗面积为：

$$S = \frac{50\,000 \times 2}{15\,000} \times \frac{3}{2} = 1(hm^2)$$

目前，我国一般不采用轮作制，而是以换茬种植为主，故 B/C 为 1，所以需育苗地面积为 0.667 hm^2。

假设每年需生产 6 年生云杉苗 1 万株，每公顷产苗 2 万株；4 年生白皮松苗 2 万株，每公顷产苗 1 万株；10 年生柏树苗 1 万株，每公顷产苗 5 万株；不进行轮作区。则所需苗木生产面积计算如下：

云杉苗生产需要面积 = (10 000 × 6)/20 000 = 3(hm^2)
白皮松苗生产需要面积 = (20 000 × 4)/10 000 = 8(hm^2)
柏树苗生产需要面积 = (10 000 × 10)/50 000 = 2(hm^2)
需要的总面积为：3 + 8 + 2 = 13(hm^2)

按上述公式计算的结果是理论数字，在实际生产中因移植苗木、起苗、运苗、贮藏以及自然灾害等都会造成一定损失，因此还需将每个树种每年的计划产苗量增加 3%~5% 的损耗，并相应增加用地面积，以确保如数完成育苗任务。计算出各树种育苗用地面积之后，再将各树种用地面积相加，再加上母树区、引种试验区、温室区等面积，即可得出生产用地总面积。

10.3.2.3 辅助用地面积计算

辅助用地面积一般不超过总面积的15%~25%，大型苗圃辅助用地一般占15%~20%，中、小型苗圃一般占18%~25%。依据适度规模经营原则，应减少小型苗圃建设数量，特别是不要建设综合性的小型苗圃，以提高土地利用效率。如果小型苗圃为增加生产用地比例而削减道路、渠道等必要的辅助用地，会给生产管理带来不便，这也是不可取的。

10.3.3 苗圃规划设计

10.3.3.1 生产用地的区划

按照充分利用土地、合理安排生产的原则，为了方便耕作，通常根据苗圃地形、生产特点、使用的机械种类等，将生产用地划分成播种区、营养繁殖区、移植区、大苗区、母树区、引种驯化区等若干作业区。作业区形状一般为长方形或正方形。大、中型苗圃，每一作业区的面积 1~3 hm^2，长度 200~300 m；小型苗圃，每一作业区的面积 0.2~1 hm^2，长度 50~200 m，作业区具体长度依机械化程度确定。作业区宽度依土壤质地与地形是否有利于排水确定，并考虑排灌系统设置、机械喷雾器射程、耕作机械作业宽度等因素。作业区宽度一般可为 40~100 m，便于排水可宽些，不便排水的可窄些。同时要考虑喷灌、机械喷雾、机具作业等要求达到的宽度。作业区方向依圃地的地形、地势、坡向、主风方向、形状等情况确定，一般为南北向。

10.3.3.2 育苗作业区设计

①播种繁殖区　为培育播种苗而设置的生产区。要选择生产用地中最好区域作为播种繁殖区。播种区是苗木繁殖任务的关键区，播种的幼苗对不良环境的抵抗力弱，要求精细管理，应选择最有利的地段作为播种区。要求土质深厚肥沃，接近水源，方便灌溉，背风向阳，便于防霜冻。

②营养繁殖区　为培育扦插、嫁接、压条、分株等营养繁殖苗而设置的生产区。与播种区要求基本相同，应设在土层深厚和地下水位较高，灌溉方便的地方，但没有播种区要求严格。嫁接苗区，往往主要为砧木苗的播种区，宜土质良好，便于接后覆土，地下害虫要少，以免嫁接失败；扦插苗区则应着重考虑灌溉和遮阴条件；压条、分株育苗法采用较少，育苗量较小，可利用零星地块育苗。同时也应考虑树种的习性来安排，如杨、柳类的营养繁殖(主要是扦插)区，可适当用较低洼的地方；而一些珍贵的或成活困难的苗木，则应靠近管理区，在便于设置温床、荫棚等特殊设备，或在温室中育苗。

③移植区　为培育移植苗而设置的生产区。由播种繁殖区和营养繁殖区中繁殖出来的苗木，需要进一步培养成较大的苗木时，则应移入苗木移植区进行培育。依培育规格和苗木生长速度的不同，往往每隔 2~3 年还要再移植几次，逐渐扩大株、行距，增加营养面积。苗木移植区要求面积较大。一般可设在土壤条件中等，地块大而整齐

的地方。同时也要依苗木的不同习性进行合理安排。如杨、柳可设在低湿的地区，松柏类等常绿树则应设在较高燥而土壤深厚的地方，以利带土球出圃。

④大苗区　为培育根系发达，有一定树形、苗龄较大、可直接出圃用于绿化的大苗而设置的生产区。培育大苗往往需一次或多次移植，培育的年限较长，苗木株行距大，占地面积大。一般选用土层较厚，地下水位较低，而且地块整齐的地区。在树种配置上，要注意各树种的不同习性要求。为了出圃时运输方便，最好能设在靠近苗圃的主要干道或苗圃的外围运输方便处。

⑤母树区　在永久性苗圃中，为了获得优良的种子、插条、接穗等繁殖材料而设置的生产区。本区占地面积小，可利用零散地块，但要土壤深厚、肥沃及地下水位较低。对一些乡土树种可结合防护林带和沟边、渠旁、路边进行栽植。

⑥引种驯化区　培育、驯化由外地引入的树种或品种而设置的生产试验区。需要根据引入树种或品种对生态条件的要求，选择有一定小气候条件的地块。

⑦温室区　为利用温室、荫棚等设施进行育苗而设置的生产区。设施育苗区应设在管理区附近，主要要求用水、用电方便。

10.3.3.3　辅助用地的设计

苗圃辅助用地包括道路系统、排灌系统、防护林带、管理区建筑用房、各种场地等，辅助用地是为苗木生产服务所占用的土地，所以又称为非生产用地。

(1) 苗圃道路系统的设计

苗圃道路分主干道、支道或副道、步道。大型苗圃还设有圃周环行道。苗圃道路要求遍及各个生产区，辅助区和生活区。各级道路宽度不同。

①主干道　一般设置于苗圃的中轴线上，应连接管理区和苗圃的出入口。通常设置一条或相互垂直的两条。大型苗圃应能使汽车对开，一般6~8 m；中小型苗圃应能使1辆汽车通行，一般2~4 m。标高高于作业区20 cm。主干道要设有汽车调头的环行路，一般要求铺设水泥或沥青路面。

②支道（副道）　是主干道通向个生产小区的分支道路，常和主干道垂直，宽度根据苗圃运输车辆的种类来确定，一般2~4 m。标高高于作业区10 cm。中小型苗圃可不设支道。

③步道　为临时性通道，与支道垂直，宽0.5~1 m。支道和步道不要求做路面铺装。

④环道　圃周环行道设在苗圃周围，防护林带内侧，主要供生产机械、车辆回转通行之用。一般为4~6 m。

在设计苗圃道路时，在保证运输和管理的条件下应尽量节省土地。一般苗圃中道路占地面积不应超过苗圃总面积7%~10%。

(2) 灌溉系统

苗圃必须有完善的灌溉系统，以保证水分对苗木的充足供应。灌溉系统包括水源、提水设备和引水设施三部分。

①水源　主要有地面水和地下水两类。地面水指河流、湖泊、池塘、水库等。以无污染又能自流灌溉的最为理想，一般地面水温度较高与作业区土温相近，水质较好，且含有一定养分，有利苗木生长。地下水指泉水、井水，其水温较低，宜设蓄水池以提高水温。水井应设在地势高的地方，以便自流灌溉；同时水井设置要均匀分布于苗圃各区，以便缩短引水和送水的距离。

②提水设备　现在多使用抽水机（水泵）。可依苗圃育苗的需要，选用不同规格的抽水机。引水设施有地面渠道引水和管道引水两种。

渠道引水　渠道多为土筑明渠。其特点是流速较慢，蒸发量、渗透量较大，占地多，须注意经常维修；但修筑简便，投资少、建造容易。为了提高流速，减少渗漏，现在多在明渠上加以改进，在沟底及两侧加设水泥板或做成水泥槽，有的使用瓦管、竹管、木槽等。

引水渠道一般分为三级：一级渠道（主渠）是永久性的大渠道，由水源直接把水引出，一般主渠顶宽 1.5~2.5 m。二级渠道（支渠）通常也为永久性的，把水由主渠引向各作业区，一般支渠顶宽 1~1.5 m。三级渠道（毛渠）是临时性的小水渠，一般宽度为 1 m 左右。主渠和支渠是用来引水和送水的，水槽底应高出地面，毛渠则直接向圃地灌溉，其水槽底应平于地面或略低于地面，以免把泥沙冲入畦中，埋没幼苗。

各级渠道的设置常与各级道路相配合，使苗圃的区划整齐。渠道的方向与作业区方向一致，各级渠道常呈垂直，同时毛渠还应与苗木的种植行垂直，以便灌溉。灌溉的渠道还应有一定的坡降，以保证一定的水流速度。但坡度也不宜过大，否则易出现冲刷现象。一般坡降应在 1/1000~4/1000 之间，土质黏重的可大些，但不超过 7/1000。水渠边坡一般采用 1:1（即 45°）为宜，较重的土壤可增大坡度至 2:1。在地形变化较大，落差过大的地方应设跌水构筑物。通过排水沟或道路时可设渡槽或虹吸管。引水渠道面积一般占苗圃总面积的 1%~5%。

管道引水　即将水源通过埋入地下管道引入苗圃作业区进行灌溉。主管和支管均埋入地下，其深度以不影响机械化耕作为度，开关设在地端使用方便。

③引水设施　喷灌是苗圃中常用的一种灌溉方法。喷灌省水，灌溉均匀又不使土壤板结，灌溉效果好。

喷灌又分固定式和移动式两种。固定式喷灌需铺设地下管道和喷头装置，还要建造泵房，需要一定的投资。

移动式喷灌有管道移动和机具移动两种。管道移动式使用时抽水部分不动，只移动管道和喷头；机具移动式是以地上明渠为水源，抽喷机具如手扶拖拉机和喷灌机移动，这种喷灌投资较少，常用于中小型苗圃。

有条件的苗圃，可安装间歇喷雾繁殖床，用于扦插一些生根困难的植物，它能十分有效地提高插床的空气湿度。

(3)排水系统

排水系统对地势低、地下水位高及降雨量多而集中的地区尤为重要。排水系统由大小不同的排水沟组成，排水沟分明沟和暗沟两种，目前采用明沟较多。排水沟的宽度、深度和设置，根据苗圃的地形、土质、雨量、出水口的位置等因素确定，应以保证雨后能很快排除积水而又少占土地为原则。排水沟的坡降落差应大一些，一般为 3/1000~6/1000。大排水沟应设在圃地最低处，直接通入河、湖或市区排水系统；中小排水沟通常设在路旁；作业区的小排水沟与小区步道相结合，在地形、坡向一致时，排水沟和灌溉渠往往各居道路一侧，形成沟、路、渠并列，既利于排灌，又区划整齐。排水沟与路、渠相交处应设涵洞或桥梁。在苗圃的四周最好设置较深而宽的截水沟，以防外水入侵，排除内水和防止小动物及害虫侵入。一般大排水沟宽 1 m 以上，深 0.5~1 m；耕作区内小排水沟宽 0.3~1 m，深 0.3~0.6 m。排水系统面积一般占苗圃总面积的 1%~5%。

(4) 防护林带

为了避免苗木遭受风沙危害应设置防护林带，降低风速，减少地面蒸发及苗木蒸腾，创造小气候条件和适宜的生态环境。防护林带的设置规格，依苗圃的大小和风害程度而异。一般小型苗圃与主风方向垂直设一条林带；中型苗圃在四周设置林带；大型苗圃除周围环圃林带外，应在圃内结合道路设置与主风方向垂直的辅助林带。如有偏角，不应超过 30°。一般防护林防护范围是树高的 15~17 倍。

林带的结构以乔、灌木混交半透风式为宜，即可减低风速又不因过分紧密而形成回流。林带宽度和密度依苗圃面积、气候条件、土壤和树种特性而定，一般主林带宽 8~10 m，株距 1.0~1.5 m，行距 1.5~2.0 m，辅助林带多为 1~4 行乔木即可。

近年来，在国外为了节省用地和劳力，已有用塑料制成的防风网防风。其优点是占地少、耐用，但投资多，在我国少有采用。

(5) 建筑管理区

该区包括房屋建筑和圃内场院等部分。房屋建筑主要指办公室、宿舍、食堂、仓库、种子贮藏室、工具房、畜舍车棚等；圃内场院包括劳动力集散地、运动场以及晒场、肥场等。苗圃建筑管理区应设在交通方便，地势高燥，接近水源、电源的地方或不适宜育苗的地方。大型苗圃的建筑最好设在苗圃中央，以便于苗圃经营管理。畜舍、猪圈、积肥场等应放在较隐蔽和便于运输的地方。

建筑管理区面积一般为苗圃总面积的 1%~2%。

10.3.4 苗圃设计图绘制和设计说明书编写

10.3.4.1 绘制设计图

①绘制设计图前的准备工作　在绘制设计图前，必须了解苗圃的具体位置、界限、面积；育苗的种类、数量、出圃规格、苗木供应范围；苗圃的灌溉方式；苗圃必需的建筑、设施、设备；苗圃管理的组织机构、工作人员编制等。同时应有苗圃建设任务书和各种有关的图纸资料，如现状平面图、地形图、土壤分布图、植被分布图等，以及其他有关的经营条件、自然条件、当地经济发展状况资料等。

②园林苗圃设计图的绘制　在各有关资料搜集完整后应对具体条件全面综合，在苗圃设置地点和总面积确定后，首先在现场划清地界，设置相应的地界标志，然后绘

出圃地平面图。在地形起伏较大的地方，还应绘出地形图，在图面上进行区划。在完成上述准备工作的基础上，通过对各种具体条件的综合分析，确定苗圃的区划方案。以苗圃地形图为底图，在图上绘出主要道路、渠道、排水沟、防护林带、场院、建筑物、生产设施构筑物等。根据苗圃的自然条件和机械化条件，确定作业区的面积、长度、宽度、方向。根据苗圃的育苗任务，计算各树种育苗需占用的生产用地面积，设置好各类育苗区。正式设计图的绘制应按照地形图的比例尺，将道路、沟渠、林带、作业区、建筑区等按比例绘制在图上，排灌方向用箭头表示。在图纸上应列有图例、比例尺、指北方向等，各区应编号，以便说明各育苗区的位置。目前，普遍使用计算机绘制平面图、效果图、施工图等。

10.3.4.2 编写设计说明书

设计说明书是园林苗圃规划设计的文字材料，它与设计图是苗圃设计两个不可缺少的组成部分。图纸上表达不出的内容，都必须在说明书中加以阐述。一般分为总论和设计两部分进行编写。相关内容可参考《林业苗圃工程设计规范》（LYJ 128—1992）。

(1) 总论

主要叙述苗圃的经营条件和自然条件，并分析其对育苗工作的有利和不利因素以及相应的改造措施。包括：①经营条件，苗圃所处位置，当地的经济、生产、劳动力情况及其对苗圃生产经营的影响；交通、电力、周边环境条件；机械化作业条件；苗圃成品苗木供给的区域范围，对苗圃发展展望，建圃投资和效益估算。②自然条件，包括苗圃的地形特点、土壤条件、水源情况、气象条件、病虫草害及植被情况。

(2) 设计部分

包括：①苗圃的面积计算：各树种育苗所需土地面积、所有树种育苗所需土地面积、辅助用地面积的计算；②苗圃的区划说明：作业区的大小、各育苗区的配置。道路、排灌系统的设计，防护林带及防护系统（围墙、栅栏等）的设计，设施育苗的温室、组培室的设计，管理区建筑的设计；③育苗技术设计：培育苗木的种类，各类苗木所采用的繁殖方法，各类苗木栽培管理的技术要点，苗木出圃技术要求；④建圃的投资和苗木成本计算等。

10.4 苗圃的建设施工

10.4.1 水、电、通讯引入和建筑工程施工

房屋的建设和水、电、通讯的引入应在其他各项建设之前进行。水、电、通讯是搞好基建的先行条件，应最先安装引入。为了节约土地，办公用房、宿舍、仓库、车库、机具库、种子库等最好集中在管理区一起兴建，尽量建成楼房。组培室一般建在管理区内，温室虽然是占用生产用地，但其建设施工也应先于圃路、灌溉等其他建设项目进行。

10.4.2　圃路工程施工

苗圃道路施工前,先在设计图上选择两个明显的地物或两个已知点,定出一级路的实际位置,再以一级路的中心线为基线,进行圃路系统的定点、放线工作,然后方可修建。圃路路面有很多种,如土路、石子路、灰渣路、沥青路、水泥路等。大、中型苗圃道路一级路和二级路的设置相对比较固定,有条件的苗圃可建设沥青路或水泥路,或者将支路建成石子路或灰渣路。大、中型苗圃的三级路和小型苗圃的道路系统主要为土路。

10.4.3　灌溉工程施工

用于灌溉的水源如果是地表水,应先在取水点修筑取水构筑物,安装提水设备。如果是开采地下水,应先钻井,安装水泵。

采用渠道引水方式灌溉,最重要的是一级和二级渠道的坡降应符合设计要求,因此需要进行精确测量,准确标示标高,按照标示修筑渠道。修筑时先按设计的宽度、高度和边坡比填土,分层夯实,当达到设计高度时,再按渠道设计的过水断面尺寸从顶部开掘。采用水泥渠做一级和二级渠道,修建的方法是先用修筑土筑渠道的方法,按设计要求修成土渠,然后再在土渠底部和两侧挖取一定厚度的土,挖土厚度与浇筑水泥的厚度相同,在渠中放置钢筋网,浇筑水泥。

采用管道引水方式灌溉,要按照管道铺设的设计要求开挖 1 m 以上的深沟,在沟中铺设好管道,并按设计要求布置好出水口。

喷灌等节水灌溉工程的施工,必须在专业技术人员的指导下,严格按照设计要求进行,并应在通过调试能够正常运行后再投入使用。

10.4.4　排水工程施工

一般先挖掘向外排水的大排水沟。挖掘中排水沟与修筑道路相结合,将挖掘的土填于路面。作业区的小排水沟可结合整地挖掘。排水沟的坡降和边坡都要符合设计要求。

10.4.5　防护林工程施工

应在适宜季节营建防护林,最好使用大苗栽植,以便尽早形成防护功能。栽植的株、行距按设计规定进行,栽后及时灌水,并做好养护管理工作,以保证成活和正常生长。

10.4.6　土地整理工程施工

苗圃地形坡度不大者,可在路、沟、渠修成后结合土地翻耕进行平整,或在苗圃投入使用后结合耕种和苗木出圃等,逐年进行平整,这样可节省苗圃建设施工的投资,也不会造成原有表层土壤的破坏。坡度过大时必须修筑梯田,这是山地苗圃的主要工作项目,应提早进行施工。地形总体平整,但局部不平者,按整个苗圃地总坡度进行削高填低,整成具有一定坡度的圃地。在圃地中如有盐碱土、砂土、黏土时,应进行必要的土壤改良。对盐碱地可采取开沟排水,引淡水冲盐碱。对轻度盐碱地可采取多施有机肥料,及时中耕除草等措施改良。对砂土或黏土应采用掺黏或掺沙等措施改良。在圃地中如有城市建设形成的灰渣、沙石等侵入体时,应全部清除,并换入好土。

10.5 园林苗圃常用设施设备

  苗圃建设大型化,实现育苗作业机械化,才能有效地应用现代化的育苗技术,降低育苗成本,提高经济效益。因此,园林苗木培育中使用各式各样的育苗机械,是必不可少的重要环节。育苗作业集约化生产中,苗圃整地、作床、播种、苗期管理、有害生物防治、起苗、包装、运输等全部过程需要实现机械化作业。土地熏蒸消毒、除草剂的使用、播种后床面覆盖、苗木截根技术的使用常常需要相应的设施设备。

  园林苗圃的生产设施水平在一定程度上影响其发展水平。苗圃的设施管理主要包括设备的规划和选购、使用及维护。对设备安装调试要由专业技术人员按照设备说明书说明的各项功能逐一检查调试,看是否达到要求,使设备高效运行。在设备的使用过程中要杜绝超负荷运行,制订相应的安全规程,避免事故发生,确保操作人员的人身安全和设备的安全运行。加强设备的维修与保养工作,并定期检修,排除隐患。

  园林苗圃生产中除了农田种植使用的常规机械及工具以外,园林苗圃作业中,常用的机具有整地作床机、起苗机、移树机、移树断根机、土球挖树机、绿篱修剪机、割灌机、割草机、打孔机、油锯、草坪修剪机、起草皮机、打药机等。苗圃作业中,常见的专用工具有高枝剪、手锯(锯枝干)、整篱剪(篱笆剪)、剪枝剪刀(剪枝条、接穗)、摘果剪、剪花剪、芽接刀(嫁接用)、劈刀(处理砧木)等。

  绿篱机是修剪绿篱的便携式机械(图10-1)。根据工作部件结构和工作原理不同,可分为往复切割式绿篱机和回转切割式绿篱机;根据动力不同,可分为电动绿篱机和汽油机绿篱机。汽油机绿篱机主要由二冲程汽油发动机、传动部件、工作装置、操纵装置等部分组成。传动部件由离心式离合器、传动轴和减速器等组成。减速器为齿轮减速器,汽油机通过离心式离合器与减速器将动力和运动传到工作装置。工作装置切割部件有单刀片和双刀片两种。操纵装置是固定在后手把上的油门扳手,改变油门大小可控制汽油机转速而改变工作装置的往复次数以及停止切割。绿篱机主要用于绿篱、茶叶等园林绿化方面的专业修剪。绿篱就是灌木或小乔木以近距离的株行距密植,栽成单行或双行、紧密结合的规则的种植形式。

  草坪机是一种用于修剪草坪、植被等的机械工具,能有效节省除草工人的作业时间,减少人力资源的投入(图10-2)。

  割灌机类似于割草机,只是主要用来切割清理灌木(图10-3)。

  机械化植树造林的主要设备,多与拖拉机配套使用。植树机分为连续开沟式、间

图 10-1　绿篱机
（图片来源 http://www.yiwufair.com/attend/zhgk/czszpcx/suppliers/supplie/i1-10186389-3132.html）

图 10-2　草坪机
（图片来源：http://product.ebdoor.com/ProductBigPics/27237030.aspx）

图 10-3　割灌机
（图片来源：http://www.mainongji.com/nongji/shouhuo/mucao/2017-03-02/mainongji_114476.html）

图 10-4　挖坑机
（图片来源：https://b2b.hc360.com/viewpics/supplyself_pics/583084039.html）

断开沟式和选择挖坑式 3 种（图 10-4）。

当然，在选择使用机械设备的时候，要考虑采用机械设备能带来多大的收益，即生产性、经济性的高低，还要考虑安全性、机械对苗圃的适应性等，要根据实际需求来运用机械设备，使生产往更高效的方向发展。

10.6　观光旅游多功能园林苗圃建设规划

园林苗圃是城市绿化建设中的重要组成部分，随着城市园林绿化建设的发展，园林苗圃行业发展迅速，带来了竞争激烈的苗木市场。苗木生产企业开始挖掘园林生产苗圃的潜在价值，将苗圃生产与生态观光、休闲旅游相结合，在生产苗木的同时，充分利用生产性绿地的景观价值，形成集科研、示范、观光、游览、休闲于一体的综合场所，突破了纯生产的传统意义，拓展了苗圃企业的经营形式，为园林苗圃的多功能发展开辟了新的途径。

特别是在现代苗圃的发展中，观赏苗木生产专业化、生产过程高度机械化、生产规模大型化将苗木生产、科技示范、绿地景观、观光体验等相互融合，发展观光游览苗圃、生态旅游苗圃、休闲体验苗圃和科技展示苗圃等。

多功能园林苗圃整体规划布局中，要遵循生产功能和生态功能相结合，要有一定的前瞻性的理念，首先突出生产用地的景观特点，再考虑增加观赏景点，要使经济效益、生态效益和社会效益相结合，最大地发挥生产绿地的潜在功能。

生产用地是多功能苗圃的经营基础。多功能苗圃建设时，应以生产为主，兼顾休闲观光、科技示范、科普教育等，充分利用生产用地，产生更多更好的效益。生产用地作为整个苗圃的主导，占全部用地的60%~80%，可分为管理区、试验引种区、播种区、幼苗区、移栽区、大苗区、母树区、温室、防风林等。分区的划定要考虑各区位置、面积及区域之间的联系。可运用景观生态学、景观美学、环境心理学等相关理论和原理，根据不同树种的观赏特性及造景艺术要求，采用不同的配置模式，将风景点、风景线和生产面有机结合，营造特色植物景观，创造景观多样性。

丰富多彩的苗木是多功能苗圃经营主要产品。生产植物的种类主要应为当地乡土树种及特色经济树种，在此基础上，也可积极引入外来树种、适当增添观赏树种，实现生产与观光相结合，但要尽力保持各类植物生产区的原有特色。在苗木种类选择中，可从观赏价值较高、市场需求量大的苗木种类中，选取能形成特色植物景观的树种作为苗圃的主景树种，培育精品苗木，兼顾生产销售和观赏价值。如可选雪松、银杏、红枫、紫玉兰、紫薇、杜鹃花、茶花、樱花、梅花、桂花、荷花等。

观光区与生产用地的结合，选择适宜的苗圃主景植物，从可产、可观、可游的视角，将生态观光与苗木生产以多种方式相结合。大苗区、温室、防风林等区域开辟出的部分生产用地，增植花灌地被、丰富植物层次，转化成观光用地。生产用地边缘可建立服务设施，形成以生产用地为依托的观赏景区，如花灌观赏区、乔木观赏区、水生植物观赏区等。

科技示范是多功能苗圃的重要内容之一，将新品种、新设施、新技术进行充分展示，既能提升苗圃企业的知名度，起到宣传作用，又能丰富游赏内容，使游人在游赏过程中获得知识。

增添与苗圃生产及苗木景观相宜的休闲设施，采用时空上多重变化、时间上四季色彩变换、空间上合理分区的手法，将生产、生态观光、人文文化、休闲体验紧密地结合起来，将苗木生产景观、园林景点和休闲旅游等巧妙结合，配合一系列的服务设施，让游人亲自体验，参与育苗作业过程，在劳动中休闲娱乐，增加苗圃的体验性，能极大地激发游人的兴趣，以满足生态景观、休闲观光、劳动体验、健身康养等多种需求。

思 考 题

1. 一般将园林苗圃划分为哪几个种类？
2. 园林苗圃的选址应该考虑哪几个因素？
3. 试举例说明如何计算园林苗圃生产用地的面积。

推荐阅读书目

1. 园林植物栽培与养护．张璐，张秀花，李静．延边大学出版社，2015.
2. 城市绿地系统规划．孔祥锋．化学工业出版社，2009.

第 11 章 园林苗圃经营管理

[**本章提要**] 园林苗圃的生存与发展取决于它的管理水平,其中生产管理尤为重要。本章从园林苗圃经营管理目标、组织机构、生产管理、经济管理、苗木销售管理、档案管理等方面介绍了园林苗圃经营管理的基本内容。分析讨论了园林苗圃经营管理的任务和经营类型,经营中存在的市场风险与规避策略,园林苗木的市场营销,苗圃组织管理和经济管理特点,苗圃的计划与周年生产管理等。

园林苗圃的经营管理在苗圃建设与发展中占有重要的位置,其主要任务就是按照现代企业管理的方法,结合植物材料的生长特点,对苗圃的人力、财力、物力等资源进行合理配置,采取先进的技术措施,正确把握苗木市场的需求和变化,实行科学营销,取得最大的经济效益、生态效益和社会效益。

11.1 园林苗圃经营管理目标

园林苗圃的经营管理目标,是在分析外部环境与内在条件的基础上,确定各项经济活动的发展方向和奋斗目标。园林苗圃的经营管理目标不止一个,既有经济目标,又有非经济目标;既有主要目标,又有从属目标。它们之间相互联系,形成一个目标体系。园林苗圃的主要产品是苗木,苗木是一种生长着的且具有公益性的商品,因此园林苗圃的经营管理目标有其自身的特殊性。

每个园林苗圃都有其特定的发展目标,它是苗圃努力的方向与一切生产活动的导向。园林苗圃主要经营管理目标可以概括为:苗木培育专业化、苗木质量最优化、苗木结构动态化、苗木销售市场化、苗圃管理信息化、苗圃利润合理化。

(1) 苗木培育专业化

苗木种类繁多,生态习性和生长规律各异,繁育技术和栽培技术因树种品种、生产条件等不同而有较大的差异。苗木培育工作是一项专业性强、科技含量要求高的知识和技术密集型产业,是目前园林绿化行业中技术密集、专业化程度要求较高的工作。专业化生产对苗木培育工作提出了更高的要求,新技术、新方法、新工艺在苗木培育中的应用成为必然,园林苗圃要不断通过技术创新提高苗木的独创性,形成以技术创新能力为核心的苗圃竞争力。因此，园林苗圃要更重视专业技术人才的培养和使用，合理投入人力与物力开发和应用新品种、新技术与新方法，实现苗木培育专业化。

(2) 苗木质量最优化

苗木质量是苗圃苗木生产的生命线，培育优质苗木是实现苗圃经济目标和主要目标的基础条件和基本要求。因此，必须采取各种苗木培育和质量调控措施，使苗木质量能够满足市场需求，最大限度地适应复杂的绿化场地条件的变化，达到理想的成活率、生长状况及应有的绿化美化效果。

(3) 苗木结构动态化

苗木结构指苗圃的新产品结构或种植结构，包括苗圃生产苗木种类和规格两个方面的内容。苗木是具有生命的有机体，是不断生长的，苗木的大小、规格及活力等质量指标在不断地发展和变化。园林苗木的生产特征与工业产品的生产特征具有明显的不同，即使满足各种条件、具备各种生产物资，也不可能根据需要随时生产出苗木产品。园林苗木的培育需要一个过程，有时还很漫长，需要数十年甚至更长的时间。园林绿化建设对园林苗木种类和规格的要求是按需供苗、与时俱进、不断发展变化的，这就要求苗圃经营要有前瞻性，在建立苗圃或育苗之初，就要对市场需求，苗木的种类、规格和质量的需求有准确的认识和预见，从而对苗木产品结构有明确的定位与计划。避免只重视目前的苗木种类和市场热门种类，要重视不断开发和培养新品种，以满足园林绿化不断发展变化的需求。

(4) 苗木销售市场化

任何苗圃参加市场经营活动，都受一定的市场观念所支配，而市场观念是否符合市场的客观实际，关系到苗圃经营的成败。苗圃既要根据国家与城市生态建设的需要、园林绿化市场现状及发展趋势、园林绿化对苗木种类和质量的需求，又要充分考虑苗圃自身的地域、经济、技术、人员及生产条件等，从而制定苗圃生产和销售计划，突出苗圃特色和优势，最大限度地满足市场不同时期不同客户对苗木的需求。

(5) 苗圃管理信息化

信息已成为现代社会生产力的一部分。园林苗圃的经营管理，必须充分重视生态建设、城市绿化、苗木需求、苗木培育、苗木销售等相关信息的收集、分析和利用，做到经营管理的信息化；要充分利用行业协会和苗圃组织，互通信息、共享信息资源，最大化发挥各苗圃的优势和特色，达到互利共赢。同时，园林苗圃内部的生产计划、生产过程、经营活动、档案管理、人员与财务等管理过程，都要实施信息化管理，提高苗圃的管理效率与效益。

(6) 苗圃利润合理化

园林苗木作为一种特殊商品，其质量是第一位的，只有满足质量的需求，才能保证绿化景观效果。因此，园林苗圃的经营管理既要以最小的成本生产出最大的收益，要尽量降低苗木培育和苗圃运行的成本，努力提高苗木产品的收益水平；又要充分重视苗木质量，不能不顾苗木质量而一味追求低成本。园林苗圃要通过提高技术含量、优化生产过程、提高管理效率等有效方法提高苗圃的生产效率和苗木质量，降低管理成本，实现园林苗圃合理的利润目标，使园林苗圃的生产和经营管理实现良性循环。

11.2　园林苗圃组织机构

11.2.1　组织机构设计原则

组织设计就是对组织活动和组织结构的设计过程，是一种把任务、责任、权力和利益进行有效组合和协调的活动。其目的是协调组织中人与事、人与人的关系，最大限度地发挥人的积极性，提高工作绩效，更好地实现组织目标。组织设计应遵循相应原则：

(1) 系统整体原则

系统整体原则要求管理组织完整。现代企业的组织是一个系统，它由决策中心、执行系统、监督系统和反馈系统等构成，只有结构完整才能产生较好的功能；要求管理组织要素齐全，实现组织的高效运行；要求岗位和职务明确，权利和责任明晰；信息要灵通，保证组织设计的信息联系及时可靠。

(2) 统一指挥原则

权力系统依靠上下级之间的联系所形成的指挥链而形成，为确保统一指挥，应注意指挥链不能中断，切忌多头领导，不要越级指挥。

(3) 责权对应原则

责权对应主要靠科学的组织设计，深入研究管理体制和组织结构，建立起一整套完整的岗位职务和相应的组织法规体系。在管理组织运行过程中，要解决好授权问题，在布置任务时，防止责权分离而破坏系统的效能。

(4) 有效管理幅度原则

管理层次是指管理系统划分为多少等级，管理幅度是指一名上级主管人员管理的下级人数。管理层次决定组织的纵向结构，管理幅度则体现了组织的横向结构。管理组织按其层次和幅度的关系可分为高型结构和扁平结构。高型结构管理层次多、幅度小，其优点是分工明确，上下级容易协调；其缺点是层次多，管理费用增加，信息沟通时间延长，不利于发挥下属人员的创造性。扁平结构则相反，管理层次少，幅度大，管理费用较低，信息交流速度快，有利于发挥下属的主动性；其缺点是难以严密监督下级的工作，上下级和同级协调工作量增大。因此，在决定采用哪种结构时，要根据工作任务的相似程度、工作地点远近、下属人员的水平以及工作任务需要协调的程度而定。

11.2.2　组织机构组成

(1) 决策机构

园林苗圃的经营决策机构负责苗圃经营、生产、投资等重大经营发展策略的制定与决定，一般不论苗圃的发展如何决策，苗圃经营者、苗圃负责人都应是决策机构的主要参与者。

(2) 生产管理机构

生产管理机构负责苗圃生产计划的制定及具体实施，是苗圃最重要的机构之一。苗圃生产涉及的工作非常繁杂，如种质资源的管理与维护，播种材料的采集、贮藏与检验，苗木繁育前的准备工作，苗木繁育，苗木田间管理，苗木出圃与运输，苗木繁育技术研究等。这些内容是苗圃生产中最基础、最重要的工作。园林苗圃应根据苗圃规模、生产能力、育苗特点等实际情况设立其生产管理部门。一般来说，可以设置生产部和技术部，生产部直接负责苗圃生产过程实施与质量控制，可配置生产主管1~2名，下设若干生产组（组长1名、组员若干）；技术部主要负责生产技术指导与监督、新技术研发及新品种引进等工作，人员规模可根据苗圃实际生产情况配置。

(3) 营销机构

销售是园林苗圃经营的核心环节。市场化经营与销售要求苗圃设立专门营销机构负责苗圃苗木的市场销售。营销机构应根据市场需求和经济与生态建设发展趋势分析苗木需求趋势，为苗圃经营管理决策提供基础资料；根据苗木生产需求，购置苗木生产所需的生产资料和生产设备；收集市场供求信息、积极联系用苗客户、为用苗客户配送苗木和提供其他服务。营销机构的负责人一般由苗圃经营者兼任，并配备一定的销售经理和销售员，负责苗木销售、客户服务等工作。

(4) 事务管理机构

现代苗圃经营管理对各类信息的收集、记载、整理的要求很高，是苗圃经营管理过程中准确发现问题、明确责任、解决问题的有力手段。因此，苗圃要设立事务管理机构，负责整理保存货单、票据、记账本等各类明细单，苗圃生产计划、苗木生长发育资料、病虫害发生情况报告等生产资料，设备名录及运行情况等资料；同时，也负责人事、财务、联络、接待等具体事务。

11.2.3　园林苗圃人力管理

11.2.3.1　技能管理

技能管理是针对操作人员进行的。与技能管理密切相关的人文变量主要是体质、特长、经验和个人覆盖度。

各种工具设备都对其操作人员有一定的体质要求，作为程序化的管理，在选用操作人员时，常附以年龄的限制，有时甚至也对性别加以限制。园林苗圃生产与施工中有不少人力操作工具，并且在许多情况下是露天作业以及在不同的气候条件下作业，故对体质的要求较为重视。

"特长"通常是针对特定的工具或设备而言，一般操作人员都要通过培训和考核才能做到有特长，操作人员的特长会随着经验的积累而逐步进展。

为了鼓励操作人员提高个人覆盖度（胜任多方面工作的能力），通常采用升级、调配以及相应的工资、奖惩制度。一个操作人员所掌握的特长越多越精，其个人覆盖度就可能越大。

11.2.3.2 知能管理

知能管理是为了保证并提高管理人员的工作效率，保证并提高工艺质量及进度水平而进行的程序制定、执行与调节。与知能管理相关的主要是学历、资历、实绩、应变能力等。

从面向大多数管理人员的程序制定来看，必须对管理人员的学历提出一定的要求。同时，为那些通过勤奋好学达到一定学历水平者提供机会。操作人员也要经过试用考察之后方可正式任用。

一般来讲，大多数管理人员会随着经验的积累而在管理水平方面有所提高。根据"资历"给以任用，并辅以一定的评审措施，这是人员管理的重要内容之一。

一个管理人员的应变能力越强，其知识经验越可能发挥更大的作用。另外，其知识越多、越合理，经验越丰富，则其应变能力有可能越强。应变能力的识别是知能管理的重要内容。园林苗圃的生产与施工中，会受到内外部环境，尤其是植物自身因素的影响，需要管理人员根据情况的变化，随时做出调整。

在苗圃的经营管理过程中，一批高素质的技术和管理人员尤为重要。随着人民生活的不断提高，对绿化苗木的种类和质量要求越来越高。现代园林苗圃越来越依赖于科学技术和高水平的管理，高质量的苗木就需要有高技能的技术人员，良好的苗木质量需要良好的管理。

11.3　园林苗圃生产管理

苗圃的生产管理是经营管理的基础，生产管理以追求经济效益为目标、以市场为导向进行科学化管理，从而实现苗圃生产的高效、持续发展。苗圃的生产管理包括苗圃生产资料准备、生产计划制定、苗圃生产质量管理及生产指标管理等方面的内容。

11.3.1　生产计划管理

11.3.1.1　生产计划制订的原则

(1) 预见性原则

苗木培育不同于一般的工业产品，苗木生产周期长、见效慢、影响因素多、价格变化不确定，因此，苗木生产要有预见性，需要很强的计划性。

（2）成本最小化原则

生产计划是在一定的计划区域内，以生产计划期内成本最小化为目标，用已知每个时间段的需求预测数量，确定不同时间段的苗木生产指标，在确保实现生产目标的同时，尽量降低成本，实现苗圃经济效益最大化。

（3）以市场为中心的原则

苗木是一种商品，最终要进入市场进行交易，因此，苗圃的生产计划必须以市场为中心，生产苗木种类的确定要以市场为导向，根据市场的需求、竞争者的生产能力以及自身的经济实力确定生产计划。

（4）协调共进原则

通过制订生产计划，确定苗圃生产活动的目标与任务，协调苗圃生产各部门、各环节之间的关系，提高生产效率，使苗圃得到有计划、可持续的发展。

（5）计划实施与调控的原则

苗圃的生产计划并不是一成不变的，在具体实施过程中，应根据苗圃自身条件及外部环境的变化进行必要的调整。通过对生产计划执行情况的分析与反馈，及时修正，对计划进行必要的调整与完善，促进苗圃生产计划顺利实施。

11.3.1.2　生产计划的类型

（1）长期计划

苗圃的长期生产计划是苗圃在生产、技术、财务等方面重大问题的规划，提出了苗圃的长远发展目标及为实现目标所制定的计划，属于苗圃发展的战略计划。园林苗圃的主要利润来自苗木生产，因此，苗木的长期生产计划非常重要，如果苗木种类、数量及规格选择计划制定的不合理，会给苗圃造成重大的损失。由于苗木的生长周期较长，可以制定5~10年的长期生产计划。长期生产计划根据各苗圃的具体情况可以制定不同的计划表，如表11-1~表11-4。

表11-1　_____苗圃_____年苗木生产计划

_____年_____月_____日

苗木名称	规格	预计单价（元）	____年		____年		____年		____年		____年	
			数量（株）	金额（元）	数量（株）	金额（元）	数量（株）	金额（元）	数量（株）	金额（元）	数量（株）	金额（元）
合计产值（元）												

填表：　　　审核：

表 11-2　　　　苗圃　　　　年苗木新品种引种繁育计划

　　　　　　　　　　　　　　　　　　　　　　　　　　　　　　　　　　年　　月　　日

苗木名称	预计单价（元）	年		年		年		年		年	
		数量（株）	金额（元）	数量（株）	金额（元）	数量（株）	金额（元）	数量（株）	金额（元）	数量（株）	金额（元）
合计产值（元）											

　　　　　　　　　　　　　　　　　　　　　　　　　　　　　填表：　　　　审核：

表 11-3　　　　苗圃　　　　年苗木生产成本预算

　　　　　　　　　　　　　　　　　　　　　　　　　　　　　　　　　　年　　月　　日

苗木名称	规格	生产数量（株）	直接材料（元）		直接人工（元）		生产费用（元）		预算苗木成本（元）	
			数量（株）	金额（元）	数量（株）	金额（元）	数量（株）	金额（元）	数量（株）	金额（元）
合计										

　　　　　　　　　　　　　　　　　　　　　　　　　　　　　填表：　　　　审核：

表 11-4　　　　苗圃　　　　年机械更新计划

　　　　　　　　　　　　　　　　　　　　　　　　　　　　　　　　　　年　　月　　日

序号	机械设备名称	型号规格	预计价格（元）	购买数量（台）	合价（元）	购买时间
	合计					

　　　　　　　　　　　　　　　　　　　　　　　　　　　　　填表：　　　　审核：

（2）中期计划

中期目标指年度生产计划，是苗圃为实现长期计划所制定的总目标，将长期计划的目标分解到每个具体年生产周期来分步实施。中期计划要具体计划苗圃一年内生产苗木的种类、数量与质量、苗圃的产值等要达到的目标与要求，以及为达到目标而进行的具体进度安排。中期计划一般包括生产计划大纲与生产进度计划两大项，生产计划大纲以具体指标来规定苗圃在计划年度内的生产目标；生产进度计划则是为实现生产计划大纲而进行的月进度安排。苗圃中期计划具体包括年度苗木需求预测、年度各部门生产计划、生产计划进度、部门生产资料使用计划、苗圃资源及劳动力使用计划等内容（表 11-5～表 11-8）。

表 11-5 _____苗圃_____年度苗木需求预测

_____年_____月_____日

苗木名称	时间	预计单价(元)	需求数量(株)	金额(元)	需求原因
合计					

填表：　　审核：

表 11-6 _____部_____年度生产计划安排

_____年_____月_____日

生产项目	生产数量(株)	用工	起止日期
合计			

填表：　　审核：

表 11-7 _____部_____年度生产进度计划

_____年_____月_____日

生产项目	种类	数量(株)	实施时间(月)											
			1	2	3	4	5	6	7	8	9	10	11	12
育苗														
苗木扦插														
苗木移植														
苗木修剪														
水肥管理														
病虫害防治														
田间除草														
苗木出圃														

填表：　　审核：

表 11-8 _____部_____年度生产资料使用计划

_____年_____月_____日

生产资料名称	月		月		月		月		月		月	
	数量(株)	金额(元)	数量(株)	金额(元)	数量(株)	金额(元)	数量(株)	金额(元)	数量(株)	金额(元)	数量(株)	金额(元)
合计												

填表：　　审核：

(3) 短期计划

短期计划是在苗圃的长期计划和中期计划确定后，为了保证年度计划与季度计划的顺利实施而编制的具体生产作业计划。短期计划根据苗木生产的季节性和苗圃工作的特殊性，将相应的生产工作进行量化，制定相应的工时定额，来预计各工作单元在一定时间周期中的生产数量与质量。短期计划的时间应在6个月以下，一般为月或跨月计划，并在执行过程中进行必要的调整和更新，生产作业计划主要包括苗圃各部门的协调计划、月份生产计划安排、月份生产进度计划、各部门的作业计划、生产资料使用计划等内容（表11-9~表11-11）。

表11-9 ＿＿＿＿年度＿＿＿＿月份安排生产计划总表

＿＿＿月＿＿＿日

部门	生产项目	生产数量	起止日期		用工安排		执行情况
			自	至	人力	起止日期	

填表：　　　审核：

表11-10 ＿＿＿＿部门＿＿＿＿年度＿＿＿＿月份生产作业计划安排

＿＿＿月＿＿＿日

生产项目	生产数量	起止日期		用工安排		执行情况
		自	至	人力	起止日期	

填表：　　　审核：

表11-11 ＿＿＿＿年度＿＿＿＿月份生产资料使用汇总表

＿＿＿月＿＿＿日

生产资料名称	单位	单价（元）	原料用量计划	上月结余	本月使用	本月结余

填表：　　　审核：

11.3.2 苗木生产质量管理

苗木培育的播种、扦插、嫁接、灌水、施肥、出圃、包装、运输的各个环节都会影响苗木的质量，从而影响到苗圃的生产效率和效益。因此，苗木质量管理是苗圃生产管理的重要内容，苗木质量管理与苗木生产技术管理密切相关。

11.3.2.1 生产技术管理

苗木生产技术管理指苗木生产过程中对各项技术活动过程和技术工作的各种要素进行科学管理的总称，是苗木质量管理的基础和保证。苗木生产技术管理具有多样性、多学科性、季节性、阶段性、连续性等特点。主要从以下几个方面进行生产技术管理。

（1）建立健全技术管理体系

建立健全技术管理体系的目的在于加强技术管理，提高技术管理水平，充分发挥技术优势。各类苗圃可根据具体情况设立技术管理体系，大型苗圃可设总工程师、技术部（设主任工程师）、技术科（科内包括各类技术人员）的三级技术管理体系；小型苗圃可设简单的技术管理体系或不设专门的技术机构，但要安排专人负责苗圃生产的技术工作。

（2）实行技术责任制

苗圃技术管理体系实行技术领导、技术管理人员、技术员三层责任制。明确苗圃技术管理体系各级技术人员的职权和责任，充分发挥各级技术人员的积极性和创造性，完成各自分管范围的技术任务。技术领导的主要职责是：执行技术标准的技术管理制度，组织制定保证生产质量、安全的技术措施，领导组织技术创新和科研工作，组织技术培训等。技术管理人员的主要职责是：做好日常技术管理工作，如检查技术人员执行技术政策、技术标准、技术规程的情况，收集管理技术资料和技术信息，管理科研工作等。技术人员的主要职责：按技术要求完成下达的各项生产任务，负责生产过程中的技术工作，按技术规程组织生产，收集和积累生产实际中原始的技术资料等。

（3）制定技术规范和技术规程

技术规范是对苗木生产质量、规格及检验方法等做出的技术规定，是从事苗木生产活动的统一技术准则；技术规程是为了贯彻技术规范对生产技术各方面所做的技术规定。技术规范和规程是进行技术管理的依据和基础，是保证生产秩序和苗木质量、提高生产效率的重要前提。

技术规范可分为国家标准、部门标准和苗圃标准，技术规程是在保证达到国家标准的前提下，可以由各地区、部门、企业根据实际情况自行制定和执行。

11.3.2.2 落实质量管理环节

园林苗圃生产的质量管理主要包括确定生产技术规程、执行技术规程、检查规程执行情况、纠正违规或修订规程。园林苗圃生产中主要的生产活动包括种实的采收、制种、种子储藏、选地、整地作床、播种、扦插、嫁接、压条、分株、灌水、施肥、修剪整形、病虫害防治、出圃等。以上所有生产环节均有相应的技术规程和质量标准要求，每个生产环节都要按规定和标准来执行，从而最终保证苗木质量。

11.3.3 生产指标管理

园林苗圃生产计划的完成可以通过具体的指标管理来实现。生产指标是把苗圃的各项生产与作业标准进行量化，用以衡量生产管理水平，指导与检查苗木生产情况，实现苗圃发展目标。

11.3.3.1 生产数量指标

(1) 苗木出圃量

出圃量是体现苗圃生产能力的一个重要指标，用以衡量苗圃的经营规模、生产技术及管理水平。出圃量取决于苗圃土地规模及其利用率，出圃苗木种类与规格；苗木生产技术和管理水平也起着十分关键的作用。

(2) 苗木繁殖量

繁殖量是苗木生产的基础，繁殖总量扣除繁殖苗的成品率、移植苗的成活率、保养苗存活率损失后的部分，才能完成出圃量计划。因此，苗木繁殖量应以最后繁殖成活量为准，而不是繁殖计划量。繁殖量分为繁殖苗木种类的数量和各种类的繁殖量，这两个因子数量的确定要以苗木市场需求为依据，同时还要考虑苗圃自身的生产条件和技术能力。

(3) 苗木生长量

苗木生长量是检验苗木养护管理水平的标准。水、肥、病虫害防治、修剪等管理水平高，苗木生长量就大，就能尽早达到出圃规格和要求；反之，养护管理水平低，苗木生长量小，达不到出圃规格和要求，就会延后出圃时间，加大生产成本。

(4) 苗木在圃量

苗木在圃量是指苗圃实际种植的苗木数量。通过在圃量的统计与分析，可以明确近年内每年可以出圃苗木的种类和数量，预算年经济效益，分析苗木种类结构是否合理，是否符合市场需求，是否需要进行调整等。

11.3.3.2 生产技术指标

(1) 繁殖苗的成品率

成品苗木数量占繁殖苗木数量的比例为成品率。繁殖苗的成品率是衡量繁育苗木技术及管理水平的一项重要指标。无论是采用播种繁殖还是营养繁殖进行苗木繁育，苗木的生长量必须达到一定的规格要求，才能判断其是否成为合格的成品苗。生长量指标一般包括株高、干径、分枝数等因子。成品苗又可分为一级、二级、三级不同级别，其余列入等外苗，等外苗不在成品苗之中。

(2) 移植苗的成活率

移植工作是将繁殖苗、养护或外引苗栽植于大田中，继续进行栽培管理以达到出圃规格。移植苗的成活率是检查苗木移植技术及管理工作的一项重要指标。苗木移植在苗圃整个育苗生产过程中所占的工作量比例较大，是苗木生产中关键的一项工作内容。

（3）保养苗木的保存率

苗木保养的保存率是经一段时间的养护管理后，保存下来的实有苗木数量所占年初苗木在圃量的比例。保存率的高低体现了苗圃全年养护管理水平的优劣。只有苗木保存率高、年生长量大，才能保证苗圃苗木生产的经济效益。

11.4 园林苗圃经济管理

园林苗圃是城市园林的重要组成部分，是繁殖和培育园林苗木的基地，其任务是用先进的科研手段，在尽可能短的时间内，以较低的成本投入，有计划地生产培育出园林绿化美化所需要的各类苗木或相关园林产品。园林苗圃的经济管理就是要充分运用各种资源，减少无效劳动和浪费，从而最经济地进行苗圃的建设、生产和经营。

11.4.1 生产成本管理

生产成本管理指苗圃生产部门在苗木生产全过程中，为控制人工、生产资料、机械设备等各种相关费用支出，降低生产成本，达到预期生产成本目标，所进行的成本预测、计划、实施、核算、考评等一系列活动。

11.4.1.1 成本管理的原则

（1）全员控制原则

实施成本管理必须调动全体员工的积极性，每个人都按自己的职责分工对成本进行控制，让成本控制意识成为每个员工的自觉行为。

（2）全过程控制原则

生产成本发生在苗木生产的全过程中，苗木生产的每一个环节都有费用支出和成本控制的问题。因此，成本控制应贯穿于苗圃生产经营的全过程。

（3）成本最低化原则

苗圃苗木生产成本控制的主要目标就是在保证苗木质量达到要求的前提下，以最小的成本达到最大化的经济效益。

（4）确保质量原则

苗木质量是苗圃生产中的核心内容，是苗圃实现其经济效益的前提和基础。苗圃进行生产成本控制时，不能忽视苗木质量，必须是在确保质量的前提下降低成本。

11.4.1.2 成本管理的内容

（1）成本预测

成本预测是根据有关资料对某项目实施的成本所做的估测。成本预测可以对某个项目进行成本预测，也可对苗圃的年度生产经营总成本进行预测。通过成本预测检查能否按预算成本完成既定的项目计划。

（2）制定成本计划

成本计划是按年度经营计划所确定的目标，具体规定项目实施中各项资料消耗定额、成本水平及相应的完成计划成本所应采取的具体措施。制定成本计划时，应考虑多种因素，进行多方案的比较。

（3）建立成本责任制

制定成本计划后，要将控制成本的责任落实到人。成本责任的主旨在于将整体成本目标分解为不同层次的子目标分配给责任人，责任人对其负责的成本部分进行控制。同时，应建立严格的费用支出审批制度，计划外费用如需开支需要经过申请和批准手续才能进行。

（4）及时核算成本

成本核算是指对生产过程中发生的费用计算出总成本和单位成本的过程。成本核算是苗圃成本管理的基础工作，及时进行生产成本的核算，可以对生产成本预测量和实际发生量之间进行比较，了解各成本项目的开支是否合理，便于及时进行成本调整或合理分摊成本。

苗圃的成本核算费用项目主要有生产成本、销售费用和管理费用。生产成本指直接用于生产苗木的料工费的总和；销售费用是销售部门在营销过程中所发生的费用；管理费用是生产部门和销售部门以外的管理人员在工作过程中所发生的费用。苗木生产过程中的具体成本项目有：繁殖材料、容器、介质等生产材料费用；育苗、生产管理、储运等过程发生的人工费用；生产过程中所使用的水、电、农药、化肥等费用；苗木生产所用设备工具费用；生产所发生的交通等费用；包装及其他费用等。

（5）实施成本控制

成本控制是以预先制定的成本标准作为各项费用消耗的限额，在生产经营过程中对实际发生的费用进行控制，及时发现和分析实际发生的费用与成本标准的差异，提出进一步改进的措施，消除差异，保证目标成本的实现。

生产成本控制包括前期成本控制和过程成本控制两部分。前期成本控制主要是生产计划阶段的成本控制，进行前期成本控制主要做好制定标准成本和制定成本计划两方面的工作。

过程成本控制是降低成本的关键，包括直接材料成本控制、直接用工成本控制和间接成本费用控制了3个方面。

11.4.1.3 降低生产成本的途径

（1）高效利用内部资源

对土地、原材料、资金、设备设施、人员等苗圃内部资源进行有效整合并充分利用，使苗圃的每一份资源都能达到物尽其用，是降低生产经营成本的关键措施之一。

(2) 采用先进技术

在目前生产资料和劳动力成本不断上升的情况下，注重先进生产技术的应用，可以明显提高生产资源的利用率和生产效率，降低生产成本。在苗木生产经营过程的各个环节，园林苗圃应尽可能地引进和采用适当的、先进的生产技术，尽量减少生产资源和劳动力的浪费，提高生产效率、降低生产成本。

(3) 合理安排工作计划

园林苗圃应对苗圃内不同时期的生产工作、生产资源、人员、设施设备等做好周密的计划和合理的工作安排，避免或减少无效或低效的劳动，尽量避免或减少无效成本的发生。

11.4.2 财务管理

园林苗圃的财务管理就是对苗圃的生产经营活动所需要的各种资金的形成、分配和使用进行计划、组织、调节、监督和核算工作的总称。其任务就是根据苗圃的生产目标，本着节约使用资金的要求，确定苗圃生产经营必要的、最低限度的资金需要量，积极地筹集和供应苗圃所需要的资金，并采取有效的措施，加速资金周转，以促进生产的发展。同时，它也是监督苗圃的生产经营活动对各项资金的支付是否合理、是否取得一定的经济效益、是否遵守国家政策法令、财经制度，以维护苗圃财产的完整性。

园林苗圃财务管理的主要内容包括资金筹措、固定资金和流动资金管理、成本管理、利润管理、财务收支计划和经济核算等。

11.5 园林苗木销售与信息化管理

11.5.1 园林苗圃市场风险评价

11.5.1.1 市场风险来源

市场风险是指经济风险是由市场因素引起的。市场因素是社会因素的一部分，具有明显的社会性质，但社会经济风险不一定就是市场风险，而市场风险则一定是社会经济风险。苗圃经营活动面临着如下市场风险挑战。

(1) 投资风险

投资是企业经营行为的起点，而投资选择是企业首先要面临的风险考验。如果企业在投资选择上发生重大失误，将来的一切经营努力都将无济于事。

(2) 技术风险

一个现代企业，其生产与经营、生存与发展，都与企业的技术水平息息相关。企业在技术方面遇到的风险是企业经营管理风险的重要方面。

(3) 生产风险

生产是企业的主体活动，是企业经营的基础和先决条件。生产风险集中体现在成本的风险、质量的风险和劳动生产率的风险等方面。

(4) 销售风险

销售是企业经营活动的最后一个环节，也是至关重要的环节。销售风险主要是由销售环境的风险、消费需求的风险和销售策略的风险等因素引起。

(5) 竞争风险

竞争是企业经营在市场上所面临的最现实的、最经常的和多方面的挑战。竞争风险主要是由竞争环境的风险、竞争实力的风险、竞争成本的风险、竞争策略的风险和竞争意识的风险等因素引起。

(6) 信誉风险

对于企业经营来说，信誉不仅是一种荣誉，也是一种资源和财富，是企业价值与发展潜力的体现。信誉来自产品质量、价格、外观、信守合同、遵纪守法等各个方面。

11.5.1.2 园林苗圃市场风险规避策略

任何企业都不愿受到风险的威胁，更不愿承受风险损失，但在风险环境中经营，企业的选择几乎都是某种风险选择。因此，企业所能做到的只能是如何尽量地降低风险系数，最大限度地减少风险损失。企业常采取相应的策略进行积极防范。

(1) 风险适应策略

风险适应策略是指企业以其自身特定的经营方式和经营特点，尽量地去适应风险环境，并根据风险的变动趋势相应地调节企业行为。企业各种规划、设计与行为方式的出发点都着眼于防范风险和适应风险。企业通过强化自身的灵活性、适应性和可塑性，在风险的威胁下生存和发展。

为了适应企业经营将会遇到的风险，在管理体制的设计上可不拘一格，不强调固定的模式；在企业规模上宜大则大，宜小则小；在投资方式上，不期望长线投资，一本万利，应具有灵活性；在经营目标上，根据风险环境的变化和形式的发展，随时对经营目标进行修改和校正，以保持其自身对风险的适应性；在产品质量上，不追求极端的质量，使质量达到消费要求，又比竞争对手略高一筹即可。

(2) 风险抑制策略

风险抑制策略是指企业采取各种有效的方式和措施，以抑制风险障碍的发生和异变、或风险扩散和连锁反应。这种策略并不回避风险选择，也不轻易改变经营方向和经营目标，而是侧重风险防范、风险弱化和风险抑制。

(3) 风险分散策略

风险分散是指在风险环境既定、风险威胁既定和经营目标既定的情况下，将企业经营的总体风险分散和转移到各个局部，从而降低整体风险实现的概率，减少风险损害的程度，提高企业经营的保险系数。

（4）风险回避策略

企业经营是在市场环境下展开的，而市场是充满风险的，回避风险是一个相对的概念，要想完全、绝对地回避风险是不可能的。企业在经营中可以采用一些策略来回避风险。如无风险选择，指企业对已经预测到和已经意识到的风险障碍采取完全回避的态度，而转向主观上认为没有风险威胁的经营方向或经营方式；弱风险选择，企业可以不改变经营方向和经营目标，通过变换不同的经营方式和经营策略，减少风险成本的投入和改变风险成本的投入方式。

11.5.2　园林苗木市场营销

园林苗木是园林苗圃的主要产品。园林苗圃业的生存和发展，受宏观环境、国家政策、经济体制、市场竞争、技术进步、制度管理、人力资源等多种因素的影响和制约，能否成功地开展营销活动，也是影响其生存和不断发展的一项重要因素。随着苗圃业的蓬勃发展，现代苗木市场，可谓行情瞬息万变，关系错综复杂，竞争异常激烈，风险变化多端。面对这种态势，要想提高苗木在市场中的占有率，市场营销成为决定企业生存和发展的大问题。市场营销是企业通过一系列手段，来满足现实消费者和潜在消费者需求的过程，是市场需求与企业经营活动的纽带与桥梁。

11.5.2.1　市场营销的基本任务

（1）为企业经营决策提供信息依据

经营决策是企业确定目标并从两个以上的经营方案中选择一个合理方案的过程。经营决策要解决企业的发展方向，依据来自市场的信息，市场营销直接接触市场，有掌握市场信息的方便条件。

（2）占领和开辟市场

对企业来说，市场是企业生存和发展的空间，有市场的企业才有生命力，市场营销的实质内容是争夺市场。

（3）传播企业理念

一个长盛不衰的企业，必定有它自身的企业理念。理念演化为企业形象，良好的企业形象会为企业带来巨大的效益。营销活动最直接地塑造企业的形象，传播企业的理念。

11.5.2.2　苗木市场营销调研

（1）苗木市场调查的主要内容

①市场环境调查　指对市场环境的政治、经济、文化等方面的调查。

②市场需求调查　调查市场对某类苗木的最大和最小需求量，现有和潜在的需求量，不同地域的销售良机和销售潜力等。

③消费者和消费行为调查　主要包括消费水平、消费习惯等。

④苗木产品调查　主要调查消费者对苗木质量、规格、性能等方面的评价反映。

⑤价格调查　主要包括消费者对苗木价格的反应，老苗木品种价格如何调整，新苗木如何定价等。

⑥竞争对手调查　主要调查竞争对手的数量、分布及其基本情况；竞争对手的竞争能力，竞争对手的苗木特性分析等。

除上述调查内容外，还有销售渠道调查、销售推广调查以及技术发展调查等。

(2) 市场营销调研的方法

①网络信息调查法　在目前信息社会和信息经济的背景下，网络具有信息全面、信息量大、获取信息方便快捷的特点，各行各业的信息都可以在互联网发现和获取，从互联网上获取信息已成为目前最方便高效的方法。

②观察法　由调查人员运用各种手段现场观察有关的对象和事物，又可分为直接观察和测量观察两种。

③询问法　根据调查事项，采用走访、书信、电话和网络等方式，获取相关的信息。

④试验法　从影响产品的各种因素中，选出某些因素，将它置于一定条件下，进行小规模试验，然后对其结果进行分析研究，决定产品是否值得大批量生产。它包括包装试验、新产品试验、价格试验等。如某苗圃向市场投入少量某苗木新品种，进行试验销售，视其试验结果决定生产规模，就属于这一调查方法。

11.5.2.3　苗木市场营销策略

市场营销是一个十分复杂的工作，它要采取一系列手段才能完成。因而市场营销的策略也是多种多样的，如何在市场竞争中取得优势，是市场营销是否成功的关键所在。园林苗木与其他工业产品有很大的不同，它是活的有生命的产品，园林苗木的营销是一项较新型的营销工作，没有成熟的经验可言。因而，园林苗木的营销，既要广泛借鉴一般商品的营销经验，又不能照抄照搬已有的模式，只有结合本行业的特点和企业自身的实际，才能创造出成功的园林苗木营销策略来。

(1) 产品策略

园林苗圃要以市场为导向，调整产品结构。园林苗圃要生产什么苗木类型或苗木品种，主要取决于绿化市场的需求状况，避免盲目生产。要积极适应市场经济的要求，产品围绕市场做文章，根据市场需求培育自己的拳头产品，树立品牌，以少数几种为主，辅以短线产品如花卉、草坪、绿化工程，长短结合，以短养长，发展多种经营。切忌跟着别人走，要有自身良好的信誉，做到人无我有，人有我优；并积极争先创新，培育新、奇、特种类。并建立示范基地，要做到苗木生产与推广示范相结合，苗木销售与技术服务相结合，逐步培育市场、引导市场，使自身处于市场经济的不败之地。

(2) 价格策略

园林苗圃应加强成本核算，降低生产成本，提高市场竞争力；在给苗木定价时，除考虑国家政策、成本、竞争、市场供求、预期利润等基本因素外,还要明确定价目标,研究定价方法,采取定价策略,使销售价格在满足苗圃自身利益的同时,也能使用户乐于接受。

具体而言,苗木价格策略主要包括基本价格、折让价格、付款期等方面的策略。园林苗圃可积极搜集市场信息,根据市场变化和价格浮动,进行适度调整。总之,要使价格和价值相适应,确实起到促进生产、保证需要的杠杆作用。

(3) 销售策略

销售是苗木产品由生产者向消费者转移的过程。园林苗圃为了实现有效的促销,必须充分了解现实的和潜在的顾客对象,开辟双向的信息反馈;多方拓宽苗木销售渠道,选择合理的营销路线,配备有效的营销机构,将苗木产品及时、方便、经济地提供给消费者。园林苗圃有效的苗木产品营销,可以加速苗圃资金周转,节约流通费用,提高经济效益;并进一步促使苗圃与外界发生经济联系,收集商情和反馈信息,不断为苗圃注入经济活力。园林苗圃苗木产品销售的渠道和方法主要有以下几种。

① 互联网销售 随着互联网和移动互联网的快速发展,网络化生活正改变着人们,也为各行各业发展提供了机会,深刻影响着生产经营方式和资源利用行为。互联网销售具有信息量大、成本低、效率高、效果好的突出特点。利用互联网进行销售减少了中间环节,更加便利与快捷。"互联网+"模式同样也为苗木销售提供了崭新的思路与方法。园林苗圃企业应充分利用互联网销售廉价高效的特点,积极进行苗圃网站的建设,将苗圃概况、主要苗木种类、经营特色、质量标准、服务内容等情况在互联网上进行全面展示,以达到推广和销售苗木的目的。互联网销售方式虽然目前还有待于进一步发展和完善,但由于其在销售方面突出的特点和优势,必然会成为苗木销售的主要方式。

② 第三方平台 园林苗圃企业将自己的苗木产品在企业之外的第三方建立的开放网络平台上进行信息发布与销售是互联网销售的另外一种方式。第三方平台分为行业内平台和行业外平台。已为人们所熟知的淘宝、天猫、京东等属于行业外平台,在这些平台上也可进行苗木信息的发布与销售,但不是专业的销售平台。行业内的第三方平台才应是苗木信息发布与销售的专业平台,才能将苗木产业链上各个环节通过互联网紧密地聚合在一起,推动苗木行业向"互联网化"发展。如东方园林创建的大型苗木电子商务平台苗联网(www.miaolianwang.com)是国内首个提供苗木交易服务的网站。苗联网采用线上线下结合的方式为苗木及园林产品的采购、销售提供包括苗木交易、交易安全、信息发布、苗木运输调度、苗木金融等全方位的支持,服务人群定位于苗农、苗木经纪人、园林公司、地产商和政府部门等。苗联网采用了一整套完善的交易流程,并根据行业特点强化了产品质量标准保障、买家资金安全保障、专业物流配送保障以及价格信息私密性保障,力争为用户提供质量安全第一、综合成本最低、采购效率最高的苗木交易体验。建立和发展类似于苗联网的第三方苗木专业平台,将会成为苗木销售与交易的主流方向。

③ 人员推销 是由苗圃销售人员通过与潜在用户的接触来推销苗木的方法。销售人员通过与潜在用户的交流与沟通,了解潜在用户的需求,全面介绍苗圃苗木种类、

规格、价格等情况。人员推销具有针对性强、说服力强等特点，虽然是一种传统的营销方式，但与其他销售方式相比，仍具有其不可替代的作用。人员推销要注意推销形式多样化，要求销售人员特别注重营销关系，注重建立和维系长期友好关系。

④广告宣传　利用报纸、广播、电视等媒体让用户了解苗圃生产苗木的种类、规格、质量、价格等情况，推销苗木产品，是苗木销售的有效方法。

⑤苗木展销　目前，全国各地的苗木、花卉展览和信息交流会越来越多，如《中国花卉报》从1987年开始每年在北京举办一次园林花木信息交流会，已成为国内花木方面最成熟的信息交流会议。另外，各省的相关部门或行业协会，也会定期或不定期的举办各种形式的苗木信息交流与交易会，为不同地区苗木交流与销售搭建了良好的平台。

11.6　园林苗圃档案建立与管理

根据育苗技术规程的规定，苗圃要建立基本情况、技术管理和科学试验等各项档案，积累生产和科研数据资料，为提高育苗技术和管理水平提供科学依据。苗圃档案主要包括苗圃建立档案、苗圃技术档案等。苗圃档案对苗圃的土地、劳力、生产资料等的应用情况，育苗技术措施的应用情况，苗木生长发育状况及生产经营活动等，进行连续不断的记录整理、分析总结，建立档案资料，能准确、全面地掌握苗木种类、数量和质量情况，苗木的生长发育规律，分析总结育苗技术经验；也是探索土地、劳力和生产资料合理使用的主要依据；又是实行劳动组织管理和科学管理的依据。苗圃档案是苗圃建立与生产经营活动的真实记录，其中，苗圃技术档案是苗圃档案的中心内容，是确保苗圃技术先进与创新的一项基础工作。

11.6.1　苗圃建立档案

苗圃建立的档案是将苗圃建立过程中的相关信息和文件整理并保存下来，为苗圃生产经营管理活动提供参考和依据。档案内容包括苗圃位置、面积、自然条件、经营条件、圃地规划、地形和土壤图、苗圃平面图、苗圃区划图、固定资产、生产工具，以及人员、组织机构等情况等。

11.6.2　苗圃技术档案

(1) 苗圃土地利用档案

主要记录苗圃地的利用、土壤耕作与施肥情况，从中分析圃地土壤肥力的变化与耕作、施肥之间的关系，为实行合理的轮作、科学施肥和改良土壤等提供依据。通常采用表格形式记载土壤结构与质地、育苗方法、作业方式、整地方法、施肥情况、灌水情况等(表11-12)。土地利用档案逐年记载，归档保存。

表 11-12 苗圃土地利用情况

作业区号_____ 作业区面积_____ 土壤质地_____ 填表人_____

年度	苗木种类	育苗方法	作业方式	整地	施肥	除草	灌水	病虫害	苗木质量	备注

(2) 育苗技术档案

将每年苗圃中各种苗木培育过程中所采取的各项措施记录在案(表11-13)，便于分析苗木生长情况与所采取的技术措施的关系，提高育苗技术和育苗效果。

表 11-13 育苗技术措施

苗木种类_____ 苗龄_____ 育苗年度_____ 填表人_____

育苗面积_____ 前茬_____

繁育方法	播种	种子来源_____ 贮藏方法_____ 贮藏时间_____ 催芽方法_____	播种方法_____ 播种量(kg/hm²)_____ 覆土厚度_____	覆盖情况_____ 覆盖物_____	间苗时间_____ 留苗密度_____
	扦插	插条来源_____ 贮藏方法_____	插条密度_____ 扦插方法_____	成活率_____	
	嫁接	砧木名称_____ 砧木来源_____	接穗名称_____ 接穗来源_____	嫁接日期_____ 嫁接方法_____ 成活率_____	绑扎材料_____ 解绑日期_____
	移植	苗木来源_____ 苗龄_____	移植时间_____ 移植次数_____	株行距_____ 成活率_____	

整地	日期_____ 耕地深度_____ 作畦日期_____				
施肥	基肥	施肥日期_____	用量_____	方法_____	
	追肥	施肥日期_____	用量_____	方法_____	
灌水	次数_____ 时间_____ 灌溉量_____				
中耕	次数_____ 时间_____ 深度(cm)_____				

病虫害防治	名称	发生时间	防治日期	药剂名称	浓度	方法	效果
	病害						
	虫害						

出圃	日期	总面积	单位面积产量(株)	合格苗率(%)	起苗与包装
	实生苗				
	扦插苗				
	嫁接苗				
其他					

(3) 苗木生长调查档案

主要是对各种苗木的生长发育情况进行定期观测，记载各种苗木的生长发育过程（表11-14），以便掌握苗木的生长发育规律及自然条件和人为因素对苗木生长发育的影响，从而确定适宜的栽培管理措施。

表 11-14　苗木生长发育调查

育苗年度＿＿＿＿　　填表人＿＿＿＿

苗木种类			苗龄			繁殖方法			移植次数		
开始出苗						大量出苗					
芽膨大						芽展开					
真叶出现						顶芽形成					
叶展开						叶变色					
开始落叶						完全落叶					

项目	生长量(cm)									
	日/月	日/月	日/月	日/月	日/月	日/月	日/月	日/月	日/月	日/月
苗高										
地径										
根系										

	级别	分级标准	单位面积产量(株)	总产量(株)
出圃	一级	高度(cm) 地径(cm) 根系 冠幅(cm)		
	二级	高度(cm) 地径(cm) 根系 冠幅(cm)		
	三级	高度(cm) 地径(cm) 根系 冠幅(cm)		
	等外苗			
	其他			

(4) 气象观测档案

气象变化与苗木生长关系密切。记载各种气象因子，从中分析它们之间的相互关系及对苗木生长的影响，可以确定适宜的技术措施及实施时间，确保苗木优质高产。气象资料可以从附近气象台抄录，有条件的苗圃可以建立自己的气象观测站进行观测。气象记载如表11-15。

表 11-15　气象记录表

年份_____　填表人_____

月份	平均气温(℃)				平均地表温(℃)				降水量(mm)				蒸发量(mm)				相对湿度(%)				日照			
	上旬	中旬	下旬	平均	上旬	中旬	下旬	平均	上旬	中旬	下旬	平均	上旬	中旬	下旬	平均	上旬	中旬	下旬	平均	上旬	中旬	下旬	平均
1月																								
…																								
12月																								
全年																								

全年霜日____天,初霜出现____月____日,晚霜出现____月____日;冰日____天,冰日出现____月____日,终冰出现____月____日;全年极端高温____℃,出现____月____日,地表温____℃,出现____月____日;极端低温____℃,出现____月____日,地表温____℃,出现____月____日;全年气温稳定通过10℃初期____月____日,终期____月____日,大于10℃的年积温为____℃;通过15℃初期____月____日,终期____月____日;通过20℃初期____月____日,终期____月____日。

(5) 苗圃作业日记

通过苗圃作业日记记载每天育苗所做的工作,便于检查总结,并掌握每天的工作量及生产材料使用情况,核算成本,制定合理定额,更好地组织生产,提高生产效率。作业日记记载见表11-16。

表 11-16　苗圃作业日记

____年____月____日　填表人_____

苗木	作业区号	育苗方法	作业方式	作业项目	人工	机工	作业量		物料使用			工作质量说明	备注
							单位	数量	名称	单位	数量		
总计													
记事													

(6) 科学试验档案

记载试验目的、设计、方法、结果、年度总结。

(7) 苗木销售档案

记载各年度销售苗木的种类、规格、数量、价格、日期、购苗单位及用途等情况。

思 考 题

1. 园林苗圃经营管理的主要目标有哪些?
2. 园林苗圃组织管理设计应遵循哪些原则?

3. 园林苗圃组织管理机构的设置和职能是什么？
4. 园林苗圃生产计划的制定原则是什么？
5. 园林苗圃生产计划的主要类型有哪些？有什么特点？
6. 如何进行园林苗圃质量管理？
7. 园林苗圃生产指标管理主要包括哪些内容？
8. 园林苗圃进行成本管理要遵循什么原则？
9. 园林苗圃进行成本管理的主要内容是什么？
10. 试述园林苗圃的市场风险的来源及规避策略。
11. 什么是市场营销的基本任务？
12. 园林苗木市场调查主要包括哪些内容？
13. 园林苗圃的主要营销策略有哪些？
14. 试述园林苗圃技术档案建立的目的与主要内容。

推荐阅读书目

1. 园林苗圃学．成仿云．中国林业出版社，2012．
2. 苗圃经营与管理．汪民．中国林业出版社，2015．

第 12 章 常见园林植物繁殖与培育

[**本章提要**]本章分别介绍了园林苗圃中常见园林植物的繁殖与培育技术，包括播种育苗、扦插育苗、嫁接育苗及压条、分株等其他繁殖手段；同时介绍了修剪与艺术造型培育大苗、容器化庭院苗木培育、绿篱地被类苗木、藤本类苗木、竹类苗木的培育栽培技术要点。

12.1 播种育苗实例

12.1.1 银杏播种育苗技术

(1)形态特征、分布与园林应用

银杏(*Ginkgo biloba*)，银杏科银杏属，俗称白果。落叶大乔木，高达40 m。有长枝与生长缓慢的短枝。叶互生，扇形，二歧状分叉叶脉。叶在长枝上散生，短枝上簇生。雌雄异株，4月开花，9~10月种子成熟。适应性较强，但不耐水涝，喜中性或微酸性土壤。中国特产，孑遗植物，被称为"活化石"。我国北自沈阳，南至广州均有栽培。种子可供食用和药用，树冠雄伟壮丽，秋叶鲜黄、美观，宜用作庭院树、行道树及风景树。

(2)种子特点

种子核果状，长 2.5~3.5 cm，径 2 cm，熟时外被白粉。外种皮肉质，中种皮骨质，白色；内种皮膜质，黄褐色。种子椭圆形，常具2纵棱。千粒重2600 g，发芽率70%左右。

(3)播种繁殖方法与技术要点

选择优良母树，于9~10月种子成熟，外种皮变黄、变软时采集银杏果，然后堆积沤烂洗净(约7 d时间)，用清水漂净果肉，冲洗后阴干种子，装入容器，放在阴凉干燥的库房贮藏。也可以低温混沙贮藏。

春季播种，需提前进行催芽，播种前把沙藏层积的种子取出，用0.1%高锰酸钾液浸10 min，再用清水选种，去除漂浮的不饱满种子，然后放到温室里催芽。注意保湿，每天早晚用温水喷洒1次，棚温35~40 ℃，每隔3 d需翻动1次，保持受热均匀，温度一致，当有 2/3 种子露白时即可播种。

土壤宜选砂壤或轻壤土。育苗前一年秋天，深翻育苗地，深翻前施腐熟的农家肥 $45 \sim 75 \ t/hm^2$，施敌百虫等毒土 $300 \ kg/hm^2$（1 kg 农药兑 19 kg 细土或细沙），均匀地撒在育苗地，结合翻、耙将农家肥和农药混入土中，可杀灭地下害虫。

翌春土壤化冻后，进行顶浆作床。育苗床做好后，在床面上施硫酸亚铁粉剂 $150 \ kg/hm^2$ 或多菌灵 $15 \ kg/hm^2$ 撒于土面，并浅刨一遍使药剂混入土中以利于杀菌。也可用硫酸亚铁 1%~3% 水溶液，按 $4 \sim 5 \ kg/m^2$ 直浇入土中或制成药土拌在土壤中。

采用条播或点播，点播时每隔 10 cm 播种 1 粒，及时覆土 3~4 cm，踩实，播后 6 周左右出苗，当年生苗高 25~30 cm。注意防苗木茎腐病。

12.1.2 冷杉播种育苗技术

(1) 形态特征、分布与园林应用

冷杉（*Abies fabri*），松科冷杉属。常绿乔木。叶条形，长 2~3 cm，宽 1.5 mm。花期 5 月，球果 10 月成熟，成熟时种鳞脱落。较耐阴，适温凉和寒冷气候，分布于东北东部、河北、山西等地。生长缓慢，枝叶秀丽，可作园景树供观赏。

(2) 种子特点

球果长 3.5~11 cm，径 3~4.5 cm。种子倒卵状三角形，具翅。成熟种子黑褐色，长椭圆形，长 6~10mm，翅与种子近等长。球果出料率 5%~8%，千粒重 8.0~8.5 g，发芽率 30%。种子贮放安全含水量 10%~12%。安全含水量和 5 ℃以下密封容器中保存，种子生活力保持 4 年。室内常温下散放半年，发芽率大减。

(3) 播种繁殖方法与技术要点

秋季播种，选无鼠害圃地直播。黑龙江地区 10 月中上旬播种。播种量 320~350 g/m^2。播种后覆盖过筛细土 1.0 cm，镇压、灌水。翌年 4 月上中旬，幼苗出土前，使用果尔（乙氧氟草醚）24% 乳油 60 $mL/667 \ m^2$ 或扑草净 50% 可湿粉 150 $g/667 \ m^2$，加水 30 kg（喷雾）封闭床面。

春季播种，需雪藏处理种子或进行室内催芽。在黑龙江地区，雪藏处理在 12 月至翌年 2 月进行，种子与洁净雪体积比 1:5，混拌后埋入雪坑，春播前 5~7 d 取出种雪混合物，化雪水浸种 1 昼夜，取出种子，控干，冷室中摊晾，待播种。室内催芽法，春播前 2 周，冷水浸种 1 昼夜，种子与水体积比 1:5，捞出种子，控干，种沙体积 1:3 混拌，使种沙湿度为饱和含水量的 60%，控制温度 10~20 ℃，每日翻动 1 次，持续 2 周可播种。20 d 后发芽出土，幼苗生长期进行适量追肥。

播种土壤 pH 值不宜大于 7.0，高床育苗，床高 10~15 cm。每亩使用克百威 3% 颗粒剂 2.5 kg 或大风雷 5% 颗粒剂 3.5 kg，混细土后在苗床上层 6 cm 厚土中进行病虫害防治。

撒播或条播。由于种粒小，播种时先量测种沙混合物体（A），根据种子预处理检斤重（B）及设计播种量（C），将种沙混合物分配到播种地面积（D）上，即 $D = A \div (B/C)$。实际分配种子时可进行微调。

条播时，幅宽 5 cm 或 10 cm，间距 5 cm。播后覆土、镇压、灌水。播种当日，使用辛硫磷 50% 乳油 1000 倍液，或马拉硫磷 45% 乳油 1000 倍液，喷施播种苗床，每次每亩药液用量 30 kg。出苗前化学除草，使用果尔 24% 乳油每亩 30~50 mL，或扑草净 50% 可湿粉 90~120 g，加水 30 kg，喷施床面。

12.1.3 樟子松播种育苗技术

(1) 形态特征、分布与园林应用

樟子松（*Pinus sylvestris* var. *mongolica*），松科松属。常绿乔木，高 15~25 m。针叶，2 针一束，长 4~9 cm，常扭曲。花期 5~6 月，果翌年 9~10 月成熟。适应性强，能耐 -40 ℃ 低温，耐旱，耐瘠薄土壤。分布于大兴安岭林区和呼伦贝尔草原，东北林区有大面积人工林。树形苍翠挺拔，可作庭院观赏及绿化树种。

(2) 种子特点

球果长卵形，长 3~6 cm。种子椭圆形，长 4.5~5.5 mm，黑褐色至黄褐色。种翅膜质，翅长 6~10 mm，基部有关节，易与种子分离。鲜球果出种率 1%~2%，种子千粒重 5~7 g，发芽率 80%~90%，贮放安全含水量 8%~10%。

(3) 播种繁殖方法与技术要点

春播，需催芽。播种前 10 d，冷水浸种 1 昼夜，捞出种子，控干，种沙体积比 1:3 混拌，种沙湿度为饱和含水量的 60%，温度在 10~20 ℃ 之间，每日翻动 1 次。

播种前 5~10 d 对播种床灭菌杀虫。条播幅宽 5 cm 或 10 cm，间隔 5 cm。

播后覆盖材料，以苗床表土为主，加适量草炭或沙或落叶松林下松针半分解物，过筛待用，每亩苗床面积须覆盖物 4 m³。随播种、随覆土、随镇压。播种后 12 h 内完成灌水，要灌透。此后，无雨日每日灌水定额 4~8 mm，灌水时间宜在午后，至幼苗全部出土。播后 3 d 内喷施化学除草剂做苗床封闭处理。注意防鸟害、除蝼蛄危害。

出苗期不必遮阴，全光培育。出苗前及出苗后 4 周内注意防治茎腐病与猝倒病。幼苗开始出土后，立刻对苗床用甲基托布津 70% 可湿粉 1000 倍液或多菌灵 50% 可湿粉 500 倍液喷雾处理，用药液量为每亩 30 kg，每 7~10 d 喷施 1 次。同时保持床面土壤潮湿，不形成龟板状裂纹。幼苗出全后 4 周开始间苗，间掉病苗、死苗、弱苗畸形小苗及株距小于 2 cm 的并生弱苗。定苗密度 800 株/m²。7 月中、下旬追肥 1 次，每亩苗床可追磷酸二铵 2~3 kg，拌土后均匀施撒，并浇 1 次水。

1 年生苗，原床覆土越冬，翌春移植，其成活率较高。做法是，10 月中旬翻松步道土深 10~15 cm，10 月下旬苗木覆土 5 cm 厚，翌春 3 月下旬撒土，4 月下旬至 5 月上旬移植。秋季起苗，越冬假植，翌春移植，成活率相对低。

2 年生苗，以春季随掘苗、随移栽为好，土壤解冻深达 12 cm 开始，至顶芽完全萌动止。秋季移植可在 10 月进行。移栽成活的关键是保证苗根在移与栽的过程中避免晾晒。移栽密度一般是 180~200 株/m²，垄作为 20~30 株/m。移栽后芽萌动前，采用化学除草封闭处理。

12.1.4 东北红豆杉播种育苗技术

(1)形态特征、分布与园林应用

东北红豆杉(*Taxus cuspidata*),红豆杉科红豆杉属。常绿乔木,高达20m。树皮红褐色。叶条形,长1.5~2 cm,螺旋状互生。5~6月开花,9~10月种子成熟。种子卵圆形,紫红色。耐阴树种。主根不明显,侧根发达。耐-30 ℃以下低温,忌暴热、怕涝。可作东北及华北地区的庭院树绿化树种。

(2)种子特点

种子卵圆形,有2~3条棱线,长6 mm,径5 mm,紫红色,种脐三角形或四方形,着生于杯状肉质红色假种皮上。有胚乳,胚长2~3 mm。鲜果实出种率为60%~80%,种子千粒重45 g,发芽率30%~60%。种子贮放含水量10%~14%。5 ℃以下密封容器中,种子寿命可保持2年以上。

(3)播种繁殖方法与技术要点

种子隔年埋藏催芽,即冷水浸种3~7 d,水量是种子体积的5倍以上,每日换水1次,漂除空粒种子,捞出种子并充分控干,混以3倍种子体积的新采河沙,种沙湿度为饱和含水量的60%,放入种子隔年埋藏窖。种子经过冬→春→夏→秋→冬,于春播前1周,取出种子,用于播种。

隔冬埋藏处理,将种子置入隔冬埋藏不冻窖中,经过夏→秋→冬,于春播前1周,取出种沙,日光下晾晒,种子裂口率占发芽种子的1/3,即可播种。

室内催芽,春播前25~26周开始处理,冷水浸种1周,每日换水1次,并搓种皮,捞出种子控干,混以3倍种子体积的新采河沙,种沙湿度保持为饱和含水量的60%,先进行温湿处理,控制种沙温度15~20 ℃之间,每日翻种沙1次,持续8~9周,之后转入冷湿处理,种沙温度0~5 ℃,持续16周。播前1周验种,如果种子裂口率低于可发芽种子的1/3,应从种沙中筛出种子,白昼在日光下晒种、喷水,做干湿交替处理;夜间给以冷湿处理,宜0 ℃以下,促进种子裂口。种子裂口率不足可发芽种子的1/3,不宜播种。

12.1.5 杜松播种育苗技术

(1)形态特征、分布与园林应用

杜松(*Juniperus rigida*),柏科刺柏属。常绿灌木或小乔木,高达10 m。树冠圆锥形,树皮长条状开裂。叶刺形,3叶轮生,叶长12~20 mm。球果长0.6~0.8 cm,常被白粉。花期4月,球果翌年10月成熟。适应性强,耐瘠薄土壤。分布于我国东北、华北和西北地区。园林绿化宜做庭院观赏区、绿篱或盆景树种。绿化栽培变种为垂枝杜松。

(2)种子特点

种子近卵圆形,先端尖,有4条钝棱,种子长6 mm。鲜果实出种率20%~30%,

种子千粒重 20~50 g，黑龙江产的种子发芽率 25%，西北地区产的种子发芽率可达 85% 以上。种子贮放安全含水量为 10%。在保持安全含水量、5 ℃容器中保存，种子寿命可保持 3 年以上。

(3) 播种繁殖方法与技术要点

种子催芽，播前 17~19 周开始室内催芽，用小苏打 0.5% 水溶液浸泡 1 昼夜，搓洗、捞出种子，再冷水浸种 1 周，捞出后混以 3 倍种子体积的新采河沙，进行暖湿处理，种沙温度 18~22 ℃之间，持续 7~8 周，之后转入冷湿处理，种沙温度 0~5 ℃。春播前 1 周验种，如果种子裂口率低于可发芽种子的 1/3，应筛出种子，在日光下晒种喷水，做干湿交替处理，促进种子裂口。也可采用隔年埋藏法和隔冬埋藏催芽，参见 12.1.4 节。

春季条播，播幅宽 12 cm，间距 8 cm，播后覆土镇压。覆土须播前提早制备，以苗床表土为主，适量加草炭或落叶松松针或稻壳，过筛堆放。要做到随播种、随覆土、随镇压。播种后 5 d 内喷施果尔 24% 乳油，每亩 30~50 mL 或每平方米使用扑草净 50% 可湿粉 90~120 g，加水 30 kg。播后 24 h 内必须灌透水 1 次。至幼苗全部出全期间，注意驱鸟、防治鸟害。播种当日日落后，播种区内使用辛硫磷 50% 乳油 100 倍处理苗床，防除蝼蛄。播种后至幼苗全部出土，始终保持土壤湿面不形成龟板状裂隙。

杜松种子珍贵，按设计（计算）播种量播种。幼苗出全后 6 周开始间苗，间苗前要灌水，间出的苗可随间随移栽。苗床杂草量多，可在幼苗出全后 8 周选用禾草克 10% 乳油 100 mL/667 m^2，加水 30 kg，做杂草茎叶处理。

幼苗出全后 4 周内，每日灌水 1 次，灌水量 4~8 mm。7 月施尿素 1 次，用量 5 kg/667 m^2，拌细土撒施苗床上，随后上方灌水。杜松 1 年生幼苗生长量受水肥供应影响大。

地下害虫以蛴螬为主，注意防治。1 年生杜松苗露地原床越冬必须防寒处理。10 月上旬翻松步道土 10~15 cm，10 月下旬土壤将要开始结冻时为苗木盖土 5 cm 厚，防寒（旱）越冬。翌春选择阴天无风天进行撤土，并跟随灌水 1 次。

12.1.6 蒙古栎播种育苗技术

(1) 形态特征、分布与园林应用

蒙古栎（*Quercus mongolica*），壳斗科栎属。落叶乔木，高达 30 m。单叶互生，叶片倒卵形，长 7~19 cm，宽 3~11 cm。花单性，柔荑花序，雌雄同株。花期 4~5 月，果期 9 月。适应性强，耐 -50 ℃低温，生长较慢。我国二级珍贵树种，分布于我国东北、华北、西北各地。可作园景树。

(2) 种子特点

壳斗杯形，坚果卵形，长 1.8~2.3 cm，径 1.2~1.8 cm。千粒重 1600~3100 g，发芽率 75%。种子长期安全贮放困难。要求杀虫处理后含水量保持在 36% 左右，恒低温（-4 ℃或 0 ℃）条件贮藏，发芽率可保持 2 年。

(3)播种繁殖方法与技术要点

秋季播种,入秋前土壤翻耕,作垄,土壤要防除地下害虫与根线虫。单行点播,使用原垄土覆盖,镇压。秋播后立即灌水一次。秋播后当年,种子胚根入土越冬。播后苗前需化学控制杂草。翌年4月中旬种苗出土,出苗期连续无雨日超过5 d需上方灌水。雨季间苗,随间随移栽。幼苗出土结束后8周,进行第一次中耕。每亩使用氟乐灵48%乳油100 mL加水30 kg处理垄土,立即跟随中耕。7月下旬至8月上旬重复进行第2次中耕。

12.1.7 榆树播种育苗技术

(1)形态特征、分布与园林应用

榆树(*Ulmus pumila*),榆科榆属。落叶乔木,高达25 m。叶椭圆状卵形,长2~8 cm,宽1.5~2.5 cm。花先叶开放,花期3~4月,果期5~6月。喜光,耐寒,能耐-40 ℃低温。对土壤要求不严,不耐水涝。抗烟尘及有毒气体能力强。分布于我国东北、华北、西北及西南各地,是哈尔滨市树。宜作行道树、"四旁"树、绿篱。老树桩可做盆景。

(2)种子特点

翅果近圆形,长12~18 mm。种子位于果翅中部。种子千粒重7.0~8.0 g,发芽率55%~85%。种子贮放安全含水量为7%~8%。0~5 ℃密封贮放的种子寿命可保持2年以上。种子贮放前不宜置于日光下暴晒,否则降低发芽率。

(3)播种繁殖方法与技术要点

随采随播的方式,播种前旋耕,起垄,每亩用41%农达100 mL,加水30 kg喷施苗床,喷药后第二日便可播种。播种量5~7 g/m^2,播种后覆原垄土,覆盖土厚0.5~1.0 cm。

幼苗出全后3周间苗,留苗密度30~40株/m^2。间出的苗可移栽。出苗后7周,每亩垄面用48%氟乐灵乳油100 mL、加水30 kg喷施,喷后盖土。苗生长进入速生期,侧枝随之出现,7月下旬开始抹侧芽;8月中旬,再次抹侧芽。及时灌水。当第1次秋霜到来前2周,剪掉顶梢10 cm,促进茎干木质化。

12.1.8 东北山梅花播种育苗技术

(1)形态特征、分布与园林应用

东北山梅花(*Philadelphus schrenkii*),虎耳草科山梅花属。落叶灌木,高可达4 m。单叶对生,叶片卵形,长4~7 cm。总状花序,花白色,直径3~3.5 cm。6~7月开花,8~9月蒴果成熟。适应性强,主要分布于我国东北。花期长,清香味,洁白素雅。宜作庭院观赏树或花篱。

(2)种子特点

果径6~9 mm,种子长3~3.5 mm,宽0.6~1 mm。

(3)播种繁殖方法与技术要点

春季播种,播前无需催芽处理,混湿细河沙直接播种。采用撒播方式,播种量为 1.0~2.0 g/m²。播种后立即覆细河沙 0.2 cm 厚,其上距床面 2~3 cm 高覆遮阳网。灌水,出苗后 2 周撤网。从播种至出苗后 2 周,要求始终保持床面湿润,每日必须灌水 1~2 次,量少次多。且每周喷施多菌灵 50% 可湿粉 400 倍液 1 次,药液用量 100 mL/m²,防治病害的发生。出苗后两周间苗,留苗密度 300~400 株/m²。

12.1.9 欧洲花楸播种育苗技术

(1)形态特征、分布与园林应用

欧洲花楸(*Sorbus aucuparia*),蔷薇科花楸属。落叶小乔木,高 9 m。奇数羽状复叶互生,叶片春夏绿色,秋季红色。顶生复伞房花序,花白色。梨果近球形,径 6~8 mm,熟时红色或橘红色。花期 6 月,果期 9~10 月。较耐阴,能耐寒,喜湿润的酸性或微酸性土壤。分布于东北、华北、西北、山东等地。盛花时满树银花,入秋红果累累,是观赏价值高的园景树之一。

(2)种子特点

花楸成熟果实为红色或橘红色,果径 6~8 mm。种子长卵形略扁,背拱腹平,棕褐色至近黑色。

(3)播种繁殖方法与技术要点

适合种植于凉爽、潮湿、排水良好的酸性土壤上。

秋季播种,10 月上旬进行。播种前温水浸种 3 日,播种量 25 g/m²,撒播。使用原床土过筛后覆盖,盖土厚 0.6~1.0 cm,镇压,灌水。土壤冻结前无雨雪,需浇灌一次封冻水。翌年 4 月中旬幼苗出土前,苗床做化学除草处理,用施田补 33% 乳油 150 mL/667 m²加水 60 kg,封闭床面,之后灌水。

春季播种,播前 12~14 周室内催芽。温水浸种 2 d,捞出种子控干,混湿河沙,种沙体积比 1:2,种沙湿度保持饱和含水量的 60%,温度控制在 0~5 ℃ 之间,每周翻动一次。播种前需要对土壤处理,施基肥、作苗床、杀虫灭菌。播种后,使用过筛的苗床土覆盖,镇压,灌水。播种床面要注意防除蝼蛄危害。幼苗出全后 6 周,苗茎进入半木质化,开始间苗。留苗密度 120~140 株/m²,多余数量选壮苗移栽,随间随栽。幼苗出全后 5~6 周,苗床需化学除草。

12.1.10 刺槐播种育苗技术

(1)形态特征、分布与园林应用

刺槐(*Robinia pseudoacacia*),豆科刺槐属。落叶乔木。奇数羽状复叶互生,叶片椭圆形,长 2~5.5 cm;具托叶刺。花白色,有香味。果实为荚果。花期 4~5 月,果期 7~8 月。喜光,不耐阴,不耐涝,抗烟尘。栽培广泛,以华北及黄河流域最为普遍。可作行道树、庭荫树、优良蜜源植物,花可食用。栽培变种有泓森槐、香花槐、金叶刺槐等。

(2) 种子特点

种子肾形，长 5 mm，宽 3 mm。无胚乳。果实出种率为 12%~25%。种子千粒重 20 g，发芽率 65%~80%。冷凉通风室内散放种子发芽率可保持 3 年以上。

(3) 播种繁殖方法与技术要点

播前使用小苏打 2% 水溶液浸种 12 h，捞出控干，即可播种。

采用顺垄撒播，播幅宽 5 cm，播种后使用垄土覆盖、镇压、化学除草。可使用毒草胺 9% 可湿粉 150 g/667 m² 或甲草胺 48% 乳油 150 mL/667 m²，加水 30 kg，封闭垄面，之后灌水 1 次。出苗结束后 6 周，可喷拿捕净 20% 乳油 40 mL/667 m² 加水 30 kg，处理垄面杂草。幼苗出全后 5~7 周，间苗，留苗密度 30~35 株/m²。幼苗高生长量对水肥敏感，进入 8 月中旬，要停止灌水、追肥，避免贪青。

12.1.11　卫矛播种育苗技术

(1) 形态特征、分布与园林应用

卫矛（*Euonymus alatus*），卫矛科卫矛属。落叶灌木，高达 3 m。小枝具 2~4 条木栓翅。叶椭圆形或倒卵形。腋生聚伞花序，花小，浅绿色。蒴果紫色，分离成 4 荚，或减为 1~3 荚，蒴果宿存很久。花期 5~6 月，果期 7~10 月。对气候和土壤适应性强，萌芽力强，耐修剪，对二氧化硫有较强抗性。东北、华北、西北至长江流域各地分布。常植于庭院观赏，木栓质翅可供药用。

(2) 种子特点

种皮褐色或浅棕色，假种皮橙红色；种子卵球形，长 3.8~5.5 mm，宽 3.1~3.4 mm，厚 2.3~3.0 mm。果实出种率 35%~40%，种子千粒重 22~26 g，发芽率 50%~70%。种子贮放需去除红色假种皮，安全含水量 8~9%，种子阴干后装入布袋，在通风室内贮放，发芽率可保持 1 年。5 ℃ 以下低温、密封贮放，发芽率可保持 3 年以上。

(3) 播种繁殖方法与技术要点

秋天采种后，日晒脱粒，用草木灰搓去假种皮，洗净阴干，再混沙层积贮藏。翌春条播，行距 20 cm，覆土 1 cm，再盖草保湿。幼苗出土后要适当遮阴。当年苗高约 30 cm，翌年分栽后再培育 3~4 年即可出圃定植。

秋季播种，9 月中旬至 10 月上旬，采集种子用小苏打 1% 水溶液搓洗掉假种皮，温水浸种 3 昼夜后播种。播种量 15~18 g/m²，覆原床土厚 1.0~1.5 cm，镇压、灌水。翌年 4 月中旬种幼苗出土前，化学防除杂草。

幼苗出全后 6~8 周开始间苗，留苗密度为 150~180 株/m²，多余数量可随间随移栽。

12.1.12 文冠果播种育苗技术

(1) 形态特征、分布与园林应用

文冠果(*Xanthoceras sorbifolium*)，无患子科文冠果属。落叶灌木或小乔木，高达8 m。小枝褐红色粗壮，奇数羽状复叶互生。花杂性，顶生总状或圆锥花序，雄花序腋生。花白色。蒴果球形。花期4~5月，果期7~9月。耐干旱贫瘠、抗风沙，不耐水湿，萌蘖力强。中国特有食用油料树种。分布于我国北方各地及河南、陕西、甘肃、宁夏一带。花繁果大，园林绿化中优良花灌木树种。

(2) 种子特点

蒴果，椭圆形或球形，黑褐色，直径3~6 cm，熟时室背3瓣裂，3室，每室具种子4~6粒。果皮厚，木栓质或革质。种子近球形，直径1~1.8 cm，黑色，有光泽。种皮厚，革质，种子无胚乳。异形双子叶，其中1枚肥大，1枚瘦小，均向一面卷曲。

(3) 播种繁殖方法与技术要点

秋季播种，适宜没有鼠害的圃地。10月上旬至土壤开始结冻进行。播前种子用始温50 ℃水，浸种1 d，换冷水浸泡1 d。点播，播种量35~40 g/m²。用垄土覆盖，覆土厚4~5 cm，镇压、灌水。翌春发芽。

春季播种，需先将种子进行雪藏处理(参见12.1.2节)、隔冬埋藏催芽(参见12.1.4节)。播种前15 d，在室外背风向阳处，另挖斜底坑，将沙藏的种子移至坑内，倾斜面向太阳，罩以塑料薄膜，利用阳光进行高温催芽，当种子20%裂嘴时可播种。也可在播种前1周用45 ℃温水浸种，自然冷却后2~3 d捞出，装入筐篓或蒲包，盖上湿布，放在20~50 ℃的温室催芽，当种子2/3裂嘴时播种。春季播种一般在4月中旬进行，条播或点播，种脐要平放。播种量23~25 g/m²。覆土厚3~4 cm。幼苗出土后3~4周开始间苗，留苗密度14~15株/m²。播种后在7月上旬与8月上旬各进行1次中耕除草。

12.1.13 红瑞木播种育苗技术

(1) 形态特征、分布与园林应用

红瑞木(*Swida alba*)，山茱萸科梾木属。落叶灌木，高2 m。树皮红色，小枝血红色，秋叶鲜红，小果洁白。叶对生，椭圆形。花期5~6月，果期8~10月。喜光，耐干旱瘠薄土壤。我国从东北、青海到江苏、江西均有栽培。园林中多丛植，宜植于庭院、公园、草坪、林缘及河边供观赏。

(2) 种子特点

核果，乳白或蓝白色，斜卵圆形，两头尖，微扁，大小5~8 mm。果核长圆形，微扁，大小约4 mm。

(3)播种繁殖方法与技术要点

秋季播种,10月上旬进行。温水浸种,之后播入预先做好的垄土。播种量8~10 g/m^2,覆原垄土厚2.0 cm。镇压灌水。翌年4月中旬出苗前,用果尔24%乳油50 mL或施田补33%乳油100 mL/1000 mL加水60 kg,作垄面封闭,防除杂草。

春播,播种前4周开始催芽。用温水浸种1昼夜,捞出种子控干,混入河沙,种沙体积比1∶2,保持种沙湿度为饱和含水量的60%,种沙温度10~20 ℃,每1~2 d翻动1次,种子裂口率占可发芽种子的30%即行播种。

12.1.14 丁香播种育苗技术

(1)形态特征、分布与园林应用

丁香(*Syringa oblata*),木犀科丁香属。落叶灌木或小乔木,高可达5 m。嫩叶卵形,单叶对生。圆锥花序自侧芽发出,花冠紫色、蓝紫色。蒴果长1~2 cm。花期4~5月,果期8~9月。习性喜光,栽培分布范围广。开花季节,芳香四溢,是城市园林绿化中理想的花灌木。

(2)种子特点

种子椭圆形,千粒重8 g,发芽率95%左右。

(3)播种繁殖方法与技术要点

播种可于春、秋两季在室内盆播或露地畦播。

室内春播,3月下旬冷室盆播,温度维持在10~22 ℃,14~25 d即可出苗,出苗率40%~90%。

露地春播,3月下旬至4月初进行。播种前需将种子在0~7 ℃的条件下沙藏2个月,播后半个月出苗。未经低温沙藏的种子需1个月或更长的时间才能出苗。

开沟条播,沟深3 cm左右,株行距10 cm。无论室内盆播还是露地条播,出苗后长出4~5对叶片时,要进行分盆移栽或间苗。分盆移栽为每盆1株。露地可间苗或移栽2次,株距15 cm,行距30 cm。

12.1.15 接骨木播种育苗技术

(1)形态特征、分布与园林应用

接骨木(*Sambucus williamsii*),忍冬科接骨木属。落叶灌木,高达6 m。小枝无毛,髓心粗大。奇数羽状复叶对生,圆锥状聚伞花序,长5~11 cm。花红色、白色或淡黄色。花期4~5月,果期9~10月。适应性较强,抗污染性强,忌水涝。分布广,我国东北和南方均有。宜于水边、林缘和草坪边栽植,也可盆栽或配置花境观赏。

(2)种子特点

浆果状核果,果实球形,径3~5 mm,紫黑色。果核倒卵形或椭圆形,有皱纹,长2.5~4 mm,宽1.7~2 mm,黄色带棕色。种子千粒重0.9~1.5 g。

(3) 播种繁殖方法与技术要点

隔冬埋藏处理催芽法。9月下旬，温水浸种3 d，混入河沙，种沙体积比1:2，种沙湿度为饱和含水量的60%，装入布袋中，放入隔冬埋藏不冻窖。翌年春播前，从窖中取出种沙，日光下晾晒翻动，种子裂口率达30%立即播种。

室内催芽。春播前13~14周开始，温水浸种3昼夜，每日换水1次，捞出种子控干，混入河沙，种沙体积比1:2，保持种沙湿度为饱和含水量的60%，先进行温湿处理，种沙温度10~20 ℃，每1~2 d翻动1次，处理8周；转入冷湿处理，种沙温度0~5 ℃，每周翻动1次，处理5~6周，种子裂口率达到30%立即播种。播前日光下晾晒种子，有利于种子裂口萌发。

采用顺垄，垄顶面撒播，播幅宽4~6 cm，位居垄中央播后用原垄土覆盖，镇压。幼苗出土结束后4~5周开始间苗，留苗密度20~30 株/m^2。

12.1.16　金银忍冬播种育苗技术

(1) 形态特征、分布与园林应用

金银忍冬（*Lonicera maackii*），忍冬科忍冬属。落叶灌木，高达5 m。小枝中空。单叶对生，叶片卵形，长5~8 cm。花成对腋生，花冠白色后变黄色。浆果球形，径5~6 mm，熟时红色。花期5~6月，果期8~10月。喜光，耐寒，耐旱，但喜湿润肥沃深厚土壤。分布于东北、华北、西北、长江流域各地至西南。枝繁叶茂，白花满树，红果累累，为优良观花、观果花灌木。

(2) 种子特点

果实圆球形，鲜红色，0.5~0.9 cm。种子扁圆形，淡黄色，长4~5 mm，宽2~3 mm。

(3) 播种繁殖方法与技术要点

秋季播种，9月中旬，冷水浸种2昼夜，捞出，再用高锰酸钾0.5%水溶液消毒4 h，捞出种子充分控干，播入预先做好的垄上。播种量3~4 g/m^2，用原垄土覆盖，覆土厚1.0~1.5 cm。镇压、灌水。

春播，需播前10~12周室内催芽，冷水浸种3 d，每日换清水1次，捞出，再用高锰酸钾0.5%溶液浸泡消毒4 h。捞出后混入新采河沙，保持种沙湿度为饱和含水量的50%~60%，先进行温湿处理，种沙温度10 ℃，持续3~4周，每1~2 d翻动种沙1次；转入冷湿处理，种沙温度0~5 ℃，持续7~8周，每3~4 d翻动种沙1次。种子裂口率达30%立即播种。播种量：2~3 g/m^2。当年苗高30~40 cm。幼苗出土结束后4~5周间苗，留苗密度30~40 株/m^2。蚜虫、红蜘蛛危害发生时，喷氧化乐果40%乳油150倍液，每次药液用量30 $kg/360\ m^2$，间隔7~10 d使用1次。

12.1.17 天目琼花播种育苗技术

(1)形态特征、分布与园林应用

天目琼花(*Viburnum opulus* var. *calvescens*),忍冬科荚蒾属。欧洲荚蒾的原变型,落叶灌木,高可达3m。树皮略带木栓质。单叶对生。复伞形聚伞花序,花冠乳白色或带粉红色。核果近球形,成熟时红色,冬季宿存。花期5~6月,果期8~9月。喜光树种,对土壤要求不严,根系发达,移植容易成活。分布广。是优良的北方园林观赏树种。

(2)种子特点

果实近球形,1~1.2 mm,径1 mm,橙红色,圆片状。果核长8~10 mm,宽8~8.5 mm,厚约1 mm,浅棕色,表面无沟槽。

(3)播种繁殖方法与技术要点

隔年埋藏催芽,具体方法参见12.1.4节。

室内催芽,8月上旬开始,温水浸种2 d,换1次水,捞出后用高锰酸钾0.5%溶液消毒4 h,捞出种子混入河沙,种沙体积比1:3,在温度20~30 ℃条件下,处理2个月,前期每1~2 d翻动种沙1次;后期种子胚根外露,可将种沙薄层铺于地面,停止翻动,10月上旬播种。

隔年埋藏预处理播种量为25 g/m^2,室内催芽预处理播种量为40 g/m^2。当年生苗高10~20 cm,密度100~120 株/m^2。播前土壤用药剂拌表土,防除蛴螬、蝼蛄危害。

幼苗真叶生出2~3片开始间苗,留苗密度200~250 株/m^2。幼苗直立生出真叶后6周,可用拿捕净20%乳油处理苗床杂草。发现蛴螬危害,立即使用硫丹辛36%乳油800~1000倍液处理土壤,药液用量100 mL/m^2,日暮后施用,并跟随灌水5~10 kg/m^2;或者立即局地移苗,人工捉拿消灭。

12.1.18 锦带花播种育苗技术

(1)形态特征、分布与园林应用

锦带花(*Weigela florida*),忍冬科锦带花属。落叶灌木,高达3 m。小枝具2棱,棱上被毛。单叶对生,椭圆形或卵状椭圆形,长5~10 cm。花冠漏斗状钟形,粉红色或玫瑰红色。蒴果柱形。花期4~6月,果期9~10月。喜生于湿润向阳的地方,适应性强,萌芽力强,对氯化氢抗性较强。东北、华北等地栽培。花期长,花朵繁密而色鲜艳,为园林观花灌木。

(2)种子特点

果实柱状,黑褐色,长1.5~2.5 cm,每果种子粒数15~20。种子圆柱形,两端斜截;无翅,浅褐色,长1~1.4 mm,宽0.6~0.8 mm。种子千粒重0.3 g,发芽率50%。

(3) 播种繁殖方法与技术要点

9~10月种实采集,采收后,将蒴果晾干、搓碎、风选去杂后即可得到纯净种子。直播或于播前1周,用冷水浸种2~3 h,捞出放室内,用湿布包着催芽后播种,效果更好。播种床面应整平、整细。采用撒播或条播,播种量2 g/hm²,播后覆土厚度<0.3 cm,播后30 d内保持床面湿润,播种后1~2周开始出苗。床表面3 cm高覆盖遮阳网,幼苗出全后2周,择阴雨天撤网。

苗期管理:苗木长出3~4根须根时可进行第1次间苗,并及时松土除草。产苗量200株/hm²,当年苗高30~40 cm。1~2年生苗可出圃栽植。猝倒病防治:从出苗开始至出苗结束2周,每7~10 d使用甲基托布津70%可湿粉1500倍液喷施苗床1次,药液用量30 kg/667 m²。幼苗出全后8周,可用拿捕净20%乳油防除杂草。

12.2 扦插育苗实例

12.2.1 兴安落叶松扦插繁殖技术

(1) 形态特征、分布与园林应用

兴安落叶松(*Larix gmelinii*),松科落叶松属。落叶乔木,高达30 m。1年生枝较细,淡黄色。叶在长枝上螺旋状散生,在短枝上簇生,条形,扁平,长1.5~3 cm,宽0.7~1 mm。雌雄球花均单生于短枝顶端。球果杯状或椭圆形,长1.5~2.5 cm,径1~2 cm。花期5~6月,球果当年9~10月成熟。喜光,耐寒。主要分布于东北、内蒙古东部。冠大叶茂,入秋叶色变黄。可用作园林绿化树种。

(2) 扦插繁殖技术要点

选优良母株,早春定植,建立采穗圃。母株定植后浇透水1次,缓苗期补浇1~2次。定植后2年内,不修剪。第3年早春发芽前,将母株上所有的侧枝从距主干2~3 cm处剪除,培养成采穗母枝。6月下旬至7月上中旬,各产穗母枝至少保留长度<13 cm的萌生枝2~3条,作抚养枝;>13 cm的枝条或过密枝全部剪下,作为半木质化插穗的材料。

插穗采集时间,应在10:00和16:00后进行,雨天可全天进行。穗长13~20 cm,直径≥2.5 cm,带顶芽。插穗制备、贮存和处理过程中要低温、保湿、避免污染。

扦插基质用1/3粗泥炭、1/3碳化稻壳和1/3粗珍珠岩混合组成,基质pH 6.0左右。扦插前一天,将育苗容器装入托盘,每盘可放容器55~60个(450~500株/m²)。利用喷雾设备,先用水将容器淋洗约30 min,再用0.3%的高锰酸钾溶液喷淋。

最好随采穗、随处理、随扦插。插穗基部3~4 cm在浓度为200~400 mg/L的吲哚丁酸(IBA)或ABT_3溶液中浸泡30 min,然后扦插。

扦插后管理需自动喷雾设备,扦插后前20 d,10:00~17:00每隔1~2 min喷雾一次;10:00前,17:00后每隔6~7 min,喷雾一次。插后20~40 d,喷雾次数相应减少为每4~5 min、10~15 min喷雾一次;41~60 d和60 d以后喷雾次数再次分别减少为

6~7 min、20~30 min 和 40~60 min 喷雾一次。阴天减少喷水次数，夜间和雨天停喷，如遇干燥有风的天气夜间喷雾一次，60 min 自控。

病害防控：扦插后全面喷 500 倍多菌灵或 800 倍百菌清灭菌，用量 1000 mL/m²，以后每隔 7~10 d 复喷 1 次。刮风、雨后应加喷 1 次。灭菌应在傍晚停止喷雾后进行。

追肥：插后 20 d 起至 9 月下旬，每隔 7~10 d 喷施 0.2% 尿素和 0.3% 磷酸二氢钾的混合营养液进行根外追肥。根外追肥在傍晚停止喷雾后进行。

土壤结冻前，可将苗木掘出保湿假植。不计划掘出的苗，应喷足越冬水，并适当覆盖草帘、锯末等以防冬旱造成枯根和地上部分抽条。

12.2.2 雪松扦插繁殖技术

(1) 形态特征、分布与园林应用

雪松（*Cedrus deodara*），松科雪松属。常绿乔木，原产地高达 60 m。树冠尖塔形，大枝平展，小枝下垂。叶针形，在长枝上散生，短枝上簇生。雌雄球花均单生于短枝顶端。球果卵圆形，长 7~12 cm，径 5~9 cm，直立。花期 10~11 月，球果翌年 10 月成熟。原产于喜马拉雅山西部，目前已在我国北京以南各城市园林中广泛栽培。喜温暖，不耐严寒，不耐积水。幼叶对二氧化硫和氟化氢极为敏感。可作大气污染监测植物。树姿优美，叶色终年苍绿，是珍贵的城市绿化和庭院观赏树种。

(2) 扦插繁殖技术要点

喜微酸性（pH 6~6.5）土壤，扦插繁殖在春、夏两季均可进行。春季 3 月下旬前，芽苞尚未萌动，气温开始转暖时，剪取幼龄母树的 1 年生粗壮枝条，用生根粉等生根促进剂处理，然后扦插。夏季的 7 月下旬，选当年生半木质化枝为插穗进行扦插。

扦插时，先将苗畦充分喷湿，待稍干后，将插穗直插或斜插入土中，入土深度 3 cm。短穗扦插（短穗长度 3 cm，1 个节的短茎上带有一个腋芽和 1 片叶）深度一般以叶片基部接近畦面为度。边插边将土壤稍加压实，使插穗与土壤紧贴，严防透风以利发根。株行距为 10 cm×20 cm，以叶片互不遮叠为宜。过密会通风不良，影响成活；过疏则浪费土地和遮阴材料。

扦插后遮阴、加盖塑料薄膜以保持湿度。插后 30~50 d，可形成愈伤组织，这时可以用 0.2% 尿素和 0.1% 的磷酸的二氢钾溶液，进行根外施肥。4 个月方可生根。管理的重点环节是浇水，插后马上浇 1 次透水，1 个月以内每日早、晚各浇水 1 次，其后根据土壤湿度灵活掌握。切忌长期积水，防止过干过湿。注意苗床温度与通风，适时揭盖荫棚，注意防风保湿。插穗后 30 d 内及暑天时，荫棚应用双层帘子较好，早盖晚收，秋末拆去荫棚。冬季搭暖棚防寒。要常松土、勤拔草。

12.2.3 圆柏扦插繁殖技术

(1) 形态特征、分布与园林应用

圆柏（*Sabina chinensis*），柏树圆柏属。常绿乔木，高达 30 m。叶二型，幼树和萌枝具刺形叶，壮龄树具鳞形叶。球果近球形，长6~8 mm，褐色，被白粉。花期3~4月，果期翌年4~9月。幼树耐庇荫，较耐寒，忌水湿，萌芽力强，耐修剪，对多种有害气体有一定抗性。分布广。可用作行道树、园景树及绿篱等，还可作桩景、盆景材料。

（2）扦插繁殖技术要点

圆柏常易感染圆柏梨锈病、圆柏苹果锈病和圆柏石楠锈病。这些病原菌以圆柏为越冬寄主，对圆柏伤害不重，但对梨、苹果、海棠和石楠等危害严重。因此，圆柏育苗圃地应避开梨、苹果、海棠和石楠等种植区。

宜选高床育苗方式。扦插前15 d左右，用草甘膦、农达等除草剂溶液喷洒圃地进行除草，并清除枯死杂灌，在苗床上平铺5 cm厚、颗粒细致的黄心土。

插穗应从树龄6年以下，生长旺盛，无病虫害的母树上采集。穗条嫩芽要饱满，基部保留1 cm木质化程度较高的硬枝，总长度10~15 cm。为预防苗木偏冠，穗条最好选择细枝分布均匀、带顶芽的侧枝。插穗应在扦插当天采集，随采随插。

以5~8月扦插为宜，最好选择阴天、多云或低温晴天扦插。扦插密度6 cm×6 cm，深度为4 cm。为预防病虫害发生，促进插穗生根，扦插后用40%的福尔马林溶液稀释100~200倍和0.02%~0.05%的ABT混合液浇透苗床。

扦插后搭建拱高为50~60 cm的小拱棚，拱间距1~1.2 m。棚膜选择0.08 mm厚的白色薄膜。插穗生根最适温度为20~30 ℃，适宜的空气湿度75%~85%。可通过遮阴、喷雾等方式调控温湿度。用喷灌方式补充水分，还要防止圃地积水。除草时注意，不能破坏插穗基部土壤，除草后要及时封闭拱棚，以保持空气温度和湿度。插穗生根后，结合浇水进行施肥。肥料以氮肥为主，每隔30 d左右，用0.3%的尿素或磷酸二氢钾溶液喷施。

12.2.4 南天竹扦插繁殖技术

（1）形态特征、分布与园林应用

南天竹（*Nandina domestica*），小檗科南天竹属。常绿小灌木，高1~3 m。茎常丛生而少分枝，幼枝红色，老后呈灰色。羽状复叶，小叶薄革质，冬季变红色。圆锥花序直立，花小，白色，具芳香。浆果球形，熟时鲜红色。花期3~6月，果期5~11月。对环境的适应性强，主要分布于长江流域，陕西、河南、河北、安徽等地也有栽培。果实鲜艳，适宜作庭院造园植物。

（2）扦插繁殖技术要点

从母株剪取穗条，穗长4 cm，穗条基部切口直径小于4 mm，保留2片叶子，并留顶芽。每穴或每个网袋扦插1个穗条，深度2 cm，以顶芽和复片露出基质表面为原则。扦插前一天，把基质浇透水；扦插后立即浇透定根水，待叶面晒干时，喷1次1000倍液的多菌灵；然后架设小拱棚，盖上塑料薄膜，保持拱棚内空气相对湿度95%以上。5~6月架设遮阳网，日均温30 ℃以下可全部揭除。扦插后20 d，喷叶面肥，用绿芬葳粉剂1000倍液喷雾；扦插后50~65 d，70%~85%穗条发根，可揭除薄膜。每隔10 d喷1次叶面肥,可用0.1%尿素喷施。要预防病害,用1000倍液喷雾,交替施用炭疽福美、多菌灵、代森锌、世高、安美托等粉剂,每隔15 d喷1次。扦插苗有100~120 d苗期时,小苗根系发达、新叶羽状复叶3片以上,可移植。

12.2.5 山茶扦插繁殖技术

(1)形态特征、分布与园林应用

山茶(*Camellia japonica*),山茶科山茶属。灌木或小乔木,高9 m。叶革质,花顶生,红色。蒴果圆球形,直径2.5~3 cm。花期1~4月,果期10月。喜温暖、湿润和半阴环境。分布于浙江、江西、四川、重庆、山东、台湾、江西等地,栽培范围广。传统园林花木,北方宜盆栽观赏。

(2)扦插繁殖技术要点

扦插成活率高,繁殖速度快,操作方便。春末夏初扦插,气温和插床土温在20~28 ℃、相对湿度80%左右,有利于插条愈伤组织和不定根的形成。若是在可控制温湿度的大棚内进行扦插,则可以周年进行。

扦插苗床地宜选择酸性至微酸性。扦插基质选用珍珠岩、蛭石、砂质壤土、红壤土、细河沙等,扦插前一周最好把基质放在太阳底下暴晒3~5 d或用500~800倍液高锰酸钾溶液消毒。少量扦插繁殖时可用花盆、木箱等容器代替插床。

山茶喜温暖湿润、半阴环境,忌日晒,对温湿度反应敏感,扦插后盖上遮阳网。

扦插时应注意叶片排列整齐有序,扦插后浇足定植水。插后25~40 d,插条基部开始愈合,有50%~60%的插穗会生出新根。随着新根的生长,需逐渐增加光照和通风,70~80 d,生根率可达95%以上,须根可发到10~30条,向四周延伸,长度可达5~30 cm。

12.2.6 金丝桃扦插繁殖技术

(1)形态特征、分布与园林应用

金丝桃(*Hypericum monogynum*),藤黄科金丝桃属。半常绿小乔木或灌木,高达1m。每个生长季末地上枯萎,地下为多年生。小枝纤细且多分枝。单叶对生,叶纸质,叶片椭圆形,长2~8 cm。顶生聚伞花序,花色金黄。蒴果宽卵形,长6~11 mm,宽4~7 mm。花期5~8月,果期8~9月。喜湿润半阴之地,不耐寒。分布于河北、山东、河南、陕西,向南至长江流域及其以南地区。北方宜栽于向阳避风处,秋末寒流到来之前根部拥土,以保安全越冬。可作盆景材料。

(2)扦插繁殖技术要点

硬枝和嫩枝扦插皆易成活,扦插基质可用壤土掺河沙配制,要求细碎、疏松、排水好。

硬枝扦插在3月上旬进行,剪取3~5年生母株上的硬枝,穗长10~15 cm。插前,将播穗基部在500 mg/L萘乙酸溶液中浸泡5 s。然后扦入基质中,深为插穗长度的 1/2 左右，株行距 5 m×6 cm。扦后在床面搭 1 m 高的棚架，遮阴。1 个月形成愈伤组织，2 个月发根，成活率 85%。

嫩枝扦插，在 6 月中下旬，插前在床面上搭 1 m 高的棚架，盖苇帘，透光度 30%~40%。插前苗床土用高锰酸钾溶液消毒。

剪取金丝桃 2~3 年生母树的当年生新梢，穗长 6~8 cm，最好带踵，顶端留 2 片叶子，其余均应修剪掉。随剪随插，插入土深 1/2~2/3，株行距 3m×5 cm。插后浇透水，根据天气情况每天喷水 3~5 次，保持土壤和空气湿度，防止插穗萎蔫。30 d 可生根，50 d 出新梢后，可减少浇水次数，成活率 95% 以上。翌年移栽。

12.2.7 银中杨扦插繁殖技术

(1)形态特征、分布与园林应用

'银中'杨(*Populus alba* 'Berolinensis')，杨柳科杨属。落叶乔木，高达 20 m。是以银白杨为母本、中东杨为父本，经人工杂交选育而成。树干通直，树皮灰白色，光滑。叶大型，叶片二色，叶面深绿色，叶背面银白色，密生茸毛。耐寒、耐旱，耐瘠薄和盐碱土壤，抗病虫害，适应性强。东北各地栽培。该品种为优良雄性无性系，不飞絮。是优良的园林绿化树种。

(2)扦插繁殖技术要点

秋采春插，秋季采集种条，入窖贮藏。翌年 4 月初将种条剪成 15 cm 长的插穗，捆好后用干净湿润的河沙埋藏，窖内温度保持在 0 ℃ 以下，在没有贮藏条件的地方，可在背风荫凉处挖埋藏沟，将种条平铺沙埋，要设法降低沟内温度，防止种条发热霉烂。

扦插前用清水浸泡插穗 24~48 h，可提高成活率。用 ABT 生根粉浸泡插穗基部 2 h，或用萘乙酸或吲哚乙酸浸泡基部 24 h，效果很好。气温达 14~17 ℃、地温 10~13 ℃ 的条件下可扦插，插穗顶端要与地表平。插后覆膜，可提高成活率 10%~30%。

扦插前灌透底水，扦插后整个生长期都不能缺水，特别是在 25 ℃ 以上的高温天气，地表要保持湿润状态。适时除草、松土、抹芽。生长高峰为 6 月中旬至 8 月下旬，6 月中旬追肥。苗期主要害虫有白杨透翅蛾和金刚钻。防治透翅蛾的主要方法：一是严格检疫，剪掉蛀段，用火焚烧；二是发生虫害后可用 1:500 氧化乐果注射器注入蛀孔；三是用性诱剂诱杀成虫。防治金刚钻的方法，一是人工捕捉；二是用 1:500 杀虫剂(氧化乐果)喷洒杀虫。

12.2.8 杜鹃花扦插繁殖技术

(1)形态特征、分布与园林应用

杜鹃花(*Rhododendron simsii*)，杜鹃花科杜鹃花属。常绿或半常绿灌木。叶互生，长椭圆形，密生硬毛。我国中南及西南地区典型的酸性土指示植物。喜湿润半阴，忌过湿，忌酷热。春季开花，花冠漏斗形，花色繁茂艳丽，具有较高的观赏价值。可作园林花坛、盆栽等。

(2) 扦插繁殖技术要点

5~6月剪取插穗,选择当年生半木质化枝条,带踵掰下,修平枝头,去掉下部叶片,上部留2~3片叶,下切口要平滑,长度为5 cm左右,注意插穗保湿。

在大棚内用高畦作床,畦宽1.2 m,高度15 cm,底部铺一层7 cm的沙,以利排水,然后铺6 cm的基质,上面铺2 cm的沙。畦面要求平整、土细、上实下虚。插前用0.2%浓度的多菌灵溶液喷洒床面进行消毒,并浇1次透水。

随剪随插,插前用0.1%高锰酸钾溶液浸泡5 min插穗,以插入土中1/3为宜。插穗后要及时喷水、遮阴。为使生根温度在20~30 ℃之间,要在温室大棚中的扦插苗床中套上小棚,以提高地温,小棚的高度一般为40 cm。中午要进行适当通风,保持小棚内苗床的空气流通。早晚应各喷1次水,湿度控制在70%~80%。20 d后生根,生根过程中,水分要适当控制,一般初期较大、后期要小,以免造成插穗下部腐烂,影响扦插成活率。

12.2.9 棣棠扦插繁殖技术

(1) 形态特征、分布与园林应用

棣棠(*Kerria japonica*),蔷薇科棣棠花属。落叶灌木,高1~2 m。小枝绿色,髓白色。叶卵形,长2~8 cm,宽1.2~3 cm。花单生于当年生侧枝顶端,金黄色,直径3~4.5 cm。瘦果褐黑色。花期5~6月,果期7~8月。分布于河南、湖北、湖南、江西、浙江、江苏、四川、云南、广东等地。优良园林树种,常成行栽成花丛、花篱,与深色的背景相衬托,使鲜黄色花枝显得更加鲜艳。

(2) 扦插繁殖技术要点

早春2~3月,选1年生硬枝剪成长5~8 cm插穗,插在整好的苗床,上露1cm左右,保证外露出1个饱满芽。扦插密度4 cm×5 cm。插后及时灌透水,保持苗床湿润,生根后即可圃地分栽。如果嫩枝扦插,基质以保水性和透气性均好的蛭石最佳。嫩枝扦插时插穗水分含量高时,成活率高,插穗保湿极为重要。扦插苗生长发育过程中,常有褐斑和枯枝病危害,可用50%多可灵湿性粉剂1000倍液喷洒。另有棉红蜘蛛危害,用40%三氯杀螨醇乳油1500倍液喷杀。

12.2.10 火棘扦插繁殖技术

(1) 形态特征、分布与园林应用

火棘(*Pyracantha fortuneana*),蔷薇科火棘属。常绿灌木或小乔木,高可达3 m。叶片倒卵形,长1.5~6 cm,宽0.5~2 cm。花集成复伞房花序,花白色。果实近球形,直径约5 mm,橘红色或深红色。花期3~5月,果期8~11月。对二氧化硫有很强吸收和抵抗能力。在陕西、江苏、浙江、福建、湖北、湖南、广西、四川、云南、贵州等地分布。夏有繁花,秋有红果,在庭院中作绿篱以及园林造景材料。

(2) 扦插繁殖技术要点

选 1~2 年生枝,剪成长 12~15 cm 的插穗,下端马耳形,在整理好的插床上开深 10 cm 小沟,将插穗呈 30°斜角摆放于沟边,穗条间距 10 cm,上部露出床面 2~5 cm,覆土踏实,扦插时间从 11 月至翌年 3 月均可进行,成活率 90% 以上。

可搭建小拱棚扦插,苗床、穴盘和基质要用 500 倍高锰酸钾溶液消毒 24 h;扦插后,浇水,用多菌灵 1000 倍液喷雾消毒 1 次;在未发根之前,每隔 7~10 d 消毒 1 次,每次补水后喷雾消毒,预防病害发生。剪穗条前 3 d,在采穗圃喷施叶面肥;扦插后,结合浇水喷施叶面肥,可喷施 0.2% 尿素稀释肥。穗条生根之前,设置遮阳网,喷水雾降温,防止扦插小拱棚空气温度超过 38 ℃。

12.2.11 红叶石楠扦插繁殖技术

(1) 形态特征、分布与园林应用

红叶石楠(*Photinia* × *fraseri*),蔷薇科石楠属。常绿小乔木或灌木。树干及枝条上有刺。幼枝棕色,贴生短毛。叶革质,长椭圆形,夏季绿色,秋、冬、春三季呈现红色。顶生复伞房花序,花白色,径 1~1.2 cm。梨果黄红色,径 7~10 mm。花期 5~7 月,果期 9~10 月。华东、中南及西南地区有栽培,北京、天津、山东、河北、陕西等地均有引种,作行道树、绿篱。

(2) 扦插繁殖技术要点

插穗采用半木质化嫩枝或木质化当年生枝条,剪成 1 叶 1 芽,长度 3~4 cm。插穗要保湿,尽量随剪随插。扦插前,切口用生根剂处理。扦插深度以插入穗条长度的 2/3 左右为宜,密度为 400 株/m^2。插好后立即浇透水,随即用多菌灵和炭疽福美混合液喷洒叶面。

一般扦插在大棚内进行,要求扦插基质含水量 60% 左右,棚内空气湿度 95%,棚内温度 38 ℃ 以下。从扦插到发根、发芽之前要保持遮阴率 75% 以上。

扦插时间,3 月上旬春插,6 月上旬夏插,9 月上旬秋插。从扦插到生根发芽之前要遮阳。扦插后 15 d,插条开始发根,应适当降低基质含水量,一般保持 40% 左右。穗条全部发根且 50% 以上发叶后,逐步除去大棚遮阳网,开始炼苗。

12.2.12 金叶女贞扦插繁殖技术

(1) 形态特征、分布与园林应用

金叶女贞(*Ligustrum* × *vicaryi*),木犀科女贞属。半落叶小灌木,高 1~2 m。为金边卵叶女贞和欧洲女贞的杂交种。单叶对生,总状花序,小花白色。核果阔椭圆形,紫黑色。喜光,耐寒力中等,对土壤要求不严格,耐修剪。长江以南及黄河流域等地均能生长良好。园林绿化中主要用来组成图案和建造绿篱。

(2) 扦插繁殖技术要点

插穗采用 2 年生金叶女贞新梢,剪成 15 cm 长的插条,将下部叶片全部去掉,上部留2~3片叶，上剪口距上芽1 cm平剪，下剪口在芽背面斜剪成马蹄形。

基质用粗砂土，0.5%高锰酸钾液消毒1 d。5~8月进行扦插，株行距5 cm×5 cm，扦插前先用比插穗稍粗的木棍打孔，深度3~5 cm。扦插密度以叶片互不接触，分布均匀为宜。插后按实，用清水喷透后覆塑料膜，遮阴。生根前每天喷水2次，保持棚内温度20~30 ℃，相对湿度在95%以上。每天中午要适当通风。为防腐烂，插后3 d喷800倍多菌灵，10 d后再喷一次。扦插生根率几乎达100%，成活率可达95%。

扦插20~30 d后开始通风，停止喷水。从扦插到全部生根历时约2个月。要及时清除枯死的插穗、落叶、杂草，及时防治病虫害。移植一般在翌春4月下旬进行，移植前10~15 d进行控水和通风炼苗，以促进植株木质化提高生活力，使之能够适应大田气候条件。到入冬前仍需要罩棚越冬，第3年春季可出圃。

12.2.13 茉莉扦插繁殖技术

(1)形态特征、分布与园林应用

茉莉(*Jas minum sambac*)，木犀科素馨属。直立或攀缘灌木，高达3m。小枝有时中空，疏被柔毛。单叶对生纸质状。聚伞花序顶生，花冠白色。果球形，径约1 cm，呈紫黑色。花期5~8月，果期7~9月。南方各地广泛栽培。叶色翠绿，花色洁白，香味浓厚，常用于庭院及盆栽观赏。

(2)扦插繁殖技术要点

4~10月进行，选取1年生枝条，剪成带有2个节以上的插穗，长10 cm，去除下部叶片，插在泥沙各半的插床，覆盖塑料薄膜，保持较高空气湿度，经40~60 d生根。

用砂土、草炭土或田园壤土等作扦插基质时，要用0.3%的高锰酸钾溶液喷洒床土。扦插前先将苗床用水灌透，待水完全渗透后，用竹签或细木棍戳孔，再把插穗条顺孔扦入。株行距5 cm×7 cm，深度相当于枝条长度的1/3~1/2，插后与土壤贴实再浇一次水，待插床表面无浮水时，用薄膜覆盖好，防止风干。为保持膜内及土壤潮湿，要经常浇水，但不要积水，以免引起烂根。温度在20~25 ℃为宜。

12.2.14 珊瑚树扦插繁殖技术

(1)形态特征、分布与园林应用

珊瑚树(*Viburnum odoratissinum*)，忍冬科荚蒾属。常绿灌木或小乔木。枝灰褐，有小瘤状皮孔。叶革质，对生，长椭圆形，终年苍翠。圆锥花序顶生或生于侧生短枝上。花芳香，黄白色。果先红后黑，核卵状椭圆形。花期4~5月，果熟期7~9月。福建、湖南、广东、海南和广西有分布。珊瑚树枝繁叶茂，遮蔽效果好，耐修剪，绿化中广泛应用于绿墙、绿门、绿廊。

(2)扦插繁殖技术要点

扦插，全年均可进行，以春、秋两季为好，生根快、成活率高。在5~6月，从当年生半木质化枝条或萌发条上剪取插条，长15~20 cm，插于苗床或沙床，插后20~30 d生根。扦插过程中，随插随将苗床喷透水。扦插后第1周每天喷水5~6次，每次喷水10 min，第2周每天喷水3~4次，第3~4周后根据天气情况适当增减每天喷水次数，使床内空气湿度保持在90%以上，基质温度保持在20~25 ℃，气温保持在25~30 ℃。扦插初期用0.1%的退菌特液喷雾2次，以防烂根烂叶，覆盖遮光率为50%的遮阳网，以减少日照直射，避免床面温度过高。

12.3 嫁接育苗实例

12.3.1 红花檵木嫁接繁殖技术

(1) 形态特征、分布与园林应用

红花檵木（*Loropetalum chinense* var. *rubrum*），金缕梅科檵木属。常绿灌木或小乔木。叶革质互生，卵圆，长2~5 cm。花3~8朵簇生在总梗上呈顶生头状花序，紫红色。蒴果褐色。花期4~5月，花期长，30~40 d；果期8月。主要分布于长江中下游及以南地区。姿态优美，耐修剪，耐蟠扎，可用作绿篱，制作树桩盆景等。

(2) 嫁接繁殖方法及技术要点

多采用嫁接方法来制作盆景和大规格绿化苗，砧木为檵木。常用的方法有：

①春秋季切接　在健壮母树中上部选取芽体充实饱满、有一定粗度的1年生或当年生枝条，每个接穗视节间长短一般以2~3芽，总长度2~2.2 cm为好。选扁平的一面为长削面，将皮层微带木质部削去，长度1.5~1.6 cm，倾斜约150°。短削面在长削面的反面，长度为长削面的1/3，倾斜约60°。砧木截枝要求截口平滑，并略向一边倾斜，先在低斜的一边向上打一角刀，然后齐木质部纵切一刀，长1.5~1.6 cm，再将削好的接穗长削面向内对准形成层插入，如砧穗比差较大，须对准一边形成层。再用带状薄膜缠扎，接穗上部套上薄膜袋。当砧木比接穗大许多倍时，可采用泥团法封口，即接后用薄膜带缠缚，但不封顶，再在砧穗接合处，将湿润的细黄土捏成长椭圆泥团，用长17 cm（5寸）、宽13 cm（4寸）的薄膜严密包裹，上缠绳线，仅露数叶于泥团外。使接穗在泥团中与外界高热干燥的气候隔绝，提高成活率，延长嫁接期。

②夏秋季"T"字形和"H"形芽接　在选好的接芽部位，划成"T"形或"H"形，深达木质部，轻轻挑开皮层，使其与木质部分离，随即在接穗的枝条上，切去该芽下方的叶片，仅留叶柄，将接芽削成微带木质的盾形芽片，长1~1.2 cm，然后嵌入砧木上"T"形或"H"形的切口中，缠缚时留叶柄于外。经过7~8 d，以指轻触叶柄，随即脱落，说明嫁接已经成活。嫁接苗成活后解开缠绕薄膜，及时抹除萌蘖和断砧，加强松土除杂草管理，注意排水和干旱季节的灌溉，适时适当施肥，并根据需要进行初步摘心整形。

12.3.2 '金叶'榆嫁接繁殖技术

(1)形态特征、分布与园林应用

'金叶'榆(*Ulmus pumila* 'Jinye'),榆科榆属,白榆变种。叶片金黄色,叶卵圆形,长3~5 cm,宽2~3 cm。花期3~4月,果期4~5月。枝条萌生力很强,有很强的抗盐碱性。分布应用范围广的一种园林彩叶树种,又可修剪成绿篱。

(2)嫁接繁殖方法及技术要点

砧木为白榆,农历惊蛰后,栽植定干高度2.6~2.8 m的砧木,1.5 m×1.5 m行株距,第1次水浇透水后,待土壤稍干进行嫁接。采用"插皮枝接"法。即在砧木上大约2.5 m位置锯断,且将茬口削平;每1株砧木上可以嫁接3根接穗,间距保持均匀;用长度为25 cm,口宽为15 cm的塑料袋自上而下将其罩住,再用0.08 mm厚塑料薄膜自下而上将其绑紧。

嫁接完成后浇第2次水,且将苗木扶正。约15 d时间接穗就会萌发,这时应抹去砧木上的萌芽,确保接穗营养供给充分;当接穗芽长到8 cm时应对其进行抽查,若多数嫁接部位已经完全愈合,则在塑料袋上采取捅孔放风的方法进行预处理,再过1周将袋撕掉。操作过程中,不能对绑扎用的塑料膜造成破坏。之后的工作是抹芽、施肥、浇水和病虫害防治,其中抹芽应持续至6月下旬;在7月中旬前,大约每20 d浇1次水,雨季后可适量减少浇水次数和浇水量;施肥一般从6月底开始,主要是尿素,可结合浇水进行,至9月以后停止施肥。如果出现病虫害,应及时进行防治。因新梢较嫩,所以喷药时应尽量减少用药量,以免对新梢产生不利影响。

如果是灌丛苗嫁接,砧木选地径粗度0.8 cm的白榆,株行距控制在40 cm×20 cm,定植后浇透水。采取切接,1株砧木嫁接1根接穗。用剪刀在砧木距地面15 cm的位置剪平,再从砧木剪口用剪刀剪开1个斜口,方向从上往下向里斜;将接穗的下部剪成斜面,长度为2.5 cm;同时将接穗沿砧木切口插入,做好对接操作,用塑料薄膜绑紧。该嫁接方法无需罩袋,后期管理如上。

如果芽接繁殖,用白榆2年生苗作砧木。6月初,从'金叶'榆充实枝条上选取饱满侧枝部位,在其上方大约1 cm位置用嫁接刀削下2~2.5 cm皮,确保其不带木质部,在砧木距地面大约5 cm的位置,选光滑位置从上到下削去与芽片一致的组织部分并将芽片、砧木对接,再用塑料布条将芽片绑缚。

12.3.3 月季嫁接繁殖技术

(1)形态特征、分布与园林应用

月季(*Rosa chinensis*),蔷薇科蔷薇属。常绿、半常绿低矮灌木,高1~2 m。自然花期8月到翌年4月,果期6~11月。品种繁多,适应性强,广泛用于庭院绿化和切花。

(2)嫁接繁殖方法及技术要点

砧木选择野生蔷薇,常用嫁接方法:

①"T"形芽接法　在适宜的季节，选用当年生枝条上的休眠芽或成熟枝上的非休眠芽。将长势旺、稍萌动的腋芽连皮剥下作接芽，砧木切一个"T"字形接口，宽1 cm，长1.5 cm，把接芽嵌入接口内，用塑料带绑紧。

②切接法　采用当年生木质化的枝条作接穗（接穗不带叶）。将砧木在离地一定高度处短截后，自一侧的形成层处从上向下纵切2~4 cm的切口，使木质部、形成层、韧皮部均露出；接穗的一侧削成同样等长的斜面，另一侧削成短斜面；将接穗长斜面一侧的形成层对准砧木一侧的形成层，然后用塑料带扎实。

③劈接法　采用2~3年生木质化的枝条作为接穗（接穗不带叶）。砧木去顶，过中心或偏一侧劈开一个长3~5 cm的切口。接穗长5~8 cm，将基部两侧略带木质部削成长2~4 cm的等楔形斜面。将接穗外侧的形成层与砧木一侧的形成层相对插入砧木中，然后用塑料带扎实。

④生长季绿枝劈接法（接穗带叶）　采用当年生半木质化的枝条作为接穗。选用当年生木质化的新枝作为砧木，距地面6~8 cm处短截，采用劈接法，嫁接饱满的当年生半木质化的接穗，用塑料带绑紧。

12.3.4　紫叶李嫁接繁殖技术

(1) 形态特征、分布与园林应用

紫叶李（*Prunus cerasifera*），蔷薇科李属。落叶小乔木，高可达8 m。叶紫红色，花瓣白色。花期4月，果期8月。华北及其以南地区广为种植。著名观叶树种，孤植群植皆宜。

(2) 嫁接繁殖方法及技术要点

砧木选桃树、李树、杏树等。

①芽接法　选2年生苗，砧木只保留地表上的5~7 cm的树桩。6月中下旬，用芽接刀取接芽，再在砧木距地3 cm处，用刀在树皮上切一个"T"形切口，使接芽和砧木紧密结合，再用塑料带绑好即可。嫁接后，接芽在7 d左右没有萎蔫，说明已经成活，25 d左右就可以将塑料带拆除。

②劈接法　接穗下部，一面削成2.5~3 cm的大斜面，另一面削成1 cm的短斜面；然后，用刀挑开砧木皮层，将接穗插入皮层，如果皮层过紧，可用嫁接刀在接穗插入前先纵切一刀，将接穗再插入中央，此时一定要注意不能把接穗的背面切口全部插入，应留0.5 cm的伤口在外面，这样不仅利于接穗成活，而且能避免切口出现疙瘩。根据砧木粗度，接3~4个接穗，接完后，用塑料布将接砧木横截面包紧。嫁接后15 d左右接穗开始萌发，再过10 d接穗抽枝成小枝条并长5~7片小叶，接穗在生长过程中每周一次除抹掉砧木上的萌蘖，以免过多消耗养分。6月初，嫁接口愈合基本完成，开始解绑嫁接口塑料薄膜，在秋季增进伤口愈合速度。

12.3.5 梅花嫁接繁殖技术

(1) 形态特征、分布与园林应用

梅花(*Prunus mume*)，蔷薇科杏属。小乔木，高 4~10 m。叶片灰绿色。花单生或有时 2 朵同生于 1 芽内，直径 2~2.5 cm，香味浓，先于叶开放。花期冬春季，果期 5~6 月。以长江流域以南各地栽培最多，可供露地观赏或栽作盆花。

(2) 嫁接繁殖方法及技术要点

砧木选用梅(本砧)、毛桃、杏、李等树种的实生苗。最常用的是本砧。

① 芽接 在 5~9 月，梅枝上的芽已渐成熟，梅花的砧木和接穗的皮层也容易剥离，这是进行梅花"T"字形芽接的最佳时期。芽接前 2~3 d，给砧木浇水，使其茎皮易于剥离。选 1 年生健壮枝条中部饱满的腋芽做接穗，剪去叶片仅留叶柄，先在腋芽的上方约 0.5 cm 处横切 1 刀，深达木质部，再从腋芽的下方约 1 cm 处向上削到切口处，使芽成为上宽下窄的盾形，并用指甲把芽片里侧的木质部剥掉(也可不剥掉)，立即用湿布包好。然后在砧木的适当位置横切、竖切各 1 刀，使刀口呈"T"字形，深达木质部，长短大小与接芽相等。随后把芽片插入"T"字形切口处，使芽片上下端与砧木紧密吻合，仅露出叶柄和芽，并用塑料薄膜条绑好即可。

② 枝接 枝接当年可快速形成树冠。早春树液开始流动时即萌芽前 10~15 d 最为适宜。梅花枝接繁殖时，砧木在水平方向剪断，选砧木光滑一边用刀口斜向上将横断面削少许，再在皮层内垂直下刀，切一带少量木质部的裂口(长约 2 cm)，口面要平、直、光滑。选当年健壮的花枝，摘去余留的花朵，接穗取枝条的中间部分，一面带木质部削成 2 cm 长的大斜面，另一面削成小斜面，削面一定要平滑，在大斜面上端留 2 个左右的完整饱满芽处剪断接穗。将削好的接穗大切面向里插入砧木切口中，使接穗长斜面至少有一边的形成层与砧木的形成层对准，并使砧、穗的削面紧密结合，并用手紧捏结合部，不让移动；另一只手用薄膜条绑扎几圈后封住接穗上端口，露出芽头，然后再捆绑好即可。

芽接后 7~10 d 可检查成活情况，成活后可除绑扎物，未成活的可立即进行新芽接。枝接要在 20 d 以上才能检查成活情况，成活后一般不立即除去薄膜绑带，等到第 2 年花后才可除去薄膜绑带，否则遇台风等灾害性天气很容易折断抽生的枝条。

12.3.6 樱花嫁接繁殖技术

(1) 形态特征、分布与园林应用

樱花(*Prunus subhirtella*)，蔷薇科樱属。乔木，高 4~16 m。花序伞形总状，有花 3~4 朵。花色多为白色或粉红色。花与叶同放或叶后开花。花期 4 月，果期 5 月。北京、南京、南昌等地均有庭院栽培。枝叶繁茂旺盛，花色幽香艳丽，是早春重要的观花树种。

(2) 嫁接繁殖方法及技术要点

砧木选樱桃、山桃、尾叶樱等实生苗。可切接、枝接、嫩枝接、劈接、靠接、芽接、腹接等。枝接在春季芽萌动前2~3周进行。靠接法和嫩枝接法，选5~6月进行。芽接在7~8月进行，因此时枝条的腋芽发育充实而饱满，且砧木树皮容易剥离，可促使相互间愈合生长。

最常用切接，具体做法为：选定砧木，在离地10 cm左右处平截去砧木的上部，在其一侧纵向切下约2 cm，稍带木质部，露出形成层；将接穗枝条的一端削成长2 cm左右的斜形，在其背侧末端斜削一刀，插入砧木，对准形成层，然后用塑料带绑缚；再用小塑料袋将接穗连同接口套入缚牢即可。嫁接后30 d左右进行检查，若接穗上的芽萌发或仍保持新鲜，表明嫁接成活。当接穗成活、芽长至4~5 cm时，在套袋上方剪一小口通气，让幼芽适应外界环境，3~5 d后除去袋子。成活1个月左右，可视情况进行松绑，只需用刀片纵切割断绑扎物即可。

12.4　其他繁殖方法育苗实例

12.4.1　桑树压条繁殖技术

(1) 形态特征、分布与园林应用

桑树 (*Morus alba*)，桑科桑属。落叶乔木或灌木，高可达15 m。树体富含乳浆。叶可饲蚕，果可生食。单叶互生；叶片卵形或宽卵形，长6~18 cm，宽5~13 cm。雌雄异株，柔荑花序。5月开花，果熟期6~7月。聚花果卵圆形，黑紫色或白色。喜光，较耐寒，对土壤要求不严，能耐轻盐碱土，但不耐水淹，耐修剪，耐烟尘和多种有毒气体。宜作园景树、"四旁"绿化或工矿区绿化树种。

桑树的种子不必经过预处理，大多是随采(种)随播(种)，播种前冷水浸种1 d，即可播种，常采用床作的播种方式。秋季整地，翻耕深30 cm，旋耕、碎土，捡除多年生杂草宿根。粗作床，床高15~20 cm。作床时，春季施基肥磷酸二铵5~7 kg/667 m^2，拌入10 cm厚土层中；施杀虫剂克百威3%颗粒剂4 kg/667 m^2，拌入表层6 cm土中施杀菌剂五氯硝基苯40%粉剂2.5 kg/667 m^2，拌入表层2~3 cm土中。在作床时，撒播前浇湿床面，种子拌5~10倍细沙或土后播种，跟随覆土。

(2) 水平压条繁殖方法与技术要点

在春季桑树发芽前，隔行将行间的土浅挖于行的侧面，每株约2根枝条横伏在行间，用镀锌铁丝或塑料扎丝将树枝固定在木桩上，并保持水平状，贴近地面横伏枝发芽后，大多数芽生长成生长芽，结合养蚕采叶，疏去止心芽，摘去新梢基部3~4片叶子，同时将新梢基部，接近枝条基部做1/3环割处理(削开少量皮层)，然后进行开沟压条。压条沟深、宽各18~20 cm。沟内施3~5 kg堆肥，并在上面覆土一层，最后把枝条压入沟内壅土踏实，露出新梢。随着新梢生长再适时重新壅土。15 d左右，新梢基部即可长出少许新根，1个月左右，枝条和基部长出较长的嫩根时，进行施肥和除草，到冬季即可按需要从母株中分离，挖苗栽植。

在压条方法选择上要因地制宜。对母株、幼株(压条枝)的管理要运用合理的平衡施肥方法，使母株营养最大限度输入到压条枝(幼株)中。要注意适时灌溉，经常保持压条部位土壤湿润，肥力充足。可适当通过人为创伤，在节间或新梢基部进行1/3的环切处理，以增加愈伤面积，促使桑根生长。同时，要加强治虫工作，以保证母、幼株健壮生长，达到叶茂根深双重效应。

12.4.2 板栗插根繁殖技术

(1) 形态特征、分布与园林应用

板栗（*Castanea mollissima*），壳斗科栗属。落叶乔木，高 15~20 m。单叶互生，叶片长椭圆形，长 9~18 cm，宽 4~7 cm，叶下面被灰白色柔毛。雄花序长 9~20 cm，雌花常生于雄花序下部，2~3(~5)朵生于一总苞内。壳斗连刺直径 4.5~6.5 cm，每一壳斗内通常有坚果 2~3 个。花期 5~6 月，果期 9~10 月。吉林、河北、山西、四川及长江流域各地均有栽培。喜光，不耐严寒。耐修剪，可作园景树观赏。

(2) 插根繁殖方法与技术要点

板栗根条的来源可利用起苗后翻出的苗根；也可选择健壮的母树，在秋季距树干 0.5 m 左右挖半圆形的沟，掘出直径 0.5~3.0 cm 粗的侧根，但应注意不得在一株树上采根过多，以免损伤母树。此外，还可挖掘采伐后的树根做插穗。秋季采的根要贮藏在湿沙中越冬以防失水干枯。

将板栗根条截成 15 cm 左右的插穗，将萘乙酸、尿素、磷酸二氢钾、四硼酸钠分别配成浓度为 0.02% 的溶液，然后各取 25 mL 混合，再加 4~5 kg 清水稀释，最后将处理组的根条放在稀释液中浸泡 2~4 h。

土壤质地最好为砂壤土，经过细致整地后，施足基肥（腐熟饼肥或复合肥），用退菌特对土壤进行消毒。并做成垄状苗床，床高 20~25 cm，床宽 1.3 m。待土壤消毒 21 d 后，采用斜插法，将根条以 20 cm×30 cm 株行距扦插，扦插的深度以插穗上端与地面齐平即可，插好后撒一层薄薄的火烧灰土，然后浇灌适量的水分，并盖好塑料薄膜或稻草，保持土壤湿润。等发现有嫩芽破土时，掀掉塑料薄膜（最好在傍晚揭掀），并且坚持每天傍晚浇水，要特别注意苗芽成活前的喷淋保湿，及时松土、除草、追肥、灌水、防治病虫害等保护管理工作。

12.4.3 毛白杨留根苗压条繁殖技术

(1) 形态特征、分布与园林应用

毛白杨（*Populus tomentosa*），杨柳科杨属。落叶大乔木。雌雄异株，雄花序长 10~20 cm，雌花序长 4~7 cm。果序长达 14 cm。花期 3 月，蒴果 4 月成熟。分布广泛，以黄河流域中、下游为中心分布区。树干通直挺拔，广泛应用于城乡绿化。

(2) 留根苗压条繁殖方法与技术要点

利用毛白杨留根丛生幼苗，就地压条育苗。

压条前圃地要灌一次水，在湿土中压条。压条穴深 10~15 cm，长 15~20 cm，宽 10 cm，纵切面呈直角三角形。以原苗为中心，凡高 30 cm 以上的多余幼苗都可向周围空地压条。为使压条顶尖直立，靠近幼苗顶尖的穴壁必须垂直地面，除掉压条基部的叶子，覆土后苗木尖梢垂直露出地面 3~5 cm。每丛最多可压条 4~6 株。压距一般为 20~40 cm，最远可达 50~60 cm。但远距离压条需要高苗，压条时间晚，当年发根率低，苗木生长矮小。压条苗压后 4~5 d 内即要灌一次水，以后则要经常保持土壤湿润，及时去掉露出地面条上的新萌芽。每株施氮磷混合肥料 25~50 g。要注意培土扶正，防止苗木倾斜。

12.4.4　牡丹分株繁殖技术

(1) 形态特征、分布与园林应用

牡丹(*Paeonia suffruticosa*)，芍药科芍药属。落叶灌木。茎高达 2m。叶为二回三出复叶。花单生枝顶，花瓣 5 或为重瓣，花色变异很大。花期 5 月，果期 6 月。蓇葖果长圆形。喜温和凉爽，栽培范围甚广。花色泽艳丽，富丽堂皇，素有"花中之王"的美誉。在园林绿化中的应用形式多样，如牡丹专类园、牡丹花台、花坛、花境，以及作盆栽观赏及切花等。

(2) 分株繁殖方法与技术要点

牡丹是丛生状灌木，很适合分株，但分株不能过早和过晚。

分株最佳时机以 9 月下旬至 10 月中旬为宜，这一时段内分栽的牡丹根部伤口容易愈合，并能很快长出一部分新根，非常有利于来年的开花和复壮。

分株时应选择生长健壮的 4~5 年生植株作母株，将整个植株从土中挖出，尽量保持根系完整，如有断根、撕碎根或生长不良发黑的根，应用利剪剪去；将挖出的牡丹苗轻轻抖去根上附土，置阴凉处晾晒 2~3 d。待根晾晒稍变软后选择植株便于分割的部位，用手掰开或用利刀劈开成几个株丛，每个株丛宜带 3~4 个枝条和 2~3 条根系，伤口处涂上木炭粉防腐，然后进行栽植。

不管是地栽还是盆栽，都要选择排水良好且较肥沃的砂质壤土，可用腐叶土、田园土和细河沙，经喷药消毒混配后使用；将分株修剪好的植株放入坑中或盆中，均匀加入准备好的培养土；当加土至坑深或盆深 1/3 时，可将植株轻轻提起 2~3 cm，使其根部伸展自如，使培养土渗入根际与土密接。栽植深度以与植株原来栽的深度相同为好，以根颈刚露出土面为宜，不宜过深或过浅，栽植过深，植株往往生长不良，叶片发黄，根系易腐烂；栽植过浅，则根颈外露，影响发根和萌芽，也不耐干旱和严寒。及时将栽培好的牡丹进行浇灌，确保浇透定根水，以便根系与栽培土充分接触。

北方冬季寒冷地区，露地分栽后的牡丹应注意防寒，可采取根颈处理土或包草把等措施御寒。新栽植的牡丹切忌施肥，待逐渐复壮后方可施肥，否则事与愿违，易导致牡丹因肥害萎蔫死亡。

12.5　修剪与艺术造型培育大苗实例

园林植物造型是利用园林技术人员独具匠心的构思、巧妙的技艺，采用栽培、整形修剪、搭架造型，攀扎、编结创造出具有美妙艺术形象的苗木。

庭院绿化对造型苗的需求较强烈，对苗木的品种规格要求多样化。如果用于城市绿化，苗木规格应满足《园林绿化工程施工及验收规范》（住建部 CJJ/T 82—2012）的要求。

园林绿化中一般选择叶色、叶形、花色或花型、枝色或枝型、果色鲜艳或数量较多等观赏价值较高的木本树种进行造型，如油松、圆柏、侧柏、龙柏、云杉、罗汉松、矮紫杉、银杏、小叶女贞、小蜡、花叶女贞、金叶女贞、女贞、大叶黄杨、柽柳、木槿、三角梅、火棘、'金叶'榆、红叶石楠、红枫、五角枫、紫薇、金银花等。下面举例说明技术过程。

12.5.1 油松造型大苗培育

油松（*Pinus tabuliformis*），松科松属。针叶常绿乔木，高达 30 m。针叶 2 针一束，长 6.5~15 cm。雄球花柱形，长 1.2~1.8 cm；球果卵形，长 4~7 cm。种子长 6~8 mm，连翅长 1.5~2.0 cm。花期 5 月，球果 10 月成熟。喜光树种，深根性，抗瘠薄、抗风，−25 ℃的气温下均能生长。分布广泛。

油松幼苗通过播种繁殖，播种前需进行种子消毒及催芽。小苗培育期间，每 2~3 年断根移苗 1 次，以促进根系发育与苗木生长。达到需要的年龄，开始进行造型培养，苗木的苗龄越大，培育出的造型苗越显古劲沧桑。

常见造型有分层式、斜坡式（镜面式）、伞顶式、迎客松式等。斜干式造型的培育，待苗高 1.5 m 以上时，对用铁丝或绳子将苗干拉倾斜，可分多次进行，为最终形成主干嶙峋、弯曲多姿、苍劲挺拔、形态各异的造型油松做准备。树冠造型时，采用的整形修剪技术，以修剪、蟠扎、拉枝、摘心等为重点，具体操作时对树枝采取回缩、疏枝、短截、牵拉、铁丝缠绕与蟠扎等措施，以塑造弯曲多姿的工艺型枝，培养成树姿苍劲、侧枝崎岖的造型。油松萌发的侧生枝较密集，平行枝也较多，虽然可加以利用，但需将这些枝条修成密不容针的平展枝叶走向；采取疏枝的方法，疏除层次感不强的多余枝叶，以达到疏密共存、互为衬托，使造型变得活泼生动。对直径在 3 cm 以下的枝干可拉枝，用绳子或铁丝蟠扎固定改变其走势，也可将侧枝绑缚在主干上，利用主干来固定侧枝；也可将多个侧枝互相绑缚，配合修剪方法以形成明显的层次；还可采取绑缚重物、在地面上钉木桩的方法拉枝来达到造型目的。枝条直径较大时，可采用弯枝法造型。在枝条相应部位，先朝欲弯向的一侧按一定的间隔刻多个"V"字形，深度不超过枝条直径的 1/2，然后在刻口处做弯，用绳子拉紧固定一段时间，待刻伤的伤口愈合时即可定型。

注意，生长旺盛的季节不修剪，否则易发生伤流。修剪一般在冬季进行。对苗木造型应遵循"从上到下、从外到内、从粗剪到细剪、先剪粗枝后剪细枝"的修剪顺序，并在枝条修剪后要对剪口、锯口及时涂抹杀菌剂、石蜡或油漆，以防止伤口水分蒸发和病菌侵入。弯枝刻口处也要涂保护剂，或用塑料薄膜缠绕伤口，以防止水分蒸发。对拉枝绑缚绳子的部位，也应采用塑料薄膜或纸箱等防护材料缠绕，以避免绳子等对干皮、枝皮造成伤害。

12.5.2 五角枫造型大苗培育

五角枫(*Acer truncatum*)，槭树科槭树属。落叶乔木，高8~10 m。单叶对生，掌状5裂，长5~8 cm，宽7~11 cm。小坚果，有果翅。花期5~6月，果期9~10月。分布于中国东北、华北和长江流域各地。稍耐阴，喜湿润凉爽气候。在酸性、中性、石灰岩上均能生长。北方重要秋天观叶树种，嫩叶红色，入秋变橙黄或红色，可作园林绿化庭院树、行道树和风景林树种。

播种育苗简单易行。春季播种，种子用水浸泡1 d，或用湿沙层积催芽后播种。播种后2~3周可发芽出土。从出苗开始至出苗结束后2周，每周喷施1次甲基托布津70%可湿粉500倍液，可防苗木猝倒。

造型大苗一般需要培育10年或更长时间，且出圃时需要带土球。因此，要选择地势平坦、背风朝阳、土层深厚、土壤肥沃、排灌条件良好、能带住土球的壤土地等。

大苗培育期间需移植几次。先选用2年生苗定植。株行距0.5 m×1~1.5 m，采取30~50 cm×30~50 cm坑植。每培育2~3年需要隔株除株或隔行除行进行间苗，保留的苗木继续培育3~6年，可得到直径3~5 cm的大苗。

造型大苗培育：对采用上述方法获得的大苗再次移植，然后进行修剪造型。定植密度1~1.5 m×2~2.5 m。定植前要细致整地，挖60~80 cm×60~80 cm见方的大坑栽植。栽植前要施足基肥，栽后踩实，及时浇水，连续浇透水3 d后封穴。

肥水管理：每年追肥两次，早春施农家肥，夏季6月追施尿素或叶面喷肥；干旱时要及时浇水，雨季要注意排水防涝，灌水后应进行松土，使土壤通透性良好，以利于苗木生长。同时做好病虫害防治工作。

苗木一般修剪成球苗、高杆球苗、圆柱形苗、方块形苗等不同造型。4月初对1年生枝修剪，剪留10~15 cm。5月末至6月初进行第2次修剪，保留带叶的新生枝梢6~10 cm。如对于高杆球苗，杆部要及时除去萌蘖。对大苗的分枝点，一般为2 m。用作行道树的造型苗，要使分枝点在3 m以上，3~5个主枝，以满足行道树的干高和冠形需求。

12.5.3 紫薇造型大苗培育

紫薇(*Lagerstroemia indica*)，千屈菜科紫薇属。落叶灌木或小乔木，高可达7 m。树皮平滑，灰色或灰褐色，枝干多扭曲，小枝纤细。花期6~9月，果期9~12月。从广东到吉林均有栽培。紫薇树姿优美，树干光滑洁净，花色艳丽，是观花、观干、观根的盆景良材。

培育坯苗　要使用细长苗坯，所以先要采用高密度(每666.7 m² 栽植2万~3万株)育苗，以培育出细长的苗木。然后，从苗圃中选择细长的紫薇小苗，高度以150~200 cm、粗度0.5~1 cm为宜。

选择附干　需要使干扭曲，因此需要找一个支架让紫薇的茎干依附，称为附干。

可以选择一段弯曲的树枝，长度1.5 m左右为宜。

苗木栽植 将弯曲的附干与细长的紫薇苗一起栽植。

缠绕造型 将紫薇苗干缠绕在附干上，顶端用细绳捆绑。

生长期修剪 紫薇苗发芽后，将根部萌发的根蘖苗剪除，1年要进行4~5次。树干下部萌发的枝条也一并剪除。一般每月修剪2~3次，主要是摘心、拉枝、绑扎等工作。由于修剪的频率变高，植株丧失养分较多，可能会出现植株萌芽减少、枝条变弱、叶片黄化等现象，因此要加强松土、施肥和灌水频率以跟修剪相适应。

冬季修剪 落叶后至来年发芽前，进行冬剪，北方以萌芽前修剪为宜。按照造型的要求，短截延长枝头，疏除细弱枝、重叠枝、平行枝、病虫枝等。

12.6 容器化庭院苗木培育实例

容器苗栽培繁殖速度快，苗木生产周期短，绿化移栽种植时不受季节限制。庭院绿化时，由于庭院内土壤的特殊性、空间的限制等，常常导致所移栽苗木生长不良。因此，最好采用容器化庭院苗木。现以庭院绿化常用的树种广玉兰为例，介绍大规格容器化苗的培育。

广玉兰(*Magnolia grandiflora*)，木兰科木兰属。常绿乔木，树皮薄鳞片状开裂。叶厚革质，花白色，有芳香。花期5~6月，果期9~10月。长江流域及其以南地区有分布，北京、太原、兰州等地有引种。耐烟抗风，对二氧化硫等有毒气体有较强抗性。

广玉兰苗木的繁殖采用嫁接繁殖，可用砧木有多种，如辛夷、白玉兰、天目木兰、山玉兰、厚朴、黄玉兰、光叶木兰等。接穗选1年生，随采随接。嫁接时期要求较严格，宜春季气温稳定在15 ℃以上时进行嫁接。采用劈接法。容器化庭院苗木培育时，利用嫁接繁殖的苗木，移植到容器进一步培育大苗。培育大苗的容器一般选用聚乙烯材料的控根容器，口径是苗木地径的8~10倍。基质可利用杂树皮、锯末、枯枝落叶、作物秸秆（玉米秸）、花生壳等，用粉碎机加工粉碎，直径<2 cm，然后加入菌液进行发酵。再与牛粪或圈粪等按8:2比例混合，然后选化学药剂对基质进行消毒处理。

大苗培育时，选树形好的广玉兰裸根苗木，将苗木内膛枝、弱枝、病虫害枝剪去。苗干采用无纺布、稻草绳或塑料薄膜包扎，避免磨损。根系应剪去老根，根长控制在15~20 cm，栽植前可用200 mg/kg的ABT生根粉溶液或生根粉对根系进行浸泡。苗入容器时，先将控根容器摆放在地势平坦的地上，如果地面为裸露土壤，应在地面垫一层石子或粗炭渣。摆放容器时，两行容器中间挖排水沟，摆放密度根据苗木大小而定，以不相互遮阴、行间便于管理为度。苗木栽植最好选阴天或下午进行，栽后先放置在树下或荫棚下。为了确保苗木的成活，最好是苗木随起随栽。上容器栽植时，基质不要装太满，离容器上边缘5 cm左右，以便浇水。栽植完成后浇第1次定根水，要浇透，然后覆土，3 d后进行第2次浇水，之后最好采用滴灌方式对苗木浇水。

养护管理包括立支架、浇水、施肥和病虫害防治，并要及时清理病叶、烂叶、死苗和容器内杂草，冬季注意防冻等。由于控根容器四周和底部都有通气孔，新苗木刚栽入控根容器后，需连续数天浇水。夏季每天早晚要各浇 1 次。地面常洒水以保持地下湿度，可有利于广玉兰苗木根系补充氧气和水分。春天植株旺盛生长期，及时施氮肥，并加入适量磷钾肥，氮磷钾比例一般为 3∶1∶1。叶面喷肥，用浓度为 0.5% 尿素或 800 倍的磷酸二氢钾，每两周喷 1 次，连续 3 次。注意防治刺蛾、介壳虫、天牛、蚜虫、白粉病等病虫害，及时清理病叶、烂叶、死苗和容器内杂草。

冬季防冻是广玉兰控根容器育苗的重要环节。方法有土埋法，是在立冬过后，挖好地沟，深度 25 cm，将容器苗有规则的排放在一起，周围培上土，浇透水。还可用覆盖法，将控根容器的苗木集中一起，用锯末、草苫、秸秆覆盖容器表面。进入冬季后，浇水量要少，适当控水。温度降到 0 ℃ 左右时要浇防冻水。生长期控制氮肥的用量，增施一些磷肥或土杂肥，可以提高容器苗木在冬季的抗寒能力。入冬后，不修剪。

控根容器苗的苗干，可进行包干涂白，或在主干周围捆上稻草或草绳缠绕，也可以用塑料薄膜包上树干，可以减少水分蒸发和空气的流动，有利于越冬。如用石硫合剂涂白，既可以防治冻害也可以防治虫害。出圃前半个月浇透水，使苗木水分充足。去除容器后，将土球用无纺布包扎好，同时保护好树干和树皮。运输过程要用薄膜盖好苗木，以防失水干枯。

12.7　绿篱地被类苗木培育实例

12.7.1　绿篱类苗木培育技术

用作绿篱的灌木要特别注意从基部培育出大量分枝，形成枝叶密集、下部丰满不光秃的灌丛，以便定植后能进行任何形式的修剪。

用作绿篱的种类很多，一般选用常绿灌木，现以南、北方均能应用的黄杨为例，介绍其培育技术。

黄杨（*Euonymus japonica*），卫矛科卫矛属。常绿灌木或小乔木。花期 5 月，果期 10 月，种子具橘红色的假种皮。常用扦插法繁育苗木。

扦插时间　宜在秋季，8 月中至 10 月中均可进行，但最好在 9 月中下旬。因为，此时新梢已停止生长，枝条含养分较多，组织分生能力较强，土壤温度和空气湿度均适宜，扦插后管理简便，容易生根。

插床准备　选用经过夏季深翻的休闲地作为苗床。平床为好，宽 120 cm，步道 30 cm，长度因地形和扦插量而定，一般长 6~7 m，以便操作和管理。为了保持湿度，在距床面 1.8 m 高，搭盖透光率为 50%~70% 的半圆形拱棚。

插穗采集　结合整形修剪采集生长旺盛、无病虫害的 1 年生枝条作为插条，用湿物包住运回裁剪加工，插穗长 10~15 cm，上部保留 2 片叶片，其余叶子去掉，上端剪成平口，基部剪成斜面。

苗床扦插　扦插前对苗床浇透水,在湿润状态下以 3 cm×5 cm 的株行距,将插穗下部 2/3 部分插入苗床,插完再浇 1 次透水,盖上遮阳网。扦插密度为 60~70 株/m^2。扦插后用 800~1000 倍多菌灵溶液喷透基质消毒。苗床插满后要立即喷雾,晴天每天上午和下午喷雾 2 次,中午每隔 0.5 h 喷 1 次,炎热夏季要视情况增加喷雾次数,以降低温度。

插后管理　3~5 d 浇 1 次水,经常保持苗床湿润。至 10 月上旬时,多数苗木就会开始生根,浇水次数逐渐减少。10 月下旬,将遮阳网去掉,浇 1 次越冬水,换上越冬膜。在大雪来临土壤封冻前,将塑料薄膜四周用土压实保温。苗床地下温度相对高一些,地面温度相对较低,进入冬季扦插苗很少抽枝或不抽枝,促进了苗木根系的发育。同时做好棚内除草浇水工作,使幼苗安全越冬。当早春 3 月初气温回升,大地回暖时,要及时浇返青水,并每 666.7 m^2 追施尿素 5~10 kg。3 月中旬逐步打开并揭掉塑料膜,使植株逐渐适应露地环境,清除杂草,加强综合管理,准备分植于大田,培育成可用作绿篱的大苗。

幼苗移栽　移栽一般在 3 月下旬和 4 月上旬,成活率较高。在深翻整地的苗圃田里作移植畦,宽 1.5 m(带畦埂)、长 10 m 左右的移植畦,沿着长边每隔 30 cm 开 10 cm 深的沟,以株行距 15 cm×20 cm 摆放幼苗。边覆土,边浇压根水。移栽后充分浇水,保持湿润。叶面喷施 0.2%~0.3% 的尿素或复合肥水,以促使扦插苗健壮生长。

为了促进大叶黄杨主干明显,分枝增多,生长健壮,快速成为柱形绿篱大苗,可以选择分植后培养 1~2 年的单株苗进行组合并成簇栽植,形成圆整的柱形簇。为了达到理想的形状,可用网状柱形模具将组合栽植的柱形簇套在内部。模具柱径与组合栽植的柱形簇的实际柱径应相一致,柱形模具下部固接在地面,以保持柱形模具垂直。生长期用修枝剪修剪从模具网孔伸出的枝叶,以形成柱形骨架。每年 8 月下旬进行 1 次精细修剪,以使绿篱柱径圆整、冠形紧凑。每次精修剪后,对根部增施一次经腐熟的有机肥,叶面喷施有机水溶肥。在每次修剪长出新叶后,结合病虫防治,喷施有机水溶肥,促进生长健壮。这样,经 2~3 年的精细管理,柱形绿篱大苗就可成型出圃。

12.7.2　地被类苗木培育技术

地被类苗木是指那些株丛密集、低矮,匍匐型的灌木和藤本植物及一些矮生竹类。木本藤蔓类如常春藤、五叶地锦、山葡萄、金银花等,绝大多数具有匍匐性,可以组成厚厚的地被层。矮生灌木如栀子花、八仙花、棣棠、小檗类等,植株低矮、枝条开展、茎叶茂盛、匍匐性强、覆盖效果好。一些矮生竹类也可用作地被植物,如箬竹、凤尾竹、鹅毛竹等。藤蔓类和矮生竹类的育苗请参考下文的相关内容,这里仅以小檗为例,介绍矮生灌木类苗木的培育。

小檗类,为小檗科小檗属的几个重要的种或变种,如小檗(*Berberis thunbergii*),及其品种'紫叶'小檗('Atropurpurea')、'矮紫叶'小檗('Atropurpurea Nana'),叶片均常年紫红色;'金叶'小檗('Aurea'),叶片常年金黄色。它们可以采用播种育苗,也可以采用扦插育苗,具体技术如下:

①播种育苗　北方地区在春季土壤解冻后的3月下旬至4月上旬进行。在播种前深翻土壤30 cm，清除杂草、树根及其他杂物，然后进行作垄或作床及土壤消毒等工作。在容易引起土壤板结的壤土及黏土上，可采用高床育苗及宽垄育苗。砂土或砂壤土可以采用低床、平床育苗。种子消毒及催芽结合进行，种子浸泡在5%的多菌灵溶液中24~36 h，然后捞出，与经过消毒过筛的湿河沙按体积比为1:3混合均匀，然后选择地势高燥、背风向阳之处，挖催芽坑，把种子与河沙的混合物放于坑中，上面再覆盖5 cm的河沙和5 cm的黄土即可。3月中下旬播种前10~15 d检查种子，当有30%的裂口发芽时取出播种。播种后加强管理，中耕杂草，施肥灌溉，病虫害防治等工作，在入冬前采取灌冻水和埋土防寒等措施，保护小苗安全越冬。第2年春季，可以剪除地面以上10 cm的弱枝，促进植株分枝，加强土肥水管理和病虫害防治等工作，株高可达40~50 cm。由于采用种子播种，会有分离现象。要将叶片紫色和绿色的分开起苗，单独存放。

②扦插育苗　扦插基质按照疏松、透气、保温、排水性好、肥力适中的原则进行选择，或按园土50%（过筛）、锯末20%、河砂30%（过筛）的比例进行配制。插床基质铺设厚度30 cm，表面再铺一层2 cm厚的细炉渣，用800倍液的多菌灵喷施灭菌。插穗于7月上旬在进入速生期的健壮母树上采集与处理，采集头年秋季平茬后当年生半木质化枝条，剪成长度10~12 cm，粗度0.5 cm左右的枝段落做插条。上部离芽1 cm处平剪，下口剪成斜形，剪口要求光滑、不劈不裂，上端留2~3片叶。每50根一捆，用100 mg/kg的ABT 2号生根粉溶液浸泡2 h，浸泡深度6~7 cm，取出晾干后即可扦插。扦插密度和方法：7月上旬插条随采随插，尽量选在阴天或傍晚时进行，采用直插，深度6~7 cm，每平方米均匀扦插300~400株。插后撒少许过筛炉渣，以利于喷水后将插条基部空隙填实，使插条与基质密接。扦插后的抚育管理主要是搭设透光率70%的遮阳网，以确保苗床温度、湿度均衡，待插穗生根后撤除。

12.8　藤本类苗木培育实例

12.8.1　紫藤苗木培育

紫藤（*Wisteria sinensis*），豆科紫藤属。是我国园林中花架的主要材料。其枝叶茂密，花序大而下垂，花色淡雅，多为蓝紫色或者淡紫色，也有白色者。其藤条长而自然弯曲，非常容易造型，将其攀附于花架、绿廊、山石等处，点缀效果非常好。可以采用播种、分株、压条、扦插、嫁接等方法繁殖苗木。

①播种育苗　秋季在紫藤果实成熟后采集荚果，剥皮取种，然后晒干贮藏。翌春播种前用80 ℃热水浸种，搅拌后自然降温24 h。捞出种子后堆放1 d，点播于土中。也可在播种前一个月用温水浸种，而后与湿沙混合，置于背风向阳处催芽，种子发芽露白0.5 mm时播种。播种前要施足基肥，并施入5%辛硫磷颗粒剂消灭地下害虫，灌足底水。播种时，行距50~60 cm，穴距10~12 cm，每穴播2~3粒，播种深度3~4 cm，播后20 d左右发芽出土。每666.7 m²用种量20~25 kg，产苗7000~8000株。

一般在苗圃地生长3年,培养其主蔓粗度达1 cm以上再带土球移栽出圃。

②扦插育苗 枝插可在春秋两季进行,选1~2年生健壮枝条,剪成长15~20 cm、粗1~2 cm、带饱满芽的枝段作为插穗。扦插前用清水浸泡插穗3~4 d,株行距20 cm×30 cm,扦插入土深约2/3,1月左右陆续生根,带踵扦插的成活率较高。据试验,采用倒插催根法成活率很高,方法是,早春选1年生健壮枝条截成如上述长度的插穗,数十根一捆,上端朝下先埋在背风向阳湿润地段(量少时可埋于湿润砂土中),覆土10 cm后踏实,上面覆盖地膜保温保湿。5月上旬检查插条有新根生出约0.5 cm后,再挖出扦插,具有很高的成活率,而且成苗较快。紫藤根易产生不定芽,因此也可采用根插,即在秋季或春季萌芽前苗木挖取后,将整理苗木土球时剪下来或遗留在土中的粗0.5~2 cm的根剪成10 cm左右的根段,按35 cm×75 cm株行距插入土中7~9 cm,上部入土与圃地平。注意要分清上下方向,避免倒插。然后灌水保湿促进根段萌生不定芽。这样,可由根段顶端的不定芽抽出新芽,长成茎蔓成苗。根插苗的初生枝生长势弱,常匍匐于地面,可以引缚枝条直立向上,待有一定粗度后再带土球起苗出圃定植。

③压条育苗 选择1年生木质化或当年生的健壮紫藤长枝,在压条处进行刻伤、环割及并用生根剂催根处理,然后在地面开一深约10 cm的沟,将枝条压伏于小沟内,然后覆盖细土,并浇水保湿,或用水苔、苔藓包裹保湿枝条(高空压条),约40 d即可生根。秋后或翌春,将压枝挖出与母株分离,在生根处分离,另行栽植即可。

④嫁接育苗 选用本砧实生苗作砧木,将引进的优良品种作接穗,于秋季采用腹接方法,春季萌芽前或夏秋时节(7月中旬至8月上旬)采用切接方法,也可于春季采用根接法嫁接繁育紫藤苗。此法多用于新品种引进扩大繁殖系数,或者培育灌木状苗、造型苗及盆栽或盆景时使用。嫁接成活后要及时剪砧,抹除砧木上的萌芽。

⑤留根育苗 紫藤圃地春季或秋季起苗后,常留下部分根系,可利用其萌芽能力就地育苗。具体做法是:起苗后对圃地稍加平整,浅锄一次,并施入基肥,然后灌水保持土壤湿润。这样残留的根上可大量萌发出不定芽,然后长成新苗。精心管理,当年生苗高可达50~80 cm,可供第2年春继续移植出圃。

⑥大苗及造型苗培育 经植株整形和修剪,可以培养成各种形状的大苗,满足园林绿化提早见绿、效果明显的要求。

藤蔓形 一般花架、画廊、篱笆、山石等处需要这种整形方式。因此,在幼苗培大时,从植株侧面插入竹竿等支架以供植株主蔓的向上攀附。当年冬季,根据藤蔓的长势采用强者轻剪,弱者重剪的原则,促进主蔓的长高增粗生长。待主蔓高度达2 m以上时,采用摘心的方法促使分生主侧蔓(也称为侧蔓或二级主蔓)2~3个,并将其导向攀附物。第2年冬季,在主侧蔓上再进行中短截修剪,即保留1/2左右。第3年在主侧蔓上分生较大的侧蔓(也称为三级主蔓),冬季再对较大的侧蔓进行短截后,就可形成完整的大苗树形出圃应用了。

悬垂形 一般作为山石间点缀使用时需要这种整形方式。在幼苗培大的过程中,第1年冬季短截主蔓,第2年促使主蔓萌发多个主侧蔓,再经1~2个冬季的短截大侧蔓的修剪,就可以形成主蔓较矮,长主侧蔓、侧蔓丰满的大苗树冠,以供点缀山石之用。

灌木状　一般是独立配置于山石旁、草坪边，或用作盆景观赏。主蔓高度要 1 m 左右，其上选留主侧蔓 3～4 个，经几个冬季的短截蔓条，加上在生长期对生长旺盛的枝蔓摘心，能够促发粗短枝蔓的形成，并及时对过密、过弱、重叠的侧蔓进行疏剪，即可培育成为一株独立的不用附攀它物的灌木状大苗。

12.8.2　凌霄苗木培育

凌霄（*Campsis grandiflora*），紫葳科凌霄属。落叶藤本。原产于我国东部、中部一带。枝干虬曲多姿，柔条纤蔓，碧叶绛花，夏日艳红，漏斗状花朵高挂枝头，铺满墙面和棚架，是园林中棚架、花门、假山、墙面、篱笆、高架桥绿化的常用植物。

苗方法有分株、扦插、压条和播种法等。繁殖出的小苗，可通过几年的整形修剪培育成大苗，具体过程如下：

凌霄一般培育成藤蔓形的树形，所以，首先要进行定干整形。圃地苗第 3 年冬季，选一个粗壮枝条作为主蔓培养，对不需要的基部分枝疏除，以使养分集中于主蔓，促使主蔓尽快加粗。第 4 年早春，在主蔓离地面 40～50 cm 高度处截去上部细弱部位，以保持主干强健的势头，然后在主蔓上萌发的侧生蔓中，选留 2～3 个粗壮者作为主侧蔓，进行牵引，使其附于支柱上，并留部分小侧蔓做辅养蔓。夏季注意对辅养蔓进行摘心，促使主蔓、主侧蔓尽快加粗生长。至冬季，再短截主侧蔓至壮芽处，促使来年在其上再度萌发壮蔓，注意及时疏除各级蔓顶端形成的花序以减少养分消耗。对于主蔓、主侧蔓上的一些侧生小蔓，要适当删剪，保留一定距离，形成主次分明，层次合理的主侧蔓结构。这样，经过 4～6 年的培养，即可得到各级枝蔓分枝合理，冠形圆满的大苗，满足园林绿化对大苗的需求。

12.9　观赏竹类苗木培育实例

12.9.1　观赏竹类大田育苗技术

观赏竹类是园林中的珍品，是园林文化的体现。北方常用刚竹属类（*Phyllostachys* spp.），禾本科竹亚科。一年四季常青，生长能力较强，可配置于建筑物前后、山坡、水池边、草坪一角，也可以在居民新村、风景区种植绿化、美化，也适合在建筑旁边筑台种植观赏。

刚竹分株（分兜法）育苗过程如下：

①土壤及温度环境　适酸性土至中性土，在 pH 8.5 的碱性土及含盐量 0.1% 的轻盐土上也能生长，但忌排水不良。能耐 -18 ℃ 的低温。

②选择母竹　3 月中旬，选择 1～3 年生、发枝低、无病虫害的植株作为母竹。

③起挖竹兜　在母竹根基附近 15 cm 附近挖一圈至竹鞭，然后将母竹和竹鞭从螺丝钉处分开挖起。挖出的部分由于根系密结，常称为"根兜""竹兜"，每兜带土 5 kg 左右。

④竹枝处理　将挖出的根兜上部所带母竹的竹秆上各节的次枝以及主秆上着地一面的侧枝剪去，侧枝留 2~3 节短截，然后再平埋于育苗地。

⑤竹兜埋植　埋兜时，先挖种植沟。沟宽与修剪后的竹冠大小相当。沟间距 40 cm，沟深 10 cm。在放置母竹根兜的地方挖 30 cm 的正方形穴，根兜放在穴内，地上部分放在沟里，倾斜 15°左右。在竹根周围施适量有机肥后分层填土，逐层踩实，再用稻草覆盖，洒水后盖上塑料薄膜。

⑥竹兜培育　竹苗展叶前，应根据天气状况及时浇水，保持土壤湿润，注意薄膜内通风。竹苗展叶后，揭去稻草和薄膜，搭上荫棚，此时仍应保持土壤湿润，待天气转凉后再拆除荫棚。当竹苗枝芽长至 2 cm 时开始分次培土，以利于幼竹基部节上生根，入冬后停止培土。在埋兜的初期，应在根部追肥 2~3 次，生根前后叶面追肥 1 次。幼苗生长期间，注意松土除草，促进形成新的根系团。同时，要注意防治竹蚜、紫斑病的危害，雨季并要注意排水。

⑦竹兜分植　竹兜经过 1 年生长，会产生新竹枝和新根系，到第 2 年春分至清明，按上述母竹分兜的方式，将 1 年生的竹子成丛地挖起，小心地分成单株或双株，每株带土，进行分植。

⑧大苗培育　及时追施肥料，春夏季节以农家肥和化肥并用效果好。秋冬季节施入饼肥、土杂肥等有机肥，利于孕笋及安全越冬。每次施肥后要进行灌水，并注意根据天气和土壤墒情在出笋前、拔节期、孕笋期和封冻前灌水。每年进行两次松土除草，第 1 次在 5~6 月间，此时杂草幼嫩尚未成熟，除草效果明显；第 2 次在 7~8 月间，此时杂草种子尚未成熟，可以减少来年杂草基数。由于新竹萌发快，数量增多，但大小不匀，应及时间苗。

12.9.2　观赏竹类容器育苗技术

(1) 竹种选择

容器竹苗特别适合于室内外盆栽观赏。可选材用竹种如淡竹、刚竹、桂竹、水竹等；笋用竹种如早竹、乌哺鸡竹、白哺鸡竹、高节竹、石竹、角竹、黄甜竹等；地被竹种如紫竹、斑竹、花毛竹、罗汉竹、黄秆乌哺鸡竹、黄纹竹、金明竹、花秆早竹、金镶玉竹、黄秆京竹、黄槽石绿竹、白纹阴阳竹、凤尾竹、小琴丝竹、螺节竹、辣韭矢竹、茶秆竹、小佛肚竹、铺地竹、菲白竹、黄条金刚竹等。

(2) 场地准备

刚上盆的盆竹应放在遮阴条件下养护，北方冬季须在室内越冬。

(3) 育苗容器

营养钵、育苗袋最经济，效果好。也可用塑料花盆、塑料桶、瓦盆及陶盆等。根据竹子的大小选择盆体，地被竹类如菲白竹，用 10 cm×10 cm、12 cm×13 cm 的营养钵；小型竹类如紫竹、斑竹等用 30 cm×30 cm 的营养钵或 30 cm×45 cm 的育苗袋；中型竹类如乌哺鸡竹用 30 cm×45 cm 或 35 cm×50 cm 的育苗袋。

(4) 上盆与养护

①上盆时间 散生竹类,以春季竹笋出土前的2~3月和秋季9~10月为佳;地被竹类,以2月装盆最佳;丛生竹类,由于是在夏秋季出笋,故以3~5月上盆为好。

②育苗基质 竹子喜酸性、微酸性或中性土壤,以pH 4.5~7.0为宜,忌黏重、碱性土壤。北方土壤碱性强,可加入0.2%的硫酸亚铁。可用疏松肥沃,排水良好的砂质壤土,也可用农田土拌红黄壤、腐殖土与细沙。

③竹苗上盆 挑选分枝低矮、竹叶茂盛、株形美观的竹子,2~3株1丛起苗。挖苗时要多带宿土,保证鞭芽及鞭根完整。挖出后置阴凉处,对叶面喷水。如果竹子太高,应剪除梢头;若竹叶太多,可摘除部分叶片。室内摆放时,竹株高度控制在2 m左右。装盆时先将盆放平,盆底垫一层透气材料如碎石片、煤渣。之后填入一层盆土,把竹苗装入盆内,最后再填土,边填土边用木棒在盆四周将土捣实。装好盆后,立即浇透水,直至有水从盆底流出为止。

④合理浇水 装盆后第1次水要浇透,以后保持盆土湿润,不可浇水过多,否则易烂鞭烂根。从装盆至成活阶段,要经常向叶片喷水。如果盆土缺水,竹叶会卷曲,此时,应及时浇水,则竹叶又会展开。夏天平均1~2 d浇水1次,冬天浇水次数减少,但要保证盆土湿润,以防"干冻"。

⑤科学施肥 以装盆时拌入盆土中的有机肥为主,经腐熟后的畜粪、垃圾肥及河泥等均可,拌入盆土中混合使用,用量为盆土量的10%~15%。竹子成活后按照"薄肥勤施"的原则追肥,春、夏季可以水施0.5%尿素,或1.0%的进口复合肥1~2次。

⑥病虫防治 主要有蚜虫、介壳虫等,病害主要有煤污病、丛枝病等,应加强管理,及时防治,修剪病株。

思 考 题

1. 为什么不同的园林植物要使用不同的方法繁殖?
2. 介绍所在地区主要园林植物的繁殖方法。

推荐阅读书目

园林植物造型艺术.曹敬先,穆守义.河南科学技术出版社,2001.

附　表

附表 1　主要园林树木开始结实年龄、开花期、种子成熟期与质量标准
（仿自苏金乐，2011）

	开始结实年龄（年）	开花期（月）	种实成熟期（月）	种子千粒重（g）	发芽率（%）	主要栽培和引种地区
苏铁 *Cycas revolute*	10~20	7~8				华南、西南
银杏 *Ginkgo biloba*	20	3~4	9~10	2600	80~95	江苏、广州、沈阳
冷杉 *Abies fabri*	40~50	5	9~10	10~14	10~34	西南
辽东冷杉 *Abies holophylla*		5~6	9	50	30~60	东北
红皮云杉 *Picea koraiensis*	20~30	6	9~10	5~7	80	内蒙古、东北
白杆 *Picea meyeri*	20	4~5	9~10	5~6	20~45	华北
云杉 *Picea asperata*	20~50	4	9~10	4~5	40~70	西南、西北
雪松 *Cedrus deodara*	20~30	10~11	10~11*	85~130	50~90	西南、长江黄河流域
红松 *Pinus koraiensis*	80~100	5~6	9~10*	500	80~90	东北
樟子松 *Pinus sylvestris*	20~25	5~6	9~10*	6~7	70	东北、西北
油松 *Pinus tabulaeformis*	15	5	10*	25~49	85~90	华北、西北、东北南部
白皮松 *Pinus bungeana*	8~15	4~5	10*	140~165	70	华北、西北南部
华山松 *Pinus armandii*	10~15	4	9~10*	300	80	西南

附 表

(续)

	开始结实年龄（年）	开花期（月）	种实成熟期（月）	种子千粒重（g）	发芽率（%）	主要栽培和引种地区
马尾松 Pinus massoniana	6~10	4	10~11*	10	70~90	秦岭、淮河以南
油杉 Keteleeria fortunei	10~15	2~3	10~11	90~120	30~80	长江以南
竹柏 Podocarpus nagi	10	4~5	10~11	450~520	90	广东、广西、福建、浙江
紫杉 Taxus cuspidate	10	5~6	9~10	90~100	90	东北、华北
杉木 Cunninghamii lanceolata	4~7	3~4	10~11	8	30~40	秦岭、淮河以南
柳杉 Cryptomeria fortunei	10	3	10~11	3~4	20	华南、河南、山东
水松 Glyptostrobus pensilis	5~6	2~3	10~11	11~15	50~60	长江流域及其以南
池杉 Taxodium ascendens	10	3~4	10~11	74~118	30~60	长江以南、河南、陕西
水杉 Metasequoia glyptostroboides	25~30	3	10~11	2	8	湖北、湖南、四川、辽宁
南洋杉 Araucaria cunninghamii	15~20	10~11	7~8*	240	30	广东、广西、海南、福建
侧柏 Platycladus orientalis	5~6	3~4	9~10	20~25	70~85	黄河及淮河流域
柏木 Cupressus funebris	7	2~3	7~11*	3~3.5	50~70	长江以南
圆柏（桧柏） Sabina chinensis	20	4	11~12*	20~30	50~70	华北、东北南部
广玉兰 Magnolia grandiflora	10	5~6	9~10	66~86	85	长江以南、兰州、郑州
白玉兰 Magnolia denudata	5	3~4	9~10	135~140		华中、华东、华北
乐昌含笑 Michelia chepensis	11	3~4	9~10	96	82	贵州、江西、湖南、广东
马褂木 Liriodendron chinense	15~20	4~5	9~10	33	5	长江流域及其以南
樟树 Cinnamomum camphora	5	4~5	11	120~130	70~90	长江流域及其以南
檫树（檫木） Sassafras tsumu	6	3	6~8	50~80	70~90	长江以南、西南

(续)

	开始结实年龄（年）	开花期（月）	种实成熟期（月）	种子千粒重（g）	发芽率（%）	主要栽培和引种地区
杜仲 Eucommia ulmoides	6~8	3~4	10~11	75~85	60~85	西南、湖北、陕西、山东
桑 Morus alba	3	4	5	1~2	80~90	长江流域、黄河中下游
枫杨 Pterocarya stenoptera	8~10	4~5	8~9	80~100	70~90	长江和淮河流域
榉树 Zelkova schneideriana	10~15	3~4	10	12~16	50~80	淮河、秦岭以南
银桦 Grevillea robusta	5	4~5	6~7	11~13	70	福建、广东、广西、云南
白桦 Betula platyhylla	15	4~5	8	0.4	20~35	东北、华北、西北
木荷 Schima superba	8~10	4~5	9~10*	6	65	长江流域及其以南
紫椴 Tilia amurensis	15	6~7	9~10	35~40	60~90	东北、华北
毛白杨 Popolus tomentosa		3~4	4~5			黄河中下游、江苏、宁夏
小叶杨 Populus simonii		3~4	4~5	0.4	90	东北、华北、华中、西北
旱柳 Salix matsudana		3~4	4~5	0.17		东北、华北、西北、华东
榆树 Ulmus pumila	5~7	3~4	4~5	6~8	65~85	华北、东北、西北、华中
香椿 Toona sinensis	7~10	6	10~11	翅果15	80	黄河与长江流域
臭椿 Ailanthus altissima		5~6	9~10	翅果32	70~85	华北、西北
楝树 Melia azedarach	3~4	4~5	11	700	80~90	华北南部、华南、西南
栾树 Koelreuteria paniculata		6~7	9	150	60~80	华中、华北
相思树 Acacia confusa	20	4~5	7~8	20~31	80	台湾、福建、广东、江西
南洋楹 Albizzia falcate	4~5	4~5	7~9	17~26	80	海南、广东、广西、福建
合欢 Albizzia julibrissin	15~20	6~8	9~10	40	60~70	华北、华南、西南

附 表

(续)

	开始结实年龄（年）	开花期（月）	种实成熟期（月）	种子千粒重（g）	发芽率（%）	主要栽培和引种地区
槐树 Sophora japonica	30	6~9	10~11	120~140	70~85	华北为主、全国有栽培
刺槐 Robinia pseudoacacia	5	4~5	7~9	16~25	70~90	华北、银川、西宁、沈阳
七叶树 Aesculus chinensis		5~6	9~10	14 000~17 800	70~80	黄河中下游、江苏、浙江
石楠 Photinia serrulata		4~5	10~11	5~6	45	秦岭以南
柠檬桉 Eucalyptus citriodora	3~5	3~4 10~11	6~7* 9~11*	5	70~85	福建、广东、广西、云南
乌桕 Sapium sebiferum	3~4	5~7	10~11	130~180	70~80	长江流域及其以南
元宝枫 Acer truncatum	10	4~5	9~10	翅果150~190	80~90	华北、吉林、甘肃、江苏
黄连木 Pistacia chinensis	8~10	3~4	9~10	90	50~60	华北、华南
白蜡 Fraxinus chinensis	8~9	4~5	10	30~36	50~70	东北、华北、华南、西南
女贞 Ligustrum lucidum	8~12	6~7	10~11	36	50~70	秦岭、淮河以南
桂花 Osmanthus fragrans	10	9~10	4~5*	260	50~80	云南、四川、广东、广西
楸树 Catalpa bungei	10~15	4~5	9~10	4~5	40~50	长江及黄河流域
泡桐 Paulownia tomentosa	8	4~5	10~11	0.2~0.4	70~90	黄河流域、辽宁南部
英国梧桐 Platanus hispanica		4~5	10~11	1.4~6.2	10~20	长江和黄河中下游
梧桐 Firmiana simplex		6~7	9~10	120~150	85~90	华北中部、华南、西南
喜树 Camptotheca acu minata	6~7	6~7	10~11	40	70~85	长江流域以南、西南
木棉 Gossampinus malobarica	5~6	2~3	6~7	60	70	西南、华南、福建
棕榈 Trachycarpus fortunei	8~10	4~5	10~11	350~450	50~70	秦岭以南、长江中下游
十大功劳 Mahonia fortunei		4~5	10	12	60	华中、华南

(续)

	开始结实年龄（年）	开花期（月）	种实成熟期（月）	种子千粒重（g）	发芽率（%）	主要栽培和引种地区
卫矛 *Euonymus alatus*		5	9~10	28	80~90	东北、华北、西北
山荆子 *Malus baccata*	5	4~5	9~10	5~6		东北、华北、甘肃
梅花 *Prunus mume*	2~3		6	1400	60	长江流域、西南
山桃 *Prunus davidiana*	2~3	3~4	7	2090	80~90	黄河流域
榆叶梅 *Prunus triloba*	2~3	4	7	470	80	东北、华北、江苏、浙江
珍珠梅 *Sorbaria kirilowii*		6~9	9~10	0.9		华北
贴梗海棠 *Chaenomeles speciosa*		3~4	9~10	38~130		黄河流域以南、华北
海棠花 *Malus spectabilis*	10	4~5	9			全国各地
太平花 *Philadelphus pekinensis*	3~4	5~6	8~9	0.5		辽宁、内蒙古、河北、山西
蜡梅 *Chimonanthus praecox*		12	6~7	220~320	85	湖北、四川、陕西
紫荆 *Cercis chinensis*	3	4	9~10	24~30	80~90	黄河流域及其以南
紫穗槐 *Amorpha fruticosa*	2	5~6 8~9	9~10	9~12	80	东北、华北
金银木 *Lonicera maackii*	2~3	5~6	9~10	5~6		东北、华北、西北、西南
牡丹 *Paeonia suffruticosa*	4~5	4~5	7~8	250~300	50	山东、河南、北京、四川
木槿 *Hibiscus syriacus*		7~9	9~10	21	70~85	华北、华中、华南
紫薇 *Lagerstroemia indica*	1~2	6~9	10~11	2	85	华北中部以南
黄栌 *Cotinus coggygria*		4~5	6~7	6~12	65	华北、华中、西南
连翘 *Forsythia suspensa*	2~3	3~4	8~9	5~8	80	华北、东北、华中、西南
小檗 *Berberis thunbergii*		4~5	9~10	12	50	东北南部、华北、秦岭

(续)

	开始结实年龄（年）	开花期（月）	种实成熟期（月）	种子千粒重（g）	发芽率（%）	主要栽培和引种地区
丁香 *Syringa oblata*	3~4	4~5	9~10	8		华北、东北、西北
枸杞 *Lycium chinensis*	2~3	5~10	6~11	2	20~30	东北的西南、华南、西南
锦带花 *Weigela florida*		5~6	10			华北
棣棠 *Kerria japonica*		4~5	8			长江流域、秦岭山区
锦熟黄杨 *Buxus sempervirens*	5~8	4	7	14		北京
小叶黄杨 *Buxus sinica*		4	7			华中
黄杨 *Euonymus japonicus*		6~7	10			华北、华中
紫藤 *Wisteria sinensis*		4~5	9~10	500~600	90	东北的南部至华南
凌霄 *Campsis grandiflora*		6~9	10	8	30~50	东北的南部至华南
地锦 *Parthenocissus tricuspidata*			10	28~34	80	东北的南部至华南

注：* 指翌年

附表 2　主要园林树种的种实成熟、采集、调制与贮藏方法
（仿自苏金乐，2011）

树　种	种子成熟期（月）	种实成熟特征	种实采集与调制方法	出种率（%）	贮藏法
银杏 Ginkgo biloba	9～10	肉质果实橙黄色	击落，收集，捣烂，淘洗，阴干	20～30	湿、干藏
冷杉 Abies fabri	10	球果紫褐色	采集，摊晒，脱粒，筛选	5	干藏
云杉 Picea asperata	9～10	球果浅紫或褐色	采集，摊晒，脱粒，筛选	3～5	密封干藏
雪松 Cedrus deodara	10月中下旬	球果褐色	采集，摊晒，脱粒，筛选		干藏
红松 Pinus koraiensis	9月上中旬	球果浅绿褐色	摘果，摊晒，脱粒，筛选	10	湿、干藏
落叶松 Larix gmelini	8月下旬至9月	球果黄褐色	摘果，摊晒，脱粒，筛选	3～6	密封干藏
樟子松 Pinus sylvestris	9月中下旬	球果灰绿鳞片隆起	采集，摊晒或人工加热，脱粒，筛选	1～2	干藏
油松 Pinus tabulaeformis	10月	球果黄褐色微裂	采集，摊晒，脱粒，筛选	3～5	干藏
白皮松 Pinus bungeana	9月中旬	球果浅绿褐色	采集，摊晒，脱粒，筛选	5～8	干藏
华山松 Pinus armandii	9～10	球果浅绿褐色	摘果，摊晒，脱粒，筛选	7～10	干藏
马尾松 Pinus massoniana	11	球果黄褐色微裂	采集，脱脂，摊晒，脱粒，筛选	3	干藏
云南松 Pinus yunnanensis	11～12	球果黄褐色	采集，摊晒，脱粒，筛选	1～2	干藏
思茅松 Pinus kesiya	12	球果黄褐色	采集，摊晒，脱粒，筛选	1～2	干藏
黄山松 Pinus taiwanensis	11	球果黄褐色	采集，脱脂，摊晒，脱粒，筛选	2～3	干藏
黑松 Pinus thunbergii	10	球果黄褐色微裂	采集，摊晒，脱粒，筛选	3	干藏
湿地松 Pinus elliottii	9月中下旬	球果黄褐色	采集，摊晒，脱粒，去翅，筛选	3～4	密封干藏
金钱松 Pseudolarix amabilis	10月中下旬	球果淡黄色	采集，摊晒，脱粒，筛选	12～15	干藏
杉木 Cunninghamia lanceolata	10～11	球果黄色微裂	采集，摊晒，脱粒，筛选	3～5	密封干藏
柳杉 Cryptomeria fortunei	11月上中旬	球果黄褐色微裂	采集，摊晒，脱粒，筛选	5～6	干藏

附 表

(续)

树 种	种子成熟期（月）	种实成熟特征	种实采集与调制方法	出种率（%）	贮藏法
池杉 Taxodium ascendens	10月中下旬	果实栗褐色	采集，摊晒，脱粒，筛选	9~12	干藏
水杉 Metasequoia glyptostroboides	10月下旬	球果黄褐色微裂	采集，摊晒，脱粒，筛选	6~8	干藏
柏木 Cupressus funebris	9月下旬至10月上旬	果实暗褐微裂	采集，摊晒，脱粒，筛选	13~14	干藏
侧柏 Platycladus orientalis	9	球果黄褐色	采集，摊晒，脱粒，筛选	10	干藏
圆柏 Sabina chinensis	11~12	果实紫色具白霜	采集，捣烂，淘洗，阴干，筛选	25	湿藏
冲天柏 Cupressus duclouxiana	9~10	球果暗褐微紫，鳞片微裂	摘果，摊开暴晒，脱粒，筛选	2	干藏
竹柏 Podocarpus nagi	10月下旬	果实紫黑色	采摘，忌暴晒，不宜久藏		干沙分层贮藏
铅笔柏 Sabina virginiana	10~11	果实蓝绿具白霜	采集，捣烂，淘洗，阴干，筛选	20~26	湿藏
红豆杉 Taxus chinensis	10~11	果实红色	采摘，揉烂，淘洗，阴干，筛选	20	湿藏
榆树 Ulmus pumila	4月下旬	翅果黄白色	地面扫集，阴干，去翅		密封干藏或干藏
大果榆 Ulmus macrocarpa	5月上旬	翅果黄绿色	地面扫集，阴干，去翅		密封干藏
臭椿 Alianthus altissima	9~10	翅果淡黄色或淡红褐色	采集，摊晒，去翅，筛选		干藏
香椿 Toona sinensis	10	蒴果深褐色，微裂	采集，摊晒，脱粒，筛选	4~6	干藏
苦楝 Melia azedarach	11~12	果橙黄色，有皱纹	采集，浸水捣烂，淘洗，阴干	20~45	干、湿藏
栾树 Koelreuteria paniculata	10	蒴果红褐色	采果穗，晒干，脱粒，筛选		干藏
紫穗槐 Amorpha fruticosa	9~10	果实棕褐色	采集，摊晒，脱粒，筛选	70	干藏
紫荆 Cercis chinensis	8~9	荚果黄褐色	采集，摊晒，脱粒，筛选	25	干藏
皂荚 Gleditsia sinensis	10	荚果暗紫色	采集，摊晒，脱粒，筛选	25	干藏
合欢 Albizzia julibrissin	10~11	荚果黄褐色	采集，摊晒，脱粒，筛选	20	干藏
红花锦鸡儿 Caragana arborescens	5~6	荚果褐色	采摘，沙袋内摊晒，筛选		干藏

（续）

树　种	种子成熟期（月）	种实成熟特征	种实采集与调制方法	出种率（％）	贮藏法
胡枝子 Lespedeza bicolor	10	荚果黄褐色	采集，摊晒，脱粒，筛选	28	干藏
刺槐 Robinia pseudoacacia	7~10	荚果暗褐色，皮干枯	采集，摊晒，脱粒，筛选	10~20	干藏
槐树 Sophora japonica	10~11	果皮皱缩，黄绿色	采集，捣烂，淘洗，晾干筛选	20	干藏
紫藤 Wisteria sinensis	9~10	荚果灰色，皮硬干枯	采集，摊晒，脱粒，筛选		干藏
元宝枫 Acer truncatum	9~10	翅果黄褐色	采集，摊晒，脱粒，筛选	50	干、湿藏
白蜡 Fraxinus chinensis	9~10	翅果黄褐或紫褐色	采集，摊晒，筛选	40	干藏
水曲柳 Fraxinus mandschurica	9~10	翅果黄褐色	采集，摊晒，筛选		干、湿藏
黄檗（黄波罗）Phellodendron amurense	8~9	果实蓝褐色至黑色	采集，浸水捣烂，淘洗，晾干	8~10	干、湿藏
漆树 Rhus verniciflua	7~8	果实黄褐或灰褐色	同上	60	干、湿藏
悬铃木 Platanus occidentalis（1球）Platanus acerifilia（2球）Platanus orientalis（3球）	10~11	坚果黄褐色	采集，摊晒，脱粒，筛选		干藏
梧桐 Firmiana simplex	9	蓇葖果开裂，种子黄色有皱纹	采摘后稍阴干		湿藏
毛泡桐 Paulownia tomentosa	9~10	蒴果褐色	采摘，摊晒，脱离，筛选		干藏
枫杨 Pterocarya stenoptera	8~9	翅果黄褐色	采集，摊晒，去翅，筛选		干、湿藏
白桦 Betula platyphylla	8~9	果穗黄褐色	采果穗，摊晒阴干，揉出种子	10~15	密封干藏
板栗 Castanea mollissima	9~10	刺苞枣褐色微裂	收集，去刺苞，阴干	35~60	湿藏
麻栎 Quercus acutissima	9~10	坚果黄褐色有光泽	击落收集，水选或粒选，阴干	70	湿藏
青檀 Pteroceltis tatarinowii	8~9	翅果黄褐色	摘取翅果，阴干，去翅		干藏
构树 Broussonetia papyrifera	7~9	瘦果突出，鲜红色	摘果或地面收集，揉烂，淘洗，阴干，筛选		干、湿藏
桑树 Morus alba	6~7	果紫黑色或乳白色	摘果或地面收集，揉烂，淘洗，阴干，筛选	2~3	密封干藏

附　表

(续)

树　种	种子成熟期（月）	种实成熟特征	种实采集与调制方法	出种率（%）	贮藏法
白玉兰 *Magnolia denudata*	9月中下旬	聚合果褐或紫红色	摘果堆放，开裂脱粒阴干		湿藏
马褂木 *Liriodendron chinense*	10~11	果实褐色	采集果枝，阴干后摊晒脱粒		干藏
杜仲 *Eucommia ulmoides*	10	翅果黄褐或淡棕色	采果或击落收集，阴干，筛选		干、湿藏
盐肤木 *Rhus chinensis*	10~11	果实红色或暗红色	采果穗，摊晒，去皮筛选		干、湿藏
火炬树 *Rhus typhina*	9	果实鲜红或红褐色	采果穗，摊晒，去皮筛选		干、湿藏
紫椴 *Tilia amurensis*	9~10	果实淡紫褐色，多毛	采集，摊晒，筛选	60	干、湿藏
糠椴 *Tilia mandschurica*	9	果实黄绿黄褐色	采集，摊晒，筛选		干、湿藏
刺楸 *Kalopanax septemlobus*	9~10	浆果状核果黑紫色	采果穗，揉烂，淘洗，阴干		湿藏
小檗 *Berberis amurensis*	9~10	果实红色或紫红色	摘果，揉烂，淘洗，晾干		干藏
南天竹 *Nandina domestica*	9~10	果实橘红，鲜红色	摘果，揉烂，淘洗，阴干		低温干藏
蜡梅 *Chimonanthus praecox*	6~9	果实褐色	采果，晒干脱粒，筛选		干、湿藏
大花溲疏 *Deutzia grandiflora*	9~10	果实灰绿色	采果，晒干，捣碎，筛选		干藏
太平花 *Philadelphus pekinensis*	10	果实黄褐色	采果，晒干，捣碎，筛选		干藏
木瓜 *Chaenomeles sinensis*	10	梨果暗黄色	采摘，剥开脱粒，阴干，筛选		干、湿藏
贴梗海棠 *Chaenomeles speciosa*	10	梨果黄色或黄绿色	采摘，剥开脱粒，阴干，筛选		干、湿藏
水枸子 *Cotoneaster acutifilius*	9~10	梨果鲜红色	采摘，沤烂，淘洗，晾干		干、湿藏
山楂 *Crataegus pinnatifida*	10	梨果深红色具光泽	击落收集，捣烂，淘洗，阴干	20	湿藏
白鹃梅 *Exochorda racemosa*	9~10	蒴果黄褐色	采摘，摊晒，脱粒		干藏
海棠花 *Malus spectabilis*	10月中下旬	果实红色	采摘，捣烂，淘洗，阴干	<1	干、湿藏
山荆子 *Malus baccata*	9~10	果实黄色或红色	采摘，捣烂，淘洗，阴干	3	干、湿藏

(续)

树　种	种子成熟期（月）	种实成熟特征	种实采集与调制方法	出种率（%）	贮藏法
山桃 *Prunus davidiana*	7月中旬	果实淡黄或黄绿色	采摘，剥除果皮，阴干	30	干、湿藏
麦李 *Prunus glandulosa*	6~7	果实红色或深红色	采摘，揉烂，淘洗，阴干		干、湿藏
郁李 *Prunus japonica*	9	果实红色具光泽	采摘，揉烂，淘洗，阴干		干、湿藏
榆叶梅 *Prunus triloba*	5~6	果实橘红或橘黄色	采摘，阴干，去皮		干、湿藏
鸡麻 *Rhodotypos scandens*	7~10	果实黑色具光泽	采摘果实，晾干		干、湿藏
玫瑰 *Rosa rugosa*	8~9	果实红色光滑	采摘，揉烂，淘洗，阴干		干、湿藏
珍珠梅 *Sorbaria kirilowii*	8~9	蓇葖果黄褐色	采果穗晒干，脱粒，筛选		干藏
花楸 *Sorbus pohuashanensis*	9~10	果实红色或红褐色	采摘，沤烂，淘洗，阴干		干、湿藏
三裂绣线菊 *Spiraea trilobata*	9~10	蓇葖果深褐色	采集果穗晒干，脱粒		干藏
黄杨 *Buxus sinica*	7~8	蒴果深褐色，微裂	采摘，沙袋中晾干，筛选		干藏
黄栌 *Cotinus coggygria*	6月上中旬	果实浅灰色或褐色	采集，摊晒，筛选	20~30	干、湿藏
南蛇藤 *Celastrus orbiculatus*	9~10	蒴果黄色，开裂	采摘，去皮，洗去假种皮，晾干		干、湿藏
卫矛 *Euonymus alatus*	9~10	蒴果紫褐色	采摘，去皮，洗去假种皮，晾干		干、湿藏
丝棉木 *Euonymus bungeanus*	9~10	蒴果粉红色	采摘，去皮，洗去假种皮，晾干		干、湿藏
茶条槭 *Acer ginnala*	8~9	翅果暗褐色	采集，摊晒，去翅，筛选		干、湿藏
梣叶槭 *Acer negundo*	8~9	翅果黄褐色	采集，摊晒，去翅，筛选		干、湿藏
文冠果 *Xanthoceras sorbifolia*	7~8	蒴果黄褐色微裂	采摘，晒干，脱粒，筛选		干、湿藏
鼠李 *Rhamnus arguta*	10	浆果黑色	采摘，揉烂，淘洗，晾干		干藏
地锦 *Ampelopsis tricuspidata*	10	浆果紫黑色	采果，揉烂，淘洗，晾干		干、湿藏
软枣猕猴桃 *Actinidia arguta*	9	果实黄绿色	采摘，揉烂，淘洗，阴干		干、湿藏

附 表

(续)

树　种	种子成熟期（月）	种实成熟特征	种实采集与调制方法	出种率（%）	贮藏法
中华猕猴桃 *Actinidia chinensis*	9~10	果实棕褐色	采摘，揉烂，淘洗，阴干		干、湿藏
沙枣 *Elaeagnus angustifolia*	9~10	果实黄褐或灰白色	采摘，揉烂，淘洗，阴干	30~40	湿、干藏
紫薇 *Lagerstroemia indica*	10~11	蒴果深褐色或棕褐色	采果，摊晒，脱粒，筛选		干藏
红瑞木 *Cornus alba*	8~9	果实白色或蓝白色	采果，揉烂，淘洗，晾干		干、湿藏
山茱萸 *Cornus officinalis*	9	果实红色	采果，揉烂，淘洗，晾干		干、湿藏
君迁子 *Diospyros cathayensis*	10~11	果实黄色变成黑色	击落收集，揉烂，淘洗，晾干		干、湿藏
流苏 *Chionanthus retusus*	8~9	果实暗蓝或黑色	击落收集，揉烂，淘洗，晾干		干、湿藏
雪柳 *Fontanesia fortunei*	9~10	果实黄褐色或褐色	采集，摊晒，筛选		干藏
连翘 *Forsythia suspensa*	9~10	蒴果褐色或深褐色	采集，摊晒，去皮，筛选		干藏
小叶女贞 *Ligustrum obtusifolium*	10月中旬	果实黑紫色	采摘，捣烂，淘洗，阴干	60	干、湿藏
丁香 *Syringa oblata*	8~9	果实棕褐色	采集，摊晒，脱粒，筛选	40	干藏
海州常山 *Clerodendron trichotomum*	10	果实蓝紫色或黑色	采摘，揉烂，淘洗，晾干		干、湿藏
糯米条 *Abelia chinensis*	11	瘦果绿褐色	采摘，摊晒，揉碎，筛选		干藏
猥实 *Kolkwitzia amabilis*	7~8	果实深褐色具刚毛	采摘，摊晒，揉碎，筛选		干藏
金银花 *Lonicera japonica*	10	果实黑色	采摘，揉烂，淘洗，晾干		干、湿藏
金银木 *Lonicera maackii*	10~11	果实红色	采摘，揉烂，淘洗，晾干		干、湿藏
接骨木 *Sambucus williamsii*	6~7	果实红转紫黑色	采摘，揉烂，淘洗，晾干		干藏
荚蒾 *Viburnum sargentii*	9~10	果实红色	采摘，揉烂，淘洗，晾干		干、湿藏
锦带花 *Weigela florida*	10	蒴果褐色	采集，摊晒，脱粒，筛选		干藏

参 考 文 献

陈琳,曾杰,贾宏炎,等.2017.容器规格和基质配方对红锥幼苗生长及造林效果的影响[J].林业科学,53(3):76-83.

陈香波,刘杨,赵明水,等.2017.极度濒危树种羊角槭的种胚发育与休眠解除[J].林业科学,53(4):65-73.

陈远吉.2013.景观苗圃建设与管理[M].北京:化学工业出版社.

成仿云.2012.园林苗圃学[M].北京:中国林业出版社.

程中倩,李国雷.2016.氮肥和容器深度对栓皮栎容器苗生长、根系结构及养分贮存的影响[J].林业科学,52(4):21-29.

崔德才,徐培文.2003.植物组织培养与工厂化育苗[M].北京:化学工业出版社.

崔振,李昌晓,贺燕燕,等.2017.中华金叶榆和银水牛果苗木的生长和光合作用对土壤锌污染的响应[J].林业科学,53(9):114-122.

代永欣,王林,万贤崇.2017.遮阴和环剥对刺槐、侧柏苗木碳素分配和水力学特性的影响[J].林业科学,53(7):37-44.

丁彦芬.2003.园林苗圃学[M].南京:东南大学出版社.

冯健,齐力旺,孙晓梅,等.2010.落叶松扦插生根过程SSH文库构建及部分基因的表达分析[J].林业科学,46(06):27-34.

巩维才.2008.现代企业管理教程[M].徐州:中国矿业大学出版社.

顾阿毛,丁芳芳.2014.樱花的性状、品种及嫁接繁殖技术[J].上海农业科技(6):106-107.

郭世荣.2003.无土栽培学[M].北京:中国农业出版社.

郭文霞,赵志江,郑娇,等.2017.土壤水分和氮素的交互作用对油松幼苗光合和生长的影响[J].林业科学,53(4):37-48.

韩玉林.2008.现代园林苗圃生产与管理研究[M].北京:中国农业出版社.

郝建华,陈耀华.2003.园林苗圃育苗技术[M].北京:化学工业出版社.

何林,练发良,王军峰,等.2009.观赏苗木控根快速容器育苗技术[J].中国林副特产(01):63.

胡嘉伟,刘勇,王琰,等.2017.蘑菇渣堆肥对油松容器苗生长及养分吸收的影响[J].林业科学,53(2):129-137.

贾志国.2015.园林绿化苗木栽培与养护[M].北京:化学工业出版社.

江胜德,包志毅.2004.园林苗木生产[M].北京:中国林业出版社.

姜顺邦,韦小丽.2016.供水量对花榈木苗期耗水、生长和生理的影响及灌溉制度优化[J].林业科学,52(10):22-30.

金玉阶,孙宁华.2003.现代企业管理原理[M].广州:中山大学出版社.

孔祥锋.2009.城市绿地系统规划[M].北京:化学工业出版社.

李贵雨,卫星,汤园园,等.2016.白桦不同轻基质容器苗生长及养分分析[J].林业科学,52(7):30-37.

李淑芹.2006.园林植物遗传育种[M].重庆:重庆大学出版社.

李月华.2015.园林绿化实用技术[M].北京:化学工业出版社.

梁永富,王康才,薛启,等.2017.生长调节剂对低温胁迫下酸橙幼苗抗逆生理指标的影响[J].林业科学, 53(3): 68-75.

刘佳嘉, 李国雷, 刘勇, 等. 2017. 容器类型和胚根短截对栓皮栎容器苗苗木质量及造林初期效果的影响[J]. 林业科学, 53(6): 47-55.

刘玲, 孟淑春. 2012. 2012版《国际种子检验规程》修订通报[J]. 核农学报, 26(5): 762-763.

麻文俊, 张守攻, 王军辉, 等. 2013. 日本落叶松扦插生根期内源激素和营养物质及酚酸含量变化特征[J]. 西北植物学报, 33(01): 109-115.

莫翼翔, 康克功, 王晓群, 等. 2002. 实用园林苗木繁育技术[M]. 北京: 中国农业出版社.

韶月. 2014. 苗联网正式上线——东方园林大手笔打造苗木电商平台[J]. 中国花卉园艺(07): 40.

沈海龙, 崔雪梅, 张鹏, 等. 2015. 关于我国野生观赏树木资源选育、繁殖和培育的思考[J]. 中国城市林业, 13(02): 1-4.

沈海龙. 2009. 苗木培育学[M]. 北京: 中国林业出版社.

沈海龙. 2005. 植物组织培养[M]. 北京: 中国林业出版社.

石红旗, 苗峰. 2013. 试论园林苗木容器化栽培的应用和发展趋势[J]. 中国园林, 29(01): 107-109.

宋洋, 廖亮, 刘涛, 等. 2016. 不同遮阴水平下香榧苗期光合作用及氮分配的响应机制[J]. 林业科学, 52(5): 55-63.

苏付保. 2004. 园林苗木生产技术[M]. 北京: 中国林业出版社.

苏金乐. 2013. 园林苗圃学[M]. 2版. 北京: 中国农业出版社.

孙时轩. 2004. 林木育苗技术[M]. 北京: 金盾出版社.

唐韵. 2010. 除草剂使用技术[M]. 北京: 化学工业出版社.

汪民主. 2015. 苗圃经营与管理[M]. 北京: 中国林业出版社.

王占龙. 2015. 东北红豆杉嫩枝扦插技术研究[J]. 辽宁林业科技(02): 69-70.

王春, 尹庆平, 陈慧芳, 等. 2012. 南天竹扦插快繁技术[J]. 林业科技开发, 26(04): 126-128.

王大平, 李玉萍. 2014. 园林苗圃学[M]. 上海: 上海交通大学出版社.

王定跃. 2017. 不同遮阴、土壤排水处理对毛棉杜鹃幼苗生长及光合特性的影响[J]. 林业科学, 53(2): 44-53.

王国义, 宁依萍, 金继华, 等. 2000. 红松改良代种子园建立技术的研究[J]. 东北林业大学学报, 28(03): 68-69.

王建华, 孙晓梅, 王笑山, 等. 2006. 母株年龄、激素种类及其浓度对日本落叶松扦插生根的影响[J]. 林业科学研究, 19(01): 102-108.

王乐辉, 费世民, 陈秀明, 等. 2011. 我国林木采穗圃经营技术研究进展[J]. 四川林业科技, 32(3): 52-59.

王炜, 左翔, 郑伟. 2017. 昆明市呈贡区2016年1月主要园林植物的冻害调查与分析[J]. 中国园林, 33(09): 93-97.

王晓辉. 2006. 现代企业管理应用与案例[M]. 北京: 北京工业大学出版社.

王琰, 刘勇, 李国雷, 等. 2016. 容器类型及规格对油松容器苗底部渗灌耗水规律及苗木生长的影响[J]. 林业科学, 52(6): 10-17.

王艳洁, 刘祖伦. 2000. 城市园林苗圃可持续发展的对策[J]. 中国园林, 16(5): 84-86.

卫星, 吕琳, 李贵雨, 等. 2016. 空气修根对水曲柳无纺布袋容器苗生长及根系发育的影响[J]. 林业科学, 52(9): 133-138.

谢娜. 2015. 金叶榆嫁接繁殖技术[J]. 中国园艺文摘(3): 161-162.

谢云主. 2012. 园林苗木生产技术手册[M]. 北京: 中国林业出版社.

徐德嘉，宋青，王建忠．2012．园林苗圃学[M]．北京：中国建筑工业出版社．
叶珊，王为宇，周敏樱，等．2017．不同采收成熟度和堆沤方式对香榧种子堆沤后熟品质的影响[J]．林业科学，53(11)：43-51．
叶要妹．2011．园林绿化苗木培育与施工实用技术[M]．北京：化学工业出版社．
尤伟忠．2009．园林苗木生产技术[M]．苏州：苏州大学出版社．
于竹．2007．竹子的育苗技术[J]．中国林业产业(3)：1-32．
张加正，潘仙鹏，洪莉．2006．梅花嫁接繁殖技术[J]．浙江农业科学，1(5)：539-540．
张康健，刘淑明，朱美英．2006．园林苗木生产与销售[M]．西安：西北农林科技大学出版社．
张丽凤．2016．农牧电商模式分析[J]．北方牧业(1)：8-9．
张璐，张秀花，李静．2015．园林植物栽培与养护[M]．延边：延边大学出版社．
张鹏，宋博洋，吴灵东，等．2017．解除休眠的水曲柳种子对不同脱水条件的萌发和生理响应[J]．林业科学，53(3)：60-67．
张小红，冯莎莎．2016．图说园林树木栽培与修剪[M]．北京：化学工业出版社．
张志国，鞠志新．2014．现代园林苗圃学[M]．北京：化学工业出版社．
章忠．2006．红花檵木嫩枝扦插育苗技术[J]．安徽林业(04)：26．
赵溪巍．2016．浅析"互联网+"战略下的生态农业发展[J]．社会管理，56-57．
郑坚，吴朝辉，陈秋夏，等．2016．遮阴对降香黄檀幼苗生长和生理的影响[J]．林业科学，52(12)：50-57．
周垂帆，林静雯，李莹，等．2017．土壤残存草甘膦对杉木幼苗生理及养分吸收的影响[J]．林业科学，53(4)：56-64．
朱清科．2016．复合农林学[M]．北京：中国林业出版社．
朱祎珍．2009．三明市野生观赏树木引种驯化试验研究[J]．福建热作科技，34(1)：9-11．
祝志勇．2005．园林苗圃经营类型及分析[J]．江苏林业科技，32(02)：30-33．
曾端香，尹伟伦，赵孝庆，等．2000．牡丹繁殖技术[J]．北京林业大学学报，22(03)：90-95．